移动学习版

CATIA V5-6R2017

中文版 从入门到精通

孙岩志 李福清 张斌 编著

U0220222

人民邮电出版社

北京

图书在版编目（CIP）数据

CATIA V5-6R2017中文版从入门到精通 / 孙岩志，李
福清，张斌编著. -- 北京：人民邮电出版社，2019.3（2024.3重印）
ISBN 978-7-115-50272-8

Ⅰ. ①C… Ⅱ. ①孙… ②李… ③张… Ⅲ. ①机械设
计－计算机辅助设计－应用软件 Ⅳ. ①TH122

中国版本图书馆CIP数据核字(2018)第283132号

内 容 提 要

CATIA V5-6R2017 是法国达索系统公司（Dassault Systèmes）的 CAD/CAE/CAM 一体化软件，居世界 CAD/CAE/CAM 领域的领导地位。CATIA 源于航空航天业，广泛应用于航空航天、汽车制造、造船、机械制造、电子/电器、消费品行业。

本书对 CATIA V5-6R2017 软件的全部功能模块进行全面细致的讲解。全书由浅入深、循序渐进地介绍了 CATIA V5-6R2017 的基本操作及命令的使用，并配了大量的制作实例。

本书共分为 13 章，从 CATIA V5-6R2017 软件的安装和启动开始，详细介绍了 CATIA V5-6R2017 的基本操作与设置、草图功能、实体特征设计、实体特征编辑与操作、创成式曲线设计、创成式曲面设计、自由曲线和曲面设计、钣金件设计、装配体设计、工程图、运动仿真等内容。

本书结构严谨，内容翔实，实用性强，是广大读者快速掌握 CATIA V5-6R2017 的自学指导书，也可作为高等院校计算机辅助设计课程的指导教材。

◆ 编　著　孙岩志　李福清　张　斌

责任编辑　李永涛

责任印制　马振武

◆ 人民邮电出版社出版发行　北京市丰台区成寿寺路 11 号

邮编　100164　电子邮件　315@ptpress.com.cn

网址　http://www.ptpress.com.cn

北京天宇星印刷厂印刷

◆ 开本：787×1092　1/16

印张：34.5　　　　　　　2019 年 3 月第 1 版

字数：934 千字　　　　　2024 年 3 月北京第 19 次印刷

定价：99.00 元

读者服务热线：(010)81055410　印装质量热线：(010)81055316
反盗版热线：(010)81055315
广告经营许可证：京东市监广登字 20170147 号

为了使 CATIA 软件能够易学易用，Dassault Systèmes 公司于 1994 年开始重新开发全新的 CATIA V5 版本，新的 V5 版本界面更加友好，功能也更强大，并且开创了 CAD/CAE/CAM 软件的一种全新风格，可覆盖产品开发过程中的全过程【包括概念设计、详细设计、工程分析、成品定义和制造乃至成品在整个生命周期（PLC）中的使用和维护】，并能够实现工程人员和非工程人员之间的电子通信。CATIA 源于航空航天业，广泛应用于航空航天、汽车制造、造船、机械制造、电子 / 电器、消费品行业。

本书基于 CATIA V5-6R2017 软件的全功能模块，由浅入深、循序渐进地介绍了 CATIA V5-6R2017 的基本操作及命令，并配了大量的制作实例。

全书分 3 部分，共 13 章，各章内容简要介绍如下。

- 第 1 部分（第 1 章）：主要介绍 CATIA V5-6R2017 的界面、安装、基本操作与设置等内容，这些内容可以帮助用户能熟练操作软件。
- 第 2 部分（第 2 ~ 8 章）：沿着 CATIA V5-6R2017 草图→实体建模→创成式曲线和曲面建模→自由曲线和曲面建模→曲线 / 曲面设计，这样一个循序渐进的讲解过程，让读者轻松掌握 CATIA V5-6R2017 的强大建模功能。
- 第 3 部分（第 9 ~ 13 章）：主要介绍了 CATIA V5-6R2017 面向其他行业的实用性较强的功能模块，包括渲染、装配、工程图、钣金、机构运动仿真与分析等。

本书特色

本书主要针对使用 CATIA V5-6R2017 的广大初、中级用户，配备了交互式多媒体教学资源，将案例制作过程制作成多媒体的形式进行讲解，讲解形式活泼、方便实用，同时还提供了所有实例及练习的源文件，按章节放置，以便读者练习使用。

作者信息

本书由烟台工程职业技术学院的孙岩志、李福清和张斌老师编写。

感谢你选择了本书，希望我们的努力对你的工作和学习有所帮助，也希望你把对本书的意见和建议告诉我们。

作者联系邮箱：shejizhimen@163.com。

编　者
2018.9

目 录
CONTENTS

第7章　创成式曲面设计 ·························· 247

1 Chapter

第1章
CATIA V5-6R2017 入门

本章主要介绍 CATIA V5-6R2017 的基础知识，包括软件的安装和界面、图形的基本操作、界面配置、模型参考及图形属性的修改等。

知识要点

- CATIA V5-6R2017 简介
- 视图与对象的基本操作
- 界面定制
- 创建模型参考
- 修改图形属性

1.1　CATIA V5-6R2017 简介

CATIA 功能强大，几乎已经成了 3D CAD/CAM 领域的一面旗帜和被争相遵从的标准。CATIA V5-6R2017 是法国达索公司的产品开发旗舰解决方案。作为 PLM 协同解决方案的一个重要组成部分，它可以帮助制造厂商设计预期的产品，并支持从项目前阶段、具体的设计、分析、模拟、组装到维护在内的全部工业设计流程。

1.1.1　安装 CATIA V5-6R2017

CATIA V5-6R2017 使用之前要进行设置，安装相应的插件，安装过程比较简单。

上机操作——安装 CATIA V5-6R2017

1. 软件安装要求

我们通常使用的操作系统是 Windows，安装前要确认系统是否安装有如下软件。

- 确保安装了 Microsoft .NET Framework 3.0（或更高版本）。
- 确保安装了 Java V5.0（或更高版本）。

安装过程中如果遇到杀毒软件阻止，应放过或允许；有 Windows 警报，应解除阻止。

2. 安装步骤

01　双击 CATIA V5-6R2017 安装光盘中的 setup.exe 程序，系统弹出 CATIA V5-6R2017 的安装界面窗口，如图 1-1 所示。

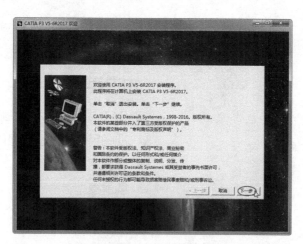

图 1-1　CATIA 安装界面窗口

02　单击【下一步】按钮，在【选择目标位置】页面中可以重新设置软件的安装位置，如图 1-2 所示。也可以单击【浏览】按钮选择安装路径。单击【下一步】按钮，如果在安装路径下从来没有安装过 CATIA，将会弹出【确认创建目录】对话框，如图 1-3 所示，单击【是】按钮。

03　在安装界面输入存储位置到【环境目录】，如图 1-4 所示，或者单击【浏览】按钮进行选择，单击【下一步】按钮。

图 1-2　选择安装位置　　　　　　　　　图 1-3　【确认创建目录】对话框

04　接着选择【安装类型】，一般情况下选择【完全安装】，如果有特殊需要可以选择【自定义安装】，如图 1-5 所示。

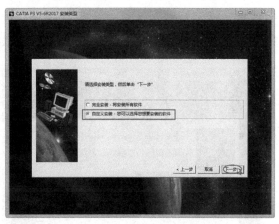

图 1-4　选择存储位置　　　　　　　　　图 1-5　选择安装类型

05　单击【下一步】按钮，选择安装语言，如图 1-6 所示。

06　单击【下一步】按钮，选择需要自定义安装的软件配置与产品，如图 1-7 所示。

图 1-6　选择安装语言　　　　　　　　　图 1-7　选择安装产品

07 单击【下一步】按钮，选择 Orbix 配置，如图 1-8 所示。

08 单击【下一步】按钮，选择是否安装电子仓客户机，如图 1-9 所示。

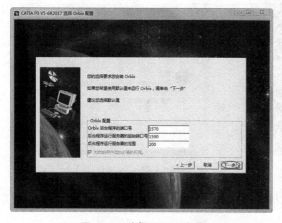

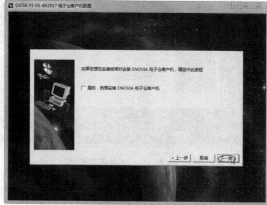

图 1-8 选择 Orbix 配置   图 1-9 选择是否安装电子仓客户机

09 单击【下一步】按钮，选择快捷方式，如图 1-10 所示。

10 单击【下一步】按钮，选择是否安装联机文档，如图 1-11 所示。

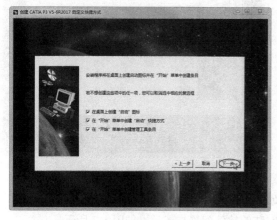

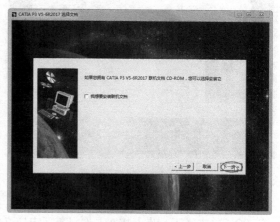

图 1-10 选择快捷方式发   图 1-11 选择是否安装联机文档

 提示：

如果是新手，可以选中此复选框。可使用 CATIA 向用户提供的帮助文档，以帮助用户完成学习计划。

11 单击【下一步】按钮，查看安装前的所有配置，如图 1-12 所示。

12 单击【安装】按钮，开始进行安装，如图 1-13 所示。

13 最后单击【完成】按钮，如图 1-14 所示。

图 1-12　查看安装前的所有配置

图 1-13　安装程序

图 1-14　完成安装

1.1.2　认识 CATIA V5-6R2017 的用户界面

CATIA 各个模块下的用户界面基本一致，包括标题栏、菜单栏、工具栏、指南针、命令提示栏、绘图区和特征树，本小节着重介绍 CATIA 的启动及菜单栏、工具栏、命令提示栏和特征树的功能，以便后续课程的学习。

CATIA 软件的用户界面分为 6 个区域。

- 顶部为菜单区（Menus）。
- 左部为产品 / 部件 / 零件树形结构图（Tree & Associated Geometry）。
- 中部为图形工作区（Graphic Zone）。
- 右部为与选中的工作台相应的功能菜单区（Active Work Bench Toolbar）。
- 下部为工具菜单区（Standard Toolbars）。
- 工具菜单下为命令提示区（Dialog Zone）。

一般来说，有两种方法可启动并进入 CATIA V5-6R2017 软件环境。

方法 1：双击 Windows 桌面上的 CATIA V5-6R2017 软件快捷图标（见图 1-15）。

提示：

只要是正常安装，Windows 桌面上都会显示 CATIA V5-6R2017 软件快捷图标。快捷图标的名称可根据需要进行修改。

方法 2：从 Windows 系统的"开始"菜单进入 CATIA V5-6R2017，操作方法如下。

01 在 Windows 系统的桌面左下角单击【开始】按钮。

02 选择 ▶ 所有程序 → CATIA → 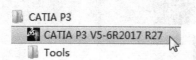 命令，如图 1-16 所示，便会进入 CATIA V5 软件环境。

03 软件启动界面如图 1-17 所示，CATIA 启动完成之后会进入初始界面，打开一个零件后的工作界面如图 1-18 所示。

图 1-15　CATIA 快捷图标　　图 1-16　执行 CATIA 软件启动命令　　　　　图 1-17　启动界面

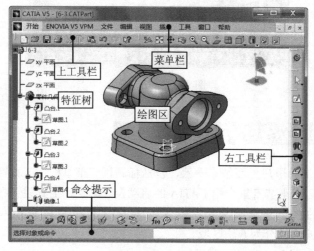

图 1-18　CATIA V5-6R2017 的工作界面

1.2　视图与对象的基本操作

使用 CATIA V5-6R2017 软件以鼠标操作为主，用键盘输入数值。执行命令时主要是用鼠标单击工具图标，也可以通过选择下拉菜单或用键盘输入来执行命令。

1.2.1　鼠标的操作

在 CATIA 工作界面中选中的对象被加亮（显示为橙色），选择对象时，在图形区与在特征树中选择是相同的，并且是相互关联的。利用鼠标也可以操作几何视图或特征树，要使几何视图或特征树成为当前操作的对象，可单击特征树或窗口右下角的坐标轴图标。

移动视图是最常用的操作，如果每次都单击工具栏中的按钮，将会浪费用户很多时间，可以通过鼠标快速地完成视图的移动操作。

表 1-1 列出了用不同的鼠标动作来操作视图的功能。

表 1-1　鼠标操作方式

操作	鼠标动作	描述
选择特征		左键单击模型特征并选中
移动模型		按住中键并拖动鼠标
旋转模型	或	同时按中键和右键并拖动鼠标，或者同时按中键和左键并拖动鼠标
	+ Ctrl	先按鼠标中键，再按 Ctrl 键
缩放模型	+ −	同时按住中键和右键，然后松开右键并拖动鼠标
	Ctrl+	先按 Ctrl 键，再按鼠标中键
定义新视点观察模型	Shift +	先按 Shift 键，然后用中键确定视点并拖动鼠标来设置视图缩放范围

1.2.2　指南针的使用方法

图 1-19 所示的指南针是一个重要的工具，通过它可以对视图进行旋转、移动等多种操作。同时，指南针在操作零件时也有着非常强大的功能。下面简单介绍指南针的基本功能。

指南针位于图形区的右上角，并且总是处于激活状态，用户可以选择【视图】下拉菜单中的【指南针】命令来隐藏或显示指南针。使用指南针既可以对特定的模型进行特定的操作，还可以对视点进行操作。

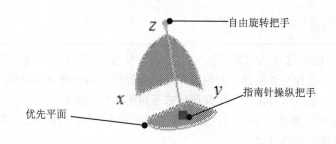

图 1-19　指南针

字母 x、y、z 表示坐标轴，z 轴起到定位的作用；靠近 z 轴的点称为自由旋转把手，用于旋转指南针，同时图形区中的模型也将随之旋转；红色方块是指南针操纵把手，用于拖动指南针，并且可以将指南针置于物体上进行操作，也可以使物体绕该点旋转；指南针底部的 xy 平面是系统默认的优先平面，也就是基准平面。

 提示：

　　指南针可用于操纵未被约束的物体，也可以操纵彼此之间有约束关系但是属于同一装配体的一组物体。

1. 视点操作

视点操作是指使用鼠标对指南针进行简单的拖动，从而实现对图形区的模型进行平移或旋转操作。

- 将鼠标指针移至指南针处，鼠标指针由 变为 ，并且鼠标指针所经过之处，坐标轴、坐标平面的弧形边缘及平面本身皆会以亮色显示。
- 单击指南针上的轴线（此时鼠标指针变为 ）并按住鼠标拖动，图形区中的模型会沿着该轴线移动，但指南针本身并不会移动。
- 单击指南针上的平面并按住鼠标移动，则图形区中的模型和空间也会在此平面内移动，但是指南针本身不会移动。
- 单击指南针平面上的弧线并按住鼠标移动，图形区中的模型会绕其法线旋转，同时，指南针本身也会旋转，而且鼠标离红色方块越近旋转越快。
- 单击指南针上的自由旋转把手并按住鼠标移动，指南针会以红色方块为中心点自由旋转，且图形区中的模型和空间也会随之旋转。
- 单击指南针上的 x、y 或 z 字母，则模型在图形区以垂直于该轴的方向显示，再次单击该字母，视点方向会变为反向。

2. 模型操作

使用鼠标和指南针不仅可以对视点进行操作，而且还可以把指南针拖动到物体上，对物体进行操作。

- 将鼠标指针移至指南针操纵把手处（此时鼠标指针变为 ），然后拖动指南针至模型上并释放，此时指南针会附着在模型上，且字母 x、y、z 变为 W、U、V，这表示坐标轴不再与文件窗口右下角的绝对坐标相一致。这时，就可以按上面介绍的对视点的操作方法对物体进行操作了。

- 对模型进行操作的过程中，移动的距离和旋转的角度均会在图形区显示。显示的数据为正，表示与指南针指针正向相同；显示的数据为负，表示与指南针指针的正向相反。
- 将指南针恢复到默认位置的方法：拖动指南针操纵把手到离开物体的位置，松开鼠标，指南针就会回到图形区右上角的位置，但是不会恢复为默认的方向。
- 将指南针恢复到默认方向的方法：将指南针拖动到窗口右下角的绝对坐标系处；在拖动指南针离开物体的同时按 Shift 键，且先松开鼠标左键；选择【视图】下拉菜单中的【重置指南针】命令。

3. 编辑

将指南针拖动到物体上并右击，在弹出的快捷菜单中选择【编辑】命令，弹出图 1-20 所示的【用于指南针操作的参数】对话框。利用【用于指南针操作的参数】对话框可以对模型进行平移和旋转等操作。

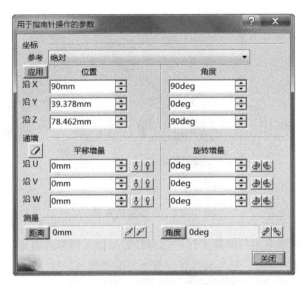

图 1-20　【用于指南针操作的参数】对话框

【用于指南针操作的参数】对话框中各选项的含义如下。

- 【参考】下拉列表：该下拉列表中包含【绝对】和【活动对象】两个选项。【绝对】坐标是指模型的移动是相对于绝对坐标的；【活动对象】坐标是指模型的移动是相对于激活的模型的（激活模型的方法是：在特征树中单击模型，激活的模型以蓝色高亮显示）。选定之后，就可以对指南针进行精确的移动、旋转等操作，从而对模型进行相应操作。
- 【位置】文本框：此文本框显示当前的坐标值。可以通过文本框修改坐标值。
- 【角度】文本框：此文本框显示当前坐标的角度值。可以修改角度值。
- 【平移增量】区域：如果要沿着指南针的一根轴线移动，则需在该区域的【沿 U】【沿 V】或【沿 W】文本框中输入相应的距离，然后单击 ⬇ 或 ⬆ 按钮。
- 【旋转增量】区域：如果要沿着指南针的一根轴线旋转，则需在该区域的【沿 U】【沿 V】或【沿 W】文本框中输入相应的角度，然后单击 ↻ 或 ↺ 按钮。
- 【距离】区域：要使模型沿所选的两个元素产生的矢量移动，则需先单击【距离】按钮，然后选择两个元素（可以是点、线或平面）。两个元素的距离值经过计算会在【距离】按钮后的文本框中显示。当第一个元素为一条直线或一个平面时，除了可以选第二个元素以外，还可以在【距离】按钮后的文本框中填入相应数值。这样，单击 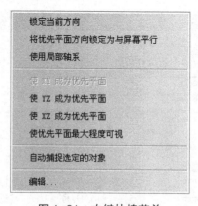 或 按钮，便可以沿着经过计算所得的平移方向的反向或正向移动模型了。

- 【角度】区域：要使模型沿所选的两个元素产生的夹角旋转，则需先单击【角度】按钮，然后选择两个元素（可以是线或平面）。两个元素的角度值经过计算会在【角度】按钮后的文本框中显示。单击 或 按钮，便可以沿着经过计算所得的旋转方向的反向或正向旋转模型了。

4．其他操作

在指南针上右击，系统会弹出图 1-21 所示的快捷菜单。下面介绍该菜单中的命令。

- 锁定当前方向：即固定目前的视角，这样，即使选择下拉菜单命令，也不会回到原来的视角，而且将指南针拖动的过程中及将指南针拖动到模型上以后，都会保持原来的方向。欲重置指南针的方向，只需再次选择该命令即可。

图 1-21　右键快捷菜单

- 将优先平面方向锁定为与屏幕平行：指南针的坐标系同当前自定义的坐标系保持一致。如果无当前自定义坐标系，则与文件窗口右下角的坐标系保持一致。
- 使用局部轴系：指南针的优先平面与屏幕方向相互平行，这样，即使改变视点或旋转模型，指南针也不会发生改变。
- 使 YZ 成为优先平面：使 *VW* 平面成为指南针的优先平面，系统默认选用此平面。
- 使 XZ 成为优先平面：使 *WU* 平面成为指南针的优先平面。
- 使优先平面最大程度可视：使指南针的优先平面为可见程度最大的平面。
- 自动捕捉选定的对象：使指南针自动到指定的未被约束的物体上。
- 编辑：使用该命令可以实现模型的平移和旋转等操作，前面已详细介绍。

1.2.3　对象的选择

在 CATIA V5-6R2017 中，选择对象常用以下几种方法。

1．选取单个对象

直接用鼠标单击需要选取的对象。

在特征树中单击对象的名称，即可选择对应的对象，被选取的对象会高亮显示。

2．选取多个对象

按住 CATIACtrl 键，用鼠标单击多个对象，可选择多个对象。

提示：

在绘图区中单击，可以选择单个特征，如图 1-22 所示。如果双击则可以选中全部特征，如图 1-23 所示。

图 1-22　单击选中单个特征

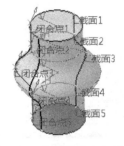

图 1-23　双击选中全部特征

3. 【选择】工具栏

利用图 1-24 所示的【选择】工具栏选取对象。

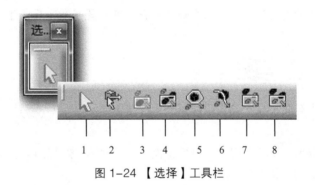

图 1-24　【选择】工具栏

【选择】工具栏中的按钮说明如下。

1：选择。选择系统自动判断的元素。

2：几何图形上方的选择框。

3：矩形选择框。选择矩形包围的元素。

4：相交矩形选择框。选择与矩形相交的元素。

5：多边形选择框。用鼠标绘制任意一个多边形，选择多边形包围的元素。

6：手绘的选择框。用鼠标绘制任意形状，选择其包围的元素。

7：矩形选择框之外。选择矩形外部的元素。

8：相交于矩形选择框之外。选择与矩形相交的元素及矩形以外的元素。

4. 利用搜索功能选择对象

搜索工具可以根据用户提供的名称、类型、颜色等信息快速选择对象。在菜单栏中执行【编辑】/【搜索】命令，弹出【搜索】对话框，如图 1-25 所示。

使用搜索功能需要先打开模型文件，然后在【搜索】对话框中输入查找内容，单击【搜索】按钮，对话框下方则显示出符合条件的元素，如图 1-26 所示。

图 1-25 【搜索】对话框

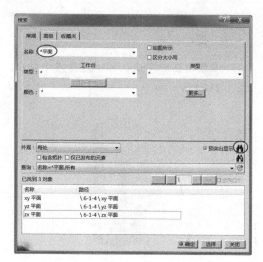

图 1-26 搜索内容

提示：

【搜索】对话框中的 * 是通配符，代表任意字符，可以是一个字符也可以是多个字符。

1.2.4 视图显示与着色显示

三维实体在屏幕上有两种显示方式：视图显示与着色显示。

1. 视图显示

模型的显示一般分为 7 个基本视图，包括正视图、背视图、左视图、右视图、俯视图、仰视图和等轴侧视图，如表 1-2 所示。

表 1-2 基本视图

视图名	状态	视图名	状态
正视图		背视图	
左视图		右视图	
俯视图		仰视图	

续表

视图名	状态	视图名	状态
等轴侧视图			

除了上述 7 种标准视图外，还可以自定义视图。在【视图】下拉列表中选择【已命名的视图】选项，弹出【已命名的视图】对话框。通过此对话框可以添加新的视图，如图 1-27 所示。

图 1-27　添加新视图

2. 模型的着色显示

CATIA V5-6R2017 提供了 6 种标准显示模式，如图 1-28 所示。分别以模型的着色为例，可表达为图 1-29 所示的各种着色模式。

图 1-28　CATIA 的 6 种标准显示模式

着色　　　含边线着色　　　含边线但不光顺边线

含边线和隐藏边线着色　　　含材料着色　　　边框

图 1-29　6 种标准的模型显示模式

若单击【自定义视图参数】按钮 ，则弹出【视图模式自定义】对话框，如图 1-30 所示。通过此对话框可以对视图的边线和点进行详细的设置。

图 1-30 【视图模式自定义】对话框

1.3 界面定制

CATIA 允许用户根据自己的习惯和爱好对开始菜单、用户工作台、工具栏和命令等进行设置，这被称之为自定义设置。

上机操作——定制菜单

01 在菜单栏中执行【工具】/【定制】命令，系统弹出【自定义】对话框，如图 1-31 所示，该对话框包含【开始菜单】【用户工作台】【工具栏中】【命令】【选项】5 个选项卡。

02 在左侧【可用的】菜单列表中选择自己需要添加的选项，单击【添加】按钮 ⟶，菜单选项将被添加进右侧的收藏夹中，如图 1-32 所示。

图 1-31 【自定义】对话框　　　　　图 1-32 添加菜单到收藏夹中

03　同样地，添加【实时渲染】菜单到【收藏夹】中。这时打开【开始】菜单，可以看到【开始】菜单已经变更，如图 1-33 所示。

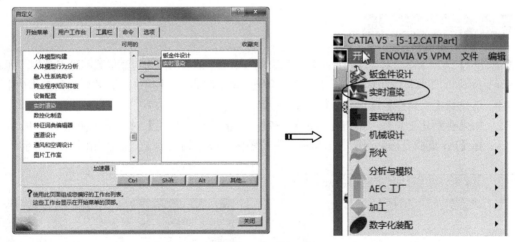

图 1-33　添加【实时渲染】菜单到【开始】菜单中

 提示：

如果要去除添加到【开始】菜单中的项目，则在【自定义】对话框的【收藏夹】列表中选择相应的选项，单击向左的箭头即可，如图 1-34 所示。

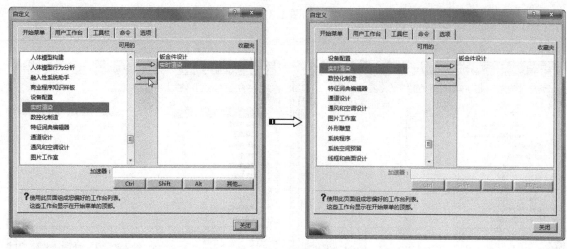

图 1-34 移除菜单

上机操作——定制用户工作台

01 打开【用户工作台】选项卡，如图 1-35 所示。

02 对用户当前的工作台进行新建、删除及重命名。

03 选择好当前工作台后，再转到【工具栏】选项卡为当前工作台添加工具栏。

上机操作——定制工具栏

【工具栏】选项卡用于对在【用户工作台】选项卡中选中的当前工作台添加或删除工具栏，列表框中显示已经添加的工具栏，在默认情况下，系统会把一些常用的工具栏添加到用户定义的工作台中。

01 切换到【工具栏】选项卡，如图 1-36 所示。

02 如果要新建工具栏，单击【新建】按钮，弹出【新工具栏】对话框，如图 1-37 所示，选择【D5 集成分析】选项的工具栏，则绘图区会显示相应的工具栏，如图 1-38 所示。

图 1-35 【用户工作台】选项卡

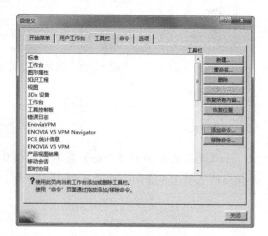

图 1-36 【工具栏】选项卡

图 1-37 【新工具栏】对话框

图 1-38 【D5 集成命令】工具栏

 提示:

如果需要取消此工具栏，则在选择后单击【删除】按钮，可以删除此工具栏。

03 当新建了工具栏中后，需要在工具栏中添加新的命令。单击【添加命令】按钮，弹出【命令列表】对话框，如图 1-39 所示。选择【"虚拟现实"视图追踪】选项，单击【确定】按钮，就在【标准】工具栏中添加了新命令，如图 1-40 所示。

04 如果要删除命令，单击【自定义】对话框中的【移除命令】按钮，弹出【命令列表】对话框，选择【"虚拟现实"视图追踪】选项，单击【确定】按钮，即可删除，如图 1-41 所示。

图 1-39 【命令列表】对话框

图 1-40 添加新命令

图 1-41 删除命令

上机操作——定制命令

【命令】选项卡用于为【工具栏】选项卡中定义的工具栏添加命令。在【类别】列表框中列出了当前可用的命令类别，在【命令】列表框中显示选中的类别下包含的所有命令，可以将命令直接

拖到工具栏中，列表框下面显示当前命令的图标和简短描述。

01 新建了一个工具栏后，在【命令】选项卡中找到所需要的命令，单击此命令并按住鼠标拖动至新工具栏中，如图 1-42 所示。

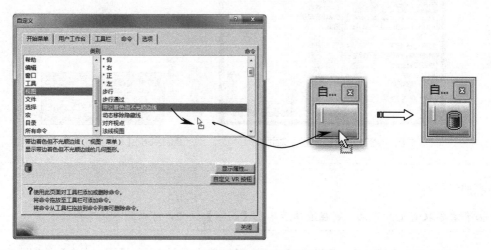

图 1-42 添加新命令至工具栏中

02 单击【自定义 VR】按钮，可以自定义按钮的图标样式。

 提示：

　　不能将命令添加进菜单栏的各菜单中。如果要删除命令，直接从工具栏中拖动命令到工具栏外即可。

03 单击【显示属性】按钮，对话框增加了【命令属性】选项组，显示了当前命令的标题、用户别名、图标等属性，并可给当前命令设置快捷键和图标，如图 1-43 所示。

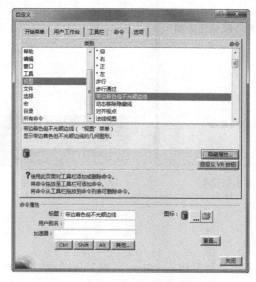

图 1-43 显示命令的属性设置

上机操作——定制选项

【选项】选项卡用于设置 CATIA V5-6R2017 工具栏环境的其他杂项，如图 1-44 所示。

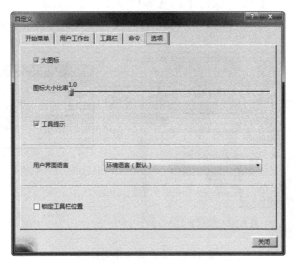

图 1-44　【选项】选项卡

01　选中【大图标】复选框，工具栏中各个命令的图标都使用大图标。

02　选中【工具提示】复选框，鼠标指针移动到命令图标上时，会显示关于该工具功能的简短提示，否则不会给出提示。

03　【用户界面语言】下拉列表用于设置用户界面语言，默认设置为环境语言，修改此项设置，系统弹出提示对话框，提示该项设置的修改需重新启动 CATIA V5-6R2017 系统才能生效，如图 1-45 所示。

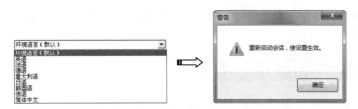

图 1-45　设置环境语言

04　选中【锁定工具栏位置】复选框，可锁定工具栏的当前位置，用户不能移动。

1.4　创建模型参考

用户在建模过程中，常常会利用 CAITA 的参考图元工具（基准工具）创建基准特征，包括基准点、基准线、基准平面和轴系（参考坐标系）。创建基准的【参考图元（扩展的）】工具栏如图 1-46 所示。

图 1-46　【参考图元（扩展的）】工具栏

1.4.1 参考点

参考点的创建方法较多，下面详细列举。

在菜单栏中执行【开始】/【机械设计】/【零件设计】命令，进入零件设计工作平台。在【参考图元（扩展的）】工具栏中单击【点】按钮■，打开【点定义】对话框，如图1-47所示。

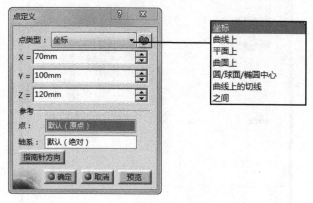

图1-47 【点定义】对话框

 提示：

"点类型"旁有一个锁定按钮，可以防止在选择几何图形时自动更改该类型。只需单击此按钮，锁就变为红色，即。例如，如果选择【坐标】类型，则无法选择曲线。如果想选择曲线，请在下拉列表中选择其他类型。

1. 【坐标】方法

此方法是以输入当前工作坐标系的坐标参数来确定点在空间中的位置。输入值是根据参考点和参考轴系确定的。

上机操作——以【坐标】方法创建参考点

01 单击【点】按钮■，打开【点定义】对话框。

02 默认情况下，参考点是以绝对坐标系原点作为参考创建的。可以激活【点】参考收集器，选取绘图区中的一个点作为参考，那么输入的坐标值就是以此点作为参考的，如图1-48所示。

 提示：

如果要删除指定的参考点或轴系，可以选择右键菜单中的【清除选择】命令。

03 在【点类型】列表中选择【坐标】类型，程序自动将绝对坐标系设为参考。输入新点的坐标值，如图1-49所示。

图 1-48　指定参考点来输入新点的坐标值　　　　图 1-49　以默认的绝对坐标系作为参考

04　当然用户也可以在绘图区选择右键菜单中的【创建轴系】命令，临时新建一个参考坐标系，如图 1-50 所示。

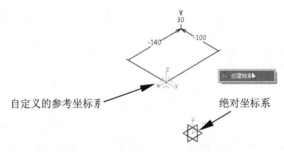

图 1-50　创建自定义的参考坐标系

 提示：

　　CATIA 软件中的"轴系"，就是图形学中的"坐标系"。

05　最后单击【确定】按钮，完成参考点的创建。

2.【曲线上】方法

此方法是在指定的曲线上创建点。采用此方法的【点定义】对话框如图 1-51 所示。

定义【曲线上】方法的各参数选项含义如下。

● 曲线上的距离：位于沿曲线到参考点的给定距离处，如图 1-52 所示。

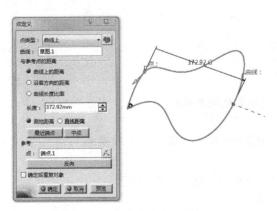

图 1-51　【点定义】对话框

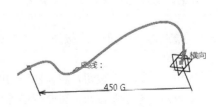

图 1-52　曲线上的距离

- 沿着方向的距离：沿着指定的方向来设置距离，如图 1-53 所示。用户可以指定直线或平面作为方向参考。

 提示：

　　要指定方向参考，如果是直线，则直线必须与点所在曲线的方向大致相同，此外还要注意参考点的方向（图 1-53 中的偏置值上的尺寸箭头）。若相反，则会弹出【更新错误】警告对话框，如图 1-54 所示。如果是选择平面，那么点所在的曲线必须在该平面上，或者与平面平行，否则不能创建点。

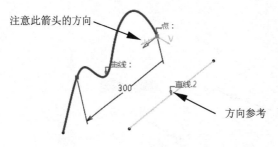

图 1-53　沿着方向的距离

图 1-54　【更新错误】警告对话框

- 曲线长度比率：参考点和曲线的端点之间的给定比率，最大值为 1。
- 测地距离：从参考点到要创建的点，两者之间的最短距离（沿曲线测量的距离），如图 1-55 所示。
- 直线距离：从参考点到要创建的点，两者之间的直线距离（相对于参考点测量的距离），如图 1-56 所示。

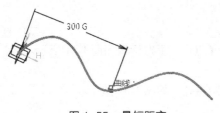

图 1-55　最短距离

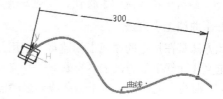

图 1-56　直线距离

 提示：

　　如果距离或比率值定义在曲线外，则无法创建直线距离的点。

- 最近端点：单击此按钮，将把点创建在所在曲线的端点上。参考点与端点如图 1-57 所示。
- 中点：单击此按钮，将在曲线的中点位置创建点，如图 1-58 所示。
- 反向：单击此按钮，可改变参考点的位置。

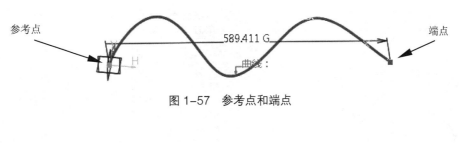

图 1-57　参考点和端点

图 1-58　在中点位置创建点

● 　确定后重复对象：如果需要创建多个点或平分曲线，可以选择此选项。选择后会打开【点面复制】对话框，如图 1-59 所示。通过此对话框设置复制的个数，即可创建复制的点。如果选中【同时创建法线平面】复选框，还会创建在这些点与曲线垂直的平面，如图 1-60 所示。

图 1-59　【点面复制】对话框

图 1-60　创建法线平面

上机操作——以【曲线上】方法创建参考点

01　进入零件设计工作台。单击【草图】按钮，选择 *xy* 平面作为草图平面，并绘制图 1-61 所示的样条曲线。

02　退出草图工作台后，再单击【点】按钮，打开【点定义】对话框。选择【曲线上】类型，图形区中显示默认选取的元素，如图 1-62 所示。

03　程序自动选择了草图作为曲线参考，选择【与参考点的距离】中的【曲线长度比率】，并输入比率值 "0.5"。

04　保留其余选项的默认设置，单击【确定】按钮完成参考点的创建，如图 1-63 所示。

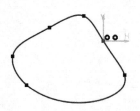

图 1-61　绘制草图

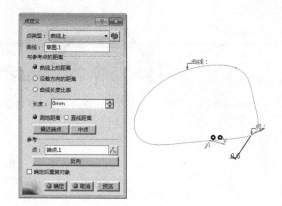

图 1-62　选择点类型

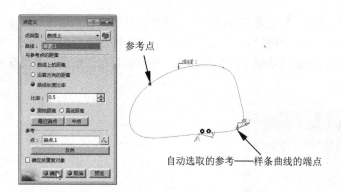

图 1-63　完成参考点的创建

3.【平面上】方法

选择【平面上】选项来创建点，需要用户选择一个参考平面，平面可以是默认坐标系中的 3 个基准平面之一，也可以指定模型上的平面。

上机操作——以【平面上】方法创建参考点

01　新建文件并进入零件设计工作台。

02　单击【点】按钮 ■，打开【点定义】对话框。选择【平面上】类型，然后选择 *xy* 平面作为参考平面，并拖移点到平面中的相对位置，如图 1-64 所示。

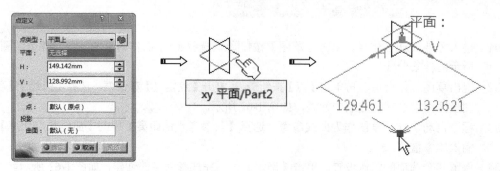

图 1-64　在平面上创建点

03　在【点定义】对话框修改【H】和【V】的值，再单击【确定】按钮完成参考点的创建，如图 1-65 所示。

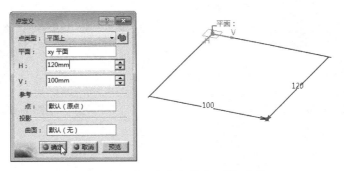

图 1-65　输入参考点的【H】【V】值

 提示：

　　当然，用户也可以选择一个曲面作为点的投影参考，平面上的点将自动投影到指定的曲面上，如图 1-66 所示。

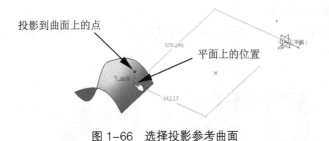

图 1-66　选择投影参考曲面

4.【曲面上】方法

　　在曲面上创建点，需要指定曲面、方向、距离和参考点。打开【点定义】对话框，如图 1-67 所示。

　　对话框中各选项的含义如下。

- 曲面：要创建点的曲面。
- 方向：在曲面中需要指定一个点的放置方向，点将在此方向上通过输入距离来确定具体方位。
- 距离：输入沿参考方向的距离。
- 参考点：此参考点为输入距离的起点参考。默认情况下，程序采用曲面的中点作为参考点。

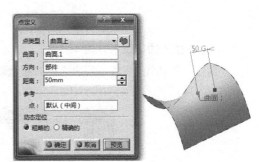

图 1-67　在曲面上创建点

- 动态定位：用于选择定位点的方法，包括"粗略的"和"精确的"。"粗略的"表示在参考点和鼠标单击位置之间计算的距离为直线距离，如图 1-68 所示。"精确的"表示在参考点和鼠标单击位置之间计算的距离为最短距离，如图 1-69 所示。

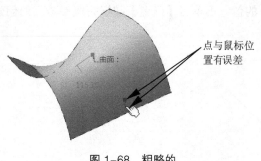

点与鼠标位
置有误差

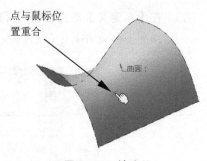

点与鼠标位
置重合

图 1-68 粗略的 图 1-69 精确的

提示：

在"粗略的"定位方法中，距离参考点越远，定位误差就越大。在"精确的"定位方法中，创建的点精确位于鼠标单击的位置。而且在曲面上移动鼠标指针时，操作器不更新，只有在单击曲面时才更新。在"精确的"定位方法中，有时，最短距离计算会失败。这种情况下，可能会使用直线距离，因此创建的点可能不位于鼠标单击的位置。使用封闭曲面或有孔曲面时的情况就是这样。建议先分割这些曲面，然后再创建点。

5.【圆/球面/椭圆中心】方法

此方法只能在圆曲线、球面或椭圆曲线的中心点位置创建点，如图 1-70 所示，选择球面，在鼠标位置自动创建点。

图 1-70 创建"圆/球面/椭圆中心"中心点

6.【曲线上的切线】方法

"曲线上的切线"正确理解应为在曲线上创建切点，例如，在样条曲线中创建图 1-71 所示的切点。

图 1-71 创建曲线上的切点

7.【之间】方法

此方式是在指定的两个参考点之间创建点。可以输入比率来确定点在两者之间的位置，也可以单击【中点】按钮，在两者之间的中点位置创建点，如图 1-72 所示。

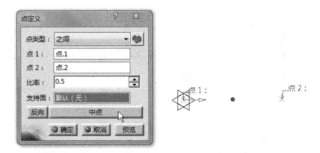

图 1-72　在两点之间创建点

提示：

　　单击【反向】按钮，可以改变比率的计算方向。

1.4.2　参考直线

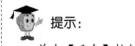

　　利用【直线】命令可以定义多种方式的直线。在【参考图元（扩展的）】工具栏中单击【直线】
按钮　，打开【直线定义】对话框，如图 1-73 所示。

图 1-73　【直线定义】对话框

下面详解 6 种直线的定义方式。

1. 点 - 点

此种方式是在两点的连线上创建直线。默认情况下，程序将在两点之间创建直线，如图 1-74
所示。

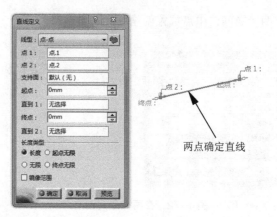

图 1-74　创建直线

此方式的各项选项含义如下。

- 点 1：选择起点。
- 点 2：选择终点。
- 支持面：参考曲面。如果是在曲面上的两点之间创建直线，当选择支持面后，会创建曲线，如图 1-75 所示。

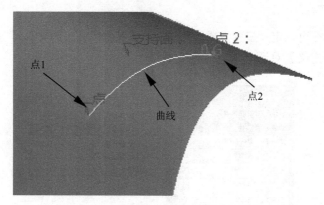

图 1-75　选择支持面

- 起点：超出点 1 的直线端点，也是直线起点。可以输入超出距离，如图 1-76 所示。

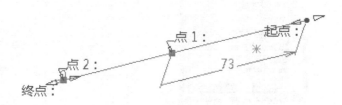

图 1-76　输入超出起点的距离

- 直到 1：可以选择超出直线的截止参考。截止参考可以是曲面、曲线或点。
- 终点：超出选定的第 2 点的直线端点，也是直线终点，如图 1-77 所示。
- 长度类型：就是直线类型。如果是"长度"，表示将创建有限距离的线段。若是"无限"，则创建无端点的直线。

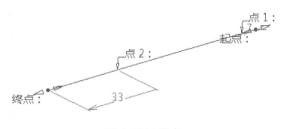

图 1-77　终点

　提示：

如果超出两点的距离都为 0，那么起点、终点分别与两个指定点重合。

● 镜像范围：选中此复选框，可以创建起点和终点与各自对应的指定点距离相同的直线，如图 1-78 所示。

图 1-78　镜像范围

上机操作——以【点 - 点】方式创建参考直线

01　打开本例素材源文件"qumian.CATPart"，进入零件设计工作台，如图 1-79 所示。

02　在【参考图元（扩展的）】工具栏中单击【点】按钮 ■，打开【点定义】对话框。

03　选中曲面，然后输入距离"50"，其余选项保留默认设置，再单击【确定】按钮完成第 1 个参考点的创建，如图 1-80 所示。

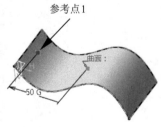

图 1-79　打开的源文件　　　　　图 1-80　创建第 1 个参考点

04　同样地，继续在此曲面上创建第 2 个参考点，如图 1-81 所示。

05　在【参考图元（扩展的）】工具栏中单击【直线】按钮 ╱，打开【直线定义】对话框，然后选择【点 - 点】线类型，如图 1-82 所示。

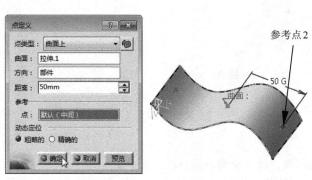

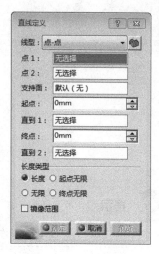

图 1-81 创建第 2 个参考点

图 1-82 选择线类型

06 激活【点 1】选项，选择第 1 个参考点，如图 1-83 所示。激活【点 2】选项，再选择第 2 个参考点，选择两个参考点后将显示直线预览，如图 1-84 所示。

图 1-83 选择点 1

图 1-84 选择点 2 后显示直线预览

07 激活【支持面】选项，再选择曲面作为支持面，直线将依附在曲面上，如图 1-85 所示。

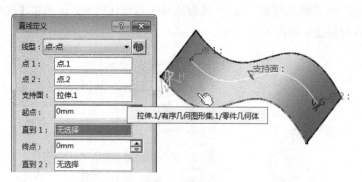

图 1-85 选择支持面

08 最后单击【确定】按钮完成参考直线的创建。

2. 点和方向

"点和方向"是根据参考点和参考方向来创建直线的方式，如图 1-86 所示。此直线一定是与参考方向平行的。

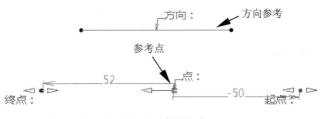

图 1-86　点和方向

3. 曲线的角度 / 法线

此方式可以创建与指定参考曲线成一定角度的直线，或者与参考曲线垂直的直线，如图 1-87 所示。

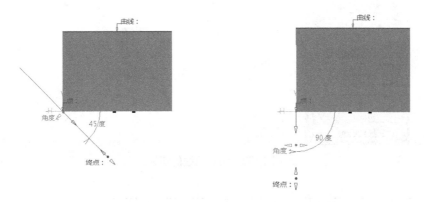

图 1-87　创建与参考曲线成一定角度或垂直的直线

如果需要创建多条角度、参考点和参考曲线相同的直线，可以选中【确定后重复对象】复选框，如图 1-88 所示。

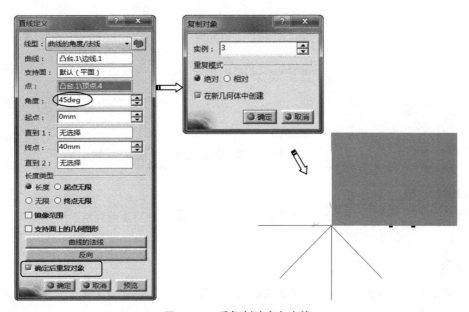

图 1-88　重复创建多条直线

4. 曲线的切线

"曲线的切线"方式是通过指定相切的参考曲线和参考点来创建直线，如图 1-89 所示。

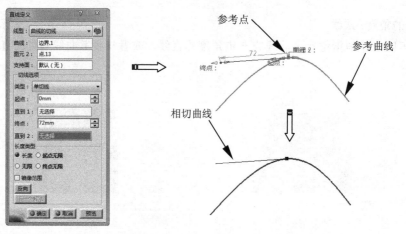

图 1-89　创建曲线的切线

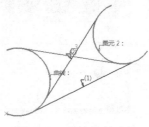

图 1-90　多个解的选择

5. 曲面的法线

"曲面的法线"方式是在指定的位置点上创建与参考曲面法向垂直的直线，如图 1-91 所示。

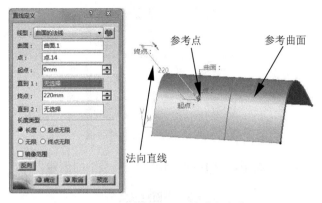

图 1-91　创建曲面上的法向直线

6. 角平分线

"角平分线"方式是在指定的具有一定夹角的两条相交直线中间创建角平分线，如图 1-93 所示。

提示：

如果两条直线仅成角度而没有相交，将不会创建角平分线。当存在多个解时，可以在对话框中单击【下一个解法】按钮确定合理的角平分线，图 1-93 中就存在两个解法，可以确定"直线 2"是我们所需的角平分线。

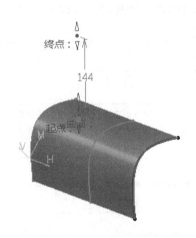

图 1-92　点不在曲面上的情况

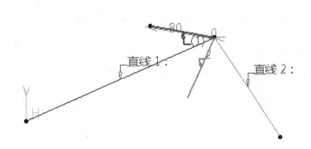

图 1-93　创建角平分线

1.4.3　参考平面

参考平面是 CATIA 建模的模型参照平面，建立某些特征时必须创建参考平面，如凸台、旋转体、实体混合等。CATIA 零件设计模式中有 3 个默认建立的基准平面，分别是 xy 平面、yz 平面和 zx 平面。下面所讲的平面是在建模过程中创建特征时所需的参考平面。

单击【平面】按钮 ⬭，弹出图 1-94 所示的【平面定义】对话框。

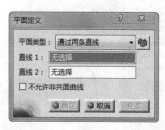

图 1-94 【平面定义】对话框

对话框包含 11 种平面创建类型，表 1-3 中列出了这些类型的创建方法。

表 1-3 平面定义类型

平面类型	图解方法	说明
偏置平面		指定参考平面并进行偏置，得到新平面 注意：选中【确定后重复对象】复选框可以创建多个偏置的平面
平行通过点		指定一个参考平面和一个放置点，平面将建立在放置点上
与平面成一定角度或垂直		指定参考平面和旋转轴，创建与参考平面成一定角度的新平面 注意：该轴可以是任何直线或隐式元素，如圆柱面轴。要选择后者，需按住 Shift 键的同时将指针移至元素上方，然后单击它
通过三个点		指定空间中的任意三个点，可以创建新平面
通过两条直线		指定空间中的两条直线，可以创建新平面。注意：如果是同一平面的直线，可以选中【不允许非共面曲线】复选框进行排除
通过点和直线		通过指定一个参考点和参考直线来建立新平面
通过平面曲线		通过指定平面曲线来建立新平面 注意："平面曲线"指的是该曲线是在一个平面中创建的
曲线的法线		通过指定曲线，来创建垂直于曲线切过参考点的新平面 注意：如果没有指定参考点，程序将自动拾取该曲线的中点作为参考点
曲面的切线		通过指定参考曲面和参考点，使新平面与参考曲面相切

续表

平面类型	图解方法	说明
方程式	Ax+By+Cz = D A：　0 B：　0 C：　1 D：　20mm　移动	通过输入多元方程式中的变量值来控制平面的位置
平均通过点	移动	指定三个或三个以上的点以通过这些点显示平均平面

1.5　修改图形属性

CATIA 还提供了图形的属性修改功能，如修改几何对象的颜色、透明度、线宽、线型、图层等属性。

1.5.1　通过工具栏修改属性

用于图形属性修改的工具栏如图 1-95 所示。

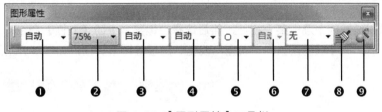

图 1-95　【图形属性】工具栏

首先选择要修改图形特性的几何对象，通过下列图标选择新的图形特性，然后单击作图区的空白处即可。

❶修改几何对象颜色：单击该列表框，从弹出的列表中选取一种颜色即可。

❷修改几何对象的透明度：单击该列表框，从弹出的列表中选取一个透明度比例即可，100%表示不透明。

❸修改几何对象的线宽：单击该列表框，从弹出的列表中选取一种线宽即可。

❹修改几何对象的线型：单击该列表框，从弹出的列表中选取一种线型即可。

❺修改点的式样：单击该列表框，从弹出的列表中选取一个点的式样。

❻修改对象的着色显示：单击该列表框，从弹出的列表中选取一种着色模式。

❼修改几何对象的图层：单击该列表框，从弹出的列表中选取一个图层即可。

 提示：

如果列表内没有合适的图层，选择该列表的【其他层】选项，通过随后弹出的图 1-96 所示的有关管理图层的【已命名的层】对话框建立新的图层即可。

❽格式刷 ：单击此按钮，可以复制格式（属性）到所选对象。

❾图形属性向导 ：单击此按钮，可以从打开的【图形属性向导】对话框设置自定义的属性，如图 1-97 所示。

图 1-96 【已命名的层】对话框

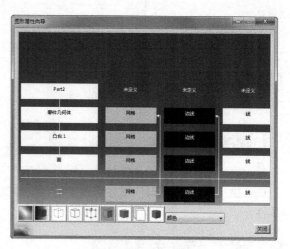

图 1-97 自定义属性

1.5.2 通过上下文菜单修改属性

用户也可以在绘图区中选中某个特征，然后选择右键菜单中的【属性】命令，打开【属性】对话框。通过此对话框，可以设置颜色、线型、线宽、图层等图形属性，如图 1-98 所示。

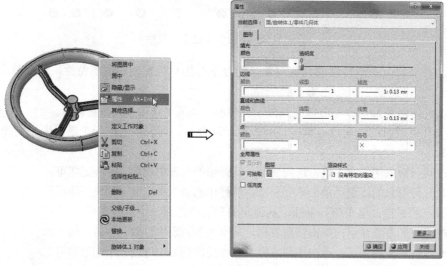

图 1-98 选择右键菜单命令修改属性

2 Chapter

第 2 章
草图绘制与编辑

绘制草图是生成 3D 模型的基础，是在草图模式下，使用草绘工具命令勾勒出实体模型的截面轮廓，草图绘制完成后，就可以使用零件设计功能生成实体模型。绘制草图是零件建模的基础，也是 3D 建模的必备技能。

本章主要讲解 CATIA 草图绘制的基本功能，包括草图环境的介绍、草图的智能捕捉、草图绘制的基本命令等。一个完整的草图还应包括几何约束、尺寸约束、几何图形的编辑等内容。

知识要点

- 草图工作台
- 基本绘图工具
- 草图操作与编辑
- 几何约束
- 尺寸约束

2.1 草图工作台

草图模式是 CATIA 进行草图绘制的专业模块，用来与其他模块配合进行 3D 模型的制作。

2.1.1 草图工作台的进入

在 CAITA V5-6R2017 中，进入草图工作台（也可称为"草图环境"或"草图模式"）有以下 3 种方式。

1. 在零件设计模式中创建草图

用户可以在零件设计模式下，在菜单栏中执行【插入】/【草图模式】/【草图】命令，或者在【草图模式】工具栏中单击【草图】按钮，然后选择一个草图平面自动进入草图工作台。草图工作台如图 2-1 所示。

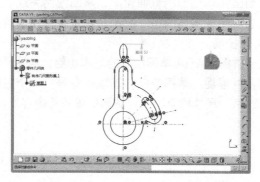

图 2-1　CAITA V5-6R2017 草图工作台界面

2. 以"基于草图的特征"方式进入

当用户利用 CATIA 的基本特征命令，如凸台、旋转体等来创建特征时，可以通过对话框的草图平面定义进入草图工作台，如图 2-2 所示。

3. 新建草图文件

执行【开始】/【机械设计】/【草图模式】菜单命令，打开图 2-3 所示的【新建零件】对话框。单击【确定】按钮进入草图环境。接着选择草图平面，自动进入草图工作台。

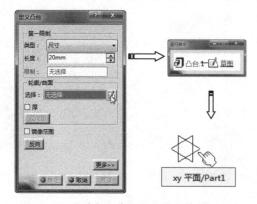

图 2-2　通过定义草图平面进入草图工作台

图 2-3　新建草图文件

2.1.2　草图绘制工具

在草图工作台中，主要使用【草图工具】【轮廓】【约束】【操作】4 个工具栏。工具栏中显示了常用的工具按钮，单击工具右侧的黑色三角，可以展开下一级工具栏。

1.【草图工具】工具栏

如图 2-4 所示，该工具栏中包括网格、点对齐、构造 / 标准元素、几何约束和尺寸约束 5 个常用的工具按钮。该工具栏中显示的内容因执行的命令不同而不同。该工具栏是可以进行人机交互的唯一工具栏。

2.【轮廓】工具栏

如图 2-5 所示，该工具栏中包括点、线、曲线、预定义轮廓线等绘制工具按钮。

图 2-4　【草图工具】工具栏

图 2-5　【轮廓】工具栏

3.【约束】工具栏

如图 2-6 所示，该工具栏中的工具是实现点、线等几何元素之间约束的工具。

4.【操作】工具栏

如图 2-7 所示，该工具栏中的工具是对绘制的轮廓曲线进行修改编辑的工具。

图 2-6　【约束】工具栏

图 2-7　【操作】工具栏

2.2　基本绘图工具

CAITA V5-6R2017 中草图的基本绘图命令可以从菜单栏中选择，如图 2-8 所示。也可以在【轮廓】工具栏中单击工具按钮，如图 2-9 所示。

图 2-8　绘制图形的下拉菜单

图 2-9　绘制图形的工具栏

提示:

要想重复（连续）执行某个绘图命令，须先双击此命令。

2.2.1 绘制轮廓线

单击【轮廓】按钮 ，提示区显示"单击或选择轮廓的起点"提示信息，在【草图工具】工具栏中增加了轮廓线起点数值输入文本框，显示为图2-10所示的状态。

图 2-10　在【草图工具】工具栏中显示轮廓线起点数值文本框

当绘制了一条直线后，在工具栏中显示了 3 种轮廓绘制方法，分别介绍如下。

1. 直线

单击【轮廓】按钮 后，【草图工具】工具栏中的【直线】按钮 被自动选中。若需要，将始终绘制多段直线，如图2-11所示。

图 2-11　绘制多段直线

2. 相切弧

绘制直线后，可以单击【相切弧】按钮 ，从直线终点开始绘制相切圆弧，如图2-12所示。

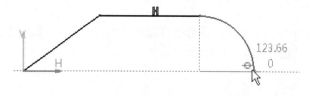

图 2-12　绘制相切弧

通过拖动相切弧的端点，可以确定相切弧的长度、半径和圆心位置。用户也可以在【草图工具】工具栏的数值文本框中输入 H 值、V 值或 R 值，锁定圆弧。

提示:

无论用户怎样拖动圆弧端点，此圆弧始终与直线相切。

3. 三点弧

在绘制相切弧或直线的过程中，可以单击【三点弧】按钮 ⟳，从前一图线的终点位置开始绘制 3 点圆弧，如图 2-13 所示。

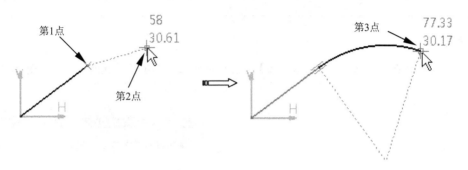

图 2-13 绘制 3 点圆弧

提示：

如果按下鼠标左键，从轮廓线的最后一点开始拖动出一个矩形，将得到一个圆弧，该圆弧与前一段线相切，端点在矩形的对角点上，如图 2-14 所示。

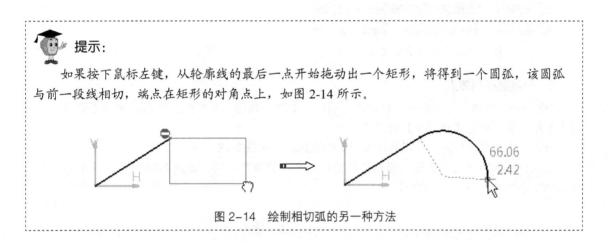

图 2-14 绘制相切弧的另一种方法

2.2.2 点

点与直线是几何图形中最为基础的元素，这里先讲解点的绘制方法。CATIA 草图中有 5 种点的定义方式，如图 2-15 所示。

图 2-15 点的 5 种定义方式

1. 通过单击创建点

"通过单击创建点"是在绘图区中绘制任意点的方式。通过光标来拾取点的放置位置，或者在【草图工具】工具栏显示的数值文本框中输入坐标 V/H 值来精确定位，如图 2-16 所示。

提示：

在 H 或 V 值文本框中输入值后，需要按 Enter 键进行确认。

 技巧：

对于所绘制的点，可以通过【图形属性】工具栏中相应的选项设置点的形状，如图 2-17 所示。

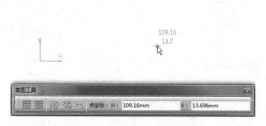

图 2-16　通过单击创建点

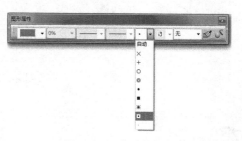

图 2-17　修改点的属性

2. 使用坐标创建点

"使用坐标创建点"有两种坐标输入方法：笛卡儿坐标输入和极坐标输入。单击【使用坐标创建点】按钮，弹出【点定义】对话框。

采用笛卡儿坐标输入时，需要输入精确的坐标值，如图 2-18 所示。

极坐标输入方式是通过输入半径值和角度值来精确确定点的，如图 2-19 所示。默认情况下极坐标的中心为 V 轴与 H 轴的交点。

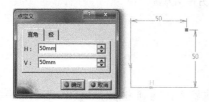

图 2-18　输入笛卡儿坐标

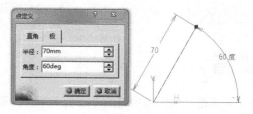

图 2-19　极坐标输入

 提示：

如果在【半径】或【角度】文本框中输入负值，点将在对称中心的另一侧创建。

 技巧：

也可以现有的点作为参考，然后再输入精确坐标来创建点。首先以任意方式绘制一个点，然后在【极】选项卡中输入极坐标，如图 2-20 所示。

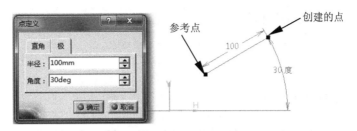

图 2-20　选择参考点并输入极坐标来创建点

3. 等距点

"等距点"是在指定的曲线上创建等分的点。等分的距离取决于所选曲线的长度。选择已有的曲线，然后单击【等距点】按钮 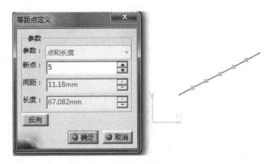，会弹出【等距点定义】对话框，如图 2-21 所示。在对话框的【新点】文本框内输入点的个数，再单击【确定】按钮即可完成点的创建。

图 2-21　【等距点定义】对话框

> **技巧：**
>
> 也可以先单击【等距点】按钮，然后选择要等分的曲线，这样也会打开【等距点定义】对话框。

值得注意的是，如果用户选择曲线时，指针在曲线中间，将只能设置点的个数，而其他选项为灰显（不可用状态）。但是，当指针在曲线的起点或终点上时单击，那么【等距点定义】对话框的其他选项就变为可用了，如图 2-22 所示。

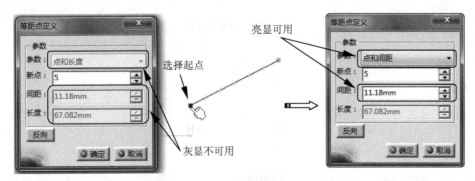

图 2-22　如何使更多选项变为可用

● 点和间距：此方式是通过输入点的个数和点之间的间距来创建等分点，如图 2-23 所示。

提示：

所创建的点可以超出所选曲线。

● 间距和长度：是通过输入点之间的间距和整个曲线长度来创建等分点，如图 2-24 所示。

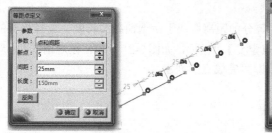

图 2-23　点和间距

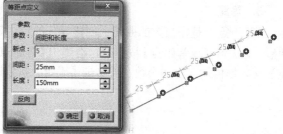

图 2-24　间距和长度

提示：

所选的参考曲线仅作为点位置和方向的参考，并不能控制所有点的总长度。也就是说，点的总长度与参考曲线无关。

---

4. 相交点

"相交点"是通过指定两条相互交叉的曲线来创建交点的方式。

单击【相交点】按钮 ⊠，再选择两条相交曲线，程序自动生成相交点，同时交点位置显示"相合"约束符号，如图 2-25 所示。

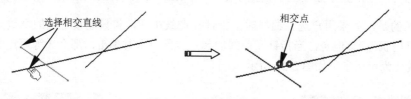

图 2-25　创建相交点

提示：

一次只能选择两条相交曲线。

---

5. 投影点

"投影点"是将选定的点投影到指定的曲线上。如果要投影多个点，先按 Ctrl 键选择多个点，然后单击【投影点】按钮 ⠇，最后再选择要投影的曲线，程序自动将点投影到所选的曲线上，如

图 2-26 所示。

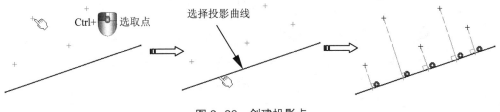

图 2-26　创建投影点

 提示:

　　如果不需要显示图中的约束符号，可以事先在【草图工具】工具栏中取消【几何约束】命令的活动状态。

2.2.3　直线、轴

　　直线工具中有 5 种直线定义方式，如图 2-27 所示。

图 2-27　直线工具

1. 直线

　　单击【直线】工具栏中的【直线】按钮 ╱，【草图工具】工具栏中会显示起点参数输入文本框，如图 2-28 所示。

图 2-28　【草图工具】工具栏

 提示:

　　只有设置完起点，【草图工具】工具栏中才会显示终点的设置。

　　用户也可以在绘图区中创建任意位置的直线，还可以通过坐标输入方式来绘制直线，如图 2-29 所示。

2. 无限长线

　　无限长线就是没有起点和终点，没有长度限制的直线。无限长线可以是水平的、竖直的或通过两点的。单击【无限长线】按钮 ╱，在【草图工具】工具栏中会显示图 2-30 所示的参数。

捕捉起点   指定终点   绘制直线

图 2-29   绘制直线

图 2-30   创建无限长线的参数

参数文本框中的 H、V 值为无限长线通过点的坐标值。

默认情况下将绘制水平的无限长线。单击【竖直线】按钮 ，可以绘制竖直的无限长线，如图 2-31 所示。

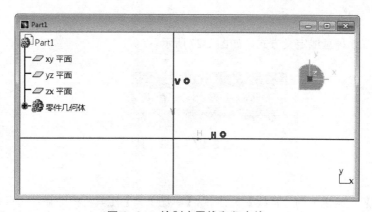

图 2-31   绘制水平线和竖直线

单击【通过两点的直线】按钮 ，可以选择两个参考点来确定无限长线位置和方向，如图 2-32 所示。

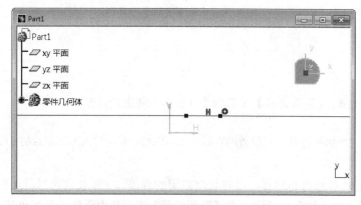

图 2-32   通过参考点绘制无限长线

3. 双切线

单击【双切线】按钮 ，可以绘制与两个圆或圆弧同时相切的直线，如图 2-33 所示。

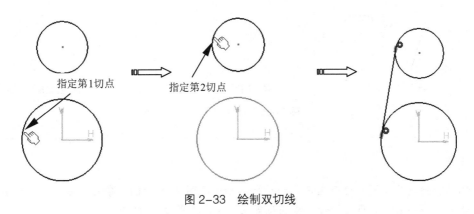

图 2-33　绘制双切线

> **提示：**
>
> 　　指针所选位置确定了切线的位置。假如图 2-33 中第 2 切点在圆的右侧，那么绘制的双切线将是图 2-34 所示的情况。
>
>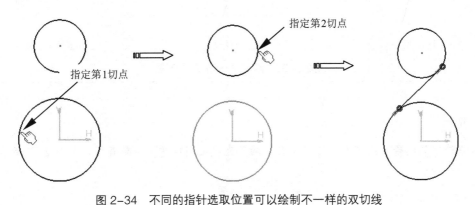
>
> 图 2-34　不同的指针选取位置可以绘制不一样的双切线

4. 角平分线

"角平分线"就是通过单击两条现有直线上的两点来创建无限长角平分线。两条直线可以是相交的，也可以是平行的。

绘制过程如下。

（1）单击【角平分线】按钮 。

（2）选择直线 1。

（3）再选择直线 2。

（4）随后自动创建两条直线的角平分线，如图 2-35 所示。

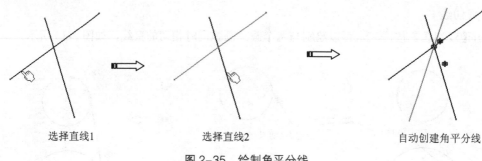

选择直线1　　　　　　　　选择直线2　　　　　　　　自动创建角平分线

图 2-35　绘制角平分线

提示：

　　不同的指针选择位置，会产生不同的结果。如对于图 2-35 中的两条相交直线，总共有两条角平分线。另一条角平分线由指针选择的位置来确定，如图 2-36 所示。

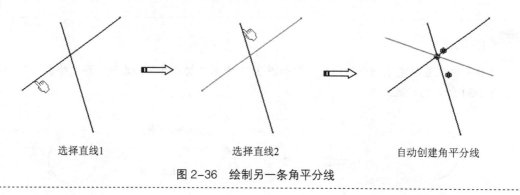

选择直线1　　　　　　　　选择直线2　　　　　　　　自动创建角平分线

图 2-36　绘制另一条角平分线

提示：

　　如果选定的两条直线相互平行，将在这两条直线之间创建一条新直线，如图 2-37 所示。

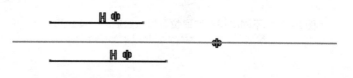

图 2-37　平行直线的角平分线

5. 曲线的法线

　　"曲线的法线"就是在指定曲线的点位置上创建与该点垂直的线段。线段的长度可以拖动控制，也可以指定线段终止的参考点。

　　创建曲线的法线过程如下。

　　（1）单击【曲线的法线】按钮 。

　　（2）选择法线的起点位置。

　　（3）指定参考点以确定法线的终点。

　　（4）随后自动创建曲线的法线，如图 2-38 所示。

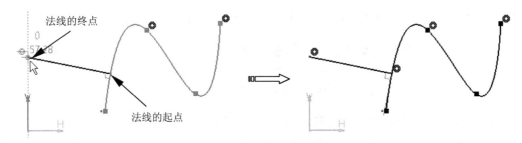

图 2-38　创建曲线的法线

6. 创建轴

草图模式中的"轴",也叫中心线。它是用来作为草图中的尺寸基准和定位基准。轴线的线型是点画线。

在【轮廓】工具栏中单击【轴】按钮 ，就可以绘制轴线了。轴线的绘制与直线的绘制方法是相同的,这里就不再重复讲解其操作过程了。绘制轴的参数设置如图 2-39 所示。

图 2-39　轴线的参数设置

> **提示:**
>
> 也可以修改直线的属性,使其线型变为点画线,由此直线也变成了轴线(即中心线),如图 2-40 所示。

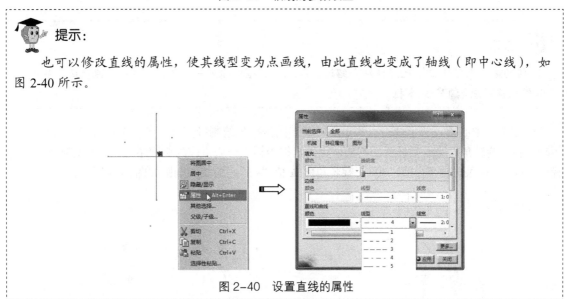

图 2-40　设置直线的属性

2.2.4　二次曲线

圆、椭圆、抛物线、双曲线和一般二次曲线在数学中被统称为二次曲线。二次曲线是由截面截取圆锥所形成的截线,其形状由截面与圆锥的角度而定。

在 CAITA V5-6R2017 的草图模式下,绘制二次曲线的工具如图 2-41 所示。

1. 椭圆

【椭圆】命令是通过指定椭圆中心、长轴半径和短轴半径来执行

图 2-41　【二次曲线】工具栏

的，如图2-42所示，单击【椭圆】按钮◯,【草图工具】工具栏中会显示椭圆的参数选项。

图2-42 【草图工具】工具栏中椭圆的参数选项

在图2-42中，*H*、*V*值精确控制椭圆的中心点、长半轴端点和短半轴端点。例如，若起点的*H*、*V*值为（0，0），长半轴端点*H*、*V*值为（100，0），短半轴端点*H*、*V*值为（0，50），结果如图2-43所示。

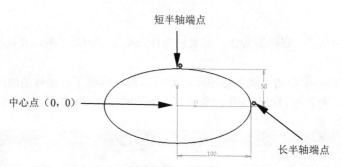

图2-43 以输入控制点的坐标方式绘制椭圆

 技巧：

　　值的输入在第1章中已经详细介绍过，即在文本框中输入一个值后按Enter键确认，然后按Tab键切换并激活下一文本框。

除了输入中心点、长半轴端点和短半轴端点的坐标来绘制椭圆外，还可以直接输入长轴半径、短轴半径及旋转角度来绘制椭圆。例如，首先捕捉坐标系中心点作为椭圆中心点，接着输入长轴半径值"60"，输入短轴半径值"30"，旋转角度A值"45"，绘制的椭圆如图2-44所示。

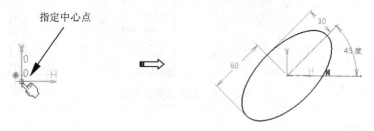

图2-44 以输入椭圆轴半径的方式绘制椭圆

 技巧：

　　若要创建任意尺寸的椭圆，只需移动指针并在任意位置单击，确定椭圆中心点、长半轴端点及短半轴端点即可。

2. 通过焦点创建抛物线

可以通过指定焦点、顶点及抛物线的两个端点来创建抛物线。

在 CATIA 中要绘制抛物线，首先要定义焦点的位置，接着再定义顶点的位置，如图 2-45 所示。

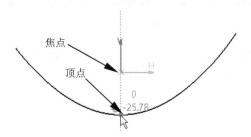

图 2-45　焦点和顶点位置的确定

最后确定抛物线的两个端点，端点决定了抛物线的长度，如图 2-46 所示。

图 2-46　确定抛物线的两个端点

3. 通过焦点创建双曲线

要绘制双曲线，需要指定焦点、中心点和顶点及双曲线的两个端点，如图 2-47 所示。

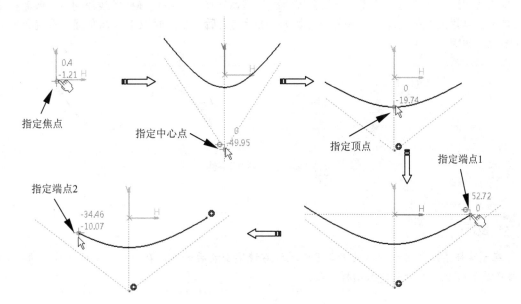

图 2-47　双曲线的绘制

4. 一般二次曲线

单击【二次曲线】按钮 ，可以用 6 种方法创建一般二次曲线，如图 2-48 所示。

图 2-48　创建一般二次曲线的 6 种方法

【草图工具】工具栏中包括了绘制一般二次曲线的 3 种创建类型和 3 种创建模式，它们之间可以搭配起来创建出一般二次曲线。

2.2.5　样条线

单击【轮廓】工具栏中【样条线】按钮 右下角的下三角按钮，会弹出有关样条线的命令按钮，如图 2-49 所示。

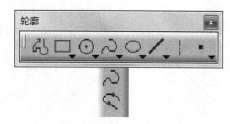

图 2-49　样条线命令按钮

1. 样条线

【样条线】命令用于指定通过一系列控制点来创建样条线。

单击【轮廓】工具栏中的【样条线】按钮 ，依次在图形区中选择样条线控制点（或者在【草图工具】工具栏的数值文本框中输入点坐标），在指定最后一个点时双击鼠标左键，系统会自动创建样条线，如图 2-50 所示。

选择控制点

图 2-50　绘制样条线

> 技巧：
>
> 在创建样条线的过程中，随时都可以通过右键单击最后一点，在弹出的快捷菜单中执行【封闭样条线】命令，自动创建封闭样条线。

双击样条线，会弹出【样条线定义】对话框，如图 2-51 所示。

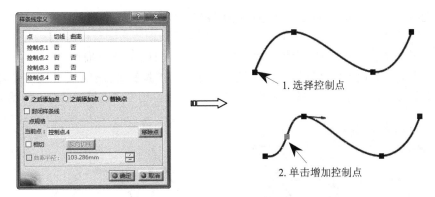

图 2-51　增加样条线控制点

如果要增加控制点，首先选择控制点位置（如：在控制点 .1 之后，则选中控制点 .1），然后选择添加点位置（之后添加点和之前添加点），在图形区中所需位置单击选择一点即可。要删除控制点时，选择要删除的控制点，单击【移除点】按钮即可。

双击需要修改的控制点，会弹出【控制点定义】对话框，如图 2-52 所示。在【H】【V】文本框中可以修改控制点坐标；选中【相切】复选框，可以在途中显示样条线在该点的切线，单击【反向切线】按钮可改变切线方向；选中【曲率半径】复选框，可调整该点处的曲率半径。

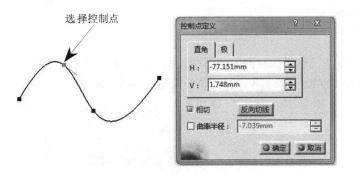

图 2-52　编辑样条线控制点

2. 连接

【连接】命令是指用一条连接线（弧、样条线或直线）连接两条分离的曲线（直线、圆弧、二次曲线、样条线）。

单击【连接】按钮 ，此时在【草图工具】工具栏中显示连接曲线的连接选项按钮，如图 2-53 所示。

图 2-53　【草图工具】工具栏中的连接选项按钮

【草图工具】工具栏中的选项按钮含义如下。

- 【用弧连接】 ：单击并选中该按钮，用圆弧连接两段曲线。
- 【用样条线连接】 ：单击并选中该按钮，用样条线连接两段曲线。

- 【点连接】：单击并选中该按钮，连接线与两段曲线之间是点连接。
- 【相切连接】：单击并选中该按钮，连接线与两段曲线之间是相切连接。
- 【曲率连接】：单击并选中该按钮，连接线与两段曲线之间是曲率连接。

单击【轮廓】工具栏中的【连接】按钮，在【草图工具】工具栏中单击【相切连续】按钮，然后在图形区中依次选取第一条线和第二条线，系统会自动生成连接样条线，如图 2-54 所示。

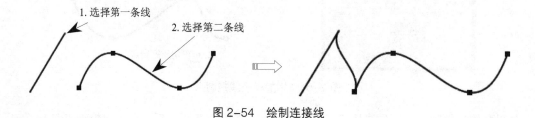

图 2-54　绘制连接线

> **技巧：**
>
> 选择元素时选择位置很重要，如果单击控制点，则控制点将自动被用作连接曲线的起点或终点，单击非控制点处则选择就近的端点为连接点。

2.2.6　圆和圆弧

CAITA V5-6R2017 提供了多种圆和圆弧的绘制方法。单击【轮廓】工具栏中【圆】按钮右下角的下三角按钮，会弹出有关圆和圆弧的命令按钮，如图 2-55 所示。

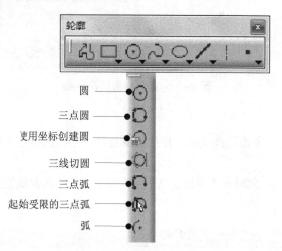

图 2-55　圆和圆弧命令

1. 圆

【圆】命令用于通过指定圆心和半径（或者圆上一点）来创建圆。

单击【轮廓】工具栏中的【圆】按钮，在图形区中单击选择一点作为圆心（或者在【草图工具】工具栏的数值文本框中输入点坐标），移动鼠标并在图形区中所需位置单击选择一点作为圆上点，系统会自动创建圆，如图 2-56 所示。

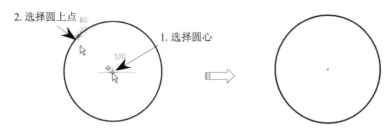

图 2-56 绘制圆

技巧：

如果需要连续创建多个半径相等的圆，可以复制第 1 个圆的半径。方法是单击【圆】按钮，右键单击第 1 个圆，从右键快捷菜单中选择【参数】/【复制半径】命令，即可创建半径相等的圆，如图 2-57 所示。

图 2-57 复制半径相等的圆

2. 三点圆

【三点圆】命令用于通过指定三个坐标点创建一个圆。

单击【轮廓】工具栏中的【三点圆】按钮，在图形区中依次选取三点作为圆上的点（或者在【草图工具】工具栏的数值文本框中输入点坐标），系统会自动创建圆，如图 2-58 所示。

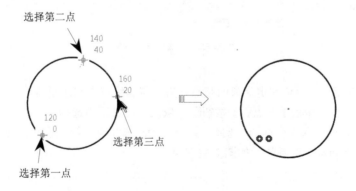

图 2-58 绘制三点圆

3. 使用坐标创建圆

【使用坐标创建圆】命令用于通过在对话框中定义圆心和半径来创建圆，既可以使用直角坐标，也可以使用极坐标。

　　单击【轮廓】工具栏中的【使用坐标创建圆】按钮，弹出【圆定义】对话框，输入圆心坐标（H 和 V）和半径，单击【确定】按钮，系统会自动创建圆，如图 2-59 所示。

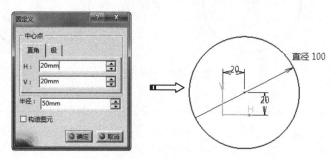

图 2-59　使用坐标创建圆

> **提示：**
>
> 　　若选中【构造图元】复选框，将创建作为辅助中心线的圆。

4. 三线切圆

【三线切圆】命令用于通过指定与三个已知元素相切来创建圆，元素可以是圆、直线、点或坐标轴。

　　单击【轮廓】工具栏中的【三线切圆】按钮 ，依次在图形区中选择三个元素，系统会自动创建圆，如图 2-60 所示。当选择的元素为点时，实际上是圆过点，如果选择的三个元素都是点即为三点圆。

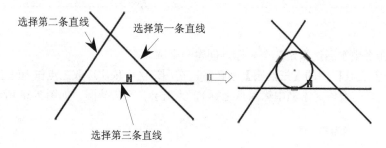

图 2-60　绘制三线切圆

5. 三点弧

【三点弧】命令用于通过依次定义弧的起点、第二点和终点来创建圆弧。

　　单击【轮廓】工具栏中的【三点弧】按钮 ，依次在图形区中选择三个点（或者在【草图工具】工具栏的数值文本框中输入点坐标），选择的第一点为圆弧起点，第二点为圆弧上的一点，第三点为圆弧终点，系统会自动创建圆弧，如图 2-61 所示。

> **提示：**
>
> 　　默认情况下，草图中将出现关联的圆心。用户可以在菜单栏选择【工具】/【选项】命令，在打开的【选项】对话框中指定是否需要显示这些圆心。

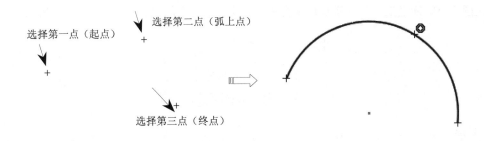

图 2-61　绘制三点弧

6. 起始受限的三点弧

【起始受限的三点弧】命令用于通过指定三点来确定圆弧。与三点弧不同的是，在起始受限的三点弧中，第一点为圆弧起点，第二点为圆弧终点，第三点为圆弧上的一点。

单击【轮廓】工具栏中的【起始受限的三点弧】按钮，依次在图形区中选择三个点（或者在【草图工具】工具栏的数值文本框中输入点坐标），系统会自动创建圆弧，如图 2-62 所示。

图 2-62　绘制起始受限的三点弧

7. 弧

【弧】命令用于通过指定圆心及起点和终点来创建圆弧。

单击【轮廓】工具栏中的【弧】按钮，依次在图形区中选择三个点（或者在【草图工具】工具栏的数值文本框中输入点坐标），选择的第一点为圆弧圆心，第二点为圆弧起点，第三点为圆弧终点，系统会自动创建圆弧，如图 2-63 所示。

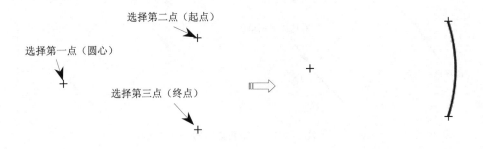

图 2-63　绘制弧

2.2.7　预定义的轮廓

CAITA 草图工作台中提供了用于创建 2D 草图及精确图形的预定义轮廓。何谓"预定义"？它

是指这些图形只能通过定义其各项参数才能完成创建。预定义的轮廓工具如图 2-64 所示。

图 2-64 【预定义的轮廓】工具栏

1. 矩形

【矩形】命令用于通过指定两个对角点来绘制与坐标轴平行的矩形。

单击【轮廓】工具栏中的【矩形】按钮▭，在图形区中单击选择一点作为矩形的一个角点（或者在【草图工具】工具栏的数值文本框中输入点坐标），然后移动鼠标并在图形区中所需位置单击选择另一个角点（或者在【草图工具】工具栏的数值文本框中输入点坐标），系统会自动创建矩形，如图 2-65 所示。

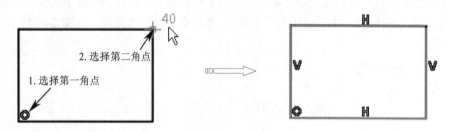

图 2-65 绘制矩形

2. 斜置矩形

【斜置矩形】命令用于绘制一个边与横轴成任意角度的矩形，通常需要选择 3 个点。

单击【轮廓】工具栏中的【斜置矩形】按钮◇，在图形区中单击选择一点作为矩形的一个角点（或者在【草图工具】工具栏的数值文本框中输入点坐标），移动鼠标指针并在图形区中所需位置单击选择一点作为矩形第一条边的终点，然后向创建的第一条边的平行侧拖动并单击，系统会自动创建矩形，如图 2-66 所示。

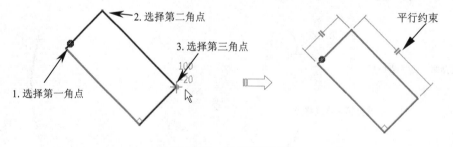

图 2-66 绘制斜置矩形

 提示：

仅当在【草图工具】工具栏中单击【几何约束】按钮后才自动显示约束。

3．平行四边形

【平行四边形】命令用于通过确定四个顶点中的三个来在草图平面上绘制任意放置的平行四边形。

单击【轮廓】工具栏中的【平行四边形】按钮 ，在图形区中单击选择一点作为平行四边形的一个顶点，移动鼠标指针并在图形区中所需位置单击选择一点作为平行四边形第一条边的终点，然后移动鼠标指针并单击确定第三个顶点，系统会自动创建平行四边形，如图 2-67 所示。

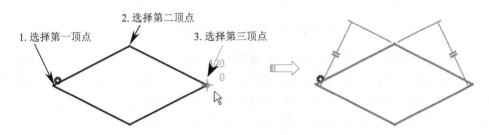

图 2-67　绘制平行四边形

4．延长孔

【延长孔】命令用于通过两点定义轴，然后定义延长孔半径来创建延长孔。

单击【轮廓】工具栏中的【延长孔】按钮 ，在图形区中单击选择一点作为延长孔轴线起点（或者在【草图工具】工具栏的数值文本框中输入点坐标），移动鼠标指针并在图形区中所需位置单击选择一点作为延长孔轴线终点，然后移动鼠标并单击选择一点以确定延长孔的半径，系统会自动创建延长孔，如图 2-68 所示。

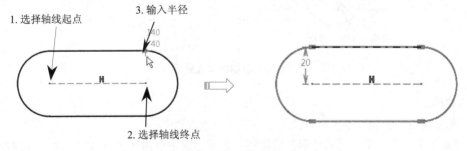

图 2-68　绘制延长孔

5．圆柱形延长孔

【圆柱形延长孔】命令用于通过定义圆弧中心线的圆心，再用两点定义圆弧中心线，然后再定义圆柱形延长孔的半径来创建圆柱形延长孔。

单击【轮廓】工具栏中的【圆柱形延长孔】按钮 ，在图形区中单击选择一点作为圆弧中心线的圆点（或者在【草图工具】工具栏的数值文本框中输入点坐标），移动鼠标并在图形区中所需位置单击选择一点作为圆弧中心线起点，再次单击选择一点作为圆弧中心线的终点，然后移动鼠标并单击选择一点以确定圆柱形延长孔的半径，系统会自动创建圆柱形延长孔，如图 2-69 所示。

6．钥匙孔轮廓

【钥匙孔轮廓】命令用于通过定义中心轴，然后定义小端半径和大端半径来创建钥匙孔轮廓。

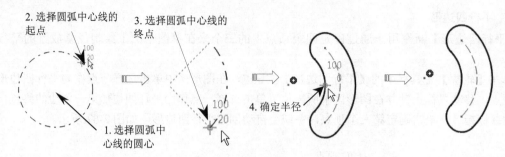

图 2-69　绘制圆柱形延长孔

单击【轮廓】工具栏中的【钥匙孔轮廓】按钮，在图形区中单击选择一点作为轴线（大端）起点（或者在【草图工具】工具栏的数值文本框中输入点坐标），移动鼠标在图形区中所需位置单击选择一点作为轴线（小端）终点，然后移动鼠标并单击选择一点以确定小端半径，接着单击选择一点以确定大端半径，系统会自动创建钥匙孔轮廓，如图 2-70 所示。

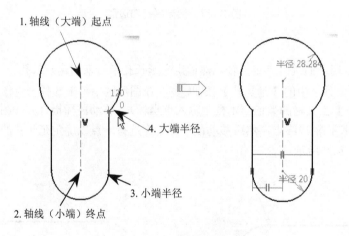

图 2-70　绘制钥匙孔轮廓

7. 六边形

【六边形】命令用于通过定义中心及边上一点来创建六边形。

单击【轮廓】工具栏中的【六边形】按钮，在图形区中单击选择一点作为中心（或者在【草图工具】工具栏的数值文本框中输入点坐标），移动鼠标并在图形区中所需位置单击选择一点作为六边形边上点，系统会自动创建六边形，如图 2-71 所示。

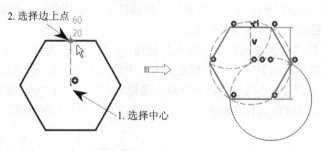

图 2-71　绘制六边形

8. 居中矩形

【居中矩形】命令用于通过定义矩形中心及矩形的一个顶点来创建矩形。

单击【轮廓】工具栏中的【居中矩形】按钮 ，在图形区中单击选择一点作为中心（或者在【草图工具】工具栏的数值文本框中输入点坐标），移动鼠标并在图形区中所需位置单击一点作为矩形的一个顶点，系统自动创建矩形，如图 2-72 所示。

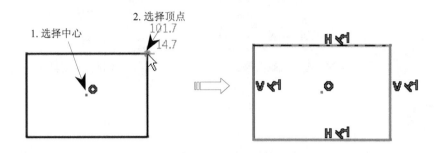

图 2-72　绘制居中矩形

9. 居中平行四边形

【居中平行四边形】命令用于通过选择两条相交直线的交点作为平行四边形的中心来创建平行四边形。

单击【轮廓】工具栏中的【居中平行四边形】按钮 ，在图形区中依次选择两条直线，以直线交点作为平行四边形中心，然后移动鼠标并在图形区中所需位置单击选择一点作为平行四边形的一个顶点，系统会自动创建平行四边形，如图 2-73 所示。

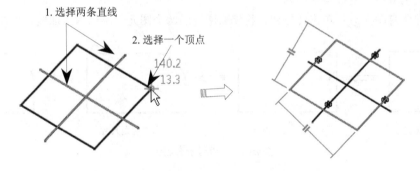

图 2-73　绘制居中平行四边形

2.3　草图操作与编辑

选择菜单命令【插入】/【操作】即可显示图 2-74 所示的有关图形编辑的菜单，从中选择编辑或修改图形的菜单项，或者单击图 2-75 所示的【操作】工具栏中的工具按钮，即可编辑所选的图形对象。

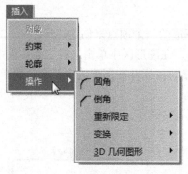

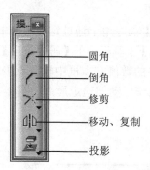

图 2-74　图形编辑菜单　　　　　　　图 2-75　【操作】工具栏

2.3.1　圆角

【圆角】命令用于创建与两个直线或曲线图形对象相切的圆弧。单击【圆角】按钮，提示区会出现"选择第一曲线或公共点"的提示，在【草图工具】工具栏中会显示图 2-76 所示的圆角修剪类型。

图 2-76　【草图工具】工具栏

圆角特征的 6 种修剪类型介绍如下。

- 修剪所有图元：单击此按钮，将修剪所选的两个图元，不保留原曲线，如图 2-77 所示。

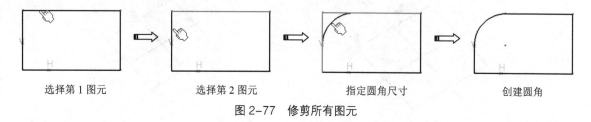

选择第 1 图元　　　　　选择第 2 图元　　　　　指定圆角尺寸　　　　　创建圆角

图 2-77　修剪所有图元

- 修剪第一图元：单击此按钮，创建圆角后仅仅修剪所选的第 1 个图元，如图 2-78 所示。

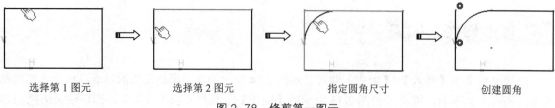

选择第 1 图元　　　　　选择第 2 图元　　　　　指定圆角尺寸　　　　　创建圆角

图 2-78　修剪第一图元

- 不修剪：单击此按钮，创建圆角后将不修剪所选图元，如图 2-79 所示。

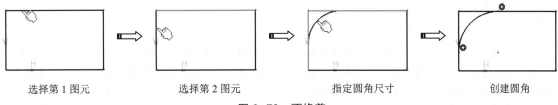

| 选择第 1 图元 | 选择第 2 图元 | 指定圆角尺寸 | 创建圆角 |

图 2-79　不修剪

- 标准线修剪：单击此按钮，创建圆角后，使原本不相交的图元相交，如图 2-80 所示。

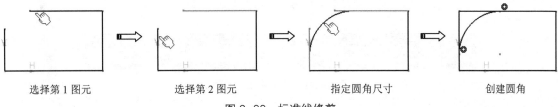

| 选择第 1 图元 | 选择第 2 图元 | 指定圆角尺寸 | 创建圆角 |

图 2-80　标准线修剪

- 构造线修剪：单击此按钮，修剪图元后，所选的图元将变成构造线，如图 2-81 所示。

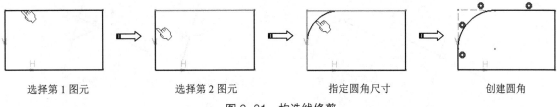

| 选择第 1 图元 | 选择第 2 图元 | 指定圆角尺寸 | 创建圆角 |

图 2-81　构造线修剪

- 构造线未修剪：单击此按钮，创建圆角后，所选图元变为构造线，但不修剪构造线，如图 2-82 所示。

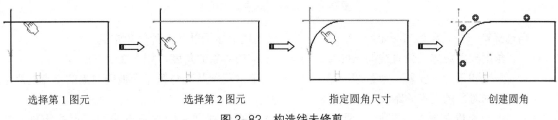

| 选择第 1 图元 | 选择第 2 图元 | 指定圆角尺寸 | 创建圆角 |

图 2-82　构造线未修剪

 技巧：

　　如果需要精确创建圆角，可以在【草图工具】工具栏中显示的【半径】文本框中输入半径值，如图 2-83 所示。

图 2-83　精确输入圆角半径

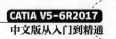
2.3.2 倒角

【倒角】命令用于创建与两个直线或曲线图形对象相交的直线，形成一个倒角。在【操作】工具栏中单击【倒角】按钮 `r`，在【草图工具】工具栏中会显示图 2-84 所示的 6 种倒角修剪类型。选取两个图形对象或选取了两个图形对象的交点后，工具栏中会扩展为图 2-85 所示的状态。

图 2-84　6 种倒角修剪类型

图 2-85　扩展的倒角选项

新创建的直线与两个待倒角的对象的交点形成一个三角形，选择【草图工具】工具栏中的 6 个图标，可以创建出与圆角相似的 6 种倒角修剪类型，如图 2-86 所示。

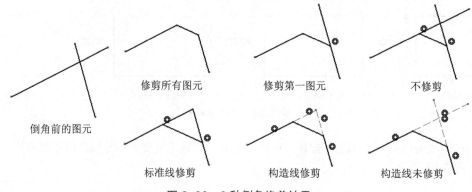

图 2-86　6 种倒角修剪结果

当选择第一图元和第二图元后，【草图工具】工具栏中显示以下 3 种倒角定义。

- 角度和斜边 `r`：新直线的长度及其与第一个被选对象的角度，如图 2-87（a）所示。
- 角度和第一长度 `r`：新直线与第一个被选对象的角度及其与第一个被选对象的交点到两个被选对象的交点的距离，如图 2-87（b）所示。
- 第一长度和第二长度 `r`：两个被选对象的交点分别到它们与新直线的交点的距离，如图 2-87（c）所示。

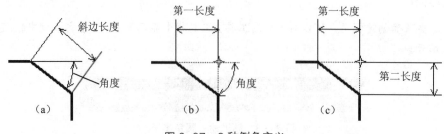

图 2-87　3 种倒角定义

提示：

　　如果要创建倒角的两图元是相互平行的直线，那么创建的倒角会是两平行直线之间的垂线，将始终修剪指针所选择位置的另一侧，如图 2-88 所示。

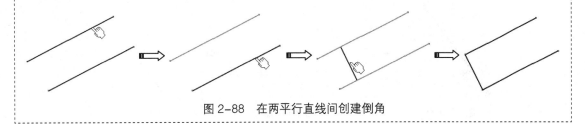

图 2-88　在两平行直线间创建倒角

2.3.3　修剪图形

　　在【操作】工具栏中双击【修剪】按钮 ✕，将显示含有修改图形对象的按钮的工具栏，如图 2-89 所示。

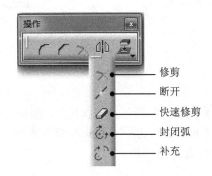

图 2-89　修剪图形的工具栏

1．修剪

　　【修剪】命令用于对两条曲线进行修剪。如果修剪结果是缩短曲线，则适用于任何曲线；如果是伸长，则只适用于直线、圆弧和二次曲线。

　　单击【操作】工具栏中的【修剪】按钮 ✕，会弹出【草图工具】工具栏，工具栏中会显示两种修剪方式。

　　● 修剪所有图元 ✕：修剪图元后，将修剪所选的两个图元，如图 2-90 所示。

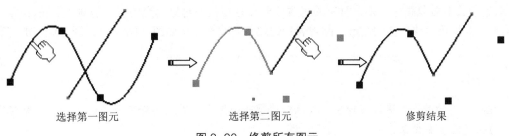

选择第一图元　　　　选择第二图元　　　　修剪结果

图 2-90　修剪所有图元

技巧：

　　修剪结果与鼠标单击曲线位置有关，在选取曲线时单击部分将保留。如果是单条曲线，也可以进行修剪，修剪时第 1 点是确定保留部分，第 2 点是修剪点，如图 2-91 所示。

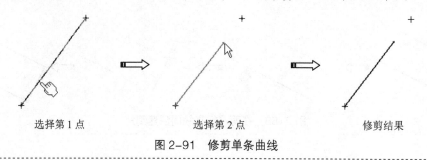

选择第 1 点　　　　　　　　　　选择第 2 点　　　　　　　　　　修剪结果

图 2-91　修剪单条曲线

● 修剪第一图元✗：修剪图元后，将只修剪所选的第一图元，保留第二图元，如图 2-92 所示。

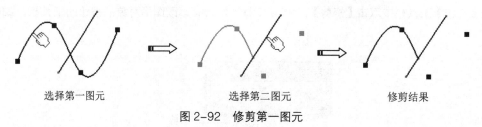

选择第一图元　　　　　　　　　　选择第二图元　　　　　　　　　　修剪结果

图 2-92　修剪第一图元

2. 断开

　　【断开】命令用于将草图元素打断，打断工具可以是点、圆弧、直线、二次曲线、样条线等。

　　单击【操作】工具栏中的【断开】按钮✗，先选择要打断的元素，然后选择打断工具（打断边界），系统会自动完成打断，如图 2-93 所示。

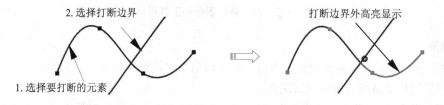

2.选择打断边界　　　　　　　　　　打断边界外高亮显示

1.选择要打断的元素

图 2-93　打断操作

3. 快速修剪

　　快速修剪用于快速修剪直线或曲线。若选到的对象不与其他对象相交，则删除该对象；若选到的对象与其他对象相交，则该对象的包含选取点且与其他对象相交的一段被删除。图 2-94（a）、图 2-94（c）所示为修剪前的图形，圆点表示选取点，修剪结果如图 2-94（b）、图 2-94（d）所示。

提示：

　　值得注意的是，快速修剪命令一次只能修剪一个图元。因此要修剪更多的图元，需要反复使用【快速修剪】命令。

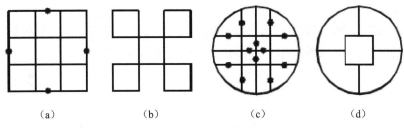

|（a） |（b） |（c） |（d） |

图 2-94　快速修剪图形

快速修剪有以下 3 种修剪方式。

- 断开及内擦除 ot：此方式是断开所选图元并修剪该图元，擦除部分在打断边界内，如图 2-95 所示（图 2-94 中的修剪结果也是采用此种方式）。

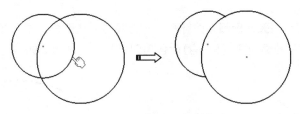

图 2-95　断开及内擦除

- 断开及外擦除 ot：此方式是断开所选图元并修剪该图元，修剪部分在打断边界外，如图 2-96 所示。

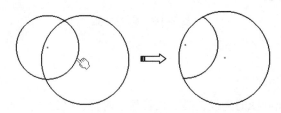

图 2-96　断开及外擦除

- 断开并保留 ot：此方式仅打断所选图元，保留所有断开的图元，如图 2-97 所示。

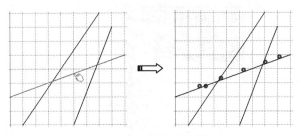

图 2-97　断开并保留

> 提示：
>
> 　　对于复合曲线（多个曲线组成的投影/相交元素）而言，无法使用【快速修剪】和【断开】命令。但可以通过使用（修剪）命令绕过该功能的限制。

4．封闭弧

使用【封闭弧】命令，可以将所选圆弧或椭圆弧封闭而生成整圆。封闭弧的操作较简单：单击【封闭弧】按钮🔾，再选择要封闭的弧，即可完成封闭操作，如图 2-98 所示。

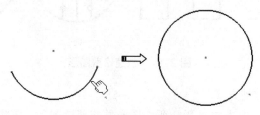

图 2-98　封闭弧操作

5．补充

【补充】命令就是创建圆弧、椭圆弧的补弧——补弧与所选弧构成整个圆或整个椭圆。单击【补充】按钮🔾，选择要创建补弧的弧，程序随后自动创建补弧，如图 2-99 所示。

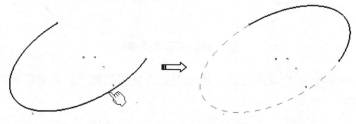

图 2-99　创建补弧

2.3.4　图形变换

图形变换工具是快速制图的高级工具，如镜像、对称、平移、旋转、缩放、偏置等，熟练使用这些工具，可以使用户提高绘图效率。

在【操作】工具栏中的变换操作工具如图 2-100 所示。

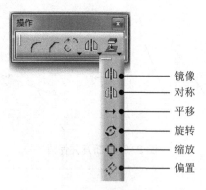

图 2-100　变换操作工具

1．镜像变换

【镜像】命令可以复制基于对称中心轴的镜像对称图形，原图形将被保留。创建镜像图形前，须创建镜像中心线。镜像中心线可以是直线或轴。

单击【镜像】按钮 ，选取要镜像的图形对象，再选取直线或轴线作为对称轴，即可得到原图形的对称图形，如图 2-101 所示。

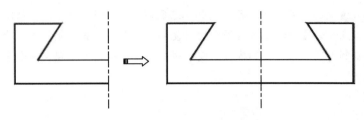

图 2-101　创建镜像图形

> **技巧：**
>
> 创建镜像图形时，如果要镜像的对象是多个独立的图形，可以框选对象，或者按 Ctrl 键逐一选择对象。

2. 对称

【对称】命令也能复制具有镜像对称特性的对象，但是原对象将不被保留，这与【镜像】命令的操作结果不同，如图 2-102 所示。

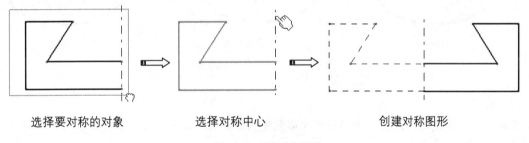

选择要对称的对象　　　　　　　选择对称中心　　　　　　　　创建对称图形

图 2-102　创建对称图形

3. 平移

【平移】命令可以沿指定方向平移、复制图形对象。单击【平移】按钮 ，弹出图 2-103 所示的【平移定义】对话框。

对话框中各选项的含义如下。

- 实例：设置副本对象的个数。可以单击微调按钮来设置。
- 复制模式：选择此选项，将创建原图形的副本对象，取消则仅仅平移图形而不复制副本。
- 保持内部约束：此选项仅在选择【复制模式】选项后可用。此选项指定在平移过程中保留应用于选定元素的内部约束。
- 保持外部约束：此选项仅在选择【复制模式】选项后可用。此选项指定在平移过程中保留应用于选定元素的外部约束。
- 长度：平移的距离。

图 2-103　【平移定义】对话框

● 捕捉模式：选择此选项，可以采用捕捉模式捕捉点来放置对象。

 技巧：

　　选取待平移或复制的一些图形对象，例如，选取图 2-104 所示的小圆，依次选择小圆的圆心点和大圆的圆心点，若【平移】对话框中的【复制模式】复选框取消选中，小圆平移到大圆同心位置上，不复制小圆。若【复制模式】复选框被选中，小圆被移动与复制到大圆同心，如图 2-105 所示。

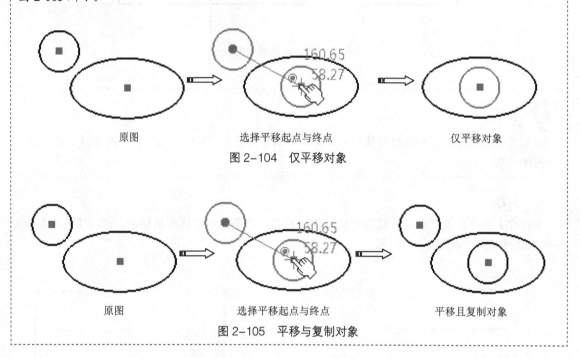

|原图|选择平移起点与终点|仅平移对象|

图 2-104　仅平移对象

|原图|选择平移起点与终点|平移且复制对象|

图 2-105　平移与复制对象

4．旋转

　　【旋转】命令是将所选的原图形旋转并可创建副本对象。单击【旋转】按钮 ，弹出图 2-106 所示的【旋转定义】对话框。

图 2-106　【旋转定义】对话框

● 角度：输入旋转角度值，正值表示逆时针，负值表示顺时针。

● 约束守恒：保留所选几何约束。

选取待旋转的图形对象，例如选取图 2-107（a）所示的轮廓线，输入旋转的基点 P1，在【值】文本框中输入旋转的角度。若该对话框的【复制模式】复选框未被选中，轮廓线被旋转到指定角度，如图 2-107（b）所示。若【复制模式】复选框被选中，轮廓线被复制，然后旋转到指定角度，如图 2-107（c）所示。

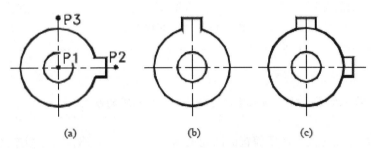

图 2-107　旋转图形

5. 缩放

【缩放】命令用于对所选图元按比例进行缩放操作。

单击【操作】工具栏中的【缩放】按钮 🔧，弹出【缩放定义】对话框。定义缩放相关参数，然后选择要缩放的元素，再选择缩放中心点，单击【确定】按钮，系统自动完成缩放操作，如图 2-108 所示。

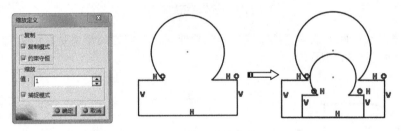

图 2-108　缩放操作

6. 偏移

【偏移】命令用于对已有直线、圆等草图元素进行偏移复制。

单击【操作】工具栏中的【偏移】按钮 🔷，在【草图工具】工具栏中显示 4 种偏置方式，如图 2-109 所示。

图 2-109　4 种偏置方式

● 无拓展 🔳：此方式仅偏置单个图元，如图 2-110 所示。

| 选择要偏置的图元 | 定位图元 | 创建偏置图元 |

图 2-110　无拓展偏置

● 相切拓展 🔳：选择要偏置的圆弧，与之相切的图元将一同被偏置，如图 2-111 所示。

选择要偏置的图元　　　　　　　　定位图元　　　　　　　　创建偏置图元

图 2-111　相切拓展偏置

> **提示：**
>
> 如果选择直线来偏置，将会创建与"无拓展"方式相同的结果。

- 点拓展：此方式是在要偏置的图元上选取一点，然后偏置与之相连接的所有图元，如图 2-112 所示。

选择要偏置的图元　　　　　　　　定位图元　　　　　　　　创建偏置图元

图 2-112　点拓展偏置

- 双侧偏置：此方式由"点拓展"方式延伸而来，偏置的结果是在所选图元的两侧创建偏置，如图 2-113 所示。

选择要偏置的图元　　　　　　　　定位图元　　　　　　　　创建偏置图元

图 2-113　双侧偏置

> **提示：**
>
> 如果将指针置于允许创建偏置图元的区域之外，将出现 ⊖ 符号。例如，图 2-114 所示的偏置允许的区域为竖直方向区域，图元外的水平区域为错误区域。

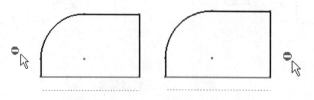

图 2-114　在错误区域中定位图元

2.3.5 获取三维形体的投影

　　三维形体可以看作是由一些平面或曲面等的表面围起来的，每个面还可以看作是由一些直线或曲线作为边界确定的。通过获取三维形体的面和边在工作平面的投影，也可以得到平面图形，并可以获取三维形体与工作平面的交线。利用这些投影或交线，还可以进行编辑，构成新的图形。

图 2-115　显示【3D 几何图形】工具栏

　　单击【投影 3D 元素】按钮 ，将显示获取三维形体表面投影的【3D 几何图形】工具栏，如图 2-115 所示。

1. 投影 3D 元素

　　【投影 3D 元素】工具可用来获取三维形体的面、边在工作平面上的投影。选取待投影的面或边，即可在工作平面上得到它们的投影。

　　如果需要同时获取多个面或边的投影，应该首先选择多个面或边，然后再单击【投影 3D 元素】按钮 。

　　图 2-116 所示为壳体零件，单击【投影 3D 元素】按钮 ，在选择要投影的平面后，在草图工作平面上即可得到底面的投影。

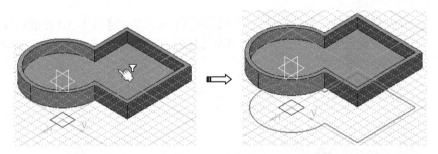

图 2-116　壳体的面、边在工作平面上的投影

 技巧：

　　如果选择垂直于草图平面的面，将投影出该面形状的轮廓曲线，如图 2-117 所示。

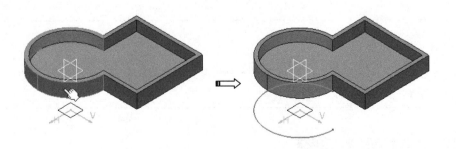

图 2-117　选择垂直面将投影轮廓曲线

　　如果选择侧边的圆弧曲面，在工作平面上投影可得到圆弧曲线。

---

2. 与3D元素相交

【与3D元素相交】工具用来获取三维形体与工作平面的交线。如果三维形体与工作平面相交，单击【与3D元素相交】按钮![icon]，选择求交的面、边，即可在工作平面上得到它们的交线或交点。

图2-118所示是一个与工作平面斜相交的模型，按住Ctrl键选择要相交的多个曲面，再单击【与3D元素相交】按钮![icon]，即可得到它们与工作平面的交线。

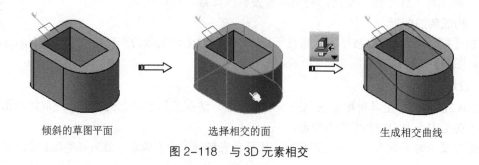

倾斜的草图平面　　　　　　选择相交的面　　　　　　生成相交曲线

图2-118　与3D元素相交

3. 投影3D轮廓边线

【投影3D轮廓边线】工具用来获取曲面轮廓的投影。单击该按钮，选择待投影的曲面，即可在工作平面上得到曲面轮廓的投影。

例如，图2-119所示的是一个具有球面和圆柱面的手柄，单击【投影3D轮廓边线】按钮![icon]，选择球面，将在工作平面上得到两段圆弧。再单击【投影3D轮廓边线】按钮![icon]，选择圆柱面，将在工作平面上得到两条轮廓边线。

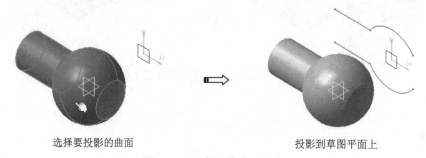

选择要投影的曲面　　　　　　　　　投影到草图平面上

图2-119　曲面轮廓的投影

 提示：

　　值得注意的是，此方式不能投影与工作平面相垂直的平面或曲面。此外，投影的曲线不能移动或修改属性，但可以删除。

上机操作——绘制与编辑草图

利用图形绘制与编辑命令，绘制出图2-120所示的草图。

01　新建零件文件。在菜单栏中执行【开始】/【机械设计】/【草图编辑器】命令，选择xy平面作为草图平面后进入草图模式。

02　利用【轴】命令绘制基准中心线，如图 2-121 所示。

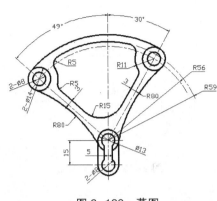

图 2-120　草图

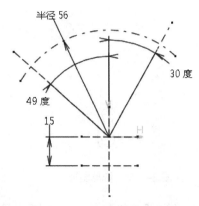

图 2-121　绘制基准中心线

03　利用【圆】命令，绘制图 2-122 所示的圆。再利用【直线】命令绘制竖直线段，如图 2-123
　　所示。

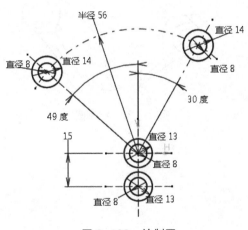

图 2-122　绘制圆

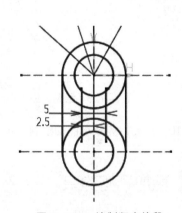

图 2-123　绘制竖直线段

04　利用【不修剪】方式的【圆角】命令，创建图 2-124 所示半径为 80 的圆角。

05　利用【三点弧】命令，绘制图 2-125 所示的相切连接弧。

图 2-124　绘制圆角

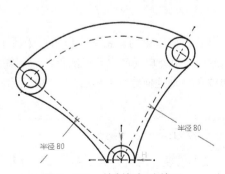

图 2-125　绘制相切连接弧

06　修剪图形，结果如图 2-126 所示。

07　利用【弧】命令，绘制图 2-127 所示的 3 段圆弧。

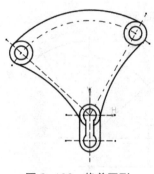

图 2-126　修剪图形

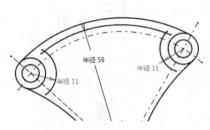

图 2-127　绘制圆弧

08　利用【直线】命令，绘制两条平行线，如图 2-128 所示。

09　利用【修剪所有图元】方式的【圆】命令，创建图 2-129 所示的圆角。

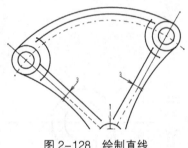

图 2-128　绘制直线

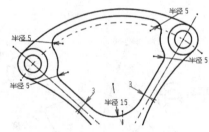

图 2-129　绘制圆角

10　至此，完成草图的绘制，最后将结果保存。

2.4　添加几何约束

在草图设计环境下，利用几何约束功能，可以便捷地绘制出需要的图形。CATIA V5-6R2017 草图中提供了手动几何约束和自动几何约束功能。

2.4.1　自动几何约束

自动几何约束的原意是：当用户激活了某些几何约束功能，绘制图形过程中会自动产生几何约束，起到辅助定位作用。CATIA V5-6R2017 的自动几何约束工具在图 2-130 所示的【草图工具】工具栏中。

图 2-130　自动几何约束工具

 技巧：

要想重复（连续）执行某个几何约束命令，须先双击此命令。

1. 栅格约束

栅格约束就是用栅格约束光标的位置，使光标只能在栅格的格点上移动。图 2-131（a）所示为在关闭栅格约束的状态下，用光标确定的直线；图 2-131（b）所示为在打开栅格约束的状态下，用光标在同样的位置确定的直线。显然，在打开栅格约束的状态下，容易绘制精度更高的直线。

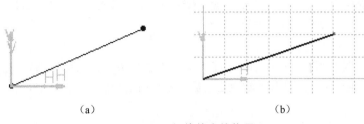

（a）　　　　　　　　　　　　　　（b）

图 2-131　栅格约束的作用

栅格约束的开启或关闭，需要在菜单栏中执行【工具】/【选项】命令，打开【选项】对话框，然后在【草图模式】设置页面中设置栅格的【显示】选项，如图 2-132 所示。

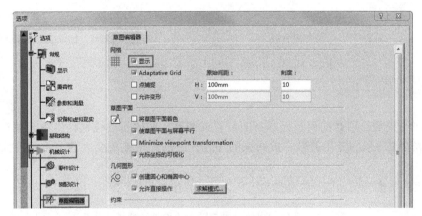

图 2-132　设置栅格的显示

要精确约束点的坐标，可在【草图工具】工具栏中单击【点对齐】按钮，将点约束到栅格的刻度点上，橙色显示的图标表示栅格约束为打开状态，如图 2-133 所示。

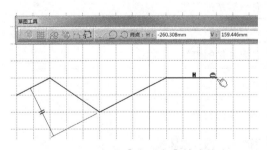

图 2-133　打开【点对齐】精确约束

2. 构造 / 标准元素

当用户需要将草图实线变成辅助线型时，有两种方法可以达到目的：一种是通过设置图形属性，如图 2-134 所示；另一种就是在【草图工具】工具栏中单击【构造 / 标准元素】按钮。

图 2-134　更改实线的线型

使实线变换成构造图元，其实也是一种约束行为。单击【构造／标准元素】按钮 ⚙ 按钮，可以在实线与虚线之间相互切换，如图 2-135 所示。

3. 几何约束

当用户在【草图工具】工具栏中单击【几何约束】按钮 ⚙，然后绘制几何图形时，在这个过程中会自动生成几何约束。自动几何约束后会显示各种约束符号，如图 2-136 所示。

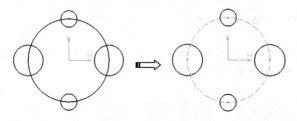

图 2-135　变换构造线

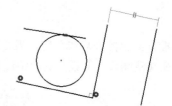

图 2-136　自动生成的几何约束符号

2.4.2　手动几何约束

手动几何约束的作用是约束图元本身的位置或图元之间的相对位置。当图元被约束时，在其附近将显示表 2-1 所示的专用符号。被约束的图元在它的约束被改变之前，将始终保持它现有的状态。

几何约束的种类与图元的种类和数量有关，如表 2-1 所示。

表 2-1　几何约束的种类与图元的种类和数量的关系

种类	符号	图元的种类和数量
固定	⚓	任意数量的点、直线等图元
水平	H	任意数量的直线
铅垂	V	任意数量的直线
平行	⊣⊢	任意数量的直线
垂直	⌐	两条直线
相切	∥	两个圆或圆弧
同心	◎	两个圆、圆弧或椭圆
对称	◖◗	直线两侧的两个相同种类的图元
相合	○	两个点、直线或圆（包括圆弧）、一个点与一条直线、圆或圆弧

在【约束】工具栏中就有图 2-137 所示的手动几何约束工具。

图 2-137　手动几何约束工具

1. 对话框中定义的约束

【对话框中定义的约束】工具可以约束图形对象的几何位置，同时添加、解除或改变对象几何约束的类型。

其操作步骤是：在选取待添加或改变几何约束的图元后，单击【对话框中定义的约束】按钮 ，会弹出图 2-138 所示的【约束定义】对话框。

该对话框中共有 17 种约束类型，所选图元的种类和数量决定了利用该对话框可定义约束的种类和数量。例如选取了一条直线，可供使用的约束类型仅有"固定""水平""竖直" 3 种几何约束类型及 1 个长度约束类型。

若选中【固定】和【长度】复选框，单击【确定】按钮，即可在被选直线处标注尺寸和显示固定符号，如图 2-139 所示。

> **提示：**
>
> 值得注意的是，手动约束后显示的符号仅仅是暂时的，当关闭【约束定义】对话框后，约束符号也就自动消失了。每选择一种约束，都会弹出【警告】对话框，如图 2-140 所示。

图 2-138　【约束定义】对话框　　图 2-139　显示约束　　　图 2-140　【警告】对话框

正如图 2-140 中的警告信息，要想永久显示约束符号，只有通过激活自动约束功能（在【草图工具】工具栏中单击【几何约束】按钮 ）才可以。

> **技巧：**
>
> 如果只是解除图形对象的几何约束，只要删除几何约束符号即可。

2. 接触约束

单击【接触约束】按钮 ◎，选取两个图元后，第二个图元将移动至与第一个图元接触。被选图元的种类不同，接触的含义也不同，下面介绍几种图元组合的接触约束状态。

- 重合：若选取的两个图元中有一个是点，或两个都是直线，那么第二个图元将会移动至与第一个图元重合，如图 2-141（a）所示。
- 同心：若选取的两个图元是圆或圆弧，那么第二个图元将与第一个图元同心，如图 2-141（b）所示。
- 相切：若选取的两个图元不全是圆或圆弧，或者不全是直线，那么第二个图元移动至与第一个图元（包括延长线）相切，如图 2-141（c）、图 2-141（d）、图 2-141（e）所示。

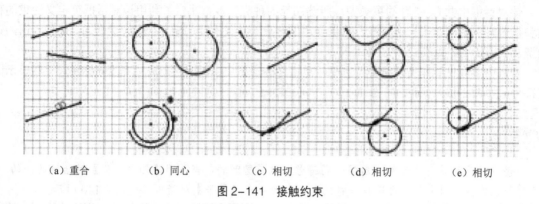

（a）重合　　　　　（b）同心　　　　　（c）相切　　　　　（d）相切　　　　　（e）相切

图 2-141　接触约束

 提示：

图 2-141 中，第一行为接触约束前的两个图元，其中左上为第一个被选取的图元。

3. 固联约束

固联约束的作用是将图线元素集合进行约束，使其成员之间存在关联关系，固联约束的图形有 3 个自由度。

添加了固联约束后的元素集合可以移动、旋转，要想固定这些元素，必须使用其他集合约束进行固定。

例如，将图 2-142 所示的槽孔和矩形孔放置于较大的多边形内，操作步骤如下。

（1）首先使用固联约束约束槽孔，如图 2-143 所示。

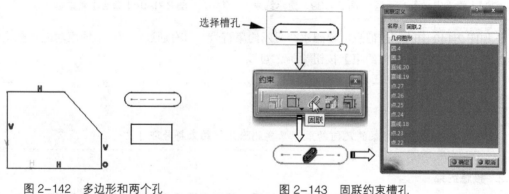

图 2-142　多边形和两个孔　　　　　图 2-143　固联约束槽孔

（2）对矩形孔使用固联约束，如图 2-144 所示。

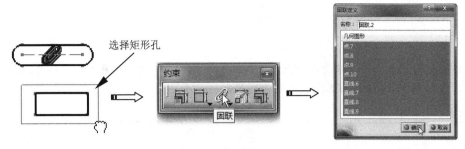

图 2-144　固联约束矩形孔

（3）将两个孔拖动到多边形内的任意位置，如图 2-145 所示。

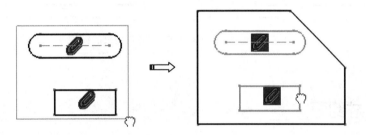

图 2-145　拖动添加了固联约束的两个孔到多边形内

（4）使用【旋转】命令，将矩形孔旋转一定角度（90°），如图 2-146 所示。

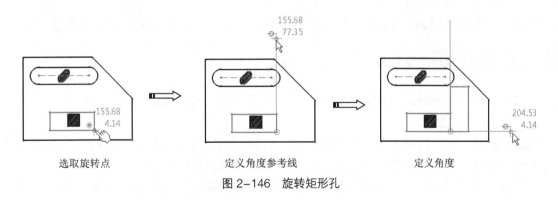

选取旋转点　　　　　　　定义角度参考线　　　　　　　定义角度

图 2-146　旋转矩形孔

（5）删除矩形孔的固联约束，然后为其添加尺寸约束，改变矩形孔的尺寸，如图 2-147 所示。

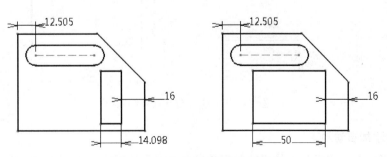

图 2-147　改变矩形孔的形状尺寸

技巧：

在改变矩形孔尺寸时，须为另一图形（槽孔）添加尺寸约束，使其在多边形内的位置不发生变化，图 2-148 所示为没有添加尺寸约束时槽孔的状态。

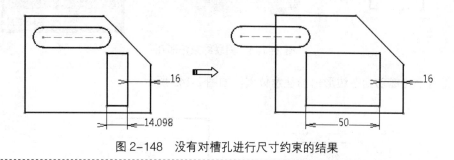

图 2-148　没有对槽孔进行尺寸约束的结果

2.5　添加尺寸约束

尺寸约束就是用数值约束图形对象的大小。尺寸约束以尺寸的形式标注在相应的图形对象上。被尺寸约束的图形对象只能通过改变尺寸数值来改变它的大小，也就是尺寸驱动。进入零件设计模式后，将不再显示标注的尺寸或几何约束符号。

CATIA V5-6R2017 的尺寸约束分为自动尺寸约束、手动尺寸约束和动画约束，下面进行详解。

2.5.1　自动尺寸约束

自动尺寸约束有两种：一种是绘图时自动约束，另一种是绘图后再添加尺寸约束。

1. 绘图时的自动约束

在【轮廓】工具栏中执行某一绘图命令后，在【草图工具】工具栏中单击【尺寸约束】按钮 🔳 和【自动添加尺寸】按钮 🔳，在绘图过程中的图形将自动添加尺寸约束。

例如，绘制图 2-149 所示的图形，在启动自动尺寸约束功能后，将会在图元上生成相应的尺寸。

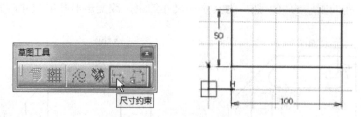

图 2-149　生成自动尺寸约束

2. 绘图后添加自动约束

绘图后，可以在【约束】工具栏中单击【自动约束】按钮 🔳，打开【自动约束】对话框。选择要添加自动约束的对象后，单击【确定】按钮即可创建自动尺寸约束，如图 2-150 所示。

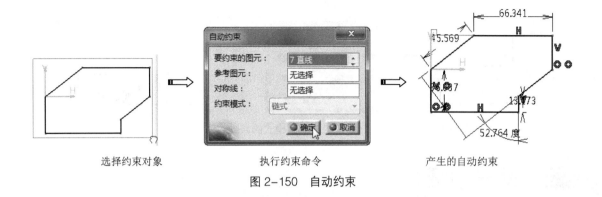

选择约束对象　　　　　　　　　执行约束命令　　　　　　　产生的自动约束

图 2-150　自动约束

 提示：

　　需要说明的是，【自动约束】工具不仅会创建自动尺寸约束，还会产生几何约束。它是一个综合约束工具。

【自动约束】对话框各选项的含义如下。

- 要约束的图元：该文本框（也是图元收集器）显示了已选取图元的数量。
- 参考图元：该文本框用于确定尺寸约束的基准。
- 对称线：该文本框用于确定对称图形的对称轴。图 2-151 所示的图形是在选择了水平和竖直轴线作为对称轴并选择了"链式"模式情况下的自动约束。

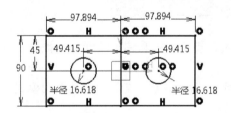

图 2-151　选择了对称轴时的自动约束

- 约束模式：该下拉列表框用于确定尺寸约束的模式，有"链式"和"堆叠式"两种模式。图 2-152 是选择"链式"模式的自动约束；图 2-153 是以最左和最底直线为基准并选择"堆叠式"模式的自动约束。

图 2-152　"链式"模式的自动约束

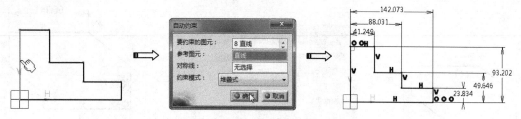

图 2-153 "堆叠式"模式的自动约束

2.5.2 手动尺寸约束

手动尺寸约束是通过在【约束】工具栏中单击【约束】按钮 ⊞ 后逐一地选择图元添加尺寸约束的一种方式。

手动尺寸约束大致有图 2-154 所示的 4 种类型。

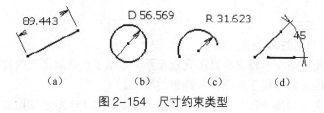

图 2-154 尺寸约束类型

上机操作——利用尺寸约束关系绘制草图

利用绘图命令、几何约束、尺寸约束和编辑尺寸等功能结合在一起来绘制图 2-155 所示的草图。

01 新建零件文件。执行【开始】/【机械设计】/【草图模式】命令,再选择 xy 平面作为草图平面进入草图模式。

02 利用【轴】命令绘制图 2-156 所示的基准中心线。

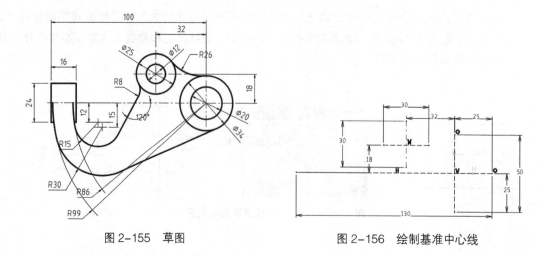

图 2-155 草图   图 2-156 绘制基准中心线

03　利用【圆】命令，绘制 4 个圆，如图 2-157 所示（暂且不管圆的尺寸）。

04　依次双击绘制的圆，然后在打开的【圆定义】对话框修改圆的半径，结果如图 2-158
　　所示。

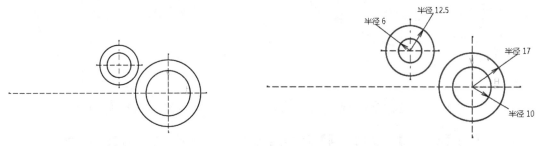

图 2-157　绘制圆　　　　　　　　　　　图 2-158　修改圆的半径参数

05　利用【矩形】命令，绘制图 2-159 所示的矩形。

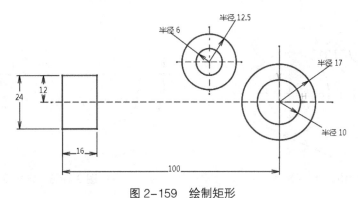

图 2-159　绘制矩形

06　利用【弧】命令，绘制图 2-160 所示的两段圆弧。

07　再利用【弧】命令，绘制图 2-161 所示的两段圆弧，此两段圆弧分别与前面绘制的圆弧
　　相切。

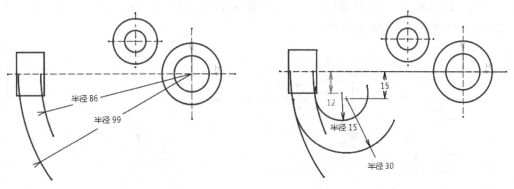

图 2-160　绘制圆弧　　　　　　　　　　图 2-161　绘制相切圆弧

08　利用【直线】命令绘制两条直线，且两条直线分别与相连圆弧相切，如图 2-162 所示。

09　利用【修剪第一图元】方式的【圆】命令，创建半径为 8 的圆角，如图 2-163 所示。

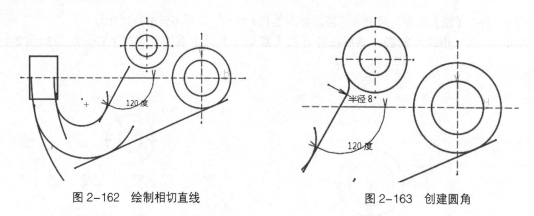

图 2-162　绘制相切直线　　　　　　　　图 2-163　创建圆角

10　再利用【不修剪】方式的【圆】命令，创建图 2-164 所示的半径为 26 的圆角。

11　最后修剪图形，得到最终的草图，如图 2-165 所示。将结果文件保存。

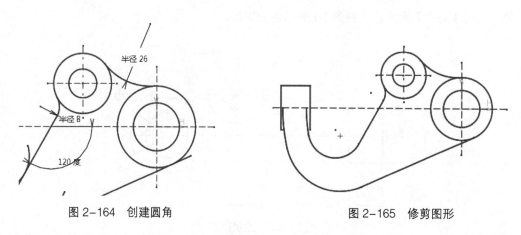

图 2-164　创建圆角　　　　　　　　　　　图 2-165　修剪图形

2.6　实战案例：底座零件草图

下面我们以底座零件的草图绘制过程为例，详细介绍 CATIA V5-6R2017 的草图约束与编辑技巧。要绘制的底座零件草图如图 2-166 所示。

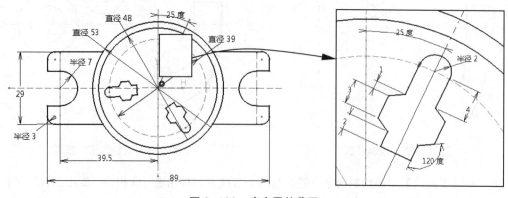

图 2-166　底座零件草图

操作步骤

01 在 CATIA V5-6R2017 初始界面的菜单栏中执行【开始】/【机械设计】/【草图模式】命令，在弹出的【新建】对话框中单击【确定】按钮进入零件设计环境。

02 选择 *xy* 平面作为草图平面，随后自动进入草绘模式。

03 首先绘制中心线。利用【轮廓】工具栏中的【轴】命令，绘制图 2-167 所示的中心线。

04 利用【矩形】命令，绘制图 2-168 所示的矩形。

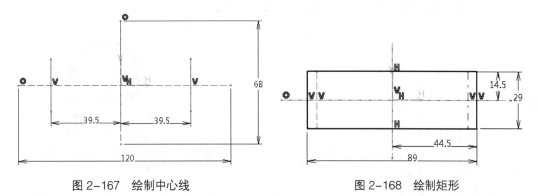

图 2-167　绘制中心线　　　　　　　　　　图 2-168　绘制矩形

05 利用【圆】命令，绘制图 2-169 所示的 4 个圆。

06 利用【直线】命令，绘制 4 条与 2 个小圆（直径为 14）分别相切的水平直线，如图 2-170 所示。

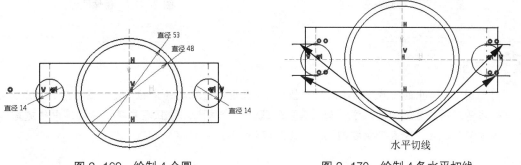

图 2-169　绘制 4 个圆　　　　　　　　　图 2-170　绘制 4 条水平切线

07 利用【操作】工具栏中的【圆角】命令，在矩形上创建 4 个半径均为 3 的圆角，然后再利用【快速修剪】命令对图像进行修剪，结果如图 2-171 所示。

08 绘制 3 个具有阵列特性的组合图形。利用【圆】命令，绘制图 2-172 所示的辅助圆，然后在竖直中心线与辅助圆的交点位置再绘制半径为 2 的小圆。

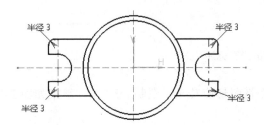
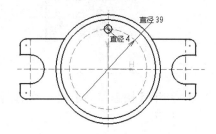

图 2-171　创建圆角并修剪图形　　　　　　图 2-172　绘制辅助圆与小圆

技巧：

　　绘制 3 个组合图形的思路是，首先在水平或竖直方向的中心线上绘制其中一个组合图形，然后将其旋转至合理位置，最后再进行【旋转】复制操作，得到其余两个组合图形。

09 利用【轮廓】命令，绘制图 2-173 所示的连续图线。再利用【镜像】命令，将绘制的连续图线镜像至竖直中心线的另一侧，如图 2-174 所示。

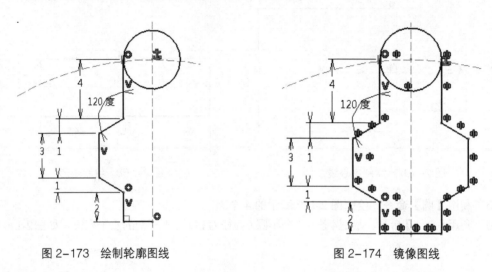

图 2-173　绘制轮廓图线　　　　　　　　　　　图 2-174　镜像图线

技巧：

　　对于图 2-174 中的斜线（标注的尺寸值为 1）来说，选取要约束的图元时需要注意选取方法。要想标注斜线在竖直方向的尺寸，必须选取斜线的两个端点，并且还要在右键菜单中确定是"水平测量方向"还是"竖直测量方向"，如图 2-175 所示。

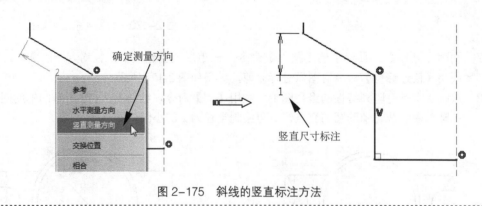

图 2-175　斜线的竖直标注方法

10 利用【快速修剪】命令修剪图形，然后将图形旋转（不复制）335°，结果如图 2-176 所示。

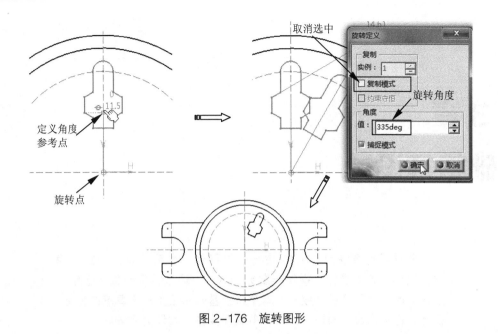

图 2-176　旋转图形

11　利用【旋转】命令，将图 2-176 中旋转后的图形再旋转 120° 并复制图形（总数为 3），得到最终的零件草图，如图 2-177 所示。

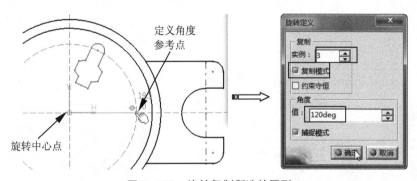

图 2-177　旋转复制所选的图形

12　最终的底座零件草图如图 2-178 所示。

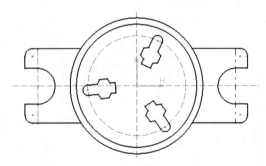

图 2-178　绘制完成的零件草图

13　最后将绘制的草图保存。

第 3 章
基础特征设计

零件设计模块是 CATIA 进行机械零件三维精确设计的功能模块，以界面直观易懂、操作丰富灵活著称。通过特征参数化造型可以极大地提高零件设计效率。本章讲解基础特征（基于草图的特征）设计，包括凸台、凹槽、旋转、多截面实体、实体混合等。

知识要点

- 拉伸类型特征
- 旋转类型特征
- 扫描类型特征
- 放样类型特征
- 实体混合

3.1　拉伸类型特征

拉伸特征（CATIA 中称为"凸台"）是通过对在草图环境绘制的轮廓线以多种方式拉伸使其成为三维实体的特征。拉伸特征虽然简单，但它是常用的、最基本的创建规则实体的造型方法，工程中的许多实体模型都可看作是多个拉伸特征互相叠加的结果。

CATIA V5-6R2017 提供了多种拉伸实体创建方法，单击【基于草图的特征】工具栏中的【凸台】按钮 ᠍ 右下角的下三角按钮，会弹出有关拉伸实体的命令按钮，如图 3-1 所示。

图 3-1　拉伸实体的命令按钮

3.1.1　凸台

凸台特征用于根据选定的草图轮廓线或曲面沿某一方向或两个方向拉伸一定的长度创建实体特征。用于创建凸台的草图轮廓线或曲面是凸台的基本图元，拉伸长度和方向是凸台的两个基本参数，如图 3-2 所示。

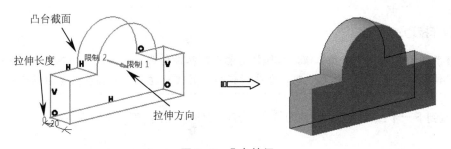

图 3-2　凸台特征

1. 拉伸类型

单击【基于草图的特征】工具栏中的【凸台】按钮 ᠍，弹出【定义凸台】对话框。在对话框中单击【更多】按钮可展开【定义凸台】对话框，如图 3-3 所示。

在【定义凸台】对话框的【第一限制】和【第二限制】分组框中可定义凸台的拉伸类型，【类型】下拉列表中提供了 5 种凸台拉伸类型，如图 3-4 所示。

- 尺寸：是系统默认拉伸类型，是指将从草图平面开始，以指定的距离（输入的长度值）向特征创建的方向一侧进行拉伸。图 3-5 所示为 3 种不同方法从草图平面以指定的长度值进行拉伸。

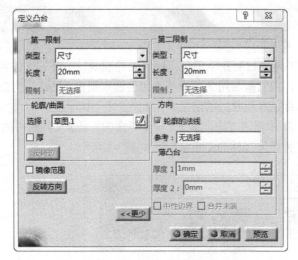

图 3-3　展开的【定义凸台】对话框　　　　　　图 3-4　凸台拉伸类型

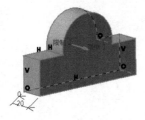  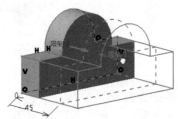

（a）在对话框【长度】框中修改值　　（b）双击尺寸直接修改值　　（c）拖动限制 1 或限制 2 修改值

图 3-5　以 3 种数值修改方法设定拉伸长度

操作技巧：

在【长度】文本框中输入正值，拉伸将沿着当前拉伸箭头指示方向；输入负值，拉伸方向为当前拉伸方向的反方向。当然也可以单击对话框中的【反转方向】按钮改变拉伸方向。

● 直到下一个：是指直接将截面拉伸至当前拉伸方向上的下一个特征，如图 3-6 所示。

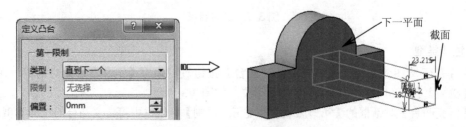

图 3-6　直到下一个

● 直到最后：是指当草图截面在拉伸过程中穿过多个特征时，将截面拉伸到最后特征的第一个面上，如图 3-7 所示。

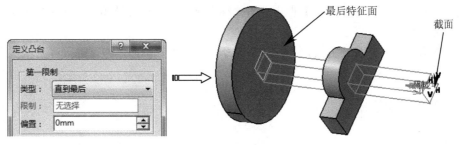

图 3-7　直到最后

- 直到平面：是指将截面拉伸到指定的平面或基准面上，如图 3-8 所示。

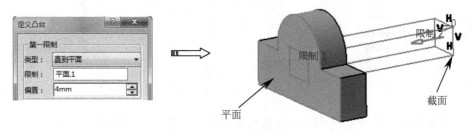

图 3-8　直到平面

- 直到曲面：是将截面拉伸到指定的曲面上，如图 3-9 所示。

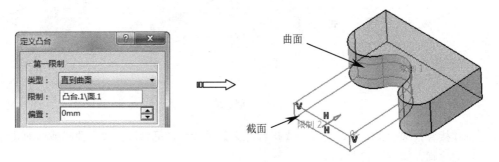

图 3-9　直到曲面

 提示：

　　【偏置】选项是指当选择【直到曲面】【直到平面】【直到下一个】或【直到最后】拉伸类型时，设置正偏置值表示在当前拉伸方向上向前偏移拉伸实体，设置负偏置值表示在当前拉伸方向上向后偏移拉伸实体。

2. 凸台的轮廓 / 曲面

　　用于定义凸台截面轮廓的草图或曲面。定义凸台特征截面的方法有两种：第一种是选择已有草图作为特征的截面草图（如果截面草图已经绘制可直接选择凸台轮廓截面），第二种是创建新的草图作为特征截面草图。

当截面没有绘制时，在【选择】框内单击鼠标右键会弹出快捷菜单，如图 3-10 所示。快捷菜单中显示了定义截面草图的方法。

- 创建草图 ◢：选择该方式，执行草图命令，选择草图平面后即可进入草图环境绘制草图，如图 3-11 所示。

图 3-10　快捷菜单

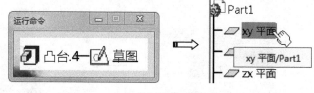

图 3-11　选择"创建草图"来绘制草图

- 创建填充 ◈：选择该方式，通过填充曲面的边界作为草图截面来创建拉伸，如图 3-12 所示。

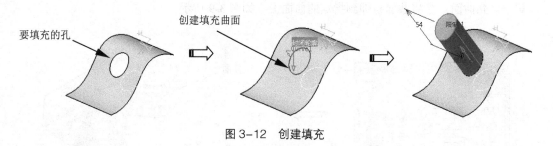

图 3-12　创建填充

- 创建接合：选择该方式，会弹出【接合定义】对话框。可以选择接合曲线或曲面边界作为截面轮廓，如图 3-13 所示。

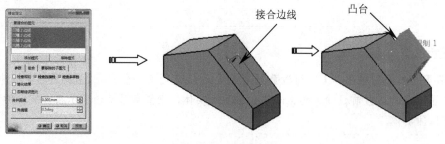

图 3-13　创建接合

- 创建提取：选择该方式，会弹出【提取定义】对话框。可通过提取曲面得到其所有边界作为截面轮廓，如图 3-14 所示。

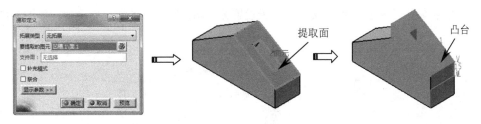

图 3-14　创建提取

- 转至轮廓定义：选择该方式，会弹出【定义轮廓】对话框。可单击对话框的【子图元】单选按钮，再选择草图中的所有封闭轮廓或单个图形轮廓作为截面，如图 3-15 所示。

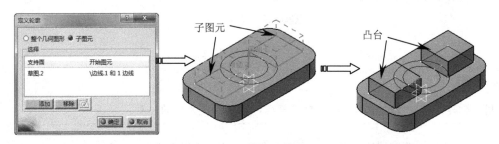

图 3-15　转至轮廓定义

3. 拉伸方向

CATIA V5-6R2017 中的凸台特征可以通过定义方向来沿法向或斜向拉伸。如果不选择拉伸参考方向，则系统默认为沿法向拉伸。

- 轮廓的法线：系统默认选项。选中【轮廓的法线】复选框，拉伸方向为草图平面的法向。
- 参考：用于设置凸台拉伸方向。当取消选中【轮廓的法线】复选框时，单击【参考】文本框，可选择截面草图中的直线、轴线、坐标轴等作为拉伸方向，如图 3-16 所示。

图 3-16　指定拉伸方向

- 反向：单击该按钮，反转凸台特征的拉伸方向。

4. 开放轮廓凸台

创建凸台特征时可利用开放轮廓创建实体，包括以下类型。

（1）创建薄壁特征。

创建凸台时可创建实体和薄壁两种类型的特征，默认为实体特征。薄壁特征的草图截面由材料填充成均厚的环，环的内侧或外侧或中心轮廓边是草图截面。

- 厚：用于设置是否拉伸成薄壁件。选中该复选框后，可在【薄凸台】选项区中设置薄凸台

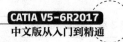
厚度。【厚度1】和【厚度2】文本框用于设置截面两侧方向上的薄壁厚度值，如图3-17所示。

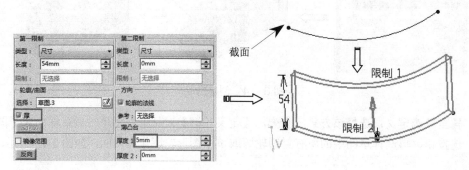

图3-17　厚度参数

 提示：

　　用于创建薄壁特征的轮廓可以是封闭轮廓，也可以是开放的轮廓。

●　中性边界：薄壁厚度在截面轮廓中心两侧。此时可以在【厚度1】文本框中输入拉伸薄壁的总厚度，如图3-18所示。

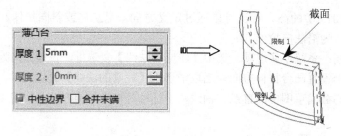

图3-18　中性边界

（2）创建反转边的填充特征。

此方式适用于开放轮廓。单击【反转边】按钮，可反转拉伸实体方向，如图3-19所示。

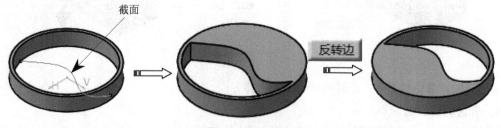

图3-19　反转边

（3）利用【合并末端】创建加强筋。

　　选中【合并末端】复选框，系统会自动将草图轮廓延伸至现有实体，创建出加强筋特征，如图3-20所示。

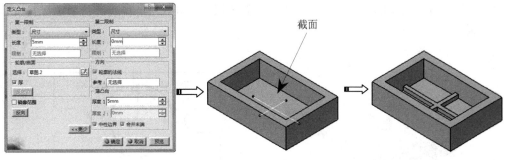

图 3-20　合并末端

上机操作——支座零件设计

01　在【标准】工具栏中单击【新建】按钮，在弹出的【新建】对话框中选择"Part"文件类型，如图 3-21 所示。单击【确定】按钮新建一个零件文件，输入零件名称后进入零件设计工作台。

02　单击【草图】按钮，选择 xy 平面作为草图平面进入草图环境。利用【直线】【圆弧】等工具绘制图 3-22 所示的草图。单击【工作台】工具栏中的【退出工作台】按钮，完成草图的绘制。

图 3-21　【新建】对话框

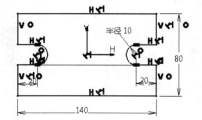

图 3-22　绘制草图截面

03　单击【基于草图的特征】工具栏中的【凸台】按钮，弹出【定义凸台】对话框，在对话框中设置拉伸长度类型为【尺寸】，输入拉伸长度值 20mm，选择上一步所绘制的草图，单击【确定】按钮完成拉伸凸台 1 的创建，如图 3-23 所示。

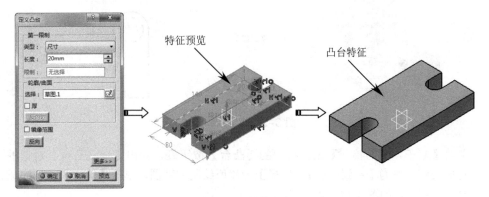

图 3-23　创建凸台 1

04 选择拉伸凸台 1 的上端面，单击【草图】按钮![btn]，进入草图环境。利用【圆】等工具绘制图 3-24 所示的草图。

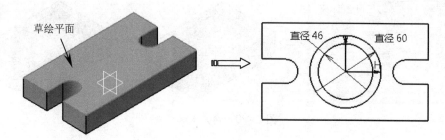

图 3-24　绘制草图

05 单击【基于草图的特征】工具栏中的【凸台】按钮![btn]，弹出【定义凸台】对话框，设置拉伸长度类型为【尺寸】，输入拉伸长度值 75mm，选择上一步所绘制的草图，单击【确定】按钮完成拉伸凸台 2 的创建，如图 3-25 所示。

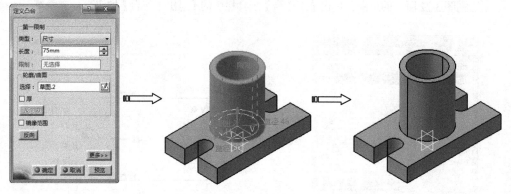

图 3-25　创建凸台 2

06 选择拉伸凸台 1 的侧面，单击【草图】按钮![btn]，进入草图环境。利用【直线】【圆】【圆弧】等工具绘制图 3-26 所示的草图。

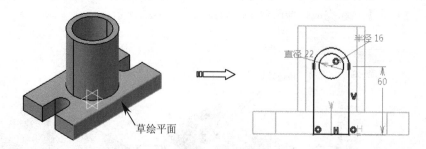

图 3-26　绘制草图

07 单击【基于草图的特征】工具栏中的【凸台】按钮![btn]，弹出【定义凸台】对话框，设置拉伸长度类型为【直到最后】，选择上一步所绘制的草图，单击【确定】按钮完成拉伸凸台 3 的创建，如图 3-27 所示。

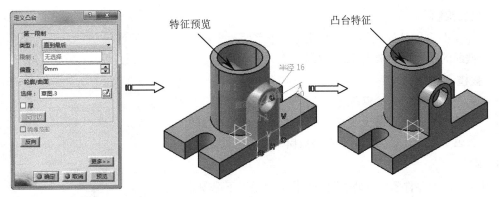

图 3-27　创建凸台 3

08　整个支座零件创建完成，最后将文件保存。

　提示：

　　CATIA 中的凸台特征只能增加实体，不能像 SolidWorks、Pro/E、UG 软件那样移除材料，如果要移除材料需要用到凹槽特征或布尔运算。

3.1.2　拔模圆角凸台

　　【拔模圆角凸台】命令用于创建带有拔模角和圆角特征的凸台，如图 3-28 所示。

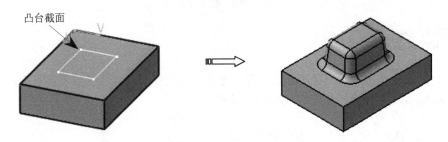

图 3-28　拔模圆角凸台

　提示：

　　在创建拔模圆角凸台特征时，必须要完成凸台截面轮廓线绘制。

　　单击【基于草图的特征】工具栏中的【拔模圆角凸台】按钮 ，选择草图截面后，弹出【定义拔模圆角凸台】对话框，如图 3-29 所示。

　　【定义拔模圆角凸台】对话框中的选项与【定义凸台】对话框中的相关选项相同，相同的选项这里就不再赘述了，下面仅介绍不同的选项。

1.　第一限制

用于定义凸台的长度。

2. 第二限制

用于定义凸台零件的起始面，必须是一个平面，一般会选择凸台截面的草图平面来定义起始面。

3. 拔模

- 角度：用于定义拔模角度，单位为度。
- 中性图元：中性图元是拔模的参考面，可选择【第一限制】或【第二限制】作为拔模角度的中性图元。

4. 圆角

用于定义凸台零件各边缘处的圆角半径，包括以下选项。

- 侧边半径：定义侧面棱边的圆角半径。
- 【第一限制半径】和【第二限制半径】：用于分别定义两个限制平面棱边处的圆角半径，如图 3-30 所示。

图 3-29 【定义拔模圆角凸台】对话框

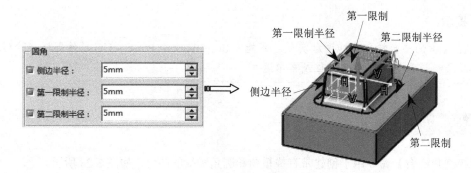

图 3-30 圆角参数

3.1.3 多凸台

【多凸台】命令是指在同一草图截面轮廓中定义不同封闭截面轮廓并以不同长度值进行拉伸，要求所有轮廓必须是封闭且不相交的，如图 3-31 所示。

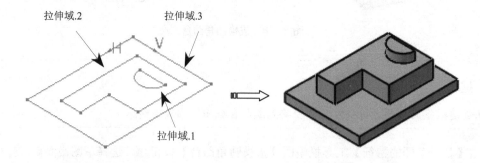

图 3-31 多凸台

单击【基于草图的特征】工具栏中的【多凸台】按钮，选择好凸台截面后，弹出【定义多凸台】对话框，如图 3-32 所示。

【定义多凸台】对话框的【域】列表框中列出了用户所选择的封闭的草图轮廓，在【域】列表框中选择域，然后在【第一限制】选项区和【第二限制】选项区中输入拉伸长度。

图 3-32　【定义多凸台】对话框

3.1.4　凹槽类型特征

CATIA V5-6R2017 提供了多种凹槽创建方法，单击【基于草图的特征】工具栏中的【凹槽】按钮右下角的下三角按钮，弹出相关的凹槽命令按钮，如图 3-33 所示。

图 3-33　凹槽命令按钮

1. 凹槽

【凹槽】工具可以将在草图环境绘制的封闭轮廓线以多种方式进行拉伸，并移除实体材料而形成空腔。凹槽特征与凸台特征相似，只不过凸台是增加实体，而凹槽是去除实体，如图 3-34 所示。

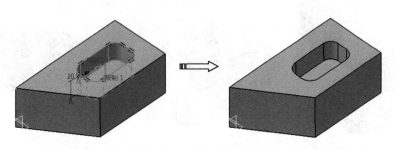

图 3-34　创建凹槽特征

单击【基于草图的特征】工具栏中的【凹槽】按钮 🔲，选择凹槽截面，弹出【定义凹槽】对话框，如图 3-35 所示。

图 3-35 【定义凹槽】对话框

【定义凹槽】对话框的部分选项与【定义凸台】对话框的相关选项相同，下面仅介绍不同的选项。

● 反向边：单击该按钮，可反转凹槽去除材料方向，如图 3-36 所示。

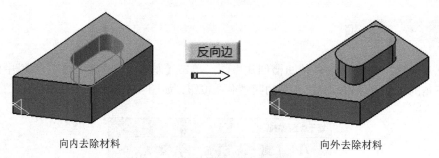

向内去除材料　　　　　　　　　　　　　向外去除材料

图 3-36 反向边

上机操作——创建支架孔

01 在【标准】工具栏中单击【打开】按钮 📂，在弹出的【选择文件】对话框中选择本例源文件 "3-2.CATPart"，单击【打开】按钮打开练习模型，如图 3-37 所示。

02 选择图 3-38 所示的凸台端面作为草图平面，单击【草图】按钮 📝 后进入草图环境，接着利用【圆】工具 ⊙ 绘制图 3-38 所示的草图 1。完成后退出草图工作台。

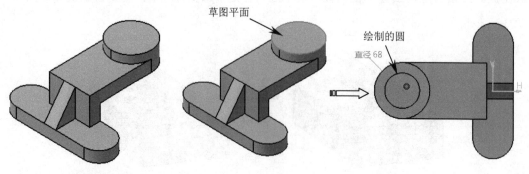

图 3-37 打开的模型文件　　　　　　图 3-38 绘制草图 1

03　单击【基于草图的特征】工具栏中的【凹槽】按钮，弹出【定义凹槽】对话框。选择
上一步绘制的草图 1，在对话框设置拉伸类型为【直到最后】，单击【确定】按钮完成凹
槽特征 1 的创建，如图 3-39 所示。

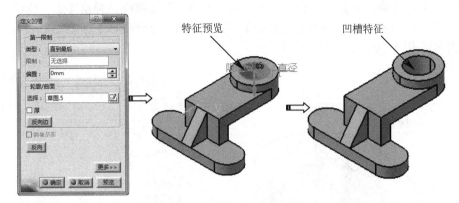

图 3-39　创建凹槽特征 1

04　选择图 3-40 所示的凸台端面作为草图平面，单击【草图】按钮进入草图环境。利用【圆】
工具绘制图 3-40 所示的草图 2。

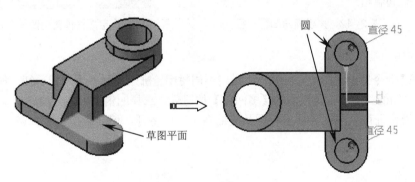

图 3-40　绘制草图 2

05　单击【基于草图的特征】工具栏中的【凹槽】按钮，弹出【定义凹槽】对话框，选择
草图 2 作为拉伸轮廓，设置拉伸类型为【直到最后】，最后单击【确定】按钮完成凹槽特
征 2 的创建，如图 3-41 所示。

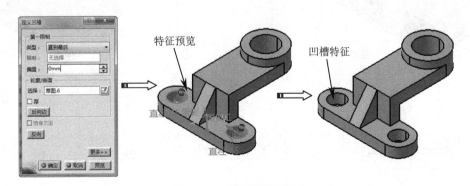

图 3-41　创建凹槽特征 2

2. 拔模圆角凹槽

【拔模圆角凹槽】命令用于创建带有拔模角和圆角特征的凹槽特征，系统不但会对凹槽的侧面进行拔模，而且还会在凹槽的顶部与底部创建倒圆角，如图 3-42 所示。

单击【基于草图的特征】工具栏中的【拔模圆角凹槽】按钮，弹出【定义拔模圆角凹槽】对话框，如图 3-43 所示。【定义拔模圆角凹槽】对话框中的部分选项与【定义拔模圆角凸台】对话框中的相关选项相同，这里就不再赘述了。

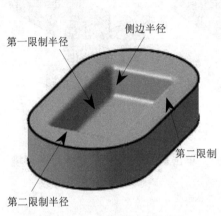

图 3-42　拔模圆角凹槽特征　　　　　　　图 3-43　【定义拔模圆角凹槽】对话框

3. 多凹槽

【多凹槽】命令用于在同一草图截面上指定不同封闭轮廓来创建多个凹槽特征，如图 3-44 所示。单击【基于草图的特征】工具栏中的【多凹槽】按钮，选择凹槽截面后，弹出【定义多凹槽】对话框。多凹槽特征可以依次剪切出不同长度的多个凹槽特征，但要求所有轮廓必须是封闭且不相交的。

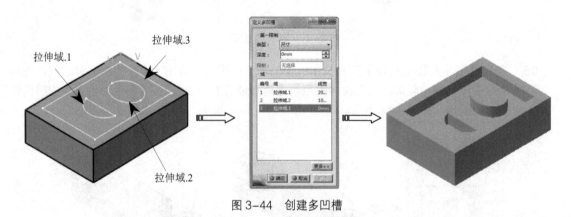

图 3-44　创建多凹槽

3.2　旋转类型特征

旋转类型的特征包括旋转体和旋转槽，下面详细介绍。

3.2.1　旋转体

旋转体是指用截面草图绕某一中心轴按指定的角度旋转而得到的实体特征，如图 3-45 所示。

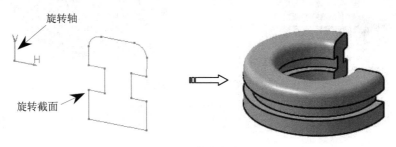

图 3-45　旋转体特征

单击【基于草图的特征】工具栏中的【旋转体】按钮 ，弹出【定义旋转体】对话框，如图 3-46 所示。

图 3-46　【定义旋转体】对话框

【定义旋转体】对话框的相关选项及参数的含义如下。

1. 限制

- 第一角度：以逆时针方向为正向，从草图所在平面到起始位置转过的角度，即旋转角度与中心旋转特征成右手系。
- 第二角度：以顺时针方向为正向，从草图所在平面到终止位置转过的角度，即旋转角度与中心旋转特征成左手系。

　操作技巧：

单击【反向】按钮，可切换旋转方向，即将【第一角度】和【第二角度】相互交换，两限制面旋转角度之和应小于或等于 360°。

2. 轴线

如果在绘制旋转轮廓的草图时已经绘制了轴线，系统会自动选择该轴线。如果没有绘制轴线，选中【选择】框后再在绘图区中选择直线、轴、边线等作为旋转体的轴线，如图 3-47 所示。

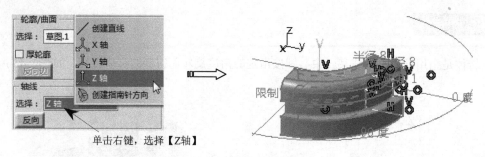

图 3-47　选择轴线

> **提示：**
>
> 　　旋转截面必须有一条轴线，围绕轴线旋转的草图只能在该轴线一侧，旋转轴与旋转截面不能相交，而且当旋转截面为开放状时，绘制的旋转体将以薄壁形式存在。

3. 薄壁旋转

旋转体特征包括实体和薄壁两种类型，实体为系统默认的特征类型。在定义薄壁旋转体时，可设置【厚轮廓】【中性边界】【合并末端】等参数，如图 3-48 所示。薄壁旋转的选项与薄壁凸台的选项类似，这里就不再赘述了。

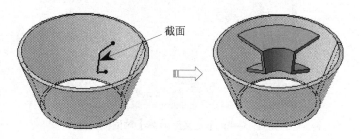

图 3-48　薄壁旋转

上机操作——创建三通管零件

01　新建一个零件文件后进入零件设计工作台。

02　单击【草图】按钮 ，选择 xy 平面作为草图平面进入草图模式。利用直线等工具绘制图 3-49 所示的草图 1。

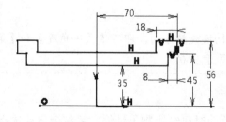

图 3-49　绘制草图 1

03 单击【基于草图的特征】工具栏中的【旋转体】按钮 🔩，选择旋转截面，弹出【定义旋转体】对话框，选择上一步绘制的草图作为旋转截面，选择坐标系的 x 轴作为轴线，单击【确定】按钮完成旋转体 1 的创建，如图 3-50 所示。

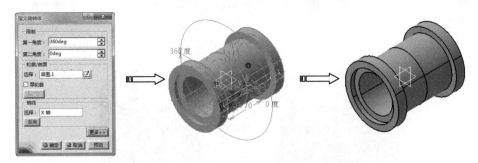

图 3-50　创建旋转体 1 特征

04 单击【草图】按钮 ✍，选择 zx 平面作为草图平面，进入草图环境。利用直线等工具绘制图 3-51 所示的草图 2。

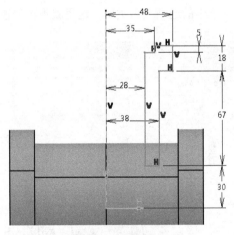

图 3-51　绘制草图 2

05 单击【基于草图的特征】工具栏中的【旋转体】按钮 🔩，弹出【定义旋转体】对话框，选择上一步绘制的草图作为旋转截面，单击【确定】按钮完成三通模型的创建，如图 3-52 所示。

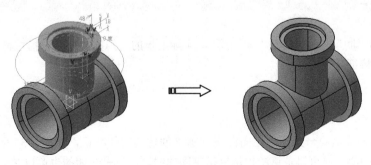

图 3-52　创建三通模型

3.2.2 旋转槽

旋转槽是指将轮廓绕中心轴旋转并在旋转时从零件模型中将材料去除，从而在零件上生成旋转剪切特征，如图 3-53 所示。旋转槽特征与旋转体特征相似，只不过旋转体是增加实体，而旋转槽是去除实体。

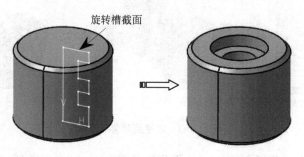

图 3-53 旋转槽特征

单击【旋转槽】按钮 ，弹出【定义旋转槽】对话框，如图 3-54 所示。【定义旋转槽】对话框中的选项与【定义旋转体】对话框中的选项大多类似，这里就不再赘述了。

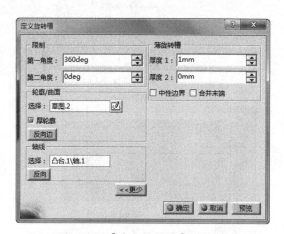

图 3-54 【定义旋转槽】对话框

3.3 扫描类型特征

CATIA 中的"肋"并非指的是"加强筋"，实际上指的是扫描特征，包括扫描加实体特征（肋）和扫描切除实体特征（开槽）。

3.3.1 肋

肋是将草图轮廓沿着一条中心导向曲线扫掠来创建的实体特征，如图 3-55 所示。通常轮廓使用封闭草图，而中心曲线可以是草图也可以是空间曲线，可以是封闭的也可以是开放的。

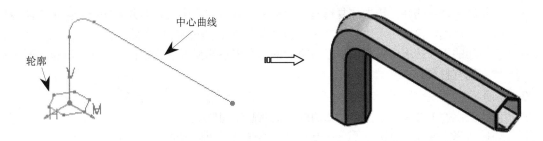

中心曲线

轮廓

图 3-55　扫描特征

单击【基于草图的特征】工具栏中的【肋】按钮，弹出【定义肋】对话框，如图 3-56 所示。

【定义肋】对话框中相关选项及参数的含义如下。

1. 轮廓和中心曲线

- 轮廓：选择创建肋特征的草图截面。既可以选择事先绘制好的草图图形，也可以单击编辑框右侧的【草图】按钮进入草图环境绘制。
- 中心曲线：选择创建肋特征的中心引导线。既可以选择事先绘制好的草图曲线，也可以单击编辑框右侧的【草图】按钮进入草图环境绘制。

图 3-56　【定义肋】对话框

提示：

　　如果中心曲线为 3D 曲线，则曲线必须相切连续。如果中心曲线是平面曲线，则曲线可以不相切连续。中心曲线不能有多个图元，中心曲线也不能自相交。

2. 控制轮廓

此选项组用于设置轮廓沿中心曲线的扫掠方式，包括以下选项。

- 保持角度：轮廓草图平面与中心线切线之间始终保持初始位置时的角度，如图 3-57 所示。
- 拔模方向：在扫掠过程中轮廓平面的法线方向始终与指定的牵引方向一致，如图 3-58 所示。可以选择平面或实体边线，选择平面时，则方向由该面的法线方向确定，扫掠结果的起始和终止端面平行。
- 参考曲面：轮廓平面的法线方向始终与指定参考曲面的法线保持恒定的夹角，图 3-59 所示的轮廓平面在起始位置与参考曲面是垂直的，扫掠特征的任一截面都保持与参考曲面垂直。

图 3-57　保持角度

图 3-58　拔模方向

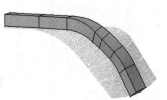

图 3-59　参考曲面

- 将轮廓移动到路径：选中该复选框，会将中心曲线和轮廓关联，并允许沿多条中心曲线扫掠单个草图，仅适用于"拔模方向"和"参考曲线"轮廓控制方式。
- 合并肋的末端：选中该复选框，会将肋的每个末端修剪到现有零件，即从轮廓位置开始延伸到现有材料。

3. 薄肋

- 厚轮廓：选中该复选框，将在草图轮廓的两侧添加厚度。
- 中性边界：选中该复选框，将在草图轮廓的两侧添加相等厚度。
- 合并末端：选中该复选框，会将草图轮廓延伸到现有的几何图元。

上机操作——内六角扳手设计

01 新建零件文件进入零件设计工作台。

02 单击【草图】按钮，选择 *xy* 平面作为草图平面进入草图环境。利用【六边形】工具绘制图 3-60 所示的草图 1。单击【工作台】工具栏中的【退出工作台】按钮，完成草图 1 的绘制。

03 单击【草图】按钮，选择 *yz* 平面作为草图平面进入草图环境。利用【六边形】等工具绘制图 3-61 所示的草图 2。单击【工作台】工具栏中的【退出工作台】按钮，完成草图 2 的绘制。

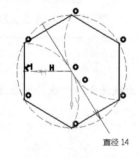

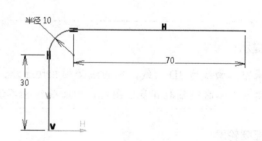

图 3-60　绘制草图 1　　　　　　　图 3-61　绘制草图 2

04 单击【基于草图的特征】工具栏中的【肋】按钮，弹出【定义肋】对话框，选择草图 1 作为轮廓，选择草图 2 作为中心曲线，单击【确定】按钮完成肋特征的创建，如图 3-62 所示。

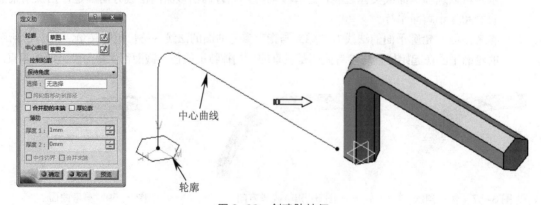

图 3-62　创建肋特征

3.3.2　开槽特征（扫描切除）

开槽是指在实体上以扫掠的形式创建扫描切除特征，如图 3-63 所示。开槽特征与肋特征性质基本相似，只不过肋是加实体，而开槽是切除实体。

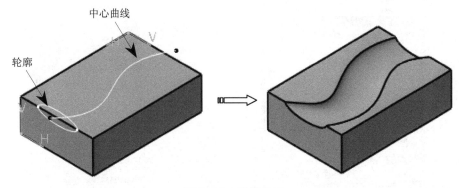

中心曲线

轮廓

图 3-63　开槽特征

3.4　放样类型特征

在 CATIA 中，"多截面实体"指的是放样实体，"已移除的多截面实体"称为放样切除实体。

3.4.1　多截面实体

多截面实体是指两个或两个以上不同位置的封闭截面轮廓沿一条或多条引导线以渐进方式扫掠形成的实体，如图 3-64 所示。

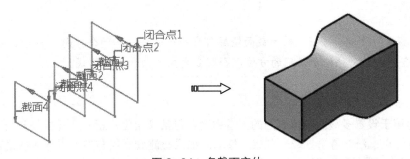

闭合点1
闭合点2
闭合点3
截面1
截面2
闭合点4
截面3
截面4

图 3-64　多截面实体

3.4.2　【多截面实体定义】对话框

单击【基于草图的特征】工具栏中的【多截面实体】按钮，弹出【多截面实体定义】对话框，如图 3-65 所示。【多截面实体定义】对话框中的选项及参数介绍如下。

1. 截面列表框

用于选择多截面实体草图截面轮廓，所选截面曲线被自动添加到列表框中，并自动进行编号，所选截面曲线的名称显示在列表框中的【截面】列中。

在列表中任意选择一个草图截面并单击鼠标右键，弹出快捷菜单，如图 3-66 所示。

图 3-65 【多截面实体定义】对话框

图 3-66 截面右键快捷菜单

截面右键快捷菜单中命令的含义如下。

- 替换：选择该命令后，可在图形区选择新的截面线替换现有列表中被选中的截面线。
- 移除：删除选中的截面轮廓曲线。
- 替换封闭点：替换选中截面的封闭点。
- 移除封闭点：删除选中截面的封闭点。
- 添加：添加截面轮廓，所添加的截面轮廓位于列表的最后。
- 之后添加：添加截面轮廓，所添加的轮廓位于选中截面之后。
- 之前添加：添加截面轮廓，所添加的轮廓位于选中截面之前。

 提示：

多截面实体所使用的每一个封闭截面轮廓都有一个闭合点和闭合方向，而且要求各截面的闭合点和闭合方向都必须处于正确的方位，否则会发生扭曲和出现错误。

2.【光顺参数】选项组

该选项组用于设置多截面实体表面的光滑程度，包括【角度修正】和【偏差】两个选项。

- 角度修正：沿参考引导线光顺放样移动。如果检测到脊线与参考引导线法线存在轻微的不连续，则可能有必要执行该操作。【角度修正】复选框的取值范围为 0.5°～4.5°，光顺作用于任何角度偏差小于该值的不连续位置，因此有助于生成更好的多截面实体。
- 偏差：通过偏移引导线来光顺放样移动，【偏差】复选框的取值范围为 0.002mm～0.099mm。

 提示：

如果同时使用【角度修正】和【偏差】复选框，则不能保证脊线平面保持在给定公差区域中，可能先在偏差公差范围内大概算出脊线，然后在角度修正公差范围内旋转每个移动平面。

3.【引导线】选项卡

引导线在多截面实体中起到形状边界的作用，它属于最终生成的实体。生成的实体零件是各截面线沿引导线延伸得到的，因此引导线必须与每个轮廓线相交，如图 3-67 所示。

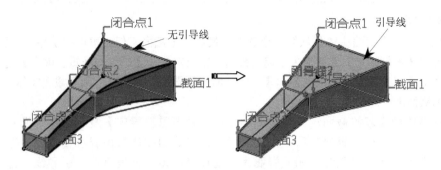

图 3-67 引导线

4.【脊线】选项卡

【脊线】选项卡用于引导实体的延伸方向，其作用是保证多截面实体生成的所有截面都与脊线垂直。通常情况下系统能通过所选的截面自动使用一条默认的脊线，而不必对脊线进行特殊定义。如需定义脊线则要保证所选曲线是相切连续的，如图 3-68 所示。

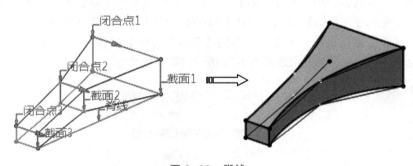

图 3-68 脊线

 提示：

　　脊线应该垂直于每个截面平面，并且必须是相切连续的，否则会产生不可预知的造型特征。如果垂直于脊线的平面与一条引导线在不同的点相交，可将距脊线的最近点作为耦合点。如果脊线是自动计算的，选择一条或两条引导线后，多截面实体会受到引导线端点的限制。如果存在两条以上的引导线，脊线将在对应于引导线端点的重心点处停止。在任何情况下，脊线端点的切线都是引导线端点的平均切线。

5.【耦合】选项卡

【耦合】选项卡用于设置截面轮廓间的连接方式，包括以下选项。

- 比率：比例连接。将轮廓线沿封闭点所指的方向等分，再将等分点依次连接，常用于各截面顶点数不同的场合。

- 相切：斜率连接。在多截面实体中生成曲线的相切连续变化，要求各截面的顶点数必须相同。
- 相切然后曲率：曲率连续。根据轮廓线的曲率不连续点进行连接，要求各截面的顶点数必须相同。
- 顶点：顶点连接。根据轮廓线的顶点进行连接，要求各截面的顶点数必须相同。

6. 重新限定

默认情况下，多截面实体是从第一个截面到最后一个截面，但也可以用引导线或脊线来限制，此时需要设置【重新限定】选项卡中【起始截面重新限定】和【最终截面重新限定】选项。

- 选中【起始截面重新限定】和【最终截面重新限定】复选框，则多截面实体被限定在相应的截面上。
- 取消选中【起始截面重新限定】和【最终截面重新限定】复选框，则沿着脊线放样多截面实体。如果脊线为用户定义的脊线，多截面实体将由脊线端点或与脊线相交的第一个引导线端点限定。如果脊线为自动计算所得，且没有选定引导线，特征将由起始截面和最终截面限定。如果脊线为自动计算所得，且选择了引导线，特征将由引导线端点限定。

上机操作——后视灯外形设计

01 在【标准】工具栏中单击【打开】按钮 ，在弹出的【选择文件】对话框中选择配套资源中的"3-5.CATPart"文件。单击【打开】按钮打开一个零件文件，如图 3-69 所示。在菜单栏中执行【开始】/【机械设计】/【零件设计】命令，进入零件设计工作台。

02 单击【基于草图的特征】工具栏中的【多截面实体】按钮 ，弹出【多截面实体定义】对话框，然后在图形区中选择图 3-70 所示的两个截面轮廓。

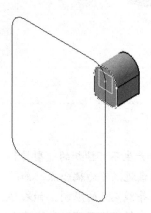

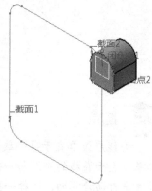

图 3-69 打开模型文件   图 3-70 【多截面实体定义】对话框

03 选中编号 2 的截面线并单击鼠标右键，在弹出的快捷菜单中选择【替换闭合点】命令，然后在图区中选择图 3-71 所示的点作为闭合点。

04 在【耦合】选项卡的【截面耦合】下拉列表中选择【比率】选项，单击【确定】按钮，完成多截面实体特征的创建，如图 3-72 所示。

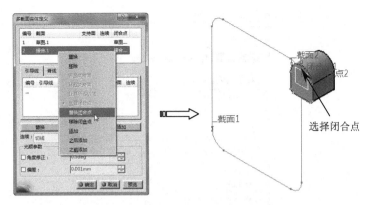

图 3-71　重新选择闭合点

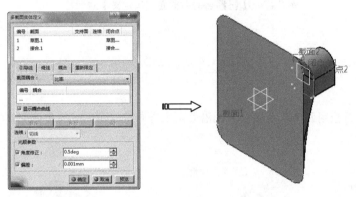

图 3-72　创建多截面实体特征

3.4.3　已移除的多截面实体

【已移除的多截面实体】工具用于通过多个截面轮廓的渐进扫掠在已有实体上去除材料生成特征，如图 3-73 所示。已移除的多截面实体特征与多截面实体特征相似，只不过多截面实体是增加实体，而已移除的多截面实体是去除实体。

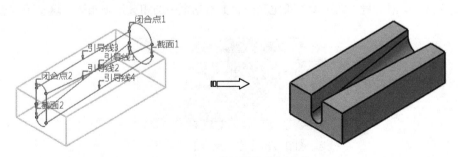

图 3-73　已移除的多截面实体

单击【基于草图的特征】工具栏中的【已移除的多截面实体】按钮，弹出【已移除的多截面实体定义】对话框，如图 3-74 所示。【已移除的多截面实体定义】对话框中的选项与【多截面实体】对话框中的相关选项是相同的，这里不再赘述。

图 3-74 【已移除的多截面实体定义】对话框

3.5 实体混合

实体混合特征是指用两个草图截面分别沿着两个方向拉伸而生成的实体交集的特征，如图 3-75 所示。

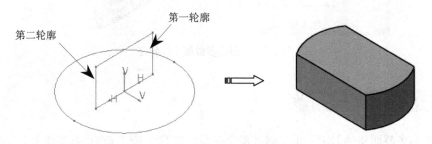

图 3-75 实体混合特征

单击【基于草图的特征】工具栏中的【实体混合】按钮，弹出【定义混合】对话框，如图 3-76 所示。【定义混合】对话框中的选项与【定义凸台】对话框中的相关选项相同，这里不再赘述。

图 3-76 【定义混合】对话框

上机操作——实体混合实例（阶梯键设计）

01 新建零件文件，进入零件设计工作台。

02 单击【草图】按钮 ☑️，选择 *xy* 平面作为草图平面进入草图环境。利用【直线】【圆弧】等工具绘制图 3-77 所示的草图 1。

03 单击【草图】按钮 ☑️，在图形区中选择草图平面 *zx* 平面进入草图环境。利用【轮廓】工具绘制图 3-78 所示的草图 2。

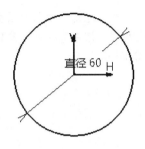

图 3-77 绘制草图 1

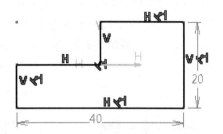

图 3-78 绘制草图 2

04 单击【基于草图的特征】工具栏中的【实体混合】按钮 🔧，弹出【定义混合】对话框。选择草图 1 与草图 2 分别作为第一部件和第二部件，单击【确定】按钮，完成实体混合特征的创建，如图 3-79 所示。

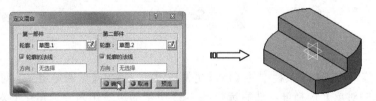

图 3-79 创建实体混合特征

3.6 实战案例：办公旋转椅设计

本节以一个办公旋转椅设计实例详细介绍软件建模技巧。办公旋转椅设计造型如图 3-80 所示。

图 3-80 旋转椅

操作步骤

01　新建一个零件文件，进入零件设计工作台。

02　单击【草图】按钮，选择 *xy* 平面作为草图平面进入草图环境。利用【直线】【圆弧】等
　　工具绘制图 3-81 所示的草图 1。

03　单击【基于草图的特征】工具栏中的【凸台】按钮，弹出【定义凸台】对话框，选择
　　上一步所绘制的草图 1 作为拉伸轮廓，设置拉伸长度的值为 15，选中【镜像范围】复选框，
　　单击【确定】按钮完成拉伸凸台 1 特征的创建，如图 3-82 所示。

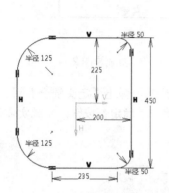

图 3-81　绘制草图 1

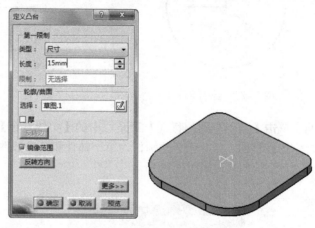

图 3-82　创建凸台 1

04　单击【修饰特征】工具栏中的【倒圆角】按钮，弹出【倒圆角定义】对话框。激活【要
　　圆角化的对象】选择框，然后选择图 3-83 所示的边线作为要圆角化的对象，在【半径】
　　文本框中输入值 15，单击【确定】按钮完成倒圆角特征的创建。

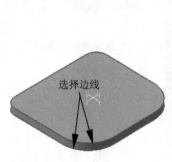

图 3-83　创建倒圆角特征

05　单击【草图】按钮，选择 *yz* 平面作为草图平面进入草图环境，然后绘制出图 3-84 所示
　　的草图 2。

06　单击【参考元素】工具栏中的【平面】按钮，弹出【平面定义】对话框。在【平面类型】
　　下拉列表中选择【曲线的法线】选项，选择上一步绘制的草图 2 及其端点作为平面参考，
　　单击【确定】按钮完成平面 1 的创建，如图 3-85 所示。

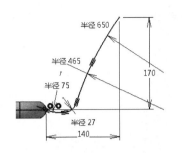

图 3-84　绘制草图 2

图 3-85　创建平面 1

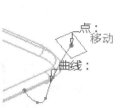

07　选中上一步创建的平面 1，再单击【草图】按钮 进入草图环境，然后绘制图 3-86 所示的草图 3。

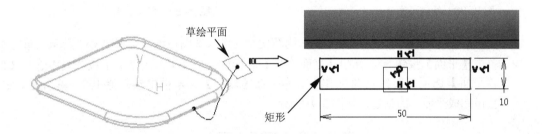

图 3-86　绘制草图 3

08　单击【基于草图的特征】工具栏中的【肋】按钮 ，弹出【定义肋】对话框。选择草图 3 作为轮廓，再选择草图 2 作为中心曲线，单击【确定】按钮完成肋特征 1 的创建，如图 3-87 所示。

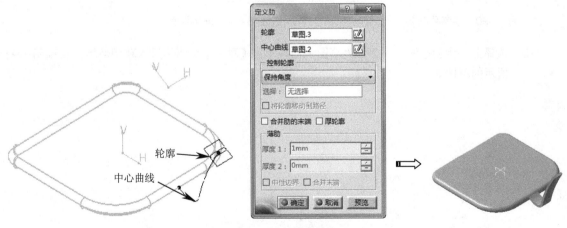

图 3-87　创建肋特征 1

09　单击【草图】按钮 ，选择 xy 平面作为草图平面进入草图环境，绘制图 3-88 所示的草图 4。

10　单击【基于草图的特征】工具栏中的【凸台】按钮 ，弹出【定义凸台】对话框。选择上一步所绘制的草图 4 作为轮廓，设置拉伸长度为 150，选中【镜像范围】复选框，单击【确定】按钮完成拉伸凸台 2 的创建，如图 3-89 所示。

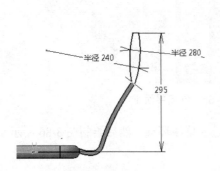

图 3-88　绘制草图 4

图 3-89　创建凸台 2

11　单击【草图】按钮 ![icon]，选择 yz 平面作为草图平面进入草图环境，绘制图 3-90 所示的草图 5。

12　单击【平面】按钮 ![icon]，弹出【平面定义】对话框。在【平面类型】下拉列表中选择【偏移平面】选项，选择 yz 平面作为参考，在【偏移】文本框中输入值 160，单击【确定】按钮完成平面 2 的创建，如图 3-91 所示。

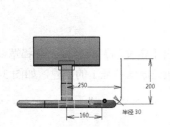

图 3-90　绘制草图 5

图 3-91　创建平面 2

13　选择上一步创建的平面 2 作为草图平面，单击【草图】按钮 ![icon] 进入草图环境，绘制图 3-92 所示的草图 6。

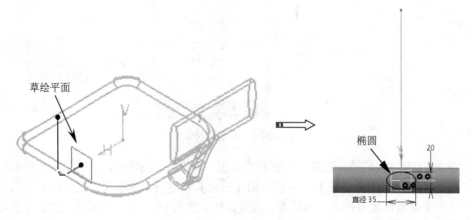

图 3-92　绘制草图 6

14　单击【基于草图的特征】工具栏中的【肋】按钮，弹出【定义肋】对话框，选择草图 6 作为轮廓，选择草图 5 作为中心曲线，单击【确定】按钮完成肋特征 2 的创建，如图 3-93 所示。

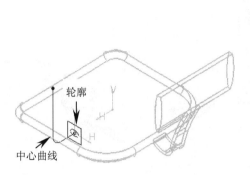

图 3-93　创建肋特征 2

15　单击【平面】按钮，弹出【平面定义】对话框。在【平面类型】下拉列表中选择【偏移平面】选项，选择 *yz* 平面作为参考，在【偏移】文本框输入值 250，单击【确定】按钮完成平面 3 的创建，如图 3-94 所示。

16　单击【草图】按钮，选择上一步创建的平面 3 作为草图平面进入草图环境，利用草图曲线绘制工具绘制图 3-95 所示的草图 7。

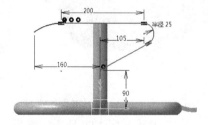

图 3-94　创建平面 3　　　　　　　　图 3-95　绘制草图 7

17　单击【草图】按钮，选择 *zx* 平面作为草图平面进入草图环境，绘制图 3-96 所示的草图 8。

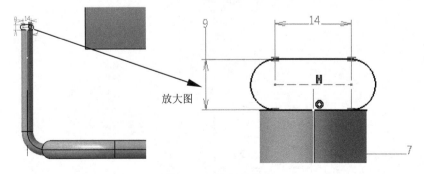

图 3-96　绘制草图 8

18　单击【基于草图的特征】工具栏中的【肋】按钮，弹出【定义肋】对话框。选择草图 8 作

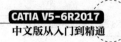

为轮廓，再选择草图7作为中心曲线，单击【确定】按钮完成肋特征3的创建，如图3-97所示。

图 3-97　创建肋特征 3

19　单击【变换特征】工具栏中的【镜像】按钮　，弹出【定义镜像】对话框。激活【镜像图元】
　　选择框，选择 yz 平面作为镜像平面，选择前面创建的肋特征 2 和肋特征 3 作为要镜像的
　　对象，单击【确定】按钮完成镜像特征的创建，如图 3-98 所示。

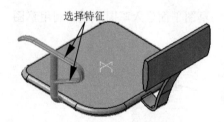

图 3-98　创建镜像特征

20　单击【草图】按钮　，选择 yz 平面作为草图平面进入草图环境，再利用【圆弧】和【直线】
　　工具绘制图 3-99 所示的草图 9。

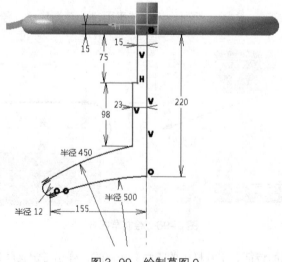

图 3-99　绘制草图 9

21　单击【基于草图的特征】工具栏中的【旋转体】按钮 ，选择旋转截面，弹出【定义旋转体】对话框。选择草图 9 作为旋转轮廓，选择 Z 轴为旋转轴，单击【确定】按钮完成旋转体特征的创建，如图 3-100 所示。

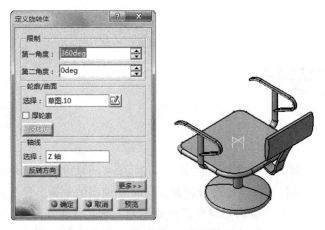

图 3-100　创建旋转体特征

22　至此，完成了办公旋转椅的设计，最后保存结果文件。

第 4 章
附加特征设计

第 3 章主要介绍了 CATIA V5-6R2017 的基础实体特征设计命令，但仅通过实体特征设计很难完成复杂模型的创建，往往需要与附加特征工具、编辑与操作工具相配合，来实现复杂模型的建立，同时可以减少创建各种特征时的工作量。本章主要介绍附加特征工具的用法。

知识要点

- 修饰特征
- 孔特征
- 加强肋特征

4.1 修饰特征

零件修饰特征是指在已有基本实体的基础上建立的修饰，如倒角、拔模、螺纹等，相关命令集中在【修饰特征】工具栏中，包括【倒圆角】【倒角】【拔模】【抽壳】【厚度】【外螺纹 / 内螺纹】【移除面】【替换面】等。

4.1.1 倒圆角

CATIA V5-6R2017 提供了多种创建倒圆角特征的命令按钮。单击【修饰特征】工具栏中的【倒圆角】按钮🖱右下角的下三角按钮，弹出倒圆角命令按钮，如图 4-1 所示。

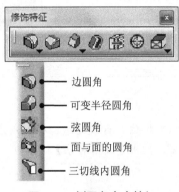

图 4-1 倒圆角命令按钮

1. 普通倒圆角

倒圆角特征是通过指定实体的边线，在实体上建立与边线连接的两个曲面相切的曲面特征，如图 4-2 所示。

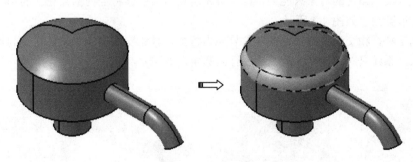

图 4-2 倒圆角特征

单击【修饰特征】工具栏中的【倒圆角】按钮🖱，弹出【倒圆角定义】对话框，如图 4-3 所示。对话框中默认的选项设置就是普通倒圆角的选项设置。

【倒圆角定义】对话框中的普通倒圆角的相关选项参数含义如下。

（1）半径和要圆角化的对象。

- 半径：用于设置倒圆角的半径值。
- 要圆角化的对象：用于选择倒圆角对象，倒圆角的对象可以是边线、面、特征、特征之间。

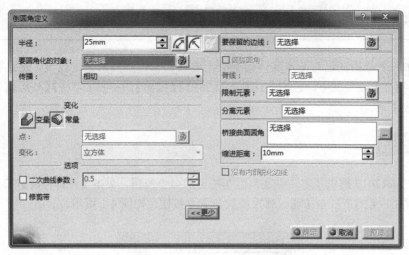

图 4-3 【倒圆角定义】对话框

 操作技巧：

如果要选择多个倒圆角对象，可按住 Ctrl 键连续选择，或者单击【要圆角化的对象】选择框右侧的【编辑对象列表】按钮，弹出【圆角对象】对话框，在图形区依次选择倒圆角对象。

（2）传播模式。

用于选择创建倒圆角的扩展方式，包括"相切""最小""相交""与选定特征相交"等方式。

- 相切：当选择某一条边线时，所有和该边线光滑连接的棱边都被选中进行倒圆角，如图 4-4 所示。
- 最小：只对选中的边线进行倒圆角，并将圆角光滑过渡到下一条线段，如图 4-4 所示。
- 相交：要圆角化的对象只能为特征，且系统只对与所选特征内部面相交的相切连续的边线进行倒圆角，如图 4-4 所示。
- 与选定特征相交：要圆角化的对象只能为特征，且还要选择一个与其相交的特征作为相交对象，系统只对相交产生的锐边进行倒圆角，如图 4-4 所示。

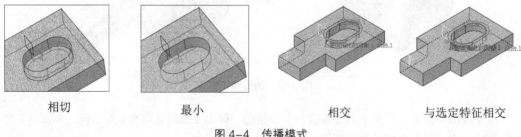

相切　　　　　　　最小　　　　　　　相交　　　　与选定特征相交

图 4-4　传播模式

（3）选项。

- 二次曲线参数：在倒圆角半径范围内采用二次曲线圆滑过渡，如图 4-5 所示。
- 修剪带：用来处理倒圆角交叠部分，自动裁剪重叠部分，仅适合于"相切"传播模式，效果如图 4-6 所示。

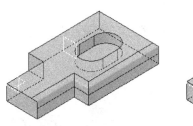 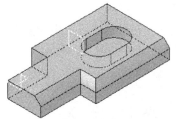

二次曲线参数为 0.9　　　　　　　　二次曲线参数为 0.1

图 4-5　二次曲线参数

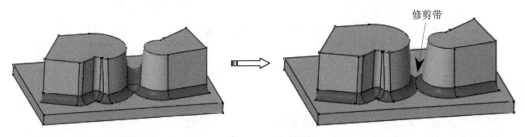

图 4-6　修剪带

（4）要保留的边线。

用于设置倒圆角时不需要圆角化的其他边线。在倒圆角过程中，当设置的圆角半径超过所能生成的圆角时，可通过选择保留边线来解决，如图 4-7 所示。

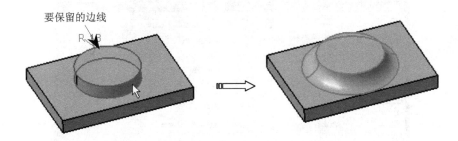

图 4-7　要保留的边线

（5）限制元素。

用于指定倒圆角边界，边界可以是平面、倒圆角的边线上的点等，如图 4-8 所示。

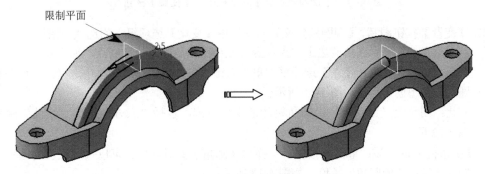

图 4-8　限制元素

2. 可变半径圆角

可变半径圆角是指在所选边线上生成多个不同半径值的圆角，在控制点间圆角可按照"立方体"或"线性"规律变化，如图 4-9 所示。

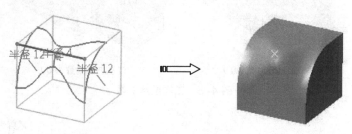

图 4-9　可变半径圆角

 提示：

可变半径圆角对象只能是边线，不能是面、特征、特征之间。

【倒圆角定义】对话框中的【变化】选项组中，包含两个选项按钮：【变量】 与【常量】 ，如图 4-10 所示。单击【常量】按钮 ，可创建普通倒圆角；单击【变量】按钮 ，可创建可变半径的圆角。

图 4-10　【倒圆角定义】对话框中的【变量】按钮

单击【变量】按钮 后，【倒圆角定义】对话框中【变化】选项组中的选项介绍如下。

- 点：用于选择位于圆角棱边上的点作为可变半径圆角的半径控制点。如果圆角棱边上没有合适的点存在，可在【点】选择框中单击右键，在弹出的快捷菜单中选择相应命令后再在圆角棱边上创建点，如图 4-11 所示。
- 变化：用于定义圆角半径沿圆角棱边的变化方式，包括"立方体"和"线性"两种，如图 4-12 所示。
- 【圆角值】按钮 ：单击此按钮，会弹出【圆角值】对话框。可以选取相应的圆角半径控制点来编辑新的圆角半径值，如图 4-13 所示。

图 4-11　创建点的右键快捷菜单

立方体

线性

图 4-12　【变化】选项

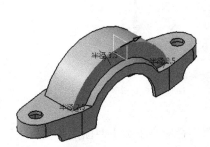

图 4-13　设置控制点的圆角值

- 圆弧圆角：用于设置倒圆角。使用垂直于脊线的平面对所包含的圆进行圆角化处理，如图 4-14 所示。

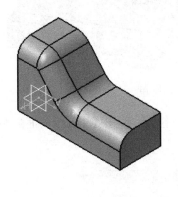

未设置圆弧圆角

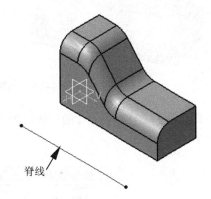

脊线

设置圆弧圆角

图 4-14　圆弧圆角

提示：

　　使用圆弧圆角适用于需要圆角化且不具有相切连续的多条连续边线，但是可以在逻辑上将这些边线视为单个边线；脊线可以是线框元素，也可以是草图元素。

- 没有内部锐化边线：选中【没有内部锐化边线】复选框，将移除所有可能生成的边线。在计算可变半径圆角时，如果要连接的曲面是相切连续的而不是曲率连续的，则应用程序可能生成意外的锐化边线，此时可选中该复选框，移除所有可能生成的边线。

3. 弦圆角

弦圆角是指通过控制倒圆角两条边之间的距离（即弦长）来生成圆角。

在【倒圆角定义】对话框中单击【弦长】按钮 ，通过输入弦长来创建倒圆角，如图 4-15 所示。

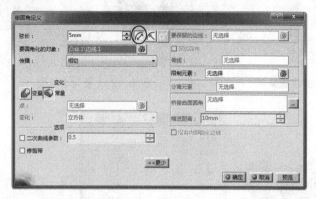

图 4-15 【倒圆角定义】对话框中的弦长输入

4. 面与面的圆角

面与面的圆角是指在两个面之间创建倒圆角，要求该圆角半径应小于最小曲面的高度，大于曲面之间最小距离的 1/2，如图 4-16 所示。

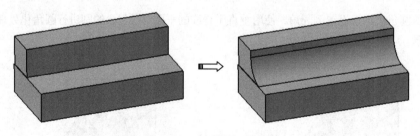

图 4-16 创建面与面圆角

单击【修饰特征】工具栏中的【面与面的圆角】按钮 ，弹出【定义面与面的圆角】对话框，如图 4-17 所示。

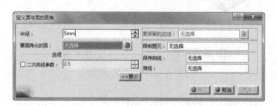

图 4-17 【定义面与面的圆角】对话框

5. 三切线内圆角

【三切线内圆角】是指通过指定三个相交面，创建一个与这三个面相切的圆角，如图 4-18 所示。

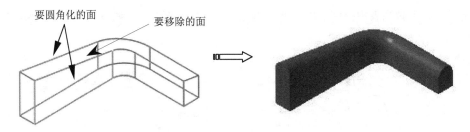

图 4-18　三切线内圆角

单击【修饰特征】工具栏中的【三切线内圆角】按钮 🖊，弹出【定义三切线内圆角】对话框，如图 4-19 所示。

图 4-19　【定义三切线内圆角】对话框

4.1.2　倒角

【倒角】是指在存在交线的两个面上建立一个倒角斜面，如图 4-20 所示。

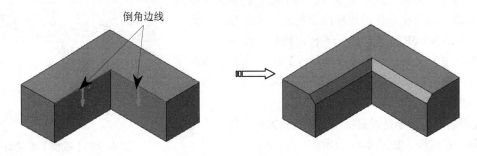

图 4-20　倒角特征

单击【修饰特征】工具栏中的【倒角】按钮 🖊，弹出【定义倒角】对话框，如图 4-21 所示。

图 4-21　【定义倒角】对话框

在【模式】下拉列表中提供了"长度 1/ 角度""长度 1/ 长度 2"两种方式，如图 4-22 所示。

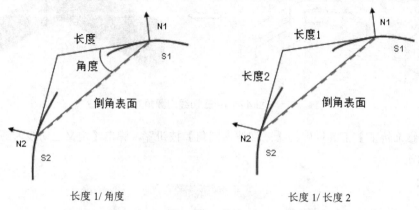

图 4-22　模式

 操作技巧:

【反向】复选框主要用于非对称性倒角，如创建 10×20 的倒角，可反转调换两边的长度。

4.1.3　拔模

对于铸造、模锻或注塑等零件，为了便于起模或使模具与零件分离，需要在零件的拔模面上构造一个斜角，称为拔模角。CATIA V5-6R2017 提供了多种拔模特征创建方法，单击【修饰特征】工具栏中的【拔模斜度】按钮 右下角的下三角按钮，弹出拔模命令按钮，如图 4-23 所示。

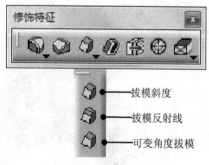

图 4-23　【拔模】相关命令

1. 拔模斜度

【拔模斜度】命令是根据拔模面和拔模方向之间的夹角等拔模条件进行拔模，如图 4-24 所示。

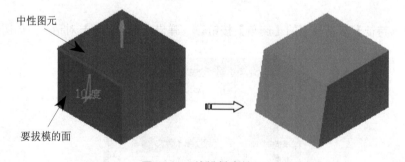

图 4-24　拔模斜度特征

单击【修饰特征】工具栏中的【拔模斜度】按钮 ，弹出【定义拔模】对话框，如图 4-25 所示。

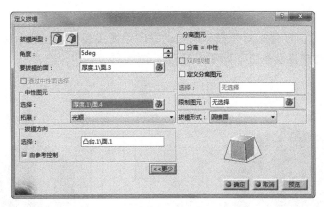

图 4-25 【定义拔模】对话框

【定义拔模】对话框中相关选项参数的含义如下。

（1）角度。

此选项用于设置拔模面与拔模方向间的夹角，正值表示向上拔模，即沿拔模方向的逆时针方向拔模；负值表示向下拔模，即沿拔模方向的顺时针方向拔模。

（2）要拔模的面。

此选项用于选择需要创建拔模斜度的面。

（3）通过中性面选择。

选中【通过中性面选择】复选框，则只需选择实体上的一个面作为中性面，与其相交的面都会被定义为拔模面，如图 4-26 所示。此时，【要拔模的面】选择框不可用。

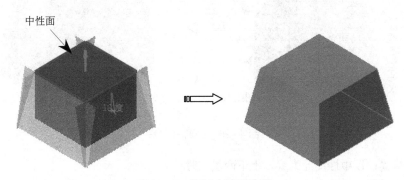

图 4-26 通过中性面选择

（4）中性图元。

- 中性图元：用于设置添加拔模角前、后，大小和形状保持不变的面。中性图元可以选择多个面来定义，默认情况下拔模方向由所选的第一个面给定。
- 拓展：用于选择拓展类型，【无】表示拔模不延伸，【光顺】表示平滑延伸拔模。

 提示：

　　建议使用与要拔模的面相交的中性图元，在某些情况下，可使用与拔模面不相交的中性图元，此时要求中性元素仅由一个面组成。如果该中性图元不属于要拔模的几何体，则该图元要足够大，以便于与拔模面相交。

（5）拔模方向。

零件与模具分离时，零件相对于模具的运动方向用箭头表示。当选中【由参考控制】复选框时，默认的拔模方向与中性面垂直，如图 4-27 所示。

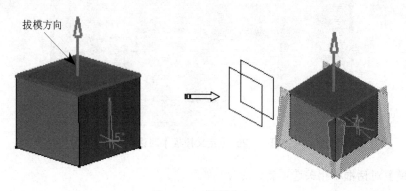

图 4-27　拔模方向

（6）分离图元。

此选项组用于定义拔模特征的分离图元，选择平面、面或曲面作为分离图元将零部件分割成两部分，并且每部分根据先前定义的方向进行拔模。它包括以下选项。

● 分离＝中性：选中【分离＝中性】复选框，将使用中性面作为分离图元，如图 4-28 所示。

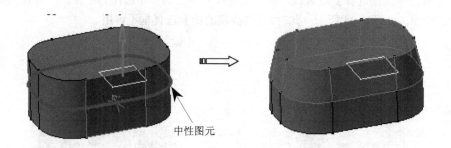

图 4-28　分离＝中性

● 双侧拔模：以中性图元为界，上下两侧同时反向拔模。
● 定义分离图元：选中【定义分离图元】复选框，需选择一个平面或曲面作为分离图元，如图 4-29 所示。

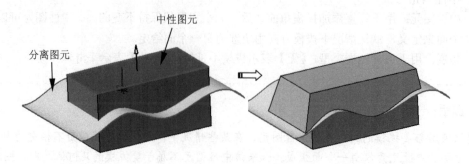

图 4-29　定义分离图元

（7）限制图元。

此选项用于沿中性线方向限制拔模面的范围，中性线是指中性面与拔模面的交线，拔模前、后中性线的位置不变，如图 4-30 所示。

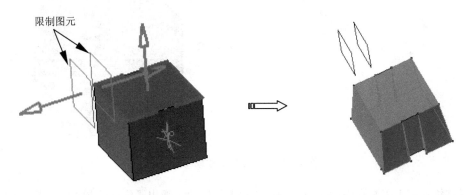

限制图元

图 4-30　限制图元

2．拔模反射线

【拔模反射线】命令是用曲面的反射线（曲面和平面的交线）作为拔模特征的中性图元来创建拔模特征，可用于对已进行了倒圆角操作的零件表面进行拔模，如图 4-31 所示。

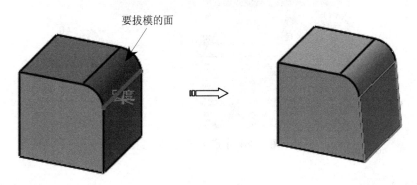

要拔模的面

图 4-31　拔模特征

单击【修饰特征】工具栏中的【拔模反射线】按钮，弹出【定义拔模反射线】对话框，如图 4-32 所示。

图 4-32　【定义拔模反射线】对话框

3．可变角度拔模

【可变角度拔模】命令是指拔模中性线上的拔模角可以变化，中性线上的顶点、一般点或某平面与中性线的交点等都可以作为控制点来定义拔模角，如图 4-33 所示。

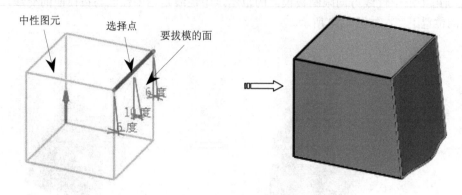

图 4-33　可变角度拔模特征

单击【修饰特征】工具栏中的【可变角度拔模】按钮，弹出【定义拔模】对话框，如图 4-34 所示。

图 4-34　【定义拔模】对话框

4.1.4　抽壳

【盒体】命令用于从实体内部除料或在外部加料，使实体中空化，从而形成薄壁形的零件，如图 4-35 所示。

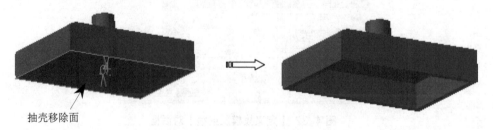

抽壳移除面

图 4-35　抽壳特征

单击【修饰特征】工具栏中的【盒体】按钮，弹出【定义盒体】对话框，如图 4-36 所示。

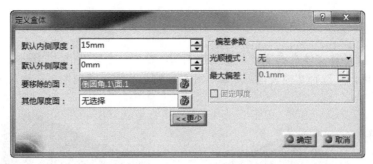

图 4-36　【定义盒体】对话框

【定义盒体】对话框中相关选项参数的含义如下。

1. 厚度

- 默认内侧厚度：指实体外表面到抽壳后壳体内表面的厚度。
- 默认外侧厚度：指实体抽壳后的外表面到抽壳前实体外表面的距离。该值不为 0，则所抽壳的壳体外表面会沿着实体的外表面向外平移。

 提示：

抽壳的值必须小于几何体厚度的一半，否则可能会因为几何体自相交而无效；在某些特殊的情况下，可能需要连续执行两次抽壳，为了避免出现问题，第二次抽壳值应小于第一次抽壳值的一半。

---

2. 其他厚度面

此选项用于定义不同厚度的面。激活【其他厚度面】编辑框后，选择实体的某一表面，双击该表面参数值，在弹出的【参数定义】对话框中输入厚度值，单击【确定】按钮后，可实现壁厚不均匀的抽壳，如图 4-37 所示。

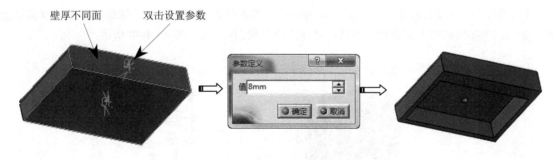

图 4-37　壁厚不均匀抽壳

3. 偏差参数

该选项组用于定义抽壳的光顺模式，包括以下选项。

- 无：不进行光顺，系统默认选项。选择该方式，【最大偏差】和【固定厚度】选项不可用。
- 手动：使用最大偏差数值进行光顺。
- 自动：系统自动光顺，也可以是固定厚度。

4.1.5 厚度

【厚度】用于在零件实体上选择一个厚度控制面，设置一个厚度值，实现增加现有实体厚度的功能，如图 4-38 所示。选择实体表面后，输入正值，则该表面沿法向增厚；输入负值则减薄。

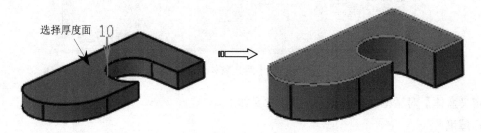

图 4-38 厚度特征

单击【修饰特征】工具栏中的【厚度】按钮，弹出【定义厚度】对话框，如图 4-39 所示。【定义厚度】对话框中的很多选项与【定义盒体】对话框的相关选项类似，这里不再赘述。

图 4-39 【定义厚度】对话框

4.1.6 内螺纹 / 外螺纹

【内螺纹 / 外螺纹】命令用于在圆柱体内或外表面上创建螺纹，建立的螺纹特征在三维实体上并不显示，但在特征树上记录螺纹参数，并在生成工程图时显示，如图 4-40 所示。

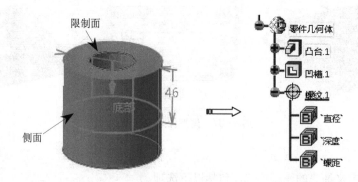

图 4-40 螺纹特征

单击【修饰特征】工具栏中的【内螺纹 / 外螺纹】按钮，弹出【定义外螺纹 / 内螺纹】对话框，如图 4-41 所示。

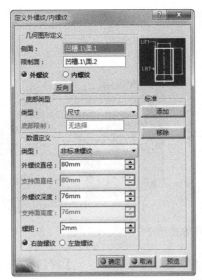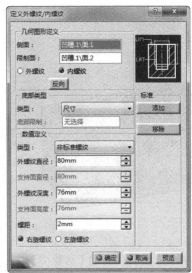

图 4-41　【定义外螺纹 / 内螺纹】对话框

【定义外螺纹 / 内螺纹】对话框中相关选项参数的含义如下。

（1）几何图形定义。

- 侧面：用于定义产生螺纹的零件实体表面。
- 限制面：用于定义螺纹起始位置的实体表面，该图形元素必须是平面。

（2）底部类型。

该选项组用于选择螺纹的终止方式，包括"尺寸""支持面长度""直到平面"等 3 个选项。

- 尺寸：通过定义螺纹长度来添加螺纹。
- 支持面深度：添加的螺纹长度为添加螺纹的侧面的整个深度。
- 直到平面：通过定义底部限制来添加螺纹。

（3）数值定义。

该选项组用于设置螺纹详细参数，包括以下选项。

- 类型：用于定义螺纹类型，可选择标准螺纹和非标准螺纹。标准螺纹包括"公制细牙螺纹"和"公制粗牙螺纹"，可以单击【添加】和【移除】按钮来添加或删除标准螺纹文件。
- 外螺纹直径：用于定义螺纹的直径。当定义非标准螺纹时，需要手动输入螺纹的直径数值。定义标准螺纹时，该项变成【外螺纹描述】，只需在该框内选择相应标准螺纹标号即可。
- 支持面直径：用于显示螺纹支持面直径，由几何定义中指定的螺纹限制表面决定，不可更改。
- 外螺纹长度：用于定义螺纹长度。
- 支持面高度：用于显示螺纹支持面的高度，由几何定义中指定的螺纹侧面决定，不可更改。
- 螺距：用于定义螺纹螺距数值。
- 右旋螺纹和左旋螺纹：用于选择螺纹的旋转方向。

4.1.7　移除面

　　【移除面】命令用于在零件上移除一些面来简化零件操作，如图 4-42 所示。在有些情况下模型非常复杂，不利于有限元分析模型的建立，此时可通过在模型上创建移除面特征，移除模型上的某些修饰表面来将模型简化，同时在不需要简化模型时，只需将移除面特征删除，即可快速恢复零件的细致模型。

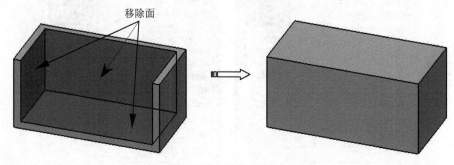

图 4-42　移除面特征

单击【修饰特征】工具栏中的【移除面】按钮 ![icon]，弹出【移除面定义】对话框，如图 4-43 所示。【移除面定义】对话框中相关选项参数的含义如下。

- 要移除的面：选择要移除的面。
- 要保留的面：选择要保留的面，选择的保留面要连续且封闭。
- 显示所有要移除的面：选中该复选框，将预览与要移除的面相邻的所有面。

图 4-43　【移除面定义】对话框

4.1.8　替换面

【替换面】命令是以一个面或一组相切面替换一个曲面或一个与选定面属于相同几何体的面，通过修剪来生成几何体，常用于根据已有外部曲面形状来对零件表面形状进行修改以得到特殊结构，如图 4-44 所示。

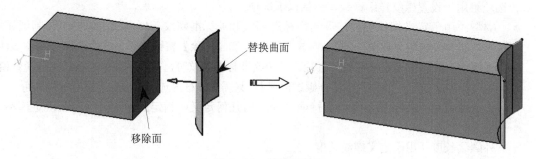

图 4-44　替换面特征

单击【修饰特征】工具栏中的【替换面】按钮 ![icon]，弹出【定义替换面】对话框，如图 4-45 所示。

【定义替换面】对话框中相关选项参数的含义如下。

- 替换曲面：用于选择曲面作为替换后的曲面，注意单击该曲面上的箭头，使其指向实体材料内部，否则替换不成功。

图 4-45　【定义替换面】对话框

● 要移除的面：选择零件模型上需要删除的表面。

4.2　孔特征

【孔】命令用于在实体上钻孔，包括盲孔、通孔、锥形孔、沉头孔、埋头孔、倒钻孔等，如图 4-46 所示。

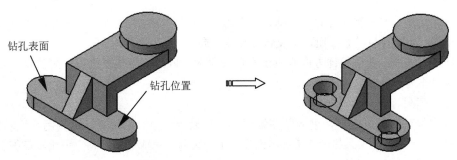

图 4-46　孔特征

单击【基于草图的特征】工具栏中的【孔】按钮，选择钻孔的实体表面后，弹出【定义孔】对话框，如图 4-47 所示。

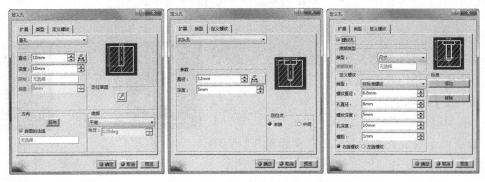

图 4-47　【定义孔】对话框

1.【扩展】选项卡

（1）孔延伸方式。

该选项用于设置孔的延伸方式，包括"盲孔""直到下一个""直到最后""直到平面"和"直到曲面"等，如图 4-48 所示。

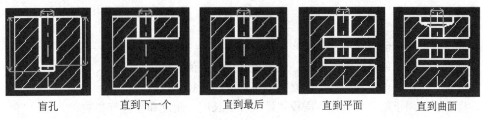

| 盲孔 | 直到下一个 | 直到最后 | 直到平面 | 直到曲面 |

图 4-48　孔延伸方式

- 盲孔：创建一个平底孔，如果选中该方式，必须指定长度值。
- 直到下一个：创建一个一直延伸到零件的下一个面的孔。
- 直到最后：创建一个穿过所有曲面的孔。
- 直到平面：创建一个穿过所有曲面直到指定平面的孔，必须选择一个平面来指定孔的长度。
- 直到曲面：创建一个穿过所有曲面直到指定曲面的孔，必须选择一个平面来指定孔的长度。

（2）尺寸。

该选项组用于设置孔尺寸的大小，包括"直径""长度"等。

（3）方向。

该选项组用于定义孔轴线方向，包括以下选项。

- 反转：单击【反转】按钮，可反转孔轴线方向。
- 曲线的法线：孔的拉伸方向垂直于孔所在平面。取消选中该复选框，可选择直线、轴线、轴等作为孔轴线的拉伸方向。

（4）定位草图。

单击【定位草图】按钮 ，进入草图编辑器中，显示孔中心的位置，可调用约束功能确定孔的位置。单击【工作台】工具栏中的【退出工作台】按钮 ，完成草图绘制，退出草图编辑器环境。

> **提示：**
>
> 当用户在模型表面单击以选择草图平面时，系统将在用户单击的位置自动建立 V-H 轴，并且 V-H 轴不随孔中心移动，因此，V-H 轴不能作为几何约束的参照。

（5）底部。

该选项用于设置孔底部形状，包括"平底"和"V形底"等两种，如图 4-49 所示。

2.【类型】选项卡

（1）孔类型。

该选项用于设置孔类型，包括"简单孔""锥形孔""沉头孔""埋头孔"和"倒钻孔"等，如图 4-50 所示。

平底　　　　　　　　　　V形底

图 4-49　底部类型

简单孔　　　　锥形孔　　　　沉头孔　　　　埋头孔　　　　倒钻孔

图 4-50　孔类型

- 简单孔：用于创建简单直孔。
- 锥形孔：用于创建有锥度的孔，需设置锥形角度值。
- 沉头孔：用于创建沉头孔，需设置沉头部分的直径和长度。
- 埋头孔：用于创建埋头孔，需设置埋头孔的长度、角度和直径等参数。
- 倒钻孔：用于创建倒钻孔，需设置孔的直径、角度和长度等参数。

（2）定位点。

该选项组用于设置定位孔的参数所位于的支持面，包括【末端】和【中间】两个选项，如图4-51所示。

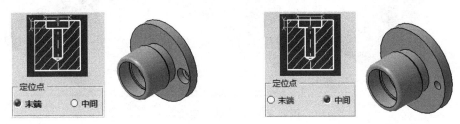

图 4-51　定位点

3.【定义螺纹】选项卡

该选项卡用于定义螺纹孔的相关参数，包括以下选项。

- 类型：螺纹的标准，有"公制细牙螺纹""公制粗牙螺纹"和"非标准螺纹"等 3 种。
- 螺纹直径：用于设置螺纹的大径。
- 孔直径：用于设置螺纹的小径。
- 螺纹深度：用于设置螺纹深度。
- 孔深度：用于设置螺纹底孔长度，必须大于螺纹深度。
- 螺距：用于设置螺纹节距，标准螺纹螺距自动确定，非标准螺纹需要指定。

4. 孔的定位

孔在零件表面的位置通过创建孔中心相对于零件表面边界的约束来进行定义。

（1）独立点草图定位。

首先在开孔表面上创建单独的孔定位点草图，然后在按住 Ctrl 键的同时选择开孔表面和草图点，单击【基于草图的特征】工具栏中的【孔】按钮◙，系统自动把孔定位于表面上的草图点处，如图 4-52 所示。

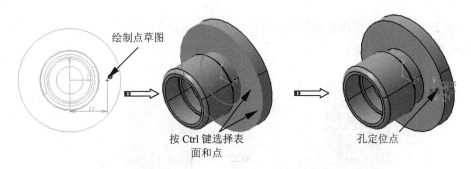

图 4-52　独立点草图定位

（2）孔由直边界定位。

按住 Ctrl 键的同时选择开孔表面和约束边界，然后单击【基于草图的特征】工具栏中的【孔】按钮◙，系统在弹出【定义孔】对话框的同时自动创建两个约束孔的中心的尺寸进行定位，双击某一个约束尺寸，弹出【约束定义】对话框，在【值】文本框中输入需要的尺寸数值，即完成定位，如图 4-53 所示。

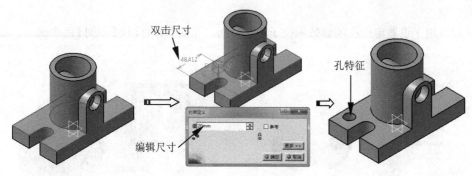

图 4-53　由直边界定位孔

（3）孔在圆心处定位。

如果要在圆形边界的圆心处创建孔特征，只需在选定开孔表面的同时按 Ctrl 键选定圆形边界，系统会自动把孔定位于表面上的圆心处，如图 4-54 所示。

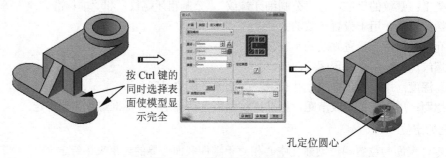

图 4-54　孔在圆心处定位

4.3 加强肋

【加强肋】命令用于在草图轮廓和现有零件之间添加指定方向和厚度的材料，在工程上一般用于增大零件的强度，如图 4-55 所示。

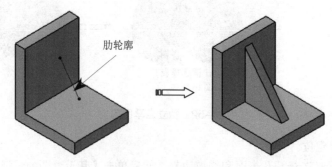

图 4-55　加强肋特征

单击【基于草图的特征】工具栏中的【加强肋】按钮，弹出【定义加强肋】对话框，如图 4-56 所示。

【定义加强肋】对话框中选项参数的含义如下。

1. 模式

- 从侧面：加强肋厚度值被赋予在轮廓平面法线方向，轮廓在其所在平面内延伸得到加强肋特征，如图 4-57 所示。
- 从顶部：加强肋的厚度值被赋予在轮廓平面内，轮廓沿其所在平面的法线方向延伸得到加强肋特征，如图 4-58 所示。

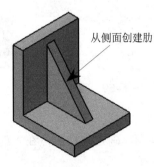

从侧面创建肋

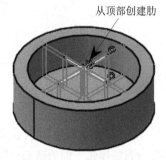

从顶部创建肋

图 4-56　【定义加强肋】对话框　　　　图 4-57　从侧面　　　　图 4-58　从顶部

2. 线宽

该选项组用于设置轮廓沿中心曲线的扫掠方向，包括以下选项。

- 厚度：用于定义加强肋的厚度。在【厚度 1】和【厚度 2】文本框中输入数值，可以对加强肋在轮廓线两侧的厚度进行定义。
- 中性边界：选中【中性边界】复选框，将使加强肋在轮廓线两侧厚度相等；否则只在轮廓线一侧以【厚度 1】文本框中定义的厚度创建加强肋。

3. 轮廓

该选项用于定义加强肋的轮廓线。既可以选择已经绘制好的草图，也可以单击编辑框右侧的【草图】按钮进入草图编辑器中绘制。

4.4　实战案例

　　附加特征作为零件模型的重要组成部分其作用越来越重要，一个零件的结构难易程度就取决于零件中存在多少量的附加特征。在本节我们将列举几个典型的零件建模案例，从案例中可以学习到如何运用基础特征工具和修饰特征工具来设计机械零件。

4.4.1　零件设计案例一

　　参照图 4-59 所示的三视图构建机械零件模型，注意其中的对称、相切、同心、阵列等几何关系。参数：$A=72$，$B=32$，$C=30$，$D=27$。

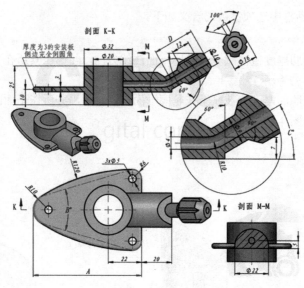

图 4-59　零件三视图

绘图分析：

（1）参照图 4-59 所示的零件三视图，确定建模起点在"剖面 K-K"剖面视图中直径尺寸为 Ø32 的圆柱体底平面的圆心位置上。

（2）基于"从下往上"和"由内向外"的建模原则来创建特征。

（3）所有特征的截面曲线来自于各个视图的轮廓。

（4）建模流程如图 4-60 所示。

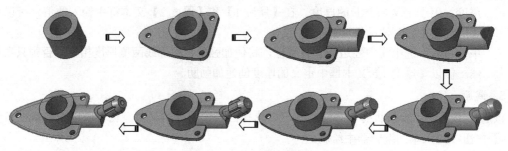

图 4-60　建模流程

操作步骤

01　新建一个零件文件进入零件设计工作台。

02　创建第 1 个主特征——凸台 1。

- 在【基于草图的特征】工具栏中单击【凸台】按钮 ，弹出【定义凸台】对话框。
- 单击【定义凸台】对话框【轮廓 / 曲面】选项组中的【创建草图】按钮 。
- 选择 *xy* 平面作为草图平面，进入草图环境绘制如图 4-61 所示的草图 1。
- 单击【退出草图环境】按钮 退出草图环境。
- 在【定义凸台】对话框中设置拉伸长度为 25，单击【确定】按钮完成拉伸凸台 1 的创建，如图 4-62 所示。

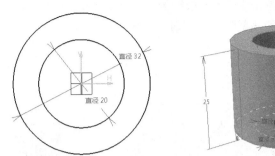

图 4-61 绘制草图 1

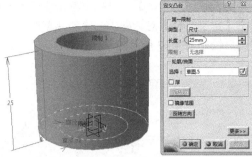

图 4-62 创建凸台 1

03 创建第 2 个凸台特征。

● 单击【参考元素】工具栏中的【平面】按钮 ⬦，新建图 4-63 所示的平面 1。

● 在【基于草图的特征】工具栏中单击【凸台】按钮 ⬦，弹出【定义凸台】对话框。

● 单击【定义凸台】对话框中的【创建草图】按钮 ⬦，选择平面 1 作为草图平面，进入草图环境绘制图 4-64 所示的草图 2。

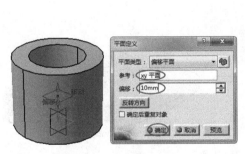

图 4-63 创建平面 1

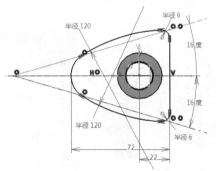

图 4-64 绘制草图 2

● 退出草图环境后在【定义凸台】对话框中设置拉伸长度为 1.5，选中【镜像范围】复选框，单击【确定】按钮完成凸台 2 的创建，如图 4-65 所示。

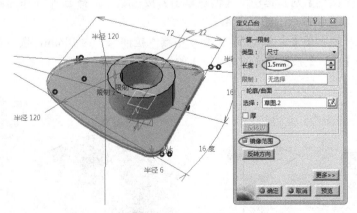

图 4-65 创建凸台 2

04 创建第 3 个凸台特征。

● 单击【平面】按钮 ⬦，新建图 4-66 所示的平面 2。

- 在【基于草图的特征】工具栏中单击【凸台】按钮 ⑦，弹出【定义凸台】对话框。
- 单击【定义凸台】对话框中的【创建草图】按钮 ⊿，选择平面 2 作为草图平面，进入草图环境后绘制图 4-67 所示的草图 3。

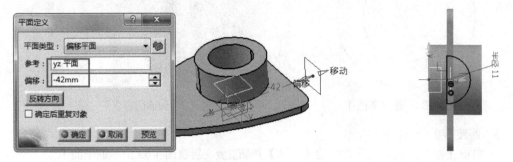

图 4-66　创建平面 2　　　　　　　　　　图 4-67　绘制草图 3

- 退出草图环境后在【定义凸台】对话框中设置拉伸类型为【直到下一个】，单击【确定】按钮完成拉伸凸台 3 的创建，如图 4-68 所示。

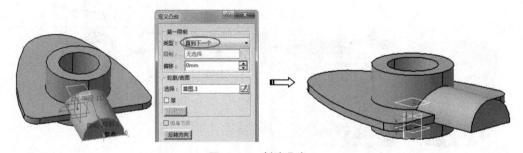

图 4-68　创建凸台 3

05 创建第 4 个特征（凹槽特征）。此凹槽特征是第 3 个凸台的附加特征，但需要先创建。

- 在【基于草图的特征】工具栏中单击【凹槽】按钮 ⑤，弹出【定义凹槽】对话框。
- 单击【定义凹槽】对话框中的【创建草图】按钮 ⊿，选择 zx 平面作为草图平面，进入草图环境绘制图 4-69 所示的草图 4。
- 退出草图环境后在【定义凹槽】对话框中输入拉伸长度为 10mm，选中【镜像范围】复选框后单击【确定】按钮完成凹槽特征 1 的创建，如图 4-70 所示。

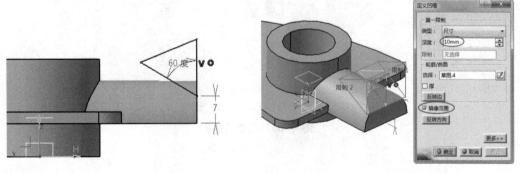

图 4-69　绘制草图 4　　　　　　　　　　图 4-70　创建凹槽特征 1

06　创建第 5 个特征，此特征将使用【旋转体】工具来创建。

- 在【基于草图的特征】工具栏中单击【旋转】按钮 ⏣旋转，弹出【定义旋转体】对话框。
- 选择 zx 平面作为草图平面，进入草图环境绘后制图 4-71 所示的草图 5。
- 退出草图环境后在【定义旋转】对话框中单击【确定】按钮完成旋转体特征的创建，如图 4-72 所示。

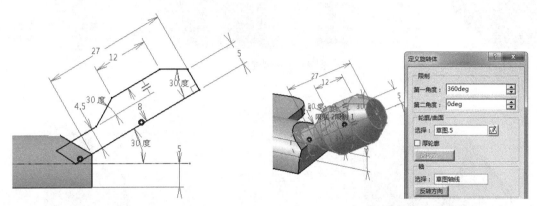

　　图 4-71　绘制草图 5　　　　　　　　　　　图 4-72　创建旋转体特征

07　创建第 2 个凹槽特征并完成凹槽特征的阵列。

- 在【基于草图的特征】工具栏中单击【凹槽】按钮 ⏣，弹出【定义凹槽】对话框。
- 选择旋转体端面作为草图平面，进入草图环境后绘制图 4-73 所示的草图 6。
- 退出草图环境后在【定义凹槽】对话框中设置拉伸类型为【尺寸】，并输入深度尺寸值为 25，单击【确定】按钮完成拉伸凹槽特征 2 的创建，如图 4-74 所示。

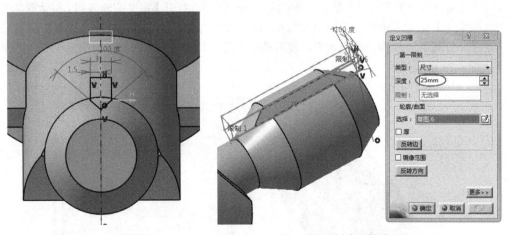

　　图 4-73　绘制草图 6　　　　　　　　　　　图 4-74　创建凹槽特征 2

- 单击【参考元素】工具栏中的【直线】按钮 ／，在弹出的【直线定义】对话框中选择【曲面的法线】线型，选择参考曲面后创建参考点，如图 4-75 所示。
- 随后在【直线定义】对话框中设置直线长度为 20，如图 4-76 所示。最后单击【确定】按钮完成直线的创建，此直线将作为阵列轴使用。
- 在图形区中选中拉伸凹槽特征 2，如图 4-77 所示。

图 4-75　创建参考点

图 4-76　创建参考直线

图 4-77　选中凹槽特征 2

- 在【变换特征】工具栏中单击【圆形阵列】按钮 ，打开【定义圆形阵列】对话框。在【轴向参考】选项卡中输入实例个数为 6，设置成员之间的角度间距为 60，接着在模型上选择上步创建的直线作为参考元素，最后单击【确定】按钮完成凹槽特征的圆形阵列操作，如图 4-78 所示。

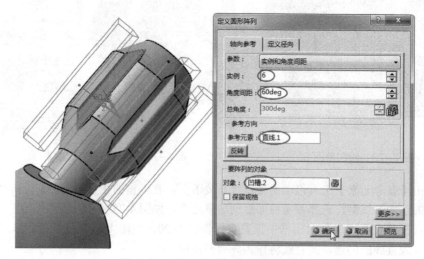

图 4-78　定义凹槽特征的圆形阵列

08 创建开槽特征。

- 单击【草图】按钮 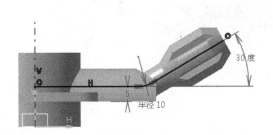，选择 zx 平面作为草图平面进入草图环境，绘制图 4-79 所示的草图 7，完成后退出草图环境。
- 单击【草图】按钮 ，选择模型上的一个端面作为草图平面，如图 4-80 所示。

图 4-79　绘制草图 7

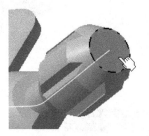

图 4-80　选择草图平面

- 进入草图环境绘制图 4-81 所示的截面曲线。
- 在【基于草图的特征】工具栏中单击【开槽】按钮 ，打开【定义开槽】对话框。选取前面绘制的截面曲线（半径为 2mm 的圆）作为扫描轮廓，再选取草图 7（图 4-79 中绘制的曲线）作为中心曲线，单击【确定】按钮完成开槽特征的创建，如图 4-82 所示。

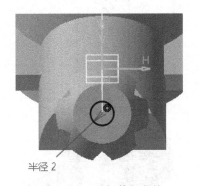

图 4-81　绘制截面曲线

图 4-82　创建开槽特征

09 最后在凸台特征 2 上创建完全倒圆角特征。

- 单击【修饰特征】工具栏中的【三切线内圆角】按钮 ，打开【定义三切线内圆角】对话框。
- 按住 Ctrl 依次选取凸台特征 2 的上、下表面作为要圆角化的面，如图 4-83 所示。
- 激活【要移除的面】选择框，选取凸台特征 2 的侧面作为要移除的面，如图 4-84 所示。

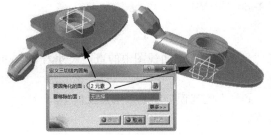

图 4-83　选取要圆角化的面

图 4-84　选取要移除的面

● 单击【确定】按钮，完成机械零件的创建，如图 4-85 所示。

图 4-85　创建完成的零件

4.4.2　零件设计案例二

完成本次练习，将掌握修饰特征与基础特征命令在零件设计中的基本用法。根据图 4-86 所示的零件图来建立模型。

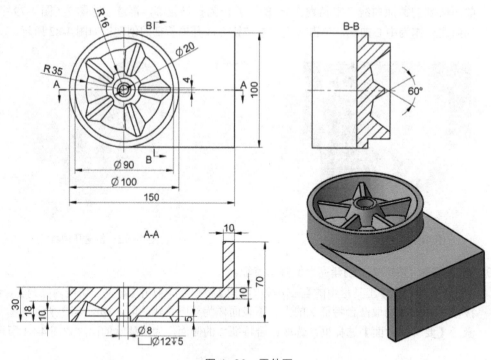

图 4-86　零件图

绘图分析：

（1）参照零件三视图，确定建模起点在"剖面 A-A"剖面视图中的直径尺寸为 Ø100 的圆盘圆心点上。

（2）基于"从下往上""由外向内""由大到小"的建模顺序原则来建立模型。

（3）所有特征的截面曲线来自于各个视图的轮廓。

（4）建模流程如图 4-87 所示。

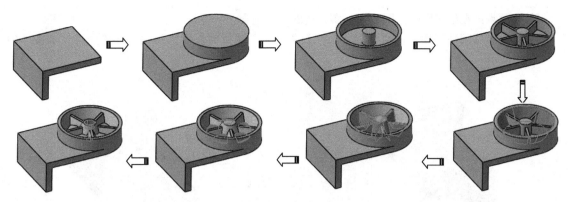

图 4-87　建模流程

01　启动 CATIA V5-6 R2017，在菜单栏中执行【开始】/【机械设计】/【零件设计】命令进入
　　零件设计工作台。

02　创建凸台特征 1。

● 单击【凸台】按钮 ，打开【定义凸台】对话框。单击对话框中的【创建草图】按钮 ，
　　然后选择 zx 平面作为草图平面进入草图环境。

● 在草图环境绘制图 4-88 所示的草图 1。

● 退出草图环境后，在【定义凸台】对话框中选择拉伸类型为【尺寸】，并输入拉伸长度为
　　100，选中【镜像范围】复选框，单击【确定】按钮完成凸台特征 1 的创建，如图 4-89 所示。

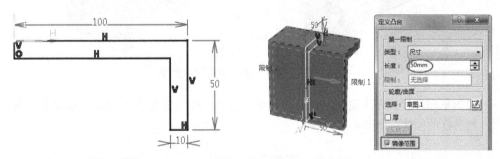

图 4-88　绘制草图 1　　　　　　　　　　　图 4-89　创建凸台特征 1

03　继续创建凸台特征 2。

● 单击【凸台】按钮 ，然后在图 4-90 所示的凸台特征 1 的表面上绘制草图 2。

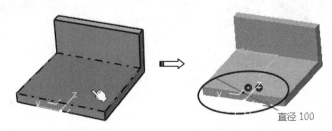

图 4-90　绘制草图 2

技术要点：在绘制圆时，圆心须与实体边的中点重合。

- 退出草图环境后，以默认的【尺寸】类型来创建拉伸长度为30的凸台特征2，如图4-91所示。

图4-91　创建凸台特征2

04　接下来创建凹槽特征。

- 单击【凹槽】按钮，打开【定义凹槽】对话框。选择图4-92所示的草图平面进入草图环境绘制草图3。

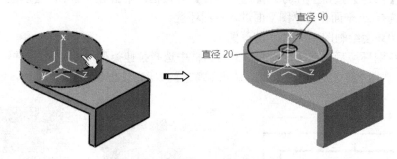

图4-92　选择草图平面绘制草图3

- 退出草图环境后在【定义凹槽】对话框中输入拉伸长度为20，单击【确定】按钮完成凹槽特征的创建，如图4-93所示。

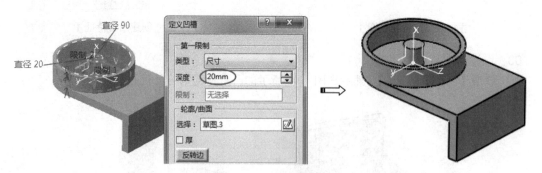

图4-93　创建凹槽特征

05　创建加强肋特征。

- 单击【参考元素】工具栏中的【平面】按钮，创建图4-94所示的平面1。

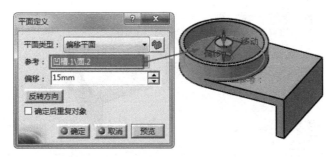

图 4-94 创建平面 1

- 在【基于草图的特征】工具栏中单击【加强肋】按钮，打开【定义加强肋】对话框。
- 单击对话框中的【创建草图】按钮，选择平面 1 作为草图平面进入草图环境，绘制图 4-95 所示的草图 4。

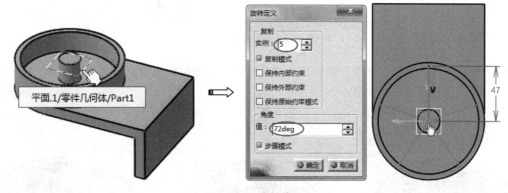

图 4-95 绘制草图 4

- 退出草图环境后在【定义加强肋】对话框中选择【从顶部】模式，输入线宽厚度的值为 4，最后单击【确定】按钮完成加强肋特征的创建，如图 4-96 所示。

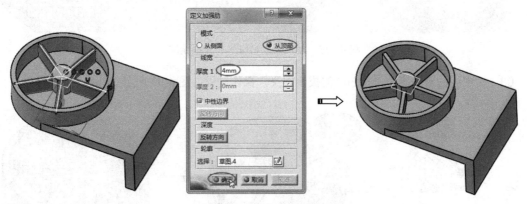

图 4-96 创建加强肋特征

06 创建拔模特征。在【修饰特征】工具栏中单击【拔模斜度】按钮，打开【定义拔模】对话框。依次选择要拔模的面、中性元素和拔模方向，输入拔模角度的值为 30，最后单击【确定】按钮完成拔模特征的创建，如图 4-97 所示。

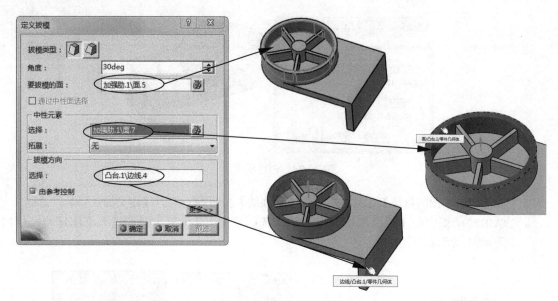

图 4-97　创建拔模特征

07 同理，按此方法对加强肋特性进行拔模定义。设置拔模角度的值为 30，拔模方向是选取相同的模型边线，如图 4-98 所示。

选取5个加强肋特征的侧
面作为要拔模的面

选取加强肋特征顶
面作为中性元素

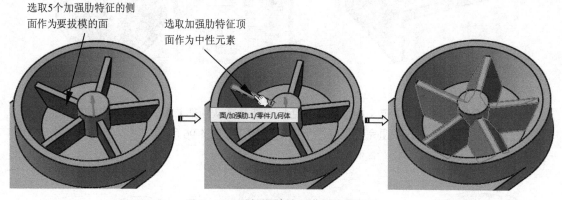

图 4-98　对加强肋特征进行拔模定义

08 对中间的圆柱侧面进行 30° 的拔模定义，操作过程如图 4-99 所示。

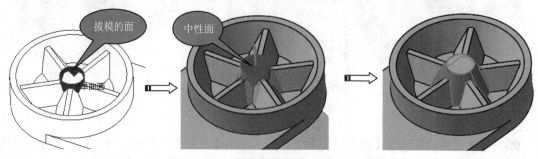

图 4-99　对中间圆柱侧面进行拔模定义

09　使用【旋转体】工具创建旋转体特征。

●　单击【旋转体】按钮 🔄，打开【定义旋转体】对话框。单击对话框中的【创建草图】按钮
　　🖊，选择 zx 平面作为草图平面，进入草图环境绘制出图 4-100 所示的草图 5。

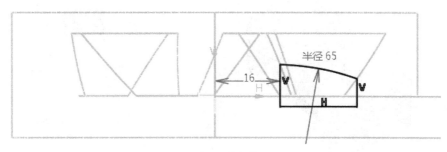

图 4-100　绘制草图 5

●　退出草图环境，在【定义旋转体】对话框中单击【确定】按钮，创建出图 4-101 所示的旋
　　转体特征。

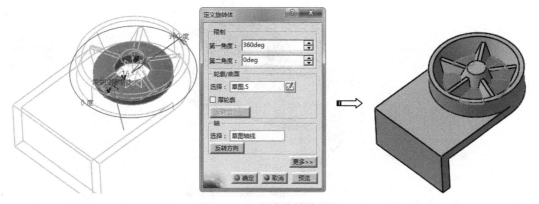

图 4-101　创建旋转体特征

10　创建沉头孔特征。

●　在【基于草图的特征】工具栏中单击【孔】按钮 🔘，选择中间圆柱顶面作为孔放置面，随
　　后打开【定义孔】对话框。

●　在【类型】选项卡中选择【沉头孔】类型，选择孔标准为 Metric_Cap_Screws（公制螺纹）
　　和 M8-Normal（M8 标准直径），如图 4-102 所示。

图 4-102　选择孔放置面并选择孔类型

● 在【扩展】选项卡设置孔的深度值为 50，如图 4-103 所示。

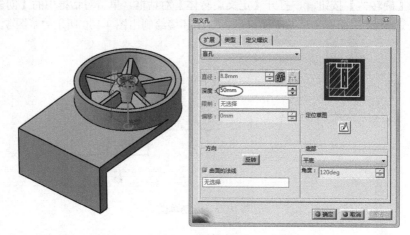

图 4-103　设置沉头孔的深度值

● 单击【确定】按钮完成沉头孔的定义。至此，完成了零件的建模过程，结果如图 4-104 所示。

图 4-104　创建完成的零件模型

11　最后将结果文件保存。

5 Chapter

第5章
特征变换与编辑

第4章主要介绍了 CATIA V5-6R2017 的附加特征设计命令，本章将详细介绍特征变换工具和特征编辑工具在零件建模过程中的具体应用。

知识要点

- 实体和特征变换操作
- 布尔运算
- 特征修改工具

5.1 实体和特征变换操作

变换工具是指对已生成的零件实体或实体中的特征进行位置的变换、复制变换（包括镜像和阵列）及缩放变换等，相关命令集中在【变换特征】工具栏中，主要包括【平移】【旋转】【对称】【定位】【镜像】【矩形阵形】【缩放】和【仿射】等。

> **提示：**
>
> 平移、旋转、对称和定位等变换工具不能对单个零件几何体中的特征进行操作，但可以对不同零件几何体的特征进行操作。

5.1.1 平移

【平移】命令用于在特定的方向上将零件文档中的工作对象相对于坐标系移动指定距离，常用于零件几何位置的修改，如图 5-1 所示。

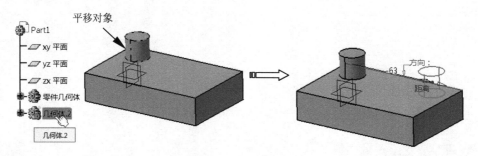

图 5-1 平移特征

单击【变换特征】工具栏中的【平移】按钮，弹出【问题】对话框和【平移定义】对话框，单击【问题】对话框中的【是】按钮，显示【平移定义】对话框，如图 5-2 所示。

【平移定义】对话框【向量定义】下拉列表中选项参数的含义如下。

图 5-2 【平移定义】对话框

- 方向、距离：可以单击【方向】选择框，选择已有直线、平面等参考元素来指定平移方向，然后在【距离】框中输入移动距离。
- 点到点：定义两个点，系统以这两点之间的线段来定义平移工作对象的方向和距离。
- 坐标：直接定义需要将工作对象移动到的位置坐标来定义平移特征。

上机操作——平移变换操作

01 在【标准】工具栏中单击【打开】按钮，在弹出的【选择文件】对话框中选择"5-1. CATPart"文件。单击【打开】按钮打开一个零件文件，如图 5-3 所示。

02 单击【变换特征】工具栏中的【平移】按钮，弹出【问题】对话框和【平移定义】对话框。

单击【问题】对话框中的【是】按钮，才能使用【平移定义】对话框，如图 5-4 所示。单击【否】按钮将取消平移操作。

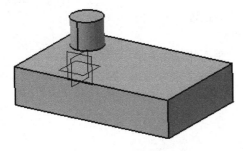

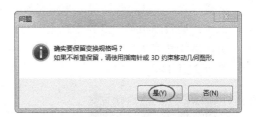

图 5-3　打开模型文件　　　　　　　　　　图 5-4　【问题】对话框

03　在【向量定义】下拉列表中选择"方向、距离"，设置【距离】为 30，激活【方向】选择框，单击右键并在弹出的列表中选择【Y 部件】，单击【确定】按钮，系统完成平移变换特征的创建，如图 5-5 所示。

图 5-5　创建平移变换特征

5.1.2　旋转

【旋转】命令用于将特征实体绕某一旋转轴旋转一定角度到达一个新的位置，如图 5-6 所示。与平移特征一样，旋转特征的操作对象也是当前工作对象，在创建旋转特征前要先定义工作对象。

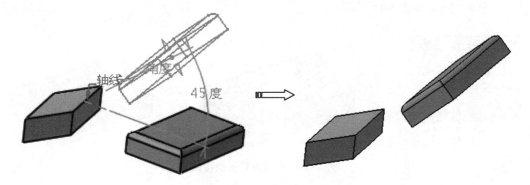

图 5-6　旋转变换特征

单击【变换特征】工具栏中的【旋转】按钮，弹出【问题】对话框和【旋转定义】对话框，单击【问题】对话框中的【是】按钮，显示【旋转定义】对话框，如图 5-7 所示。

【旋转定义】对话框【定义模式】下拉列表中选项参数的含义如下。

- 轴线 - 角度：选择轴线作为旋转轴，然后输入绕轴线旋转的角度。

- 轴线 - 两个元素：选择轴线作为旋转轴，然后通过两个几何元素（点、直线、平面等）来定义旋转角度。

- 三点：旋转轴由第二点并垂直于三点形成的平面的法线来定义，旋转角度由三点创建的向量来定义（向量点 2 点 1、向量点 2 点 3）。

图 5-7 【旋转定义】对话框

上机操作——旋转变换操作

01 在【标准】工具栏中单击【打开】按钮，在弹出的【选择文件】对话框中选择 "5-2.CATPart" 文件。单击【打开】按钮打开零件文件，如图 5-8 所示。选择【开始】/【机械设计】/【零件设计】命令，进入【零件设计】工作台。

02 先选中小凸台，接着单击【变换特征】工具栏中的【旋转】按钮 ，弹出【问题】对话框和【旋转定义】对话框，如图 5-9 所示。单击【问题】对话框中的【是】按钮，才能使用【旋转定义】对话框，单击【否】按钮将取消旋转命令。

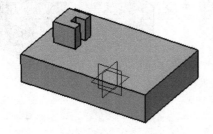

图 5-8 打开模型文件

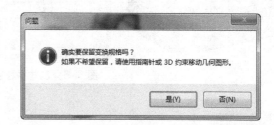

图 5-9 【问题】对话框

03 在【定义模式】下拉列表中选择【轴线 - 角度】，在【轴线】框单击右键，在弹出的列表中选择【Z 轴】作为旋转轴，设置【角度】为 180。单击【确定】按钮，完成旋转变换特征的创建，如图 5-10 所示。

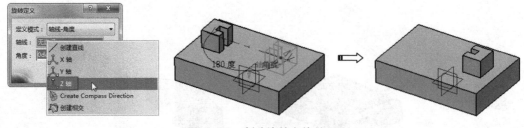

图 5-10 创建旋转变换特征

5.1.3 对称

【对称】命令用于将工作对象对称移动到关于参考元素对称的位置上去，参考元素可以是点、线、平面等，如图 5-11 所示。

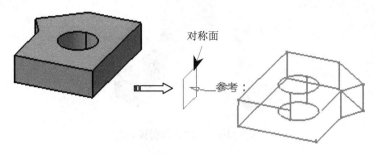

图 5-11　对称变换特征

　　单击【变换特征】工具栏中的【对称】按钮，弹出【问题】对话框和【对称定义】对话框，单击【问题】对话框中的【是】按钮，激活【对称定义】对话框，如图 5-12 所示。

图 5-12　【对称定义】对话框

上机操作——对称变换操作

01　在【标准】工具栏中单击【打开】按钮，在弹出的【选择文件】对话框中选择"5-3. CATPart"文件。单击【打开】按钮打开零件文件，如图 5-13 所示。选择【开始】/【机械设计】/【零件设计】命令，进入【零件设计】工作台。

02　单击【变换特征】工具栏中的【对称】按钮，弹出【问题】对话框和【对称定义】对话框，单击【问题】对话框中的【是】按钮，如图 5-14 所示，激活【对称定义】对话框，单击【否】按钮将取消对称命令。

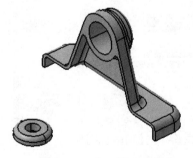

图 5-13　打开模型文件

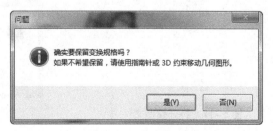

图 5-14　【问题】对话框

03　激活【参考】编辑框，选择图 5-15 所示的平面作为对称平面，单击【确定】按钮，系统完成对称变换特征的创建。

图 5-15　创建对称变换特征

5.1.4　定位

　　【定位】命令用于将当前绘图区中的模型从一个坐标系移动到另一个坐标系。

　　选择需要定位的实体或特征，单击【变换特征】工具栏中的【定位】按钮，弹出【问题】对话框和【"定位变换"定义】对话框，单击【问题】对话框中的【是】按钮，激活【"定位变换"定义】对话框，如图 5-16 所示。

图 5-16　【"定位变换"定义】对话框

上机操作——定位变换操作

01　在【标准】工具栏中单击【打开】按钮，在弹出的【选择文件】对话框中选择"5-4.CATPart"文件。单击【打开】按钮打开零件文件，如图 5-17 所示。选择【开始】/【机械设计】/【零件设计】命令，进入【零件设计】工作台。

02　单击【变换特征】工具栏中的【定位】按钮，弹出【问题】对话框和【"定位变换"定义】对话框，单击【问题】对话框中的【是】按钮，激活【"定位变换"定义】对话框，如图 5-18 所示。

图 5-17　打开模型文件

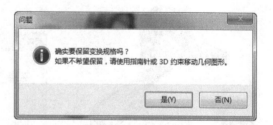

图 5-18　【问题】对话框

03　激活【参考】编辑框，选择图 5-19 所示的坐标系作为参考坐标系，激活【目标】编辑框，选择图 5-19 所示的坐标系作为目标坐标系，单击【确定】按钮，系统完成定位变换特征的创建。

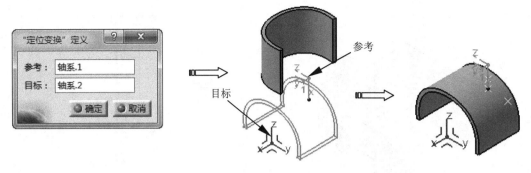

图 5-19　创建定位变换特征

5.1.5　镜像

【镜像】命令用于对点、曲线、曲面、实体等几何元素相对于镜像平面进行镜像操作，如图 5-20 所示。镜像特征与对称特征的不同之处在于镜像特征是对目标元素进行复制，而对称特征是对目标进行移动操作。

选择需要镜像的实体或特征，单击【变换特征】工具栏中的【镜像】按钮，选择平面作为镜像平面，弹出【定义镜像】对话框，如图 5-21 所示。

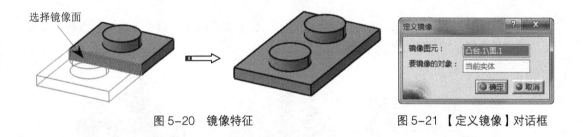

图 5-20　镜像特征　　　　　　　　　图 5-21　【定义镜像】对话框

操作技巧：

在启动镜像命令之前，应先选择镜像平面或镜像对象。如果没有选择镜像对象，系统自动选择当前工作对象为镜像对象；当选择镜像对象时，可按 Ctrl 键在特征树或图形区中选择。

上机操作——镜像变换操作

01　在【标准】工具栏中单击【打开】按钮，在弹出的【选择文件】对话框中选择 "5-5. CATPart" 文件。单击【打开】按钮打开零件文件，如图 5-22 所示。选择【开始】/【机械设计】/【零件设计】命令，进入【零件设计】工作台。

02　选择图 5-23 所示的两个凸台特征，单击【变换特征】工具栏中的【镜像】按钮，弹出【定义镜像】对话框。

03　激活【镜像图元】编辑框，选择 yz 平面作为镜像平面，显示镜像预览，单击【确定】按钮，系统完成镜像特征的创建，如图 5-24 所示。

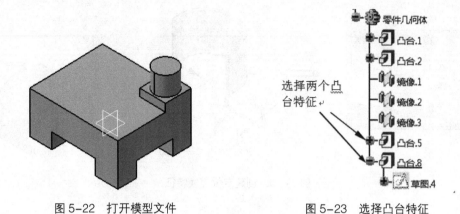

选择两个凸
台特征

图 5-22　打开模型文件　　　　　　　图 5-23　选择凸台特征

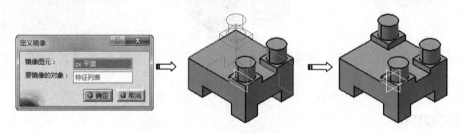

图 5-24　创建镜像特征

04 重复上述过程，选择 zx 平面作为镜像平面，显示镜像预览，单击【确定】按钮，系统完
成镜像特征的创建，如图 5-25 所示。

图 5-25　创建镜像特征

05 在特征树中选择上一步创建的镜像特征，单击【变换特征】工具栏中的【镜像】按钮，
弹出【特征定义错误】对话框，单击【确定】按钮，弹出【定义镜像】对话框，选择 yz
平面作为镜像平面，单击【确定】按钮完成镜像特征的创建，如图 5-26 所示。

图 5-26　创建镜像特征

5.1.6　阵列特征

CATIAV5-6R2017 提供了多种阵列特征的创建方法，单击【变换特征】工具栏中的【矩形阵列】按钮▦右下角的下三角按钮，弹出有关阵列的命令按钮，如图 5-27 所示。

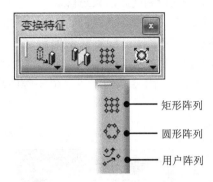

　　　　　　　　　　　　　　　　　　矩形阵列
　　　　　　　　　　　　　　　　　　圆形阵列
　　　　　　　　　　　　　　　　　　用户阵列

图 5-27　【矩形阵列】相关命令

1. 矩形阵列

【矩形阵列】命令是以矩形排列方式复制选定的实体特征，形成新的实体，如图 5-28 所示。

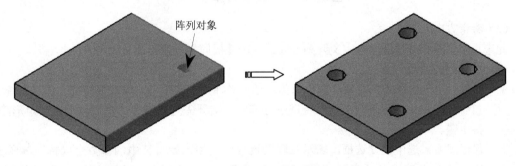

阵列对象

图 5-28　矩形阵列

选择要阵列的实体特征，单击【变换特征】工具栏中的【矩形阵列】按钮▦，弹出【定义矩形阵列】对话框，如图 5-29 所示。

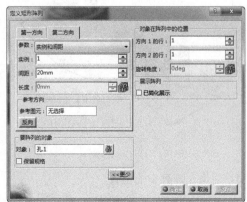

图 5-29　【定义矩形阵列】对话框

【定义矩形阵列】对话框中相关选项参数的含义如下。

（1）参数。

此选项组用于定义源特征在阵列方向上副本的分布数量和间距，包括以下选项。

- 实例和长度：通过指定实例数量和总长度，系统自动计算实例之间的间距。
- 实例和间距：通过指定实例数量和间距，系统自动计算总长度。
- 间距和长度：通过指定间距和总长度，系统自动计算实例的数量。
- 实例和不等间距：在每个实例之间分配不同的间距值。当选择该方式时，在图形区中会显示出所有阵列特的征间距，双击间距值，弹出【参数定义】对话框，在【值】文本框中输入需要的值，单击【确定】按钮，可完成不等间距阵列特征的创建，如图5-30所示。

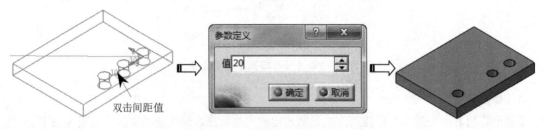

图 5-30　创建不等间距阵列特征

（2）参考方向。

此选项用于选择线性图元来定义阵列方向。单击【反向】按钮可反转阵列方向。

（3）要阵列的对象。

- 对象：用于选择阵列对象。如果先单击【矩形阵列】按钮▦，再选择特征，那么系统将对当前所有实体进行阵列；要对特征进行阵列，需要先选择特征，然后再单击【矩形阵列】按钮▦。
- 保留规格：选中该复选框，表示在阵列过程中使用原始特征中的参数生成特征，图5-31所示的凸台使用了【直到曲面】限制，由于限制曲面为非平面，所以阵列后实例长度不同。

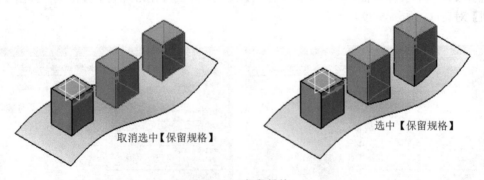

图 5-31　保留规格

（4）对象在阵列中的位置。

- 方向1的行/方向2的行：用于设置源特征在阵列中的位置，如图5-32所示。

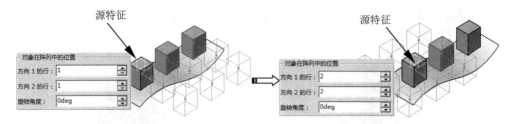

图 5-32　方向 1 的行

● 旋转角度：用于设置阵列方向与参考图元之间的夹角，如图 5-33 所示。

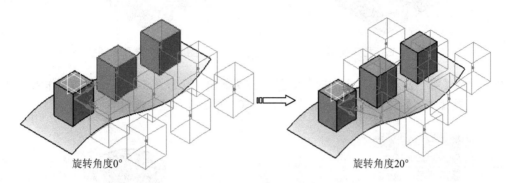

图 5-33　旋转角度

🎓 **操作技巧：**

创建阵列时，可删除不需要的阵列实例，只需在阵列预览中选择点即可删除，再次单击该点可重新创建相应阵列实例，如图 5-34 所示。

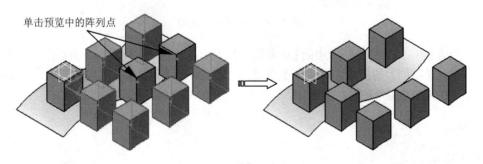

图 5-34　删除阵列实例

上机操作——创建矩形阵列特征

01　在【标准】工具栏中单击【打开】按钮，在弹出的【选择文件】对话框中选择"5-6. CATPart"文件。单击【打开】按钮打开零件文件，如图 5-35 所示。选择【开始】/【机械设计】/【零件设计】命令，进入【零件设计】工作台。

02 选择图 5-36 所示的要阵列的孔特征，单击【变换特征】工具栏中的【矩形阵列】按钮🔲，
    弹出【定义矩形阵列】对话框。

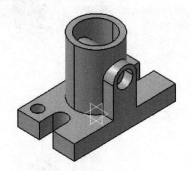

图 5-35　打开模型文件

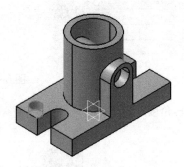

图 5-36　选择孔特征

03 激活【第一方向】选项卡中的【参考图元】编辑框，选择图 5-37 所示的边线作为方向参考，
    设置【实例】的值为 2，【间距】的值为 50，单击【预览】按钮显示预览。

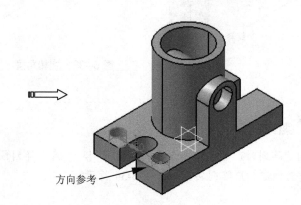

图 5-37　设置第一方向

04 激活【第二方向】选项卡中的【参考图元】编辑框，选择图 5-38 所示的边线作为方向参考，
    设置【实例】的值为 2，【间距】的值为 115，单击【预览】按钮显示预览，单击【确定】
    按钮完成矩形阵列特征的创建。

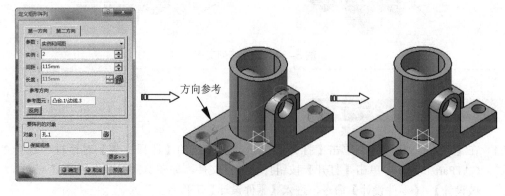

图 5-38　创建矩形阵列特征

2. 圆形阵列

【圆形阵列】用于将实体绕旋转轴进行阵列，如图5-39所示。

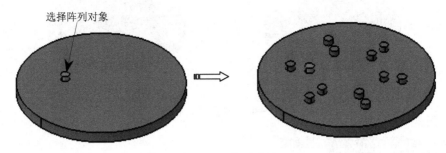

图5-39 圆形阵列

选择要阵列的实体特征，单击【变换特征】工具栏中的【圆形阵列】按钮⚙，弹出【定义圆形阵列】对话框，如图5-40所示。

图5-40 【定义圆形阵列】对话框

【定义圆形阵列】对话框中相关选项参数的含义如下。

（1）轴向参考。

【轴向参考】选项卡中的【参数】下拉列表用于定义源特征在轴向的副本分布数量和角度间距，包括以下选项。

- 实例和总角度：通过指定实例数目和总角度值，系统将自动计算角度间距。
- 实例和角度间距：通过指定实例数目和角度间距，系统将自动计算总角度。
- 角度间距和总角度：通过指定角度间距和总角度，系统自动计算生成的实例数目。
- 完整径向：通过指定实例数目，系统自动计算满圆周的角度间距。
- 实例和不等角度间距：在每个实例之间分配不同的角度值。

（2）定义径向。

【定义径向】选项卡中的【参数】下拉列表用于定义源特征在径向的副本分布数量和角度间距，包括以下选项。

- 圆和径向厚度：通过指定径向圆数目和径向总长度，系统可以自动计算圆间距。
- 圆和圆间距：通过指定径向圆数目和圆间距生成实例。
- 圆间距和径向厚度：通过指定圆间距和径向总长度生成实例。

（3）对齐实例半径。

此选项用于定义阵列中实例的方向。选中该复选框，所有实例具有与原始特征相同的方向；取消选中该复选框，所有实例都将垂直于圆的切线，如图 5-41 所示。

取消选中【对齐实例半径】　　　　　　　　选中【对齐实例半径】

图 5-41　对齐实例半径

01　在【标准】工具栏中单击【打开】按钮，在弹出的【选择文件】对话框中选择"5-7.
　　CATPart"文件。单击【打开】按钮打开零件文件，如图 5-42 所示。选择【开始】/【机
　　械设计】/【零件设计】命令，进入【零件设计】工作台。

02　选择图 5-43 所示的要阵列的孔特征，单击【变换特征】工具栏中的【圆形阵列】按钮，
　　弹出【定义圆形阵列】对话框。

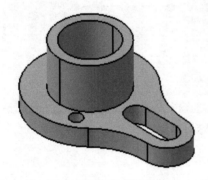 

选择孔特征

图 5-42　打开模型文件　　　　　　　　　图 5-43　选择孔特征

03　在【轴向参考】选项卡中设置【参数】为【实例和角度间距】，【实例】为 9，【角度间距】
　　为 30。激活【参考图元】编辑框，选择图 5-44 所示的外圆柱面，单击【预览】按钮显示
　　预览，单击【确定】按钮完成圆形阵列特征的创建。

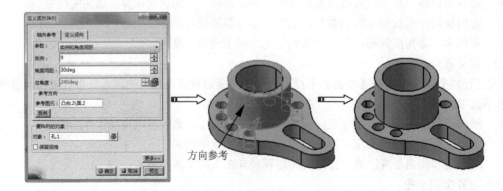

方向参考

图 5-44　创建圆形阵列特征

3. 用户阵列

用户阵列是指通过用户自定义方式对源特征或实体进行阵列操作，如图 5-45 所示。

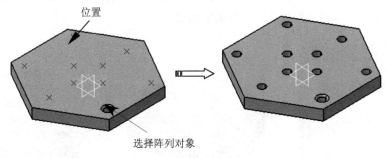

图 5-45　用户阵列

选择要阵列的实体特征，单击【变换特征】工具栏中的【用户阵列】按钮 ，弹出【定义用户阵列】对话框，如图 5-46 所示。

图 5-46　【定义用户阵列】对话框

- 位置：用于设定阵列实例的放置位置，该位置点可在草图中绘制。
- 定位：用于指定特征阵列的对齐方式，默认的对齐方式为实体特征的中心与指定放置位置重合。

上机操作——创建用户阵列特征

01　在【标准】工具栏中单击【打开】按钮，在弹出的【选择文件】对话框中选择"5-8. CATPart"文件。单击【打开】按钮打开零件文件，如图 5-47 所示。选择【开始】/【机械设计】/【零件设计】命令，进入【零件设计】工作台。

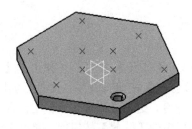

图 5-47　打开模型文件

02 选择要阵列的孔特征，单击【变换特征】工具栏中的【用户阵列】按钮 ，弹出【定义用户阵列】对话框。

03 激活【位置】编辑框，选择图 5-48 所示的草图作为阵列位置，单击【预览】按钮显示预览，单击【确定】按钮完成用户阵列特征的创建。

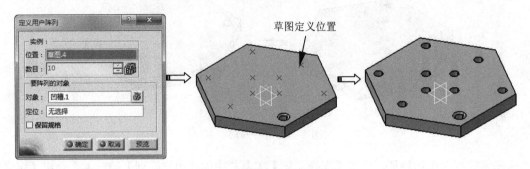

图 5-48　创建用户阵列特征

5.1.7　缩放

【缩放】命令用于通过指定点、平面或曲面作为缩放参考将几何图形的大小调整为指定的尺寸，如图 5-49 所示。

选择要缩放的实体或特征，单击【变换特征】工具栏中的【缩放】按钮 ，弹出【缩放定义】对话框，如图 5-50 所示。

图 5-49　缩放特征　　　　　　　　　　　　图 5-50　【缩放定义】对话框

- 参考：用于选择点或平面来定义缩放参考。选择点时，模型以点为中心按照缩放比率在 X、Y、Z 方向上缩放；选择平面时，模型以平面为参考按照比例在参考平面的法平面内进行缩放。

- 比率：用于输入缩放比例值，大于 1 为放大，小于 1 为缩小。

上机操作——创建缩放特征

01 在【标准】工具栏中单击【打开】按钮，在弹出的【选择文件】对话框中选择 "5-9.CATPart" 文件。单击【打开】按钮打开零件文件，如图 5-51 所示。选择【开始】/【机械设计】/【零件设计】命令，进入【零件设计】工作台。

02 单击【变换特征】工具栏中的【缩放】按钮 ，弹出【缩放定义】对话框。激活【参考】

编辑框，选择图 5-52 所示的平面，在【比率】文本框中输入 0.6，单击【确定】按钮完成缩放特征的创建。

图 5-51　打开的模型文件　　　　　　图 5-52　创建缩放特征

5.1.8　仿射

【仿射】命令是指对当前绘图区域中的模型根据自定义轴系进行 X、Y、Z 轴方向的缩放。

单击【变换特征】工具栏中的【仿射】按钮，弹出【仿射定义】对话框，如图 5-53 所示。

- 原点：用于选择点来定义仿射的坐标系原点。
- XY 平面：用于选择平面作为仿射的 XY 平面。
- X 轴：用于选择线性图元来定义 X 轴。
- 比率：用于设置 X、Y、Z 方向上的缩放比例。

上机操作——创建仿射特征

01　在【标准】工具栏中单击【打开】按钮，在弹出的【选择文件】对话框中选择"5-10.CATPart"文件，单击【打开】按钮打开零件文件。

图 5-53　【仿射定义】对话框

02　单击【变换特征】工具栏中的【仿射】按钮，弹出【仿射定义】对话框，激活【XY 平面】编辑框，选择 yz 平面作为 XY 平面；激活【X 轴】编辑框，选择图 5-54 所示的直线，设置比率【X】为 2，单击【确定】按钮，完成仿射特征的创建。

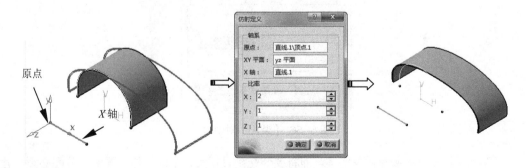

图 5-54　创建仿射特征

5.2 布尔运算

布尔操作是将一个文件中的两个零件体组合到一起，实现添加、移除、相交等运算，布尔运算相关命令集中在【布尔操作】工具栏中，包括【装配】【添加】【移除】【相交】【联合修剪】【移除块】等。

提示：

布尔操作需要两个或两个以上的实体。默认情况下，在同一个零件文件中只有一个几何体。要插入新几何体，选择菜单栏中的【插入】/【几何体】命令即可创建新的几何体。

5.2.1 装配

【装配】用于将不同的几何体组合成一个新几何体，如图 5-55 所示。

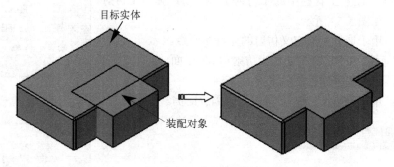

图 5-55 装配运算

单击【布尔操作】工具栏中的【装配】按钮，弹出【装配】对话框，如图 5-56 所示。激活【装配】选择框，选择装配对象实体；激活【到】选择框，选择装配目标实体；单击【确定】按钮，系统会完成装配特征的创建。

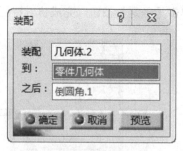

图 5-56 【装配】对话框

● 装配：用于选择装配对象实体，即将要装配到目标实体中的实体。要实现装配必须创建负实体，在几何体中可使用凹槽、旋转槽、孔等创建负实体，在特征树中以黄色的减号或加号显示，如图 5-57 所示。

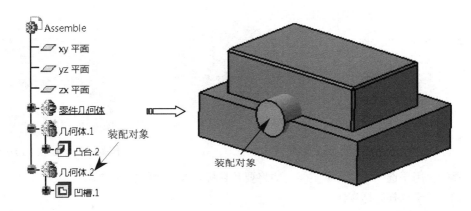

图 5-57　装配实体

- 　到：用于选择装配目标实体。

5.2.2　添加

【添加】用于将一个几何体添加到另一个几何体中，并取两个几何体的并集部分，如图 5-58 所示。

单击【布尔操作】工具栏中的【添加】按钮，弹出【添加】对话框，如图 5-59 所示。激活【添加】选择框，选择添加对象实体；激活【到】选择框，选择添加目标实体；单击【确定】按钮，系统会完成添加特征的创建。

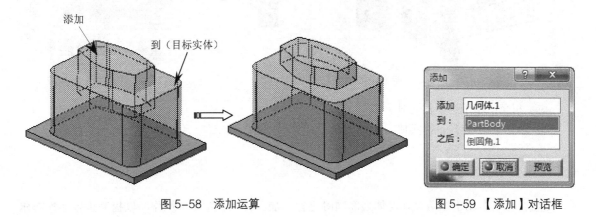

图 5-58　添加运算　　　　　　　　　　　　图 5-59　【添加】对话框

- 　添加：用于选择添加对象实体，即将要添加到目标实体中的实体。
- 　到：用于选择添加目标实体。

5.2.3　移除

【移除】用于在一个几何体中减去另一个几何体所占据的位置来创建新的几何体，如图 5-60 所示。

单击【布尔操作】工具栏中的【移除】按钮，弹出【移除】对话框，如图 5-61 所示。激活【移除】选择框，选择移除对象实体；激活【到】选择框，选择移除目标实体；单击【确定】按钮，系统会完成移除特征的创建。

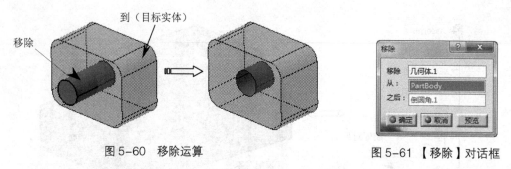

图 5-60　移除运算　　　　　　　　　　　图 5-61　【移除】对话框

- 移除：用于选择移除对象实体，即将要从目标实体中删除掉的实体。
- 到：用于选择目标实体。

5.2.4　相交

【相交】用于将两个几何体组合在一起，取二者的交集部分，如图 5-62 所示。

单击【布尔操作】工具栏中的【相交】按钮 🔧，弹出【相交】对话框，如图 5-63 所示。激活【相交】选择框，选择相交对象实体；激活【到】选择框，选择相交目标实体；单击【确定】按钮，系统会完成相交特征的创建。

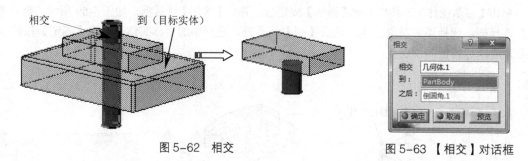

图 5-62　相交　　　　　　　　　　　　　图 5-63　【相交】对话框

- 相交：用于选择相交对象实体。
- 到：用于选择目标实体。

5.2.5　联合修剪

【联合修剪】用于在两个几何体之间同时进行添加、移除、相交等操作，以提高进行多次布尔运算的率，如图 5-64 所示。

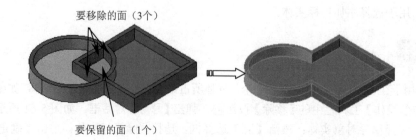

图 5-64　联合修剪

单击【布尔操作】工具栏中的【联合修剪】按钮，选择要修剪的几何体，弹出【定义修剪】对话框，如图 5-65 所示。激活【要移除的面】选择框，选择修剪后移除的实体面；激活【要保留的面】选择框，选择修剪后保留面；单击【确定】按钮，系统会完成联合修剪特征的创建。

图 5-65 【定义修剪】对话框

5.2.6 移除块

【移除块】用于移除单个几何体内多余的且不相交的实体，如图 5-66 所示。

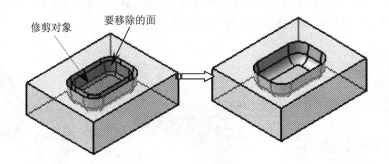

图 5-66 移除块

单击【布尔操作】工具栏中的【移除块】按钮，选择要修剪的几何体，弹出【定义移除块（修剪）】对话框，如图 5-67 所示。激活【要移除的面】选择框，选择修剪后移除的实体面；激活【要保留的面】选择框，选择修剪后保留的面；单击【确定】按钮，系统会完成移除块特征的创建。

图 5-67 【定义移除块（修剪）】对话框

上机操作——轴承座设计

01 在【标准】工具栏中单击【打开】按钮，在弹出的【选择文件】对话框中选择"5-11.CATPart"文件。单击【打开】按钮打开零件文件。选择【开始】/【机械设计】/【零件设计】命令，进入【零件设计】工作台。

02 单击【布尔操作】工具栏中的【装配】按钮，弹出【装配】对话框；激活【装配】和【到】
选择框，选择图 5-68 所示的装配对象实体和目标实体；单击【确定】按钮，系统完成装
配特征的创建。

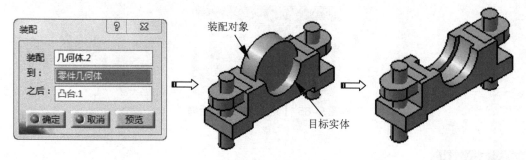

图 5-68　装配运算

03 单击【布尔操作】工具栏中的【添加】按钮，弹出【添加】对话框。激活【添加】选择框，
选择图 5-69 所示的添加对象实体；激活【到】选择框，选择图 5-69 所示的目标实体；单
击【确定】按钮，系统完成添加特征的创建。

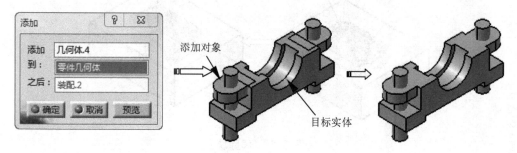

图 5-69　添加运算

04 单击【布尔操作】工具栏中的【移除】按钮，弹出【移除】对话框；激活【移除】和【到】
选择框，选择图 5-70 所示的移除对象实体与目标实体；单击【确定】按钮，完成移除操作。

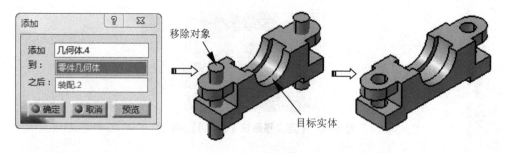

图 5-70　移除运算

5.3　特征修改工具

使用基于草图的特征建模创建的零件形状都是规则的，而在实际工程中，许多零件的表面往

往都不是平面或规则曲面，这就需要通过曲面生成实体来创建具有特定表面的零件，该类命令主要集中于【基于曲面的特征】工具栏中，下面分别加以介绍。

5.3.1　分割特征

【分割】命令是指使用平面或曲面切除实体某一部分而生成所需的新实体，如图 5-71 所示。

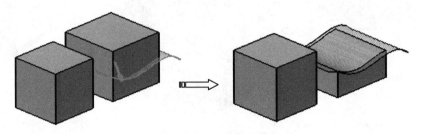

图 5-71　分割特征

单击【基于曲面的特征】工具栏中的【分割】按钮 ，弹出【定义分割】对话框，如图 5-72 所示。激活【分割图元】编辑框，选择分割曲面，图形区中会显示箭头，箭头指向保留部分，可在图形区单击箭头来改变实体保留方向。

图 5-72　【定义分割】对话框

上机操作——创建分割特征

01　在【标准】工具栏中单击【打开】按钮，在弹出的【选择文件】对话框中选择"5-12. CATPart"文件。单击【打开】按钮打开零件文件，如图 5-73 所示。选择【开始】/【机械设计】/【零件设计】命令，进入【零件设计】工作台。

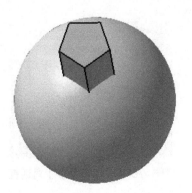

图 5-73　打开模型文件

02 单击【基于曲面的特征】工具栏中的【分割】按钮，弹出【定义分割】对话框；激活
【分割图元】编辑框，选择球面作为分割曲面，箭头指向球内部；单击【确定】按钮，完
成分割特征的创建，如图 5-74 所示。

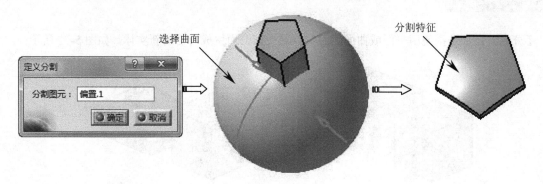

图 5-74　创建分割特征

5.3.2　厚曲面特征

【厚曲面】命令是指对某一曲面，指定一个加厚方向，在该方向上根据给定的厚度数值增加曲
面的厚度来形成实体，如图 5-75 所示。

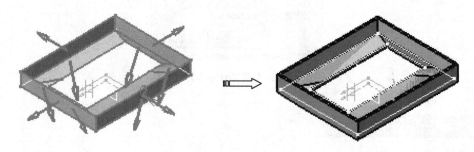

图 5-75　厚曲面特征

单击【基于曲面的特征】工具栏中的【厚曲面】按钮，弹出【定义厚曲面】对话框，如图 5-76
所示。

图 5-76　【定义厚曲面】对话框

提示:

创建厚曲面特征时,选择曲面后在所选择曲面上会出现箭头,箭头方向指向增厚【第一偏置】方向。另外,加厚的曲面要保证具有足够的空间,为了避免自相交,厚度值必须小于与属于同一几何体且方向相反的面之间距离的一半。

上机操作——创建厚曲面特征

01　在【标准】工具栏中单击【打开】按钮,在弹出的【选择文件】对话框中选择"5-13.CATPart"文件。单击【打开】按钮打开零件文件,如图 5-77 所示。选择【开始】/【机械设计】/【零件设计】命令,进入【零件设计】工作台。

图 5-77　打开模型文件

02　单击【基于曲面的特征】工具栏中的【厚曲面】按钮 ,弹出【定义厚曲面】对话框;激活【要偏置的对象】选择框,选择图 5-78 所示的曲面,箭头指向加厚方向;激活【第一偏置】文本框,输入"2mm",单击【确定】按钮,完成加厚特征的创建。

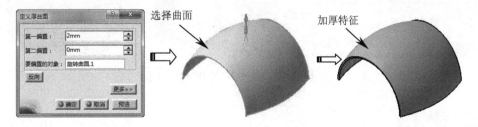

图 5-78　创建加厚特征

5.3.3　封闭曲面

【封闭曲面】命令是指在封闭的曲面内部填充实体材质来创建以封闭曲面为外部形状的实体零件。

单击【基于曲面的特征】工具栏中的【封闭曲面】按钮 ,弹出【定义封闭曲面】对话框,如图 5-79 所示。

图 5-79　【定义封闭曲面】对话框

提示:

封闭曲面要求曲面在某个方向上截面线是封闭的,并不需要所有的曲面形成一个完全封闭的空间。

01 在【标准】工具栏中单击【打开】按钮，在弹出的【选择文件】对话框中选择"5-14.
　　CATPart"文件。单击【打开】按钮打开零件文件，如图 5-80 所示。选择【开始】/【机
　　械设计】/【零件设计】命令，进入【零件设计】工作台。

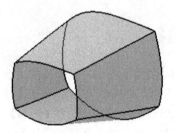

图 5-80　打开模型文件

02 单击【基于曲面的特征】工具栏中的【封闭曲面】按钮，弹出【定义封闭曲面】对话框，
　　选择图 5-81 所示的曲面；单击【确定】按钮，完成封闭曲面实体特征的创建。

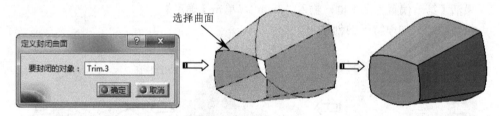

图 5-81　创建封闭曲面特征

5.3.4　缝合曲面

　　【缝合曲面】是一种曲面和实体之间的布尔运算，该命令根据所给曲面的形状通过填充材质或
删除部分实体来改变零件实体的形状，将曲面与实体缝合到一起，使零件实体保持与曲面一致的外
形，如图 5-82 所示。

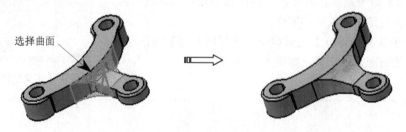

图 5-82　缝合曲面

　　单击【基于曲面的特征】工具栏中的【缝合曲面】按钮，弹出【定义缝合曲面】对话框，
如图 5-83 所示。

图 5-83 【定义缝合曲面】对话框

【定义缝合曲面】对话框中相关选项参数的含义如下。

- 要缝合的对象：选择要缝合到几何体上的曲面。
- 要移除的面：指实体零件上要移除的表面，一般情况下系统会根据曲面与零件实体的位置关系自动计算实体上哪些表面被移除，一般不需要定义。

上机操作——创建缝合曲面特征

01　在【标准】工具栏中单击【打开】按钮，在弹出的【选择文件】对话框中选择 "5-15. CATPart" 文件。单击【打开】按钮打开零件文件，如图 5-84 所示。选择【开始】/【机械设计】/【零件设计】命令，进入【零件设计】工作台。

图 5-84　打开模型文件

02　单击【基于曲面的特征】工具栏中的【缝合曲面】按钮 **■**，弹出【定义缝合曲面】对话框，选择需要缝合到实体上的曲面；单击【确定】按钮，系统创建缝合曲面实体特征，如图 5-85 所示。

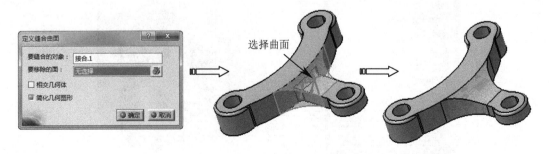

选择曲面

图 5-85　创建缝合曲面特征

5.4 实战案例：变速箱箱体设计

箱体零件种类繁多，结构差异很大，其结构以箱壁、筋板和框架为主，工作表面以孔和凸台为主。在结构上箱体类零件的共性较少，只能针对具体零件具体设计。本节通过变速箱箱体的设计来介绍箱体类零件的创建过程，如图5-86所示。

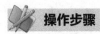 **操作步骤**

1. 创建箱体

01 在【标准】工具栏中单击【新建】按钮，在弹出的对话框中选择"Part"，单击【确定】按钮新建零件文件。

02 单击【草图】按钮，在工作窗口中选择 xy 平面作为草图平面，进入草图编辑器中。利用矩形等工具绘制图5-87所示的草图。单击【工作台】工具栏中的【退出工作台】按钮，完成草图的绘制。

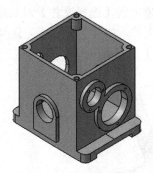

图 5-86 变速箱箱体

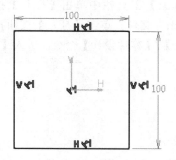

图 5-87 绘制草图

03 单击【基于草图的特征】工具栏中的【凸台】按钮，弹出【定义凸台】对话框；选择上一步所绘制的草图，设置拉伸长度为100mm，单击【确定】按钮完成拉伸特征的创建，如图5-88所示。

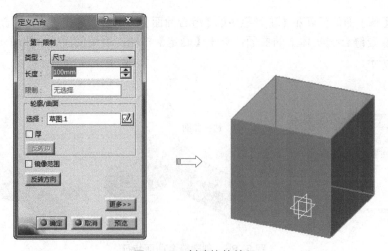

图 5-88 创建拉伸特征

04　选择拉伸实体上端面，单击【草图】按钮，进入草图编辑器中。利用矩形、圆等工具
　　绘制图 5-89 所示的草图。单击【工作台】工具栏中的【退出工作台】按钮，完成草图
　　的绘制。

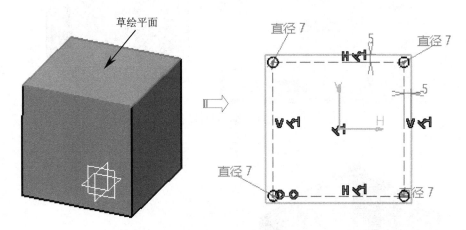

图 5-89　绘制草图

05　单击【基于草图的特征】工具栏中的【凹槽】按钮，选择上一步绘制的草图；弹出【定
　　义凹槽】对话框，设置凹槽【长度】为 10mm；单击【确定】按钮，系统自动完成凹槽
　　特征的创建，如图 5-90 所示。

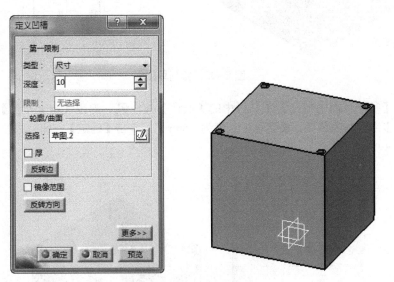

图 5-90　创建凹槽特征

06　单击【修饰特征】工具栏中的【盒体】按钮，弹出【定义盒体】对话框，在【默认内
　　侧厚度】文本框中输入"5mm"；激活【要移除的面】编辑框，选择上表面，单击【确定】
　　按钮，系统自动完成抽壳特征的创建，如图 5-91 所示。

07　选择实体前端面，单击【草图】按钮，进入草图编辑器中。利用圆弧、直线等工具绘
　　制图 5-92 所示的草图。单击【工作台】工具栏中的【退出工作台】按钮，完成草图的
　　绘制。

图 5-91　创建抽壳特征

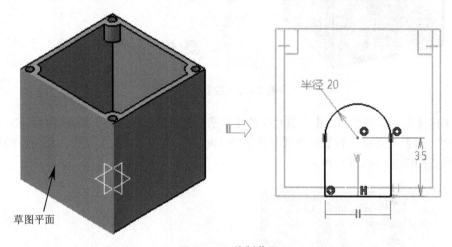

图 5-92　绘制草图

08　单击【基于草图的特征】工具栏中的【凸台】按钮，弹出【定义凸台】对话框；选择
上一步所绘制的草图，设置拉伸长度为"5mm"，单击【确定】按钮完成拉伸特征的创建，
如图 5-93 所示。

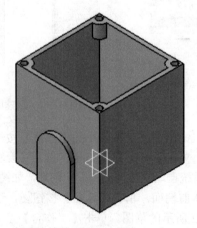

图 5-93　创建拉伸特征

09 选择凸台端面，单击【草图】按钮![icon]，进入草图编辑器中。利用圆弧、直线等工具绘制图 5-94 所示的草图。单击【工作台】工具栏中的【退出工作台】按钮![icon]，完成草图的绘制。

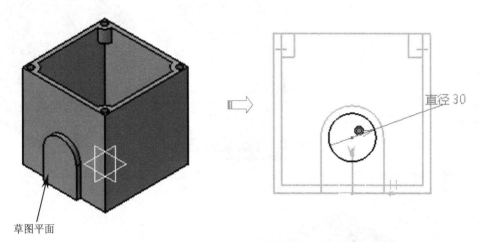

草图平面

图 5-94 绘制草图

直径 30

10 单击【基于草图的特征】工具栏中的【凹槽】按钮![icon]，选择上一步绘制的草图，弹出【定义凹槽】对话框，设置凹槽【类型】为【直到最后】；单击【确定】按钮，系统自动完成凹槽特征的创建，如图 5-95 所示。

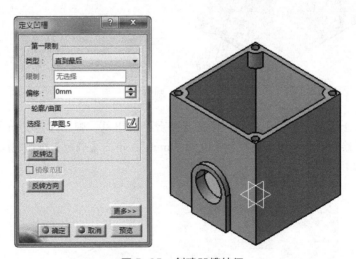

图 5-95 创建凹槽特征

11 单击【草图】按钮![icon]，在工作窗口中选择 zx 平面作为草图平面，进入草图编辑器中。利用轮廓、镜像等工具绘制图 5-96 所示的草图。单击【工作台】工具栏中的【退出工作台】按钮![icon]，完成草图的绘制。

12 单击【基于草图的特征】工具栏中的【凸台】按钮![icon]，弹出【定义凸台】对话框；选择上一步所绘制的草图，设置拉伸长度为 "65mm"，选中【镜像范围】复选框；单击【确定】按钮完成拉伸特征的创建，如图 5-97 所示。

13 选择实体右端面，单击【草图】按钮![icon]，进入草图编辑器中。利用圆弧等工具绘制图 5-98 所示的草图。单击【工作台】工具栏中的【退出工作台】按钮![icon]，完成草图的绘制。

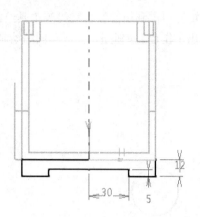

图 5-96 绘制草图

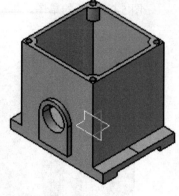

图 5-97 创建拉伸特征

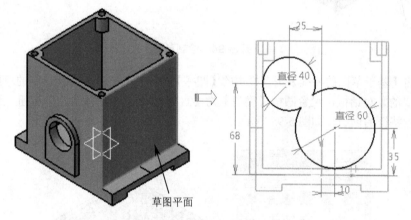

草图平面

图 5-98 绘制草图

14 单击【基于草图的特征】工具栏中的【凸台】按钮，弹出【定义凸台】对话框；选择
上一步所绘制的草图，设置拉伸长度为"5mm"；单击【确定】按钮完成拉伸特征的创建，
如图 5-99 所示。

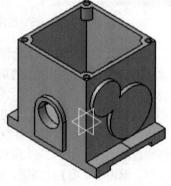

图 5-99 创建拉伸特征

15　选择大凸台端面，单击【草图】按钮🖊，进入草图编辑器中。利用圆等工具绘制图 5-100
　　所示的草图。单击【工作台】工具栏中的【退出工作台】按钮🖐，完成草图的绘制。

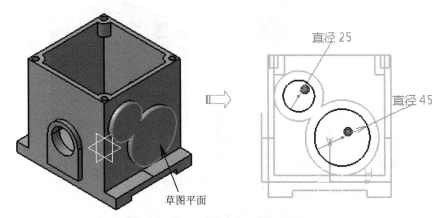

直径 25

直径 45

草图平面

图 5-100　绘制草图

16　单击【基于草图的特征】工具栏中的【凹槽】按钮🔲，选择上一步绘制的草图，弹出【定
　　义凹槽】对话框，设置凹槽【类型】为【直到最后】；单击【确定】按钮，系统自动完成
　　凹槽特征的创建，如图 5-101 所示。

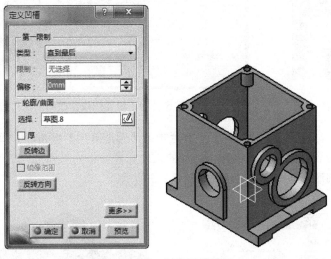

图 5-101　创建凹槽特征

2. 创建螺纹孔特征

01　单击【基于草图的特征】工具栏中的【孔】按钮🔘，选择大凸台端面作为钻孔的实体表
　　面；弹出【定义孔】对话框，设置扩展方式为【盲孔】，【直径】为 3.242mm，【深度】为
　　20mm，选择底部形状为【平底】，如图 5-102 所示。

02　单击【定位草图】按钮🖊，进入草图编辑器中，用约束指定钻孔位置，如图 5-103 所示。
　　单击【工作台】工具栏中的【退出工作台】按钮🖐返回。

03　单击【定义螺纹】选项卡，设置螺纹孔参数。单击【定义孔】对话框中的【确定】按钮，
　　系统自动完成孔特征的创建，如图 5-104 所示。

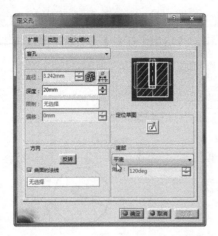

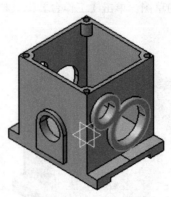

图 5-102 选择钻孔表面和设置孔参数

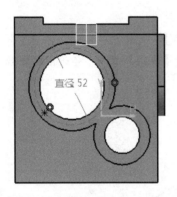

图 5-103 指定孔位置

图 5-104 设置螺纹参数和创建孔特征

04 选择螺纹孔，单击【变换特征】工具栏中的【圆形阵列】按钮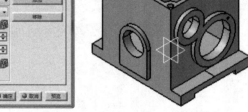，弹出【定义圆形阵列】
对话框，设置阵列参数，选择在凸台的大内孔表面作为阵列方向参考；单击【确定】按
钮，完成圆形阵列特征的创建，如图 5-105 所示。

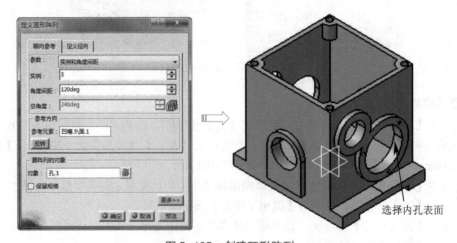

图 5-105 创建环形阵列

05 重复步骤 01 ～ 04 创建螺纹孔，然后进行倒角，最终效果如图 5-106 所示。

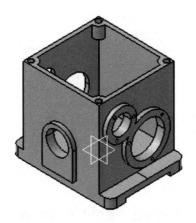

图 5-106 变速箱箱体

第 6 章
构建空间曲线

曲线是构造曲面的基础，是整个 CATIA 曲面造型设计中必须要用到的几何图素。因此，了解并熟练掌握曲线的创建方法是进一步学习 CATIA 曲面设计的基础。

利用 CATIA 的草绘功能可以创建单一平面内的曲线图素，而利用 CATIA 专用的曲线命令则可以创建出多种多样的曲线元素，在直接创建空间曲线方面更方便快捷。本章将主要介绍 CATIA V5-6R2017 创成式外形设计工作台中的各种曲线工具和曲线构建方法。

知识要点

- 创成式外形设计模块
- 空间点与直线
- 参考平面与轴
- 其他空间曲线

6.1 创成式外形设计模块

在 CATIA 中，将在平面或三维空间中创建的各种点、线等几何元素统称为线框。将构建的各种面特征统称为曲面。将多个曲面的组合统称为面组。

创成式外形设计是 CATIA 参数化曲面设计的常用和经典模块，它包含了创建曲线和曲面的各种命令工具。它为用户提供了一整套广泛、强大和完整的曲线、曲面设计工具集，利用创成式外形设计模块能构建出各种复杂的线框结构元素和曲面特征，丰富并补充了 CATIA 零件设计功能。同时，创成式外形设计是一种基于特征的设计方法，并采用了全关联的设计技术，在设计的过程中能有效地表达设计意图和修改设计方案。因此，它极大地提高了设计人员的工作质量与效率。

6.1.1 切换至【创成式外形设计】模块

在最初启动CATIA软件时自动进入【装配设计】模块，用户需要手动切换到【创成式外形设计】模块。

具体操作方法如下：在菜单栏中执行【开始】/【形状】/【创成式外形设计】命令，系统即可进入【创成式外形设计】模块，如图 6-1 所示。

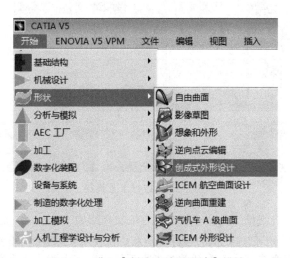

图 6-1　进入【创成式外形设计】模块

提示：

进入【创成式外形设计】时的提示如下。

- ○ 如在切换【创成式外形设计】模块前已新建零件，则可直接进入该工作台。
- ○ 如在切换【创成式外形设计】模块前未新建零件，则系统会弹出【新建零件】对话框。

6.1.2 工具栏

在进入【创成式外形设计】模块后，系统提供了各种命令工具栏，它们位于绘图窗口的最右侧。因空间有限，工具栏中的命令不能完全显示在屏幕中，用户可以手动将其拖出后再放置在合适的位置，如图 6-2 所示。

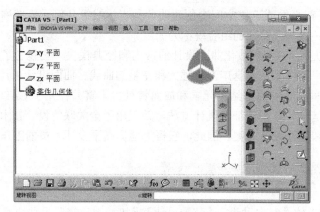

图 6-2 【创成式外形设计】窗口

本小节将重点介绍【创成式外形设计】模块中的曲线线框工具栏，具体结构如图 6-3 所示。

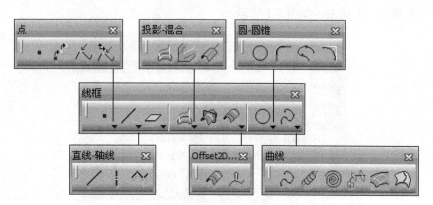

图 6-3 【线框】工具集

关于图 6-3 中所示的各线框工具命令从左至右依次介绍如下。

- ▪（点）：主要用于创建线框的各种参考点。在使用 CATIA 创建复杂线框或图形时，系统常常需要使用各种参考点，有效的参考点不仅能提高作图的精确度，还能有效地控制图形的绘制。
- ╱（直线 - 轴线）：主要用于创建空间直线、折线和回转体特征的轴线。
- ▱（基准平面）：主要用于创建各种参考基准平面。参考基准平面是创建其他特征图形的辅助工具，它不仅可以为其他工具命令指定参考方向，还可以在参考平面内草绘出曲线线框图形。
- ▱（投影 - 混合）：主要用于创建各种投影曲线。该工具栏中包含了投影、混合、反射线命令，为用户提供了创建各种功能投影曲线的方法。
- ▨（相交）：主要利用相交的两个几何图元，来创建出具有公共边的曲线图形。
- ▨（偏移）：主要通过偏移参考曲线来创建出新曲线。该工具栏中包含了平行曲线和偏置3D 曲线命令，为用户提供了自由的偏移曲线功能。
- ◯（圆 - 圆锥）：主要用于圆弧类曲线的创建。该工具栏中包含了圆、圆角、连接曲线、二次曲线命令，为用户提供了多元的圆弧曲线创建方法。

- ● ⟳（曲线）：主要用于各种复杂曲线的创建。该工具栏中包含了样条曲线、螺旋线、螺线、脊线、轮廓曲线和等参数曲线命令，为用户提供了多元的复杂空间曲线创建方法。

6.2　空间曲线的创建

曲线是曲面的基础结构，是曲面设计中使用率最高的图形对象。因此，熟练掌握各种曲线的构建方法和技巧是创建高质量曲面的基本技能。在 CATIA 创成式外形设计模块中，用户可利用线框命令创建和编辑直线、螺旋线、样条曲线等各种简单与复杂的曲线图形。

6.2.1　曲线的创建方式

使用 CATIA 创建各种曲线有两种主要的方式，一是利用草绘工具在草图环境下绘制出用户需要的各种曲线图形，二是直接使用【创成式外形设计】模块中的曲线线框工具栏创建出三维空间的曲线图形。

对于在草图环境下创建的曲线图形，在退出草绘后系统会将其默认为一段曲线图形。如需对其中某一部分曲线进行操作，则需通过【拆解】或【提取】命令来分解或提取出操作对象。

对于使用【创成式外形设计】模块中的线框工具命令创建的三维空间曲线，在退出命令后所创建的曲线各自具有独立性。如需对多段曲线进行统一的操作，则需先通过【接合】命令合并各独立的曲线段。

6.2.2　空间点与等距点

创建空间点与创建等距点是 CATIA 中最常用的两种参考点创建方法。其中创建空间点是直接在绘图窗口中快速创建点的方式，创建方法共有 7 种。具体分析如下。

1. 创建坐标点

在菜单栏中执行【插入】/【线框】/【点】命令即可弹出【点定义】对话框。在对话框中可选择【点类型】为【坐标】来创建空间点。参考示例如图 6-4 所示。

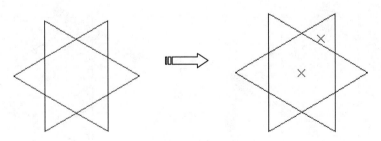

图 6-4　坐标点的创建

2. 创建曲线上的点

在菜单栏中执行【插入】/【线框】/【点】命令即可弹出【点定义】对话框。在对话框中可选择【点类型】为【曲线上】来创建空间点。参考示例如图 6-5 所示。

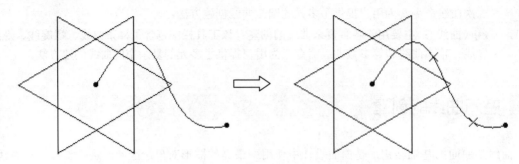

图 6-5   在曲线上创建点

3. 在平面上创建点

在平面上创建点是通过确定点在平面上的具体位置来创建点的方法。

在菜单栏中执行【插入】/【线框】/【点】命令即可弹出【点定义】对话框。在对话框中可选择【点类型】为【平面上】来创建空间点。参考示例如图 6-6 所示。

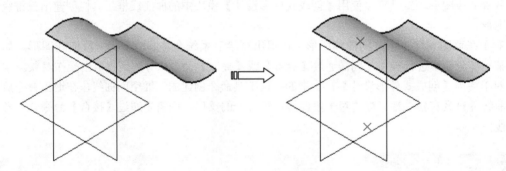

图 6-6   平面上创建点

4. 在曲面上创建点

在曲面上创建点是通过定义点在曲面中的位置来创建点的方法。

在菜单栏中执行【插入】/【线框】/【点】命令即可弹出【点定义】对话框。在对话框中可选择【点类型】为【曲面上】的方式来创建空间点。参考示例如图 6-7 所示。

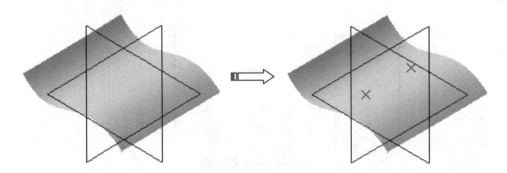

图 6-7   在曲面上创建点

5. 创建圆 / 球面 / 椭圆中心点

创建圆 / 球面 / 椭圆中心点主要是通过直接在【圆 / 球面 / 椭圆】选择框中选取几何图形从而

创建出其几何中心点。参考示例如图 6-8 所示。

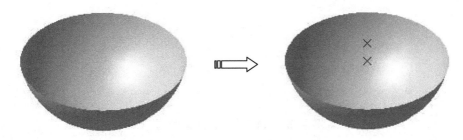

图 6-8　圆 / 球面 / 椭圆中心点

6. 创建曲线上的切点

此创建点的方法是在曲线与一个方向向量或直线段的切点处创建一个新点。参考示例如图 6-9 所示。

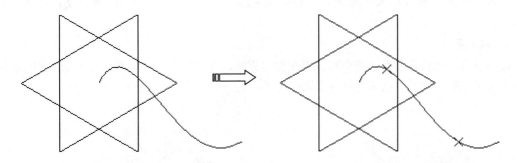

图 6-9　曲线上的切点

7. 创建两点间的点

此方法是通过指定两个已知点从而在两点之间创建出新点。参考示例如图 6-10 所示。

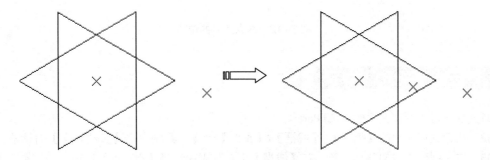

图 6-10　两点之间的点

8. 创建等距点

等距点的创建主要是通过在曲线上按指定的距离建立等分点的方法来创建新点。参考示例如图 6-11 所示。

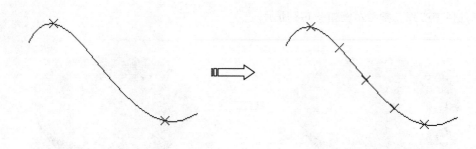

图 6-11　等距点的创建

6.2.3　空间直线

空间直线在曲面造型设计中既可以作为创建各种平面、曲面的参考，又可以作为旋转轴线和方向参考。

空间直线的创建方法大致有如下几种：点 - 点、点 - 方向、曲线的角度 / 法线、曲线的切线等。

1.　点 - 点

此方法是通过指定已有的两个特征点来创建直线，并且可以自由设置直线的长度和终止限制等。下面就以图 6-12 所示的实例对操作进行说明。

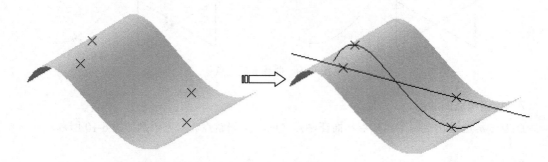

图 6-12　两点直线的创建

上机操作——创建"点 - 点"直线

01　打开素材源文件"6-8.CATPart"。

02　执行菜单栏中的【插入】/【线框】/【直线】命令，系统弹出【直线定义】对话框。

03　定义创建直线的各项参数。在【线型】下拉列表中选择【点 - 点】选项，分别单击【点 1】和【点 2】选择框并分别选取图形窗口中的两个点，使用系统默认的支持面，设置起点延伸距离为 17，设置终点延伸距离为 24，单击【确定】按钮完成两点直线的创建，如图 6-13所示。

04　再次执行菜单栏中的【插入】/【线框】/【直线】命令，系统弹出【直线定义】对话框。

05　定义创建直线的各项参数。在【线型】下拉列表中选择【点 - 点】选项，再分别选取图形窗口中的两个点，选择【拉伸】曲面作为支持面，分别选取曲面的两条直线边作为限制边线，单击【确定】按钮完成直线的创建，如图 6-14 所示。

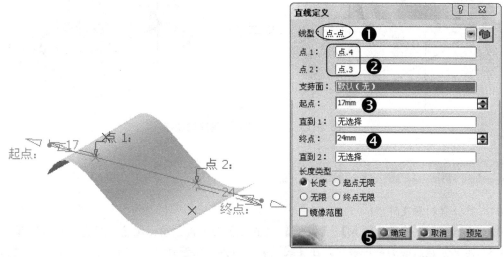

图 6-13　创建两点直线

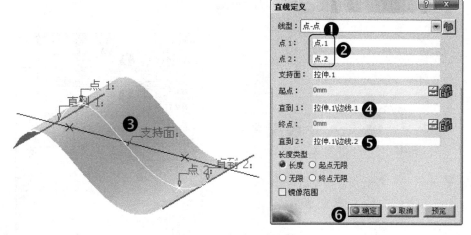

图 6-14　创建两点直线

 提示：

　　在使用"点 - 点"方式创建直线时如选取一曲面作为直线的支持面，则创建的直线将沿着曲面特征附着其上，成为一条与曲面曲率相同的曲线。

2. 点 - 方向

　　此方法是通过指定已知点和方向向量从而创建出直线。下面就以图 6-15 所示的实例对操作进行说明。

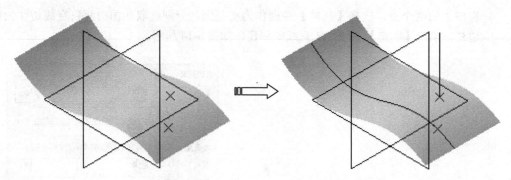

图 6-15 "点 – 方向"直线的创建

上机操作——创建"点 – 方向"直线

01 打开素材源文件"6-9.CATPart"。

02 执行菜单栏中的【插入】/【线框】/【直线】命令，系统弹出【直线定义】对话框。

03 定义创建直线的各项参数。在【线型】下拉列表中选择【点 - 方向】选项，单击【点】选择框并在目录树中选择"点 2"作为参考点；在【方向】选择框中选择 xy 平面作为参考方向，在【起点】文本框中输入数字"0"，在【终点】文本框中输入数字"30"，单击【确定】按钮完成直线的创建，如图 6-16 所示。

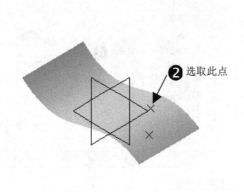

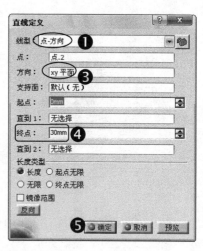

图 6-16 创建"点 – 方向"直线

04 执行菜单栏中的【插入】/【线框】/【直线】命令，系统弹出【直线定义】对话框。

05 定义创建第二条直线的相关参数。在【线型】下拉列表中选择【点 - 方向】选项，单击【点】选择框并在目录树中选择"点 1"作为参考点；在【方向】文本框中选择"zx 平面"作为参考方向，单击【支持面】选择框并选择图形窗口中的曲面特征作为参考曲面；分别选取曲面的两条直线边作为参考界限，单击【确定】按钮完成直线的创建，如图 6-17 所示。

3. 曲线的角度 / 法线

此方法是通过指定曲线上的已知点和与曲线的切线所成夹角的角度来创建直线。下面就以图

6-18 所示的实例对操作进行说明。

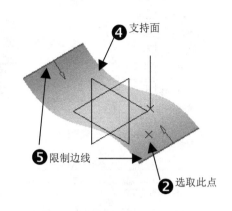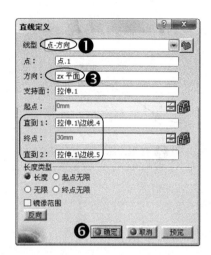

图 6-17　创建 "点 – 方向" 直线

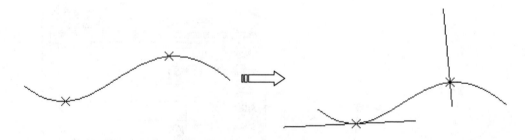

图 6-18　"曲线的角度 / 法线" 直线

上机操作——创建 "曲线的角度 / 法线" 直线

01　打开素材源文件 "6-10.CATPart"。

02　执行菜单栏中的【插入】/【线框】/【直线】命令，系统弹出【直线定义】对话框。

03　定义创建直线的各项参数。在【线型】下拉列表中选择【曲线的角度 / 法线】选项，单击【曲线】选择框并选择图形窗口中的曲线图形，使用系统默认的支持面；选择特征目录树中的 "点 1" 为参考点，单击对话框中的【曲线的法线】按钮，在【起点】文本框中输入 "-10"，在【终点】文本框中输入 "30"，单击【确定】按钮完成直线的创建，如图 6-19 所示。

04　执行菜单栏中的【插入】/【线框】/【直线】命令，系统弹出【直线定义】对话框。

05　定义创建第二条直线的相关参数。在【线型】下拉列表中选择【曲线的角度 / 法线】选项，选择图形窗口中的曲线作为参考曲线，使用系统默认的支持面；选择特征目录树中的 "点 2" 作为参考点，在【角度】文本框中输入角度 "0"，在【起点】文本框中输入 "-25"，在【终点】文本框中输入 "30"，单击【确定】按钮完成直线的创建，如图 6-20 所示。

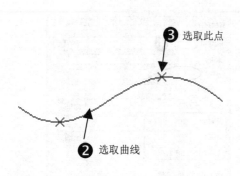

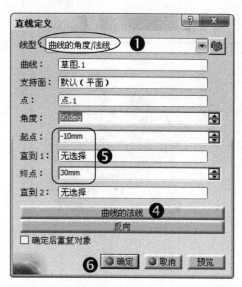

图 6-19　创建"曲线的角度 / 法线"直线

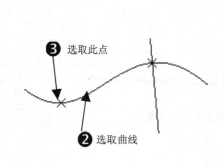

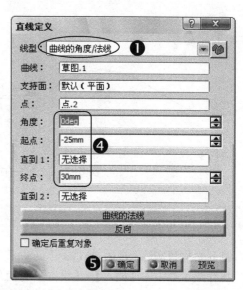

图 6-20　"创建的曲线角度 / 法线"直线

 提示:

　　创建"曲线角度或法线"直线的技巧。

- 在图 6-20 所示的"直线定义"对话框中单击【曲线的法线】按钮时，系统自动在【角度】文本框中采用 90°的夹角；如在【角度】文本框中输入角度"0"时，则创建的直线为通过曲线上该点的切线。
- 当单击【反向】按钮时，可以自由调整直线的延伸方向。
- 在【起点】和【终点】文本框中可自由设置直线两端延伸的长度。

4. 曲线的切线

此方法是通过指定已知曲线和已知点，从而创建出该曲线的切线与曲线相切的直线。下面就以图 6-21 所示的实例对操作进行说明。

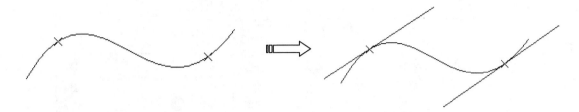

图 6-21　曲线的切线的创建

上机操作——创建曲线的切线直线

01　打开素材源文件"6-11.CATPart"。

02　执行菜单栏中的【插入】/【线框】/【直线】命令，系统弹出【直线定义】对话框。

03　定义创建直线的各项参数。在【线型】下拉列表中选择【曲线的切线】选项，选择图形窗口中的曲线作为参考曲线；选择特征目录树中的"点 1"作为参考点，在【类型】下拉列表中选择【单切线】选项，在【起点】文本框中输入"-25"，在【终点】文本框中输入"35"，单击【确定】按钮完成直线的创建，如图 6-22 所示。

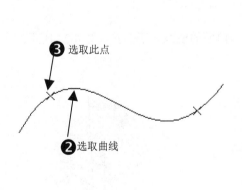

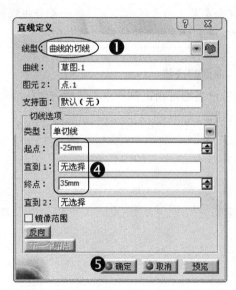

图 6-22　创建曲线的切线

04　执行菜单栏中的【插入】/【线框】/【直线】命令，系统弹出【直线定义】对话框。

05　定义创建直线的各项参数。在【线型】下拉列表中选择【曲线的切线】选项，选择图形窗口中的曲线作为参考曲线；选择特征目录树中的"点 2"作为参考点，在【类型】下拉列表中选择【单切线】选项，在【起点】文本框中输入"-30"，在【终点】文本框中输

入"35"，单击【确定】按钮完成直线的创建，如图 6-23 所示。

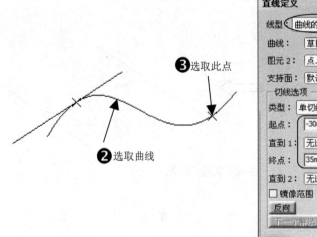
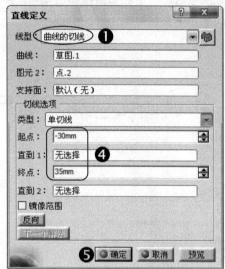

图 6-23　创建曲线的切线

提示：

　　在图 6-23 所示的【直线定义】对话框中用户如在【类型】下拉列表中选择【双切线】选项，则系统会参考点为直线的起点创建一条与曲线相切的直线，如系统计算后有多种结果，可单击【下一个解法】按钮选择结果。

5. 曲面的法线

　　此方法是通过指定参考点和参考曲面从而创建曲面的法线。下面就以图 6-24 所示的实例对操作进行说明。

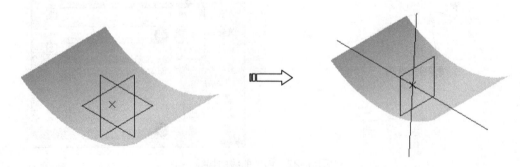

图 6-24　曲面的法线

上机操作——创建"曲面的法线"直线

01　打开素材源文件"6-12.CATPart。"

02 执行菜单栏中的【插入】/【线框】/【直线】命令，系统弹出【直线定义】对话框。

03 定义创建直线的各项参数。在【线型】下拉列表中选择【曲面的法线】选项，单击【曲面】选择框并在图形窗口中选择曲面特征；单击【点】选择框并选择曲面上的点特征，在【起点】文本框中输入"-50"，在【终点】文本框中输入"50"以设置直线的延伸长度，单击【确定】按钮完成直线的创建，如图 6-25 所示。

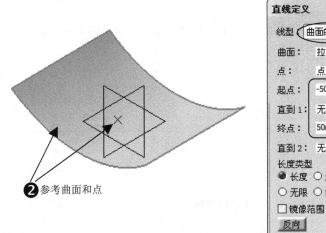
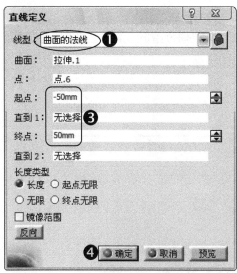

图 6-25 创建曲面的法线

04 执行菜单栏中的【插入】/【线框】/【直线】命令，系统弹出【直线定义】对话框。

05 定义创建直线的各项参数。在【线型】下拉列表中选择【曲面的法线】选项，单击【曲面】选择框并在图形窗口中选择"zx 平面"作为参考曲面；单击【点】选择框并选择曲面上的点特征，在【起点】文本框中输入"-60"，在【终点】文本框中输入"60"以设置直线的延伸长度，单击【确定】按钮完成直线的创建，如图 6-26 所示。

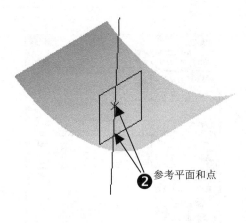
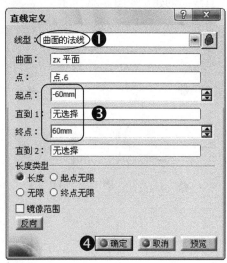

图 6-26 创建曲的面法线

操作技巧：

在图 6-26 所示的【直线定义】对话框中用户可自由选择曲面特征或基准平面作为参考曲面；用户可在【直到 1】和【直到 2】文本框中选择几何图形特征作为直线的界限边从而定义出直线的长度。

6. 角平分线

此方法是通过指定两条相交直线从而创建角平分线。下面就以图 6-27 所示的实例对操作进行说明。

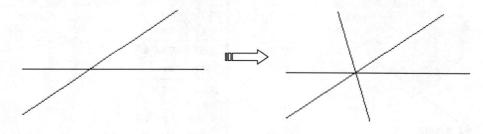

图 6-27　角平分线的创建

上机操作——创建角平分线

01　打开素材源文件"6-13.CATPart"。

02　执行菜单栏中的【插入】/【线框】/【直线】命令，系统弹出【直线定义】对话框。

03　定义创建直线的各项参数。在【线型】下拉列表中选择【角平分线】选项，在【直线 1】和【直线 2】中分别选择图形窗口中的两条直线作为参考对象，使用系统默认的通过点和支持面；在【起点】文本框中输入"-20"，在【终点】文本框中输入"25"以设置直线的延伸长度，单击【下一个解法】按钮以指定需要保留的直线，单击【确定】按钮完成直线的创建，如图 6-28 所示。

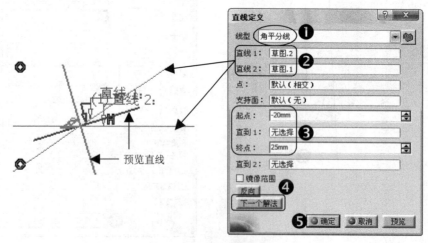

图 6-28　创建角平分线

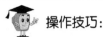 **操作技巧:**

在图 6-28 所示的【直线定义】对话框中单击【下一个解法】按钮时，系统将在所有的计算结果中切换显示直线并将当前直线显示为黄色，预备直线显示为蓝色。

6.2.4 空间轴

在造型设计中空间轴一般用于特征参考线。在【轴线定义】对话框中，系统会根据用户选择的图形对象进行自动识别，从而创建出各种空间位置的轴线。

当用户选择的参考对象是平面几何图形对象时，系统会在【轴线类型】选择框中提供 3 种轴线的放置参考选项。如选取的对象是圆形图形，系统会提供【与参考方向相同】【参考方向的法线】【圆的法线】3 种轴线放置选项；如选取的对象是椭圆图形，则系统提供【长轴】【短轴】【椭圆的法线】3 种轴线放置选项。

当用户选择的参考对象是旋转特征的三维图形时，系统则直接在三维图形的旋转中心处创建轴线。

1. 几何图形的轴线

此方法是通过选取图形窗口中已创建的几何图形对象，再定义轴线的放置参数从而创建用户需要的几何轴线。下面就以图 6-29 所示的实例对操作进行说明。

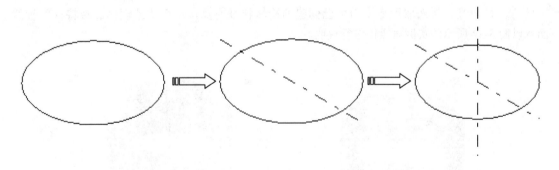

图 6-29 几何图形的轴线

上机操作——创建几何图形的轴线

01 打开素材源文件"6-14.CATPart"。

02 执行菜单栏中的【插入】/【线框】/【轴线】命令，系统弹出【轴线定义】对话框。

03 定义轴线的相关参数。选择图形窗口中的圆形作为图元对象，选择特征目录树中的"zx 平面"作为参考方向；在【轴线类型】下拉列表中选择【与参考方向相同】选项，单击【确定】按钮完成轴线的定义，如图 6-30 所示。

04 执行菜单栏中的【插入】/【线框】/【轴线】命令，系统弹出【轴线定义】对话框。

05 定义轴线的相关参数。选择图形窗口中的圆形作为图元对象，在【轴线类型】下拉列表中直接选取【圆的法线】选项，系统即可显示出预览轴线，单击【确定】按钮完成轴线的创建，如图 6-31 所示。

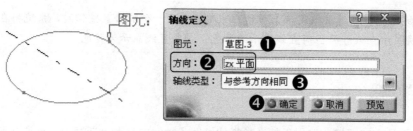

图 6-30　与参考方向相同的轴线

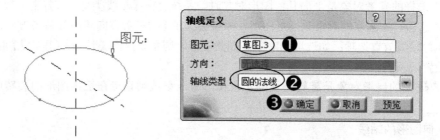

图 6-31　圆法线方向的轴线

2. 旋转特征的轴线

此方法是通过直接选取图形窗口中已创建的旋转特征对象，从而快速创建旋转特征的轴线。下面就以图 6-32 所示的实例对操作进行说明。

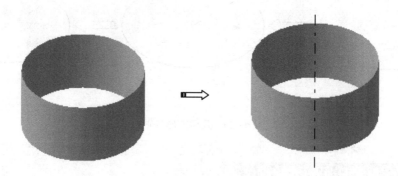

图 6-32　旋转特征的轴线

上机操作——创建旋转特征的轴线

01　打开素材源文件"6-15.CATPart"。

02　执行菜单栏中的【插入】/【线框】/【轴线】命令，系统弹出【轴线定义】对话框。

03　定义轴线的相关参数。直接选取图形窗口中的旋转曲面作为参考对象，单击【确定】按钮完成轴线的创建，如图 6-33 所示。

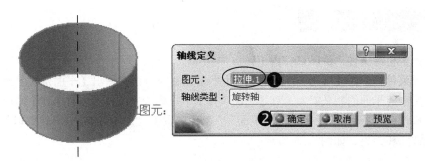

图 6-33　创建旋转特征的轴线

 提示：

【轴线类型】选项的相关说明如下。

● 当定义的参考对象是圆或椭圆图形时选择【圆的法线】或【椭圆的法线】选项，则创建的轴线垂直于几何图形的放置平面；如选择其他选项，则创建的轴线放置在几何图形的放置平面内。

● 当定义的参考对象是旋转特征图形时，系统自动创建出通过旋转特征中心点的轴线。

6.2.5　参考平面

参考平面广泛应用于 CATIA 的各个设计模块之中，它是创建其他实体特征、曲面特征等几何图形的参考元素。创建参考平面的方法共有 11 种，分别是偏置平面、平行通过点、与平面成一定角度或垂直、通过三个点、通过两条直线、通过点和直线、通过平面曲线、曲线的法线、曲面的法线、方程式、平均通过点。另外还有点面复制和面间复制两种快速创建参考平面的方法。下面详细介绍。

1. 偏置平面

此方法是通过指定偏移距离，对已创建的平面进行偏移操作从而创建新的平面。下面就以图 6-34 所示的实例对操作进行说明。

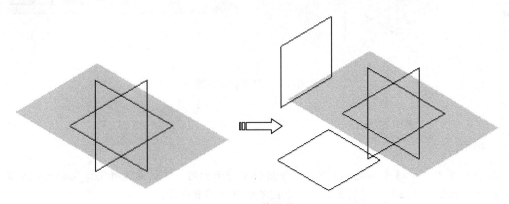

图 6-34　偏置平面

上机操作——创建偏置平面

01 打开素材源文件"6-16.CATPart"。

02 执行菜单栏中的【插入】/【线框】/【平面】命令，系统弹出【平面定义】对话框。

03 定义创建平面的相关参数。在【平面类型】下拉列表中选择【偏置平面】选项，在【参考】选择框中选择目录树中的"zx 平面"，在【偏置】文本框中输入"-85"以指定偏移平面的方向和距离，如图 6-35 所示。

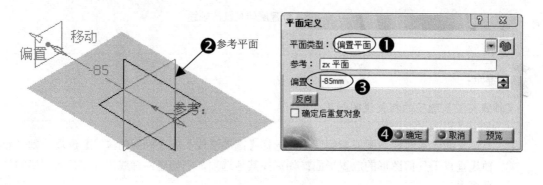

图 6-35　创建偏置平面

04 执行菜单栏中的【插入】/【线框】/【平面】命令，系统弹出【平面定义】对话框。

05 定义创建平面的相关参数。在【平面类型】下拉列表中选择【偏置平面】选项，在【参考】选择框中选择图形窗口中的面特征，在【偏置】文本框中输入"70"以指定偏移平面的方向和距离，如图 6-36 所示。

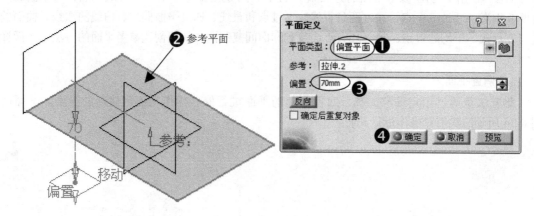

图 6-36　创建偏置平面

 提示:

　　在图 6-36 所示的【平面定义】对话框中选择参考平面时，无论是选择实体表面还是基准平面或曲面，都必须保证是平整的面特征，否则不能创建偏置平面。

2. 平行通过点

此方法是通过指定一个已知平行平面和一个已知点，从而创建新平面。下面就以图 6-37 所示的实例对操作进行说明。

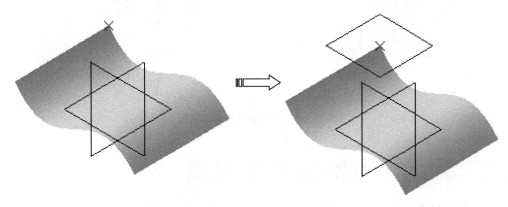

图 6-37　平行通过点的平面

上机操作——创建平行通过点的平面

01　打开素材源文件"6-17.CATPart"。

02　执行菜单栏中的【插入】/【线框】/【平面】命令，系统弹出【平面定义】对话框。

03　定义创建平面的相关参数。在【平面类型】下拉列表中选择【平行通过点】选项，在【参考】选择框中选取目录树中的"xy 平面"作为平行的平面，在图形窗口中选取"点 1"作为通过点，单击【确定】按钮完成参考平面的创建，如图 6-38 所示。

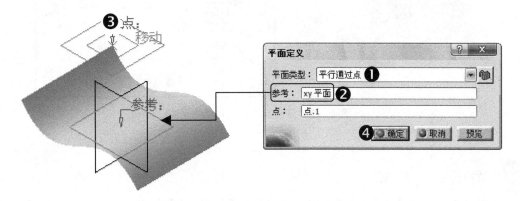

图 6-38　创建平行通过点的平面

3. 与平面成一定角度或垂直

此方法是通过指定已知平面和旋转轴，使平面绕旋转轴转一定角度或转至垂直位置从而创建新平面。下面就以图 6-39 所示的实例对操作进行说明。

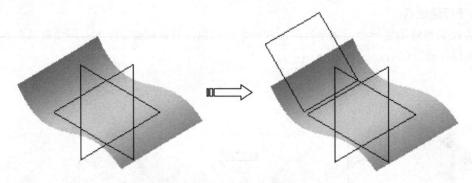

图 6-39　与平面成角度的平面

上机操作——创建与平面成一定角度或垂直的平面

01　打开素材源文件"6-18.CATPart"。

02　执行菜单栏中的【插入】/【线框】/【平面】命令，系统弹出【平面定义】对话框。

03　定义创建平面的相关参数。在【平面类型】下拉列表中选择【与平面成一定角度或垂直】
　　选项，单击【旋转轴】选择框并选取曲面的一条直线边作为旋转中心轴，选取目录树中
　　的"zx 平面"作为参考平面，在【角度】文本框中输入"-45"以指定旋转方向和角度，
　　单击【确定】按钮完成平面的创建，如图 6-40 所示。

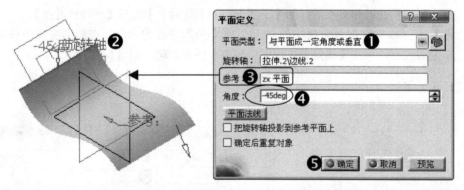

图 6-40　创建与平面成角度的平面

> 提示：
>
> 　在图 6-40 所示的【平面定义】对话框中可单击【平面法线】按钮快速设置创建的平面与参
> 考平面成垂直状态。

4. 通过三个点

此方法是通过指定平面过 3 个不共线的特征点，从而创建一个新平面。下面就以图 6-41 所示
的实例对操作进行说明。

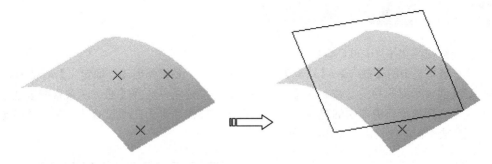

图 6-41 通过 3 个点的平面

上机操作——创建通过 3 个点的平面

01 打开素材源文件 "6-19.CATPart"。

02 执行菜单栏中的【插入】/【线框】/【平面】命令，系统弹出【平面定义】对话框。

03 定义创建平面的相关参数。在【平面类型】下拉列表中选择【通过三个点】选项，依次选取图形窗口中的 3 个点，单击【确定】按钮完成平面的创建，如图 6-42 所示。

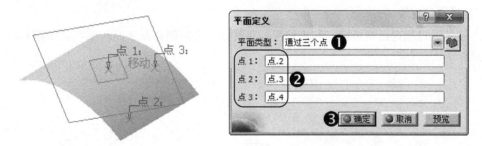

图 6-42 创建通过 3 个点的平面

 提示：

执行菜单栏中的【工具】/【选项】/【基础结构】/【零件基础结构】/【显示】命令，再在 "轴系显示大小" 栏中拖动滑块，可自由调整平面的显示大小。

5. 通过两条直线

此方法是通过指定两条空间直线或特征图形的边线，从而创建新平面。下面就以图 6-43 所示的实例对操作进行说明。

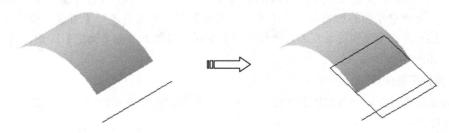

图 6-43 通过两条直线的平面

上机操作——创建通过两条直线的平面

01 打开素材源文件"6-20.CATPart"。

02 执行菜单栏中的【插入】/【线框】/【平面】命令，系统弹出【平面定义】对话框。

03 定义创建平面的相关参数。在【平面类型】下拉列表中选择【通过两条直线】选项，分别选取图形窗口中曲面的直线边和一条空间直线作为平面的通过直线，单击【确定】按钮完成平面的创建，如图 6-44 所示。

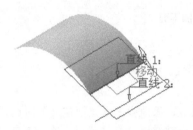
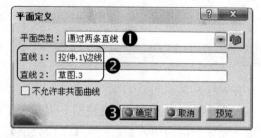

图 6-44 创建通过两条直线的平面

6. 通过点和直线

此方法是通过指定已知特征点和直线段或直线边，从而创建新平面。下面就以图 6-45 所示的实例对操作进行说明。

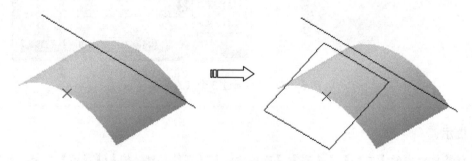

图 6-45 通过点和直线的平面

上机操作——创建通过点和直线的平面

01 打开素材源文件"6-21.CATPart"。

02 执行菜单栏中的【插入】/【线框】/【平面】命令，系统弹出【平面定义】对话框。

03 定义创建平面的相关参数。在【平面类型】下拉列表中选择【通过点和直线】选项，在图形窗口中分别选取点和直线作为平面的通过对象，单击【确定】按钮完成平面的创建，如图 6-46 所示。

7. 通过平面曲线

此方法是通过指定一条放置在平面内的曲线，从而创建新平面。下面就以图 6-47 所示的实例对操作进行说明。

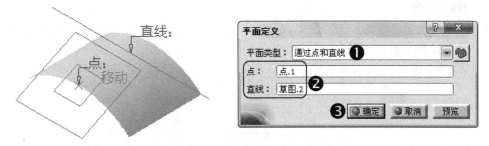

图 6-46　创建通过点和直线的平面

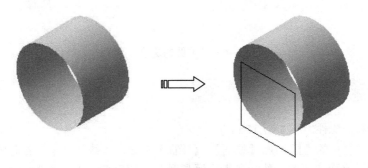

图 6-47　通过平面曲线的平面

上机操作——创建通过平面曲线的平面

01　打开素材源文件"6-22.CATPart"。

02　执行菜单栏中的【插入】/【线框】/【平面】命令，系统弹出【平面定义】对话框。

03　定义创建平面的相关参数。在【平面类型】下拉列表中选择【通过平面曲线】选项，在图形窗口中选取曲面的一条圆形边线作为通过对象，单击【确定】按钮完成平面的创建，如图 6-48 所示。

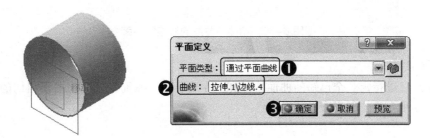

图 6-48　创建通过平面曲线的平面

提示：

　　在图 6-48 所示的【平面定义】对话框中，定义通过的平面曲线时应注意选取的曲线必须是非"直线型"的曲线，否则不能确定新平面的放置位置。

8. 曲线的法线

此方法是通过指定曲线上一个已知特征点，再在该点处创建一个与曲线成垂直状态的新平面。下面就以图 6-49 所示的实例对操作进行说明。

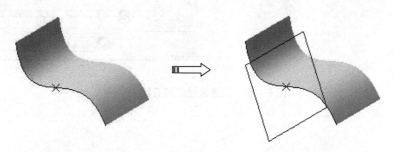

图 6-49 "曲线的法线"平面

上机操作——创建"曲线的法线"平面

01 打开素材源文件"6-23.CATPart"。

02 执行菜单栏中的【插入】/【线框】/【平面】命令，系统弹出【平面定义】对话框。

03 定义创建平面的相关参数。在【平面类型】下拉列表中选择【曲线的法线】选项，在图形窗口中选取曲面的一条曲线边线，再选取曲线上的一个点作为新平面的通过点，单击【确定】按钮完成平面的创建，如图 6-50 所示。

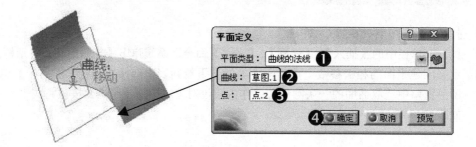

图 6-50 创建"曲线的法线"平面

9. 曲面的切线

此方法是通过指定一个已知的曲面特征和一个特征点，从而创建出与曲面相切的新平面。下面就以图 6-51 所示的实例对操作进行说明。

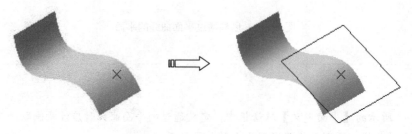

图 6-51 "曲面的切线"平面

01 打开素材源文件"6-24.CATPart"。

02 执行菜单栏中的【插入】/【线框】/【平面】命令，系统弹出【平面定义】对话框。

03 定义创建平面的相关参数。在【平面类型】下拉列表中选择【曲面的切线】选项，在图形窗口中分别选取曲面特征和其上面的一个特征点作为定义对象，单击【确定】按钮完成平面的创建，如图 6-52 所示。

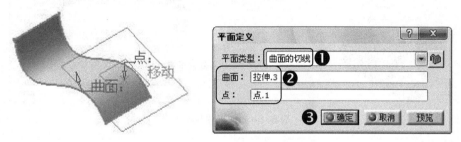

图 6-52 创建"曲面的切线"平面

10. 平均通过点

此方法主要是通过指定 3 个或多个特征点从而创建新平面，其创建过程与【通过三个点】的平面创建方法类同，不同的是此种方法所选取的点均匀地分布在创建的平面的两侧。因创建方法和过程相对简单，此处不做详细的操作演示。

6.2.6 投影曲线

投影是通过指定投影方向、投影的线段、投影的支持曲面，从而将空间中已知的点、线向一个曲面上进行投影附着的操作。下面就以图 6-53 所示的实例对操作进行说明。

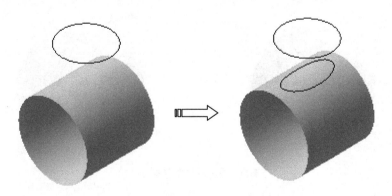

图 6-53 投影曲线

01 打开素材源文件"6-25.CATPart"。

02 执行菜单栏中的【插入】/【线框】/【投影】命令，系统弹出【投影定义】对话框。

03 定义投影曲线的相关参数。在【投影类型】下拉列表中选择【法线】选项，在图形窗口中选取曲面上方的圆形作为投影对象，选取圆柱曲面作为投影支持面，单击【确定】按钮完成投影曲线的创建，如图 6-54 所示。

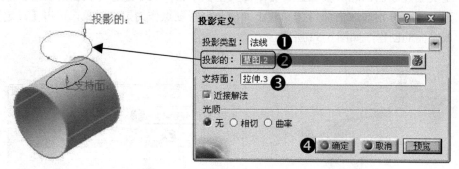

图 6-54　创建投影曲线

【投影定义】对话框中的部分选项说明如下。

- 投影类型—【法线】：当选取此投影类型时，系统将沿着与支持曲面垂直的方向进行投影操作。
- 投影类型—【沿某一方向】：当选取此投影类型时，系统将沿着用户指定的线性方向进行投影操作。
- 近接解法：选中此选项，则系统保留离投影源对象最近的投影曲线，否则将保留所有的投影结果，如图 6-55 所示。
- 【光顺】栏：主要用于对投影的曲线进行光顺的处理操作。如在投影后失去源对象曲线的连续性时，可选中【相切】或【曲率】选项进行调整。

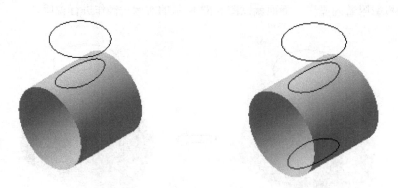

图 6-55　近接解法举例

6.2.7　混合曲线

混合曲线是通过指定空间中的两条曲线进行假想拉伸操作，再创建出其拉伸面的交线。下面就以图 6-56 所示的实例对操作进行说明。

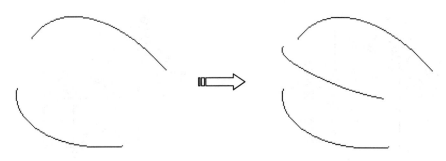

图 6-56　混合曲线

01　打开素材源文件"6-26.CATPart"。

02　执行菜单栏中的【插入】/【线框】/【混合】命令，系统弹出【混合定义】对话框。

03　定义混合曲线的相关参数。在【混合类型】下拉列表中选择【法线】选项，在图形窗口中分别选取两条需要定义的曲线，单击【确定】按钮完成混合曲线的创建，如图 6-57 所示。

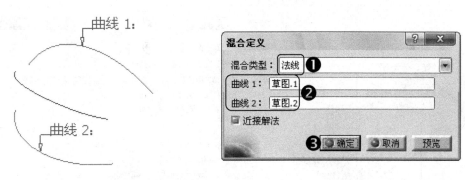

图 6-57　创建混合曲线

提示：

　　在 CATIA 软件中混合曲线的内容、意义及创建方法与 Pro/E 软件中的"二次投影"曲线、UG 软件中的"组合投影"曲线基本相同，都是利用已知的在两个平面内的曲线特征创建出三维空间的曲线。

6.2.8　相交曲线

　　此方法是通过指定两个或多个相交的图形对象，从而创建出相交的曲线或点特征。下面就以图 6-58 所示的实例对操作进行说明。

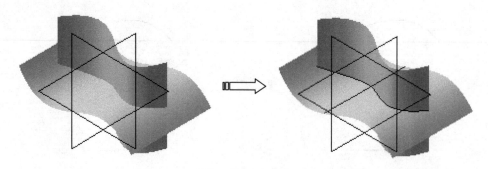

图 6-58　相交曲线

上机操作——创建相交曲线

01　打开素材源文件"6-27.CATPart"。

02　执行菜单栏中的【插入】/【线框】/【相交】命令，系统弹出【相交定义】对话框。

03　定义相交曲线的相关参数。单击【第一图元】选择框并选取图形窗口中的一个曲面特征，
单击【第二图元】选择框并选取图形窗口中的另一个曲面特征，单击【确定】按钮完成
相交曲线的创建，如图 6-59 所示。

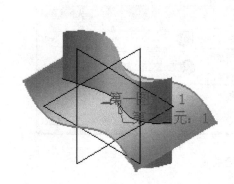
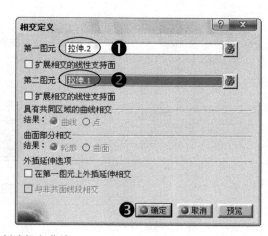

图 6-59　创建相交曲线

04　执行菜单栏中的【插入】/【线框】/【相交】命令，系统弹出【相交定义】对话框。

05　定义相交曲线的相关参数。单击【第一图元】选择框并选取图形窗口中的"拉伸 1"曲面
特征，单击【第二图元】文本框并选取图形窗口中的"zx 平面"，单击【确定】按钮完成
相交曲线的创建，如图 6-60 所示。

图 6-60 所示的【相交定义】对话框中的部分选项说明如下。

- 扩展相交的线性支持面：选中此选项可将第一或第二图元延伸，从而得到相交的点或线。

- 具有共同区域的曲线相交：此栏主要用于对具有重合段的两图元相交时所产生的结果进行
处理。包括【曲线】和【点】两个选项，选中【曲线】选项时，系统将相交的曲线作为相
交结果；选中【点】选项时，系统将相交的点作为相交结果。

- 曲面部分相交：此栏主要用于对曲面和几何实体相交时所产生的结果进行处理。包括【轮

廓】和【曲面】两个选项,选中【轮廓】选项时,系统将相交的轮廓线作为相交结果;选中【曲面】选项时,系统将相交的曲面作为相交结果。

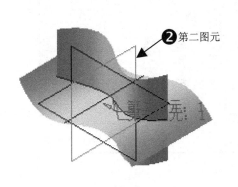

图 6-60　创建相交曲线

- 外插延伸选项:此栏主要用于对相交的图元进行延伸控制。当选中【在第一图元上外插延伸相交】选项时,系统将把第二图元延伸至第一图元使其相交;当选中【与非共面线段相交】选项时,系统将对非共面的两条不相交的线段进行相交操作。

6.2.9　平行曲线

此方法是通过指定空间中的曲线、支持面和点,对曲线进行平移缩放从而创建与源对象成平行状态的新曲线。下面就以图 6-61 所示的实例对操作进行说明。

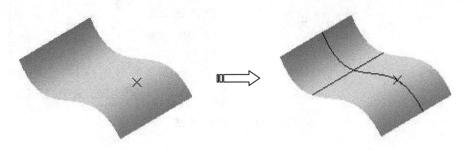

图 6-61　平行曲线

上机操作——创建平行曲线

01　打开素材源文件"6-28.CATPart"。

02　执行菜单栏中的【插入】/【线框】/【平行曲线】命令,系统弹出【平行曲线定义】对话框。

03　定义平行曲线的相关参数。单击【曲线】选择框并选择曲面的一条边线作为定义对象,单击【支持面】选择框并选取曲面作为曲线的支持面,单击【点】选择框并选取曲面上的点特征为平行曲线的通过点,使用系统默认的平行模式和平行圆角类型选项,单击【确定】按钮完成平行曲线的创建,如图 6-62 所示。

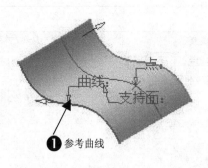

图 6-62　创建平行曲线

04 执行菜单栏中的【插入】/【线框】/【平行】命令，系统弹出【平行曲线定义】对话框。

05 定义平行曲线的相关参数。单击【曲线】选择框并选择曲面的一条直线边作为定义对象，单击【支持面】选择框并选取曲面作为曲线的支持面，在【常量】文本框中输入"50"以指定平行直线的偏移距离，使用系统默认的平行模式和平行圆角类型，单击【确定】按钮完成平行曲线的创建，如图 6-63 所示。

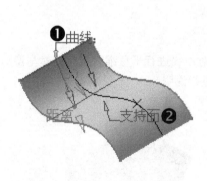
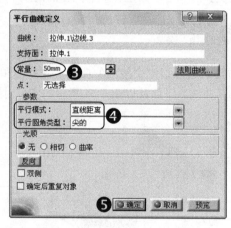

图 6-63　创建平行曲线

提示：

指定平行曲线放置位置的技巧如下。

- 在图 6-63 所示的【平行曲线定义】对话框中，如果在【常量】文本框中输入数字，则系统采用指定实际距离的方法来放置偏移的曲线；如果在【点】选择框中选取了一个特征点，则偏移的曲线将通过此点以确定放置位置。

- 当选取【直线距离】的平行模式时，系统采用偏移曲线和源对象曲线间的最短距离来确定偏移曲线的位置；当选取【测地距离】的平行模式时，系统采用偏移曲线与源对象曲线之间沿着曲线测量的距离来确定偏移曲线的位置。

- 选中【双侧】选项时，系统将向源对象曲线的两侧偏移曲线。

6.2.10　偏置 3D 曲线

【偏置 3D 曲线】命令可以对已知曲线进行 3D 空间偏移的操作，它通过指定源对象曲线、偏移方向、偏移距离等参数，从而创建新的空间曲线。下面就以图 6-64 所示的实例对操作进行说明。

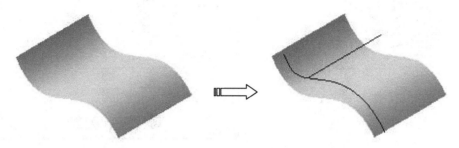

图 6-64　偏置 3D 曲线

上机操作——创建偏置 3D 曲线

01　打开素材源文件"6-29.CATPart"。

02　执行菜单栏中的【插入】/【线框】/【偏置 3D 曲线】命令，系统弹出【3D 曲线偏置定义】对话框。

03　定义偏置 3D 曲线的相关参数。单击【曲线】选择框并选取曲面的一条边线作为源对象曲线，右击【拔模方向】文本框并在弹出的快捷菜单中选择【X 部件】选项以指定偏移方向，在【偏置】文本框中输入"20"以指定偏移距离，单击【确定】按钮完成偏置 3D 曲线的创建，如图 6-65 所示。

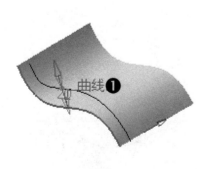
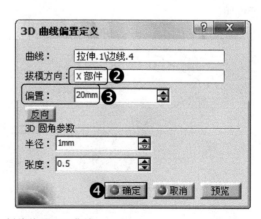

图 6-65　创建偏置 3D 曲线

04　执行菜单栏中的【插入】/【线框】/【偏置 3D 曲线】命令，系统弹出【3D 曲线偏置定义】对话框。

05　定义偏置 3D 曲线的相关参数。单击【曲线】选择框并选取曲面的一条直线边作为源对象

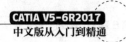

曲线，右击【拔模方向】选择框并在弹出的快捷菜单中选择【Z 部件】选项以指定偏移方
向，在【偏置】文本框中输入"50"以指定偏移距离，单击【确定】按钮完成偏置 3D 曲
线的创建，如图 6-66 所示。

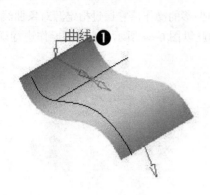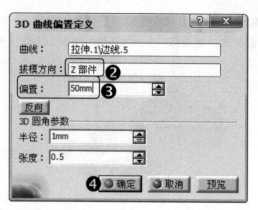

图 6-66　创建偏置 3D 曲线

6.2.11　空间圆弧类曲线

空间圆弧类曲线主要是指三维空间中的圆和圆弧段图形，与它们相关的有圆、圆角、连接曲
线及二次曲线等 4 个命令。各个命令的功能介绍如下。

1. 圆

【线框】工具栏中的【圆】命令为用户提供了多种创建圆形图形的途径，主要有【中心和半径】
【中心和点】【两点和半径】【三点】【中心和轴线】【双切线和半径】【双切线和点】【三切线】【中心
和切线】等 9 种定义方式。

其中以【中心和半径】方式应用得最为普遍，操作最为快捷，下面就以图 6-67 所示的实例对
操作进行说明。

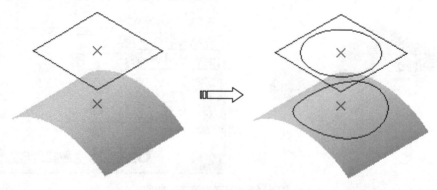

图 6-67　空间圆的创建

上机操作——创建圆

01　打开素材源文件"6-30.CATPart"。

02 执行菜单栏中的【插入】/【线框】/【圆】命令，系统弹出【圆定义】对话框。

03 定义创建圆的相关参数。在【圆类型】下拉列表中选择【中心和半径】选项，选取图形中上方的点特征作为圆心，单击选取图形窗口中的曲面作为圆的支持面，在【半径】文本框中输入数字"25"以指定圆的半径大小，单击【确定】按钮完成圆的创建，如图 6-68 所示。

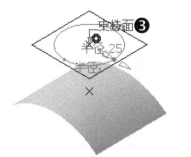

图 6-68　使用中心和半径创建圆

04 执行菜单栏中的【插入】/【线框】/【圆】命令，系统弹出【圆定义】对话框。

05 定义创建圆的相关参数。在【圆类型】下拉列表中选择【中心和半径】选项，选取曲面上的点特征作为圆心，再单击选取图形窗口中的曲面为圆的支持面，在【半径】文本框中输入数字"30"以指定圆的半径大小，选中对话框中的【支持面上的几何图形】选项，单击【确定】按钮完成圆的创建，如图 6-69 所示。

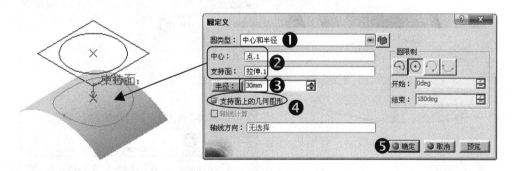

图 6-69　投影法创建圆

图 6-69 所示的【圆定义】对话框中的部分选项说明如下。

- 圆类型：主要用于选择定义圆形的方式。
- 中心：主要用于定义圆心点。
- 支持面：主要用于定义放置圆形的位置，可以选择平面或曲面特征。
- 半径：主要用于输入半径值，以定义圆形的大小。
- 支持面上的几何图形：选中此项，则将创建的圆投影到支持面上。
- 轴线计算：选中此项，系统将在创建圆的同时创建圆的轴线。
- 【圆限制】栏：主要用于定义圆的限制类型与圆弧的起始点位置。按下各图标按钮则创建相应形状的图形，如选择创建圆弧还可设置起始角度。

2. 圆角

使用【线框】工具栏中的【圆角】命令可快速对空间中的两条曲线进行创建圆角的操作。下面就以图 6-70 所示的实例对操作进行说明。

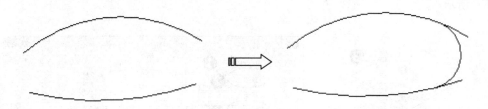

图 6-70　3D 圆角的创建

上机操作——创建圆角

01　打开素材源文件"6-31.CATPart"。

02　执行菜单栏中的【插入】/【线框】/【圆角】命令，系统弹出【圆角定义】对话框。

03　定义圆角的相关参数。在【圆角类型】下拉列表中选择【3D 圆角】选项，分别选取图形窗口中的两条曲线作为创建圆角的对象，在【半径】文本框中输入"15"以指定圆角的半径值，单击【确定】按钮完成创建曲线的圆角操作，如图 6-71 所示。

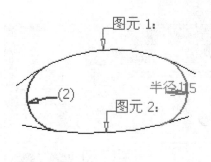
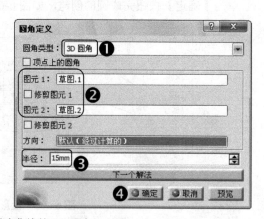

图 6-71　创建曲线的 3D 圆角

【圆角定义】对话框中的部分选项说明如下。

● 圆角类型：主要用于定义圆角的类型，包括【支持面上的圆角】和【3D 圆角】两项。

● 顶点上的圆角：选中此项，系统将在顶点处创建圆角曲线。

● 修剪图元 1 和修剪图元 2：选中此两项，系统将修剪创建圆角的两个图形对象。

● 半径：主要用于设置圆角曲线的半径大小。

3. 连接曲线

连接曲线是用一条空间曲线将两条曲线以一种连续形式进行连接的操作。下面就以图 6-72 所示的实例对操作进行说明。

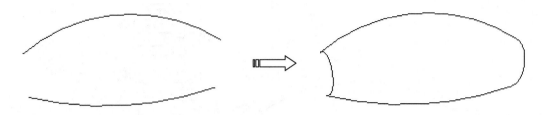

图 6-72　连接曲线的创建

上机操作——创建连接曲线

01　打开素材源文件"6-32.CATPart"。

02　执行菜单栏中的【插入】/【线框】/【连接曲线】命令，系统弹出【连接曲线定义】对话框。

03　定义连接曲线的相关参数。在【连接类型】下拉列表中选择【法线】选项，在【第一曲线】区域栏中选择草图 1\ 顶点 1 和草图 1 作为定义对象；在【连续】下拉列表中选择【相切】选项作为连接曲线的连续方式并设置张度为 1，在【第二曲线】区域栏中选择草图 2\ 顶点 2 和草图 2 作为定义对象；在【连续】下拉列表中选择【相切】选项作为连接曲线的连续方式并设置张度为 1，单击【确定】按钮完成连接曲线的创建，如图 6-73 所示。

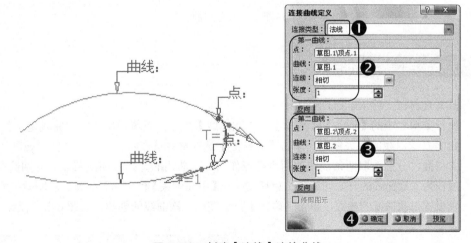

图 6-73　创建【法线】连接曲线

04　执行菜单栏中的【插入】/【线框】/【连接曲线】命令，系统弹出【连接曲线定义】对话框。

05　定义连接曲线的相关参数。在【连接类型】下拉列表中选择【基曲线】选项，单击【基曲线】选择框并选取步骤 03 中创建的连接曲线作为基曲线；在【第一曲线】栏中选取草图 1 中的端点和曲线作为定义对象；在【第二曲线】栏中选取草图 2 中的端点和曲线作为定义对象；单击【确定】按钮完成连接曲线的创建，如图 6-74 所示。

4．二次曲线

二次曲线是通过指定空间中的两点，从而创建一个相切于两曲线的曲线特征。下面就以图 6-75 所示的实例对操作进行说明。

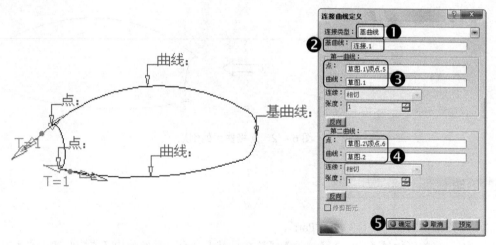

图 6-74　创建"基曲线"连接曲线

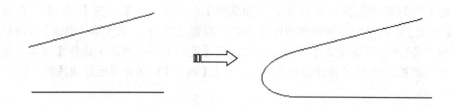

图 6-75　二次曲线的创建

上机操作——创建二次曲线

01　打开素材源文件"6-33.CATPart"。

02　执行菜单栏中的【插入】/【线框】/【二次曲线】命令，系统弹出【二次曲线定义】对话框。

03　定义二次曲线的相关参数。单击【支持面】选择框并选取特征目录树中的"yz平面"作为支持面，分别选取两条曲线的两个端点作为二次曲线的开始点和结束点，分别选取两条曲线作为二次曲线的开始切线和结束切线；在【中间约束】栏中的【参数】文本框中输入"0.2"以设置二次曲线的参数，单击【确定】按钮完成二次曲线的创建，如图 6-76 所示。

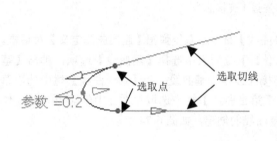

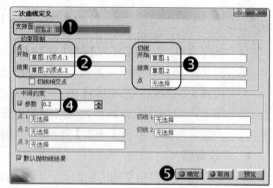

图 6-76　创建二次曲线

图 6-76 所示的【二次曲线定义】对话框中的部分选项说明如下。

- 【约束限制】栏：主要用于定义二次曲线与已知曲线的几何约束关系。主要包括【点】栏和【切线】栏两大部分，【点】栏用于设置二次曲线的开始点和结束点，【切线】栏用于设置二次曲线的开始切线和结束切线。
- 【中间约束】栏：主要用于定义连接的第一条曲线。选中其中的【参数】选项，则可在后面的文本框中通过输入数字来定义二次曲线的参数。当参数值小于 0.5 时，二次曲线形状为椭圆；当参数值等于 0.5 时，二次曲线为抛物线；当参数值大于 0.5 而小于 1 时，二次曲线为双曲线。
- 默认抛物线结果：选中此项，二次曲线为抛物线。

6.2.12 空间样条曲线

【样条曲线】命令是通过指定空间中的一系列特征点并选择合适的方向建立的一条光顺曲线。下面以图 6-77 所示的实例对操作进行说明。

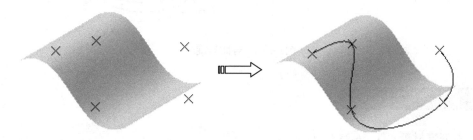

图 6-77　空间样条曲线

上机操作——创建空间样条曲线

01　打开素材源文件"6-34.CATPart"。

02　执行菜单栏中的【插入】/【线框】/【样条曲线】命令，系统弹出【样条线定义】对话框。

03　定义样条曲线的相关参数。依次单击图形窗口中的 5 个特征点作为样条曲线的通过点，单击【确定】按钮完成样条曲线的创建，如图 6-78 所示。

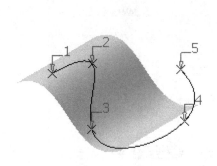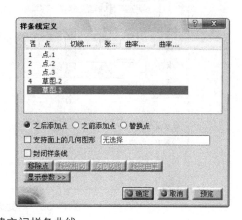

图 6-78　创建空间样条曲线

【样条线定义】对话框中的部分选项说明如下。

- 支持面上的几何图形：选中此项，系统将把样条曲线投影到支持面上。
- 封闭样条线：选中此项，系统将对样条曲线进行封闭操作。

6.2.13 螺旋线

【螺旋线】命令是通过指定起点、旋转轴线、螺距和高度等参数，从而在空间中创建一条等距或变距的螺旋线。下面以图 6-79 所示的实例对操作进行说明。

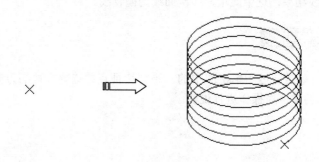

图 6-79　等距螺旋线

上机操作——创建螺旋线

- 01　打开素材源文件"6-35.CATPart"。
- 02　执行菜单栏中的【插入】/【线框】/【螺旋线】命令，系统弹出【螺旋曲线定义】对话框。
- 03　定义螺旋线的相关参数。选取图形窗口中的点 1 作为螺旋线的起点，在【轴】选择框中单击鼠标右键并在快捷菜单中选取【Z 轴】作为螺旋线的轴线；在【螺距】文本框中输入数字"10"以指定螺旋线的螺距，在【高度】文本框中输入数字"80"以指定螺旋线的总高度；单击【确定】按钮完成螺旋线的创建，如图 6-80 所示。

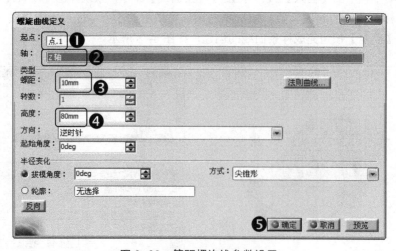

图 6-80　等距螺旋线参数设置

操作技巧：

选择旋转轴时，可选取图形窗口中已创建的线性图元作为旋转轴线；也可在【轴】选择框处右击，在弹出的快捷菜单中选取或创建旋转轴线。

【螺旋曲线定义】对话框中的部分选项说明如下。

● 方向：用于设置螺旋线的旋转方向，主要包括【逆时针】和【顺时针】两种。

● 拔模角度：用于设置螺旋线的倾斜角度。在【螺旋曲线定义】对话框中将拔模角度设置为 15°，系统将改变螺旋线的倾斜形状，如图 6-81 所示。

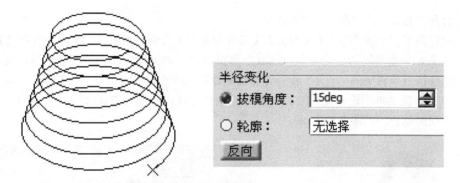

图 6-81　锥形螺旋线

● 方式：用于设置螺旋线的倾斜方向。主要包括【尖锥形】和【倒锥形】。

● 轮廓：用于设置用户定义的形状来创建螺旋线。选中此项，则需要再选取图形窗口中的一条曲线以指定螺旋线的外形，如图 6-82 所示。

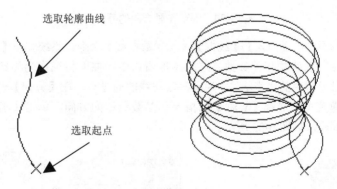

图 6-82　自定义螺旋线外形

6.2.14　等参数曲线

等参数曲线是通过指定曲面上的一个特征点，再创建通过此点并与曲面曲率相等的曲线。下面以图 6-83 所示的实例对操作进行说明。

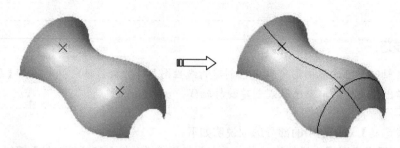

图 6-83 等参数曲线

上机操作——创建等参数曲线

01 打开素材源文件 "6-36.CATPart"。

02 执行菜单栏中的【插入】/【线框】/【等参数曲线】命令，系统弹出【等参数曲线】对话框。

03 定义等参数曲线的相关参数。选取图形窗口中的曲面特征作为等参数曲线的支持面，选取特征目录树中的"点 1"作为等参数曲线的通过点，在【方向】选择框中单击鼠标右键并在快捷菜单中选择【X 轴】以指定等参数曲线的方向，单击【确定】按钮完成等参数曲线的创建，如图 6-84 所示。

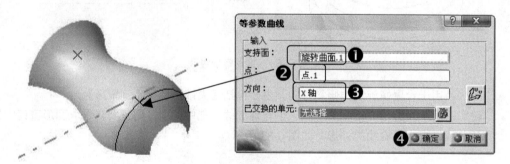

图 6-84 创建 X 轴方向的等参数曲线

04 执行菜单栏中的【插入】/【线框】/【等参数曲线】命令，系统弹出【等参数曲线】对话框。

05 定义等参数曲线的相关参数。选取图形窗口中的曲面特征作为等参数曲线的支持面，选取特征目录树中的"点 2"作为等参数曲线的通过点，在【方向】选择框中单击鼠标右键并在快捷菜单中选择【Y 轴】以指定等参数曲线的方向，单击【确定】按钮完成等参数曲线的创建，如图 6-85 所示。

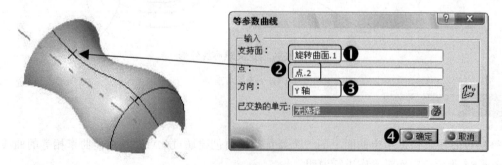

图 6-85 创建 Y 轴方向的等参数曲线

6.3 实战案例

下面通过两个案例来综合练习前面介绍的曲线命令。

6.3.1 案例一：口杯线框设计

前面详细讲解了【点】【直线】【投影】等各种曲线线框命令的使用方法和技巧。本小节将综合运用前面讲解的各种线框命令来绘制图 6-86 所示的口杯三维线框图形。

 操作步骤

01　在菜单栏中执行【开始】/【形状】/【创成式外形设计】命令，系统弹出【新建文件】对话框。

02　在【输入零件名称】文本框中输入"口杯"并默认选中【启用混合设计】选项，单击【确定】按钮完成文件的新建。

03　在菜单栏中执行【插入】/【轴系】命令，系统弹出【轴系定义】对话框。

04　定义轴系参数。在【轴系类型】下拉列表中选择【标准】选项，使用系统默认的轴系参数，单击【确定】按钮完成轴系的创建，如图 6-87 所示。

图 6-86　口杯线框设计　　　　　　　　　　　图 6-87　创建轴系

05　在菜单栏中执行【插入】/【线框】/【圆】命令，系统弹出【圆定义】对话框。在【圆类型】下拉列表中选择【中心和半径】选项，选取轴系的原点作为圆心，选取"xy 平面"作为圆的支持面，在【半径】文本框中输入"25"以指定圆的大小；在【圆限制】栏中单击【圆形】图标，单击【确定】按钮完成圆的创建，如图 6-88 所示。

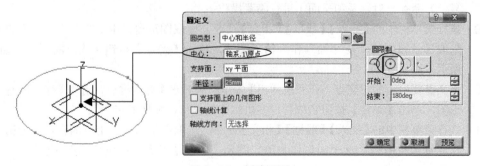

图 6-88　创建圆形

06 在菜单栏中执行【插入】/【线框】/【平面】命令，系统弹出【平面定义】对话框。在【平面类型】下拉列表中选择【偏置平面】，选取特征目录树中的"xy 平面"作为参考平面，设置偏置距离为"50"，单击【确定】按钮完成平面的创建，如图 6-89 所示。

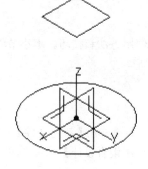
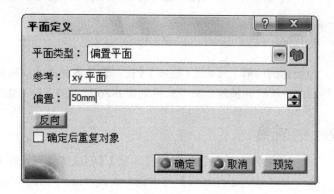

图 6-89　创建偏置平面

07 在菜单栏中执行【插入】/【线框】/【圆】命令，系统弹出【圆定义】对话框。选择【中心和半径】类型选项，选取轴系的原点作为圆心，选取上步中创建的偏置平面作为支持面，在【半径】文本框中输入"35"以指定圆的大小；选中【支持面上的几何图形】选项，单击【确定】按钮完成圆形的创建，如图 6-90 所示。

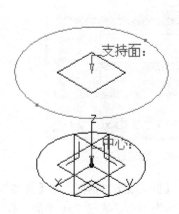
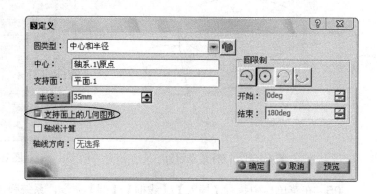

图 6-90　创建圆形

08 在目录树中选中轴系和创建的平面 1，再单击鼠标右键并在弹出的快捷菜单中选择【隐藏 / 显示】命令来对轴系和平面 1 进行隐藏操作。

09 执行菜单栏中的【插入】/【线框】/【相交】命令。选取图形窗口中下方的小圆作为第一图元，选取目录树中的"yz 平面"作为第二图元，单击【确定】按钮完成点的创建，如图 6-91 所示。

10 定义需要保留的相交点。在系统弹出【多重结果管理】对话框后，选中【保留所有子图元】选项，单击【确定】按钮完成管理多重结果的操作，如图 6-92 所示。

11 执行菜单栏中的【插入】/【线框】/【相交】命令。选取图形窗口中上方的圆形作为第一图元，选取目录树中的"yz 平面"作为第二图元，单击【确定】按钮完成点的创建，如图 6-93 所示。

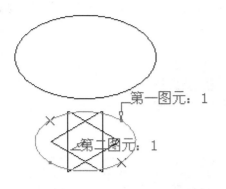
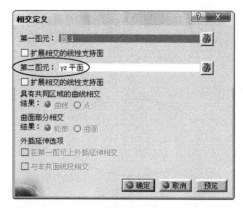

图 6-91　创建相交点

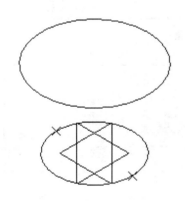
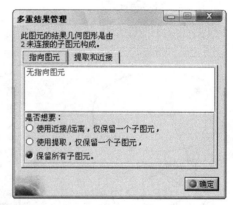

图 6-92　管理多重结果

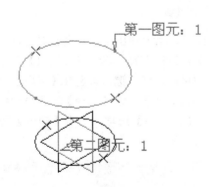
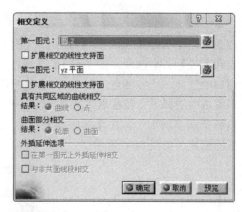

图 6-93　创建相交点

12　定义需要保留的相交点。在系统弹出【多重结果管理】对话框后，选中【保留所有子图元】选项，单击【确定】按钮完成管理多重结果的操作，如图 6-94 所示。

13　在菜单栏中执行【插入】/【线框】/【圆】命令，系统弹出【圆定义】对话框。选择【两点和半径】类型选项，在【点 1】选择框中单击鼠标右键，再在弹出的快捷菜单中选择【提取】命令并在图形窗口中选择一个特征点；在【点 2】选择框中单击鼠标右键，再在弹出的快捷菜单中选择【提取】命令并选择图形窗口中的一个特征；指定 "yz 平面" 作为支持面，在【半径】文本框中输入"145"以指定圆弧的大小；在【圆限制】栏中选择【修剪圆】选项，单击【确定】按钮完成圆弧的创建，如图 6-95 所示。

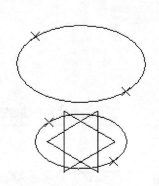
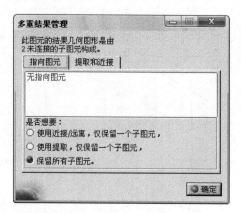

图 6-94　管理多重结果

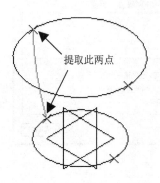

提取此两点

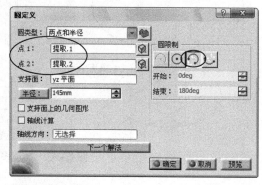

图 6-95　创建空间圆弧

14　在菜单栏中执行【插入】/【线框】/【圆】命令，系统弹出【圆定义】对话框。选择【两点和半径】类型选项，在【点 1】选择框中单击鼠标右键，再选择【提取】命令并在图形窗口中选择一个特征点；在【点 2】选择框中单击鼠标右键，再选择【提取】命令并在图形窗口中选择一个特征点；指定"yz"平面作为支持面，在【半径】文本框中输入"145"以指定圆弧的大小；在【圆限制】栏中选择【补充圆】选项，单击【确定】按钮完成圆弧的创建，如图 6-96 所示。

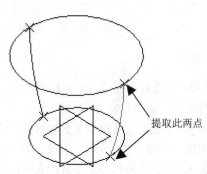

提取此两点

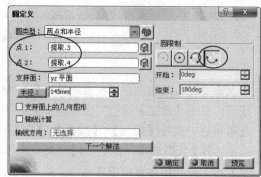

图 6-96　创建空间圆弧

15　执行菜单栏中的【插入】/【线框】/【点】命令，系统弹出【点定义】对话框。在【点类型】下拉列表中选择【曲线上】选项，选取图形窗口中的"圆 4"作为参考曲线，选中【曲线长度比率】选项并在【比率】文本框中输入"0.8"以指定点在曲线上的位置，使用系统默认的参考点和方向，单击【确定】按钮完成点的创建，如图 6-97 所示。

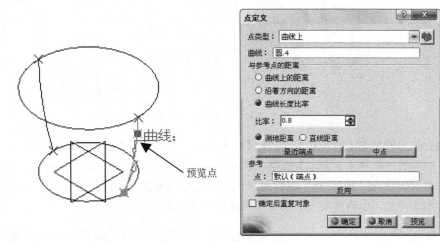

图 6-97　创建曲线上的点

16　执行菜单栏中的【插入】/【线框】/【点】命令，系统弹出【点定义】对话框。在【点类型】下拉列表中选择【曲线上】选项，选取图形窗口中的"圆 4"作为参考曲线，选中【曲线长度比率】选项并在【比率】文本框中输入"0.2"以指定点在曲线上的位置，使用系统默认的参考点和方向，单击【确定】按钮完成点的创建，如图 6-98 所示。

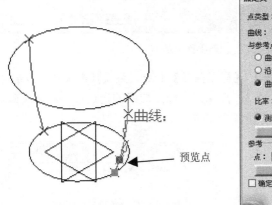
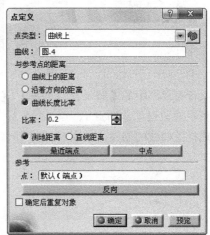

图 6-98　创建曲线上的点

17　执行菜单栏中的【插入】/【线框】/【点】命令，系统弹出【点定义】对话框。在【点类型】下拉列表中选择【平面上】选项，选取"yz 平面"作为点的放置面，分别在【H】和【V】文本框中输入"55""30"以指定点在平面内相对于参考点的位置，使用系统默认的原点作为参考点，单击【确定】按钮完成点的创建，如图 6-99 所示。

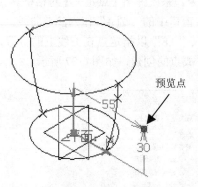

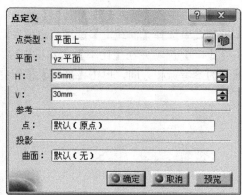

图 6-99　创建平面上的点

18　执行菜单栏中的【插入】/【线框】/【点】命令，系统弹出【点定义】对话框。在【点类型】
下拉列表中选择【平面上】选项，选取"yz 平面"作为点的放置面，分别在【H】和【V】
文本框中输入"50""18"以指定点在平面内相对于参考点的位置，使用系统默认的原点
作为参考点，单击【确定】按钮完成点的创建，如图 6-100 所示。

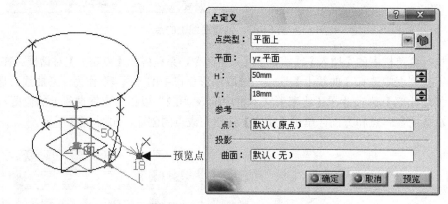

图 6-100　创建平面上的点

19　执行菜单栏中的【插入】/【线框】/【样条曲线】命令，系统弹出【样条线定义】对话框。
依次选取已创建的点 1、点 2、点 3、点 4 作为样条曲线的通过点，单击【确定】按钮完
成样条曲线的创建，如图 6-101 所示。

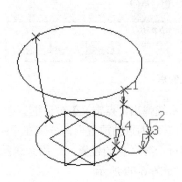

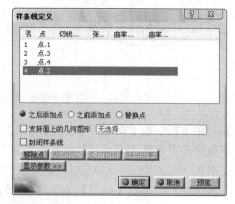

图 6-101　创建样条曲线

20　执行菜单栏中的【文件】/【保存】命令，系统弹出【另存为】对话框。选择文件的保存
　　路径，再在文件名称栏中输入"Cup"以指定文件的保存名称。

6.3.2　案例二：概念吹风机线框设计

本小节将综合运用本章中讲解的各种线框命令来绘制图 6-102 所示的概念吹风机线框图形。

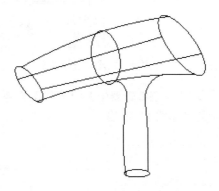

图 6-102　概念吹风机线框设计

操作步骤

01　新建一个零件文件。在菜单栏中执行【开始】/【形状】/【创成式外形设计】命令，系统
　　进入创成式外形设计平台。

02　执行菜单栏中的【插入】/【线框】/【平面】命令，系统弹出【平面定义】对话框。选择
　　【与平面成一定角度或垂直】选项作为平面的创建类型，在【旋转轴】选择框中右击并选
　　择【Y 轴】作为旋转轴，选取"yz 平面"作为参考平面，指定旋转角度为 25°，单击【确
　　定】按钮完成新平面的创建，如图 6-103 所示。

图 6-103　创建参考平面 1

03　执行菜单栏中的【插入】/【线框】/【平面】命令，系统弹出【平面定义】对话框。选择【偏
　　置平面】选项作为平面的创建类型，选取"平面 1"作为参考平面，设置偏置距离为"200"
　　并指定偏置方向为参考平面右侧，如图 6-104 所示。

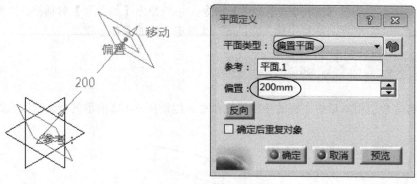

图 6-104　创建参考平面 2

04　执行菜单栏中的【插入】/【草图编辑器中】/【草图】命令，选取"zx 平面"作为草图平面并绘制图 6-105 所示的"草图 1"曲线。

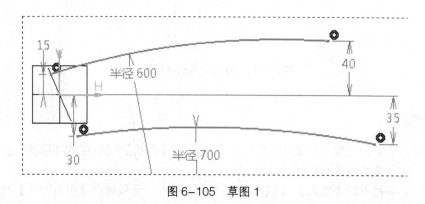

图 6-105　草图 1

05　执行菜单栏中的【插入】/【草图编辑器中】/【草图】命令，选取"平面 1"作为草图平面并绘制图 6-106 所示的"草图 2"圆形。

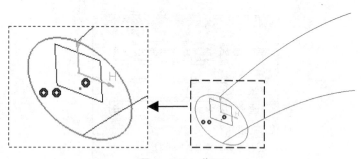

图 6-106　草图 2

06　执行菜单栏中的【插入】/【草图编辑器中】/【草图】命令，选取"平面 2"作为草图平面并绘制图 6-107 所示的"草图 3"圆形。

07　执行菜单栏中的【插入】/【线框】/【点】命令，选择【曲线上】选项作为点的创建类型，选择"草图 3"作为参考曲线，选中【曲线长度比率】选项并指定比率为"0.25"，指定草图 1 曲线上的端点作为参考点，单击【确定】按钮完成点的创建，如图 6-108 所示。

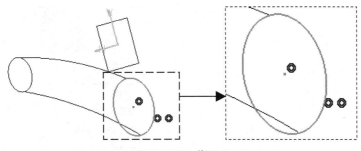

图 6-107 草图 3

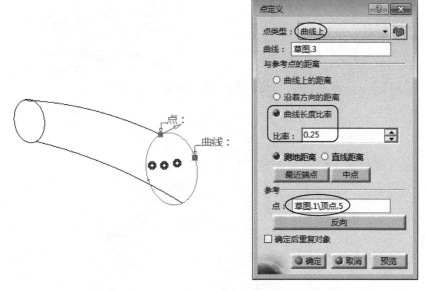

图 6-108 创建参考点

08 重复上一步并使用相同的设置参数，分别在两个圆形上创建参考点，结果如图 6-109 所示。

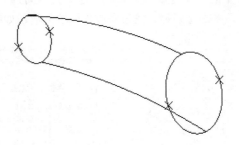

图 6-109 创建参考点

09 执行菜单栏中的【插入】/【线框】/【直线】命令，选取"点 2"和"点 3"作为直线的起点和终点，使用系统默认的其他相关设置，单击【确定】按钮完成直线的创建，如图 6-110 所示。

10 执行菜单栏中的【插入】/【线框】/【直线】命令，选取"点 1"和"点 4"作为直线的起点和终点，创建图 6-111 所示的直线。

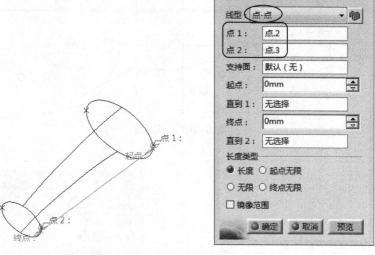

图 6-110　创建直线 1

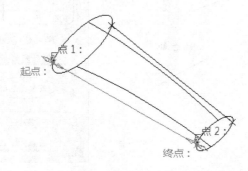

图 6-111　创建直线 2

11　执行菜单栏中的【插入】/【线框】/【平面】命令，选择【偏置平面】选项作为平面的创建类型，选取"yz 平面"作为参考平面，指定偏置方向为"yz 平面"的右侧方向并指定偏置距离为"110"，单击【确定】按钮完成平面的创建，如图 6-112 所示。

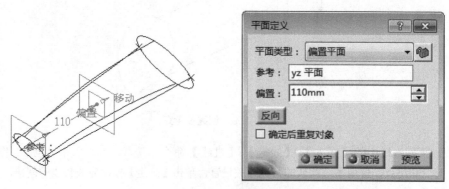

图 6-112　创建参考平面 3

12　执行菜单栏中的【插入】/【线框】/【相交】命令，分别指定"平面 3"和"草图 1"作为第一图元和第二图元，创建相交点。

13　执行菜单栏中的【插入】/【线框】/【相交】命令，分别指定"平面 3"和"直线 1"作为第一图元和第二图元，创建相交点。

14　执行菜单栏中的【插入】/【草图编辑器中】/【草图】命令，选取"平面 3"作为草图平面并绘制图 6-113 所示的"草图 4"圆形。

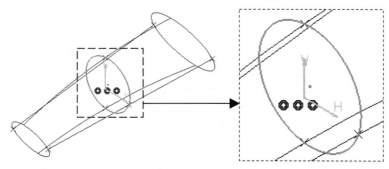

图 6-113　草图 4

15　执行菜单栏中的【插入】/【草图编辑器中】/【草图】命令，选取"zx 平面"作为草图平面并绘制图 6-114 所示的"草图 5"曲线。

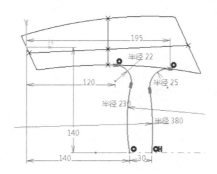

图 6-114　草图 5

16　执行菜单栏中的【插入】/【线框】/【平面】命令，选择【平行通过点】选项作为平面的创建类型，选取"xy 平面"作为参考平面；指定草图 5 上的一个端点作为平面的通过点，单击【确定】按钮完成平面的创建，如图 6-115 所示。

图 6-115　创建参考平面 4

17 执行菜单栏中的【插入】/【草图编辑器中】/【草图】命令，选取"平面4"作为草图平面并绘制图6-116所示的"草图6"圆形。

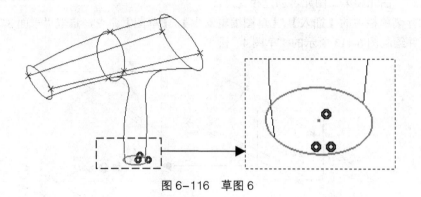

图6-116　草图6

7
Chapter

第 7 章
创成式曲面设计

本章重点介绍【创成式外形设计】模块中的曲面造型工具。【创成式外形设计】模块中的曲面设计工具是具有参数化特点的曲面建模工具，所创建的各种曲面特征都具有参数驱动的特点，能方便地对特征进行各种编辑和修改，且能和零件设计、自由曲面、线框和曲面等模块进行任意的切换，从而实现真正的无缝链接和混合设计。

知识要点

- 创成式曲面简介
- 常规曲面的创建
- 复杂曲面的创建
- 编辑曲线与曲面的方法

7.1 创成式曲面简介

创成式曲面设计（GSD）是在【创成式外形设计】模块中使用其曲面造型工具帮助设计人员创建各种产品的复杂外形结构。

创成式曲面是比较完整的参数化曲面构造工具，除了可以完成所有空间曲线操作外，还具有拉伸、旋转、扫掠、填充等曲面造型功能。

本节介绍 CATIA V5-6R2017【创成式外形设计】模块中的曲面工具及其使用方法。

7.1.1 创成式曲面设计的特点

创成式曲面设计采用基于特征的参数化建模设计思路。它比【线框与曲面】模块，功能更全面和完整，能完成各种复杂的外形曲面设计并提供快捷的编辑和修改工具集。

使用【创成式外形设计】模块创建复杂曲面的过程如下。

（1）创建曲面的曲线轮廓线框结构。

（2）使用线框结构创建曲面。

（3）对创建的曲面进行编辑和修改。

（4）对各个曲面进行合并操作。

7.1.2 工具栏介绍

1. 曲面工具

【创成式外形设计】模块中的曲面工具集如图 7-1 所示。

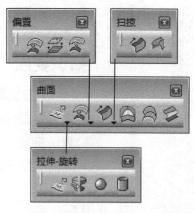

图 7-1 创成式曲面工具集

图 7-1 中所示的各曲面工具命令从左至右依次介绍如下。

- ● （拉伸 - 旋转）：此工具集主要用于常规曲面的创建，包括拉伸、旋转、球面和圆柱面 4 个曲面工具。
- ● （偏置）：此工具集主要用于创建各种偏移曲面，包括偏置、可变偏置、粗略偏置 3 个曲面偏置工具。
- ● （扫掠）：此工具集主要用于创建各种扫掠曲面，包括扫掠和适应性扫掠两个曲面扫掠工具。

- ◎ 　（填充）：此工具主要用于将封闭的曲线线框转换为曲面特征。
- ◎ 　（多截面曲面）：此工具主要用于将多个不同尺寸的轮廓曲线创建成曲面特征。
- ◎ 　（桥接曲面）：此工具主要用于创建连接两个曲面或曲线的曲面特征。

2. 操作工具

针对曲线、曲面的编辑和修改，系统提供了各种对象操作的工具集，如图 7-2 所示。

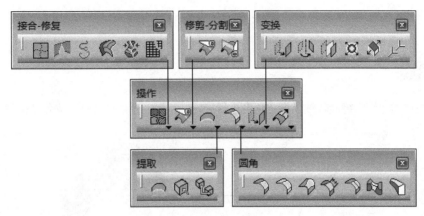

图 7-2　操作工具集

图 7-2 中所示的各操作工具命令从左至右依次介绍如下。

- ◎ 　（接合 - 修复）：此工具集主要用于对曲线和曲面的接合与修复、曲线光顺、曲面简化、取消修剪和拆解操作。
- ◎ 　（修剪 - 分割）：此工具集主要用于对指定的曲线和曲面进行修剪、分割操作。
- ◎ 　（提取）：此工具集主要用于对指定的曲线、边线或曲面进行复制提取等操作。
- ◎ 　（圆角）：此工具集主要用于对指定曲面进行简单圆角、倒圆角、可变圆角、弦圆角、样式圆角、面与面的圆角和三切线内圆角等方式的圆角化处理。
- ◎ 　（变换）：此工具集主要用于对指定图形对象进行平移、旋转、镜像、缩放、仿射和定位变换等操作。
- ◎ 　（外插延伸）：此工具集主要用于对指定曲面进行外插延伸、反向等操作。

7.2　常规曲面

本节介绍在【创成式外形设计】模块中创建常规曲面的方法和技巧。针对造型过程中使用率较高的一般曲面特征，CATIA V5-6R2017 中提供了拉伸、旋转、球面和圆柱面 4 个操作快捷的曲面工具，具体介绍如下。

7.2.1　拉伸面

拉伸曲面与拉伸实体的创建方式基本相同，不同的是拉伸曲面是片体，而拉伸实体是三维实体。操作范例如图 7-3 所示。

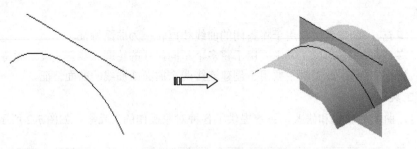

图 7-3　拉伸曲面

7.2.2　旋转

旋转是通过指定轮廓绕旋转轴以指定角度进行旋转，从而创建片体特征。操作范例如图 7-4 所示。

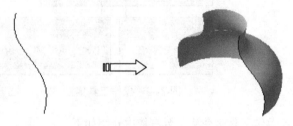

图 7-4　旋转曲面

> **提示：**
>
> 在草图模式中创建旋转轮廓时，如果直接在草图下绘制出轴线，则在创建旋转曲面时系统会自动识别并使用绘制的轴线作为旋转轴。

7.2.3　球面

球面是通过指定空间中一点为球心，从而建立具有一定半径值的球形片体。下面以图 7-5 所示的实例对操作进行说明。

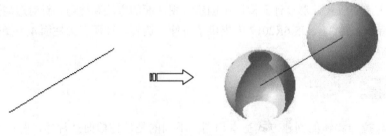

图 7-5　球面

01 打开本例素材源文件"7-1.CATPart"。

02 执行菜单栏中的【插入】/【曲面】/【球面】命令，系统弹出【球面曲面定义】对话框。

03 定义球面的相关参数。选取直线的右端点作为球面的中心点，在【球面半径】文本框中
    输入"23"以指定球面的大小，在【球面限制】栏中单击【完整球面】图标以指定球面
    的创建类型，单击【确定】命令按钮完成球面的创建，如图 7-6 所示。

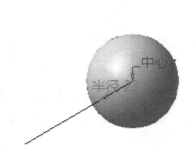

图 7-6 创建球面

04 执行菜单栏中的【插入】/【曲面】/【球面】命令，系统弹出【球面曲面定义】对话框。

05 定义球面的相关参数。选取直线的左端点作为球面的中心点，在【球面半径】文本框中
    输入"23"以指定球面的大小，在【球面限制】栏中单击【角度球面】图标以指定球面
    的创建类型，在【球面限制】栏中设置纬线、经线、角度的文本框中设置曲面参数，单
    击【确定】按钮完成球面的创建，如图 7-7 所示。

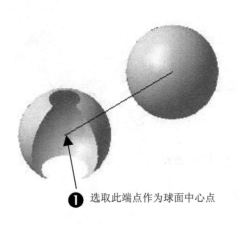

图 7-7 创建球面

7.2.4 圆柱面

圆柱面是通过指定空间中的一点和方向，从而创建圆柱形的片体。操作范例如图 7-8 所示。

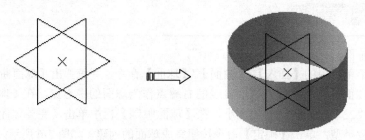

图 7-8 圆柱面

7.3 复杂曲面

本节介绍在【创成式外形设计】模块中创建复杂曲面的方法和技巧。针对产品造型过程中复杂的外形结构，CATIA V5-6R2017 提供了扫掠、填充、多截面曲面、桥接曲面和偏置等曲面造型工具。

7.3.1 扫掠

扫掠是通过指定轮廓图形和引导曲线，从而创建复杂的片体。一般扫掠曲面的创建方式主要有显示扫掠、直线扫掠、圆扫掠和二次曲线扫掠 4 种。

1. 显示扫掠

显示扫掠是通过指定一条轮廓线、一条或多条引导线及脊线，从而创建复杂的片体特征。创建显示扫掠曲面的方式主要有使用参考曲面、使用两条引导曲线和按拔模方向 3 种。下面以图 7-9 所示的实例对操作进行说明。

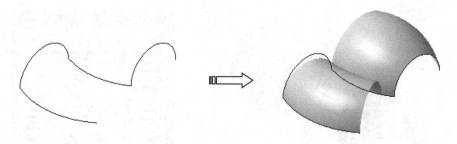

图 7-9 显示扫掠曲面

上机操作——创建显示扫掠曲面

01 打开本例素材源文件 "7-2.CATPart"。

02 执行菜单栏中的【插入】/【曲面】/【扫掠】命令，系统弹出【扫掠曲面定义】对话框。

03 定义扫掠曲面的相关参数。单击【轮廓类型】栏处的【显示扫掠】图标以指定扫掠类型，在【子类型】下拉列表中选择【使用参考曲面】选项，选取 "草图 2" 作为扫掠轮廓，选取"草图 3"作为引导曲线，使用系统默认的参考曲面，单击【确定】按钮完成显示扫掠曲面的创建，如图 7-10 所示。

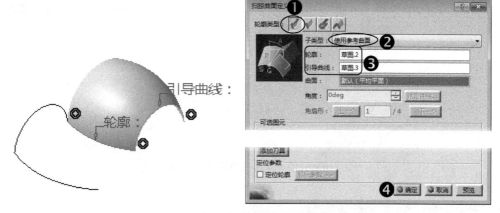

图 7-10　使用参考曲面的显示扫掠曲面

04 执行菜单栏中的【插入】/【曲面】/【扫掠】命令，系统弹出【扫掠曲面定义】对话框。

05 定义扫掠曲面的相关参数。单击【轮廓类型】栏处的【显示扫掠】图标以指定扫掠类型，在【子类型】下拉列表中选择【使用两条引导曲线】选项，选取"圆 1"曲线作为扫掠的轮廓，选取"草图 2"作为引导曲线 1，选取"草图 1"作为引导曲线 2；在【定位类型】下拉列表中选择【两个点】选项，再分别选取两条引导曲线上的两个端点作为定位点，单击【确定】按钮完成显示扫掠曲面的创建，如图 7-11 所示。

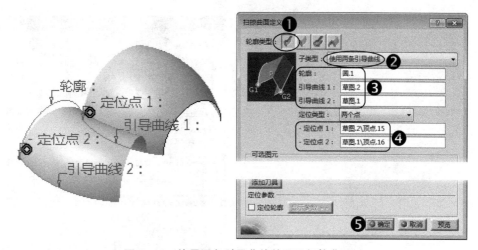

图 7-11　使用两条引导曲线的显示扫掠曲面

提示：

选择【使用参考曲面】子类型时，如选取一个平面作为参考平面，系统将激活【角度】文本框，用户可在此指定一个角度值以旋转轮廓曲线。

2. 直线扫掠

直线扫掠是通过指定引导曲线，系统自动使用直线作为轮廓线，从而创建扫掠的片体。创建直线扫掠曲面的方式主要有两极限、极限和中间、使用参考曲面、使用参考曲线、使用切面、使用拔模方向和使用双切面7种。下面以图7-12所示的两极限直线扫掠曲面实例对操作进行说明。

图7-12　两极限直线扫掠曲面

上机操作——创建直线扫掠曲面

01　打开本例素材源文件"7-3.CATPart"。

02　执行菜单栏中的【插入】/【曲面】/【扫掠】命令，系统弹出【扫掠曲面定义】对话框。

03　定义扫掠曲面的相关参数。单击【轮廓类型】栏处的【直线扫掠】图标以指定扫掠类型，在【子类型】列表中选择【两极限】选项；分别选取图形窗口中的两条曲线作为直线扫掠的引导曲线，分别在【长度1】和【长度2】文本框中设置曲面的边界延伸尺寸为0，单击【确定】按钮完成直线扫掠曲面的创建，如图7-13所示。

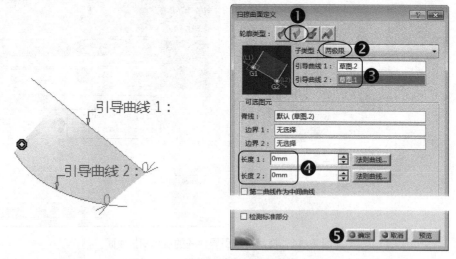

图7-13　创建两极限直线扫掠曲面

3. 圆扫掠

圆扫掠是通过指定引导曲线，系统自动使用圆或圆弧图形作为轮廓，从而创建扫掠片体。创建圆扫掠曲面的方式主要有三条引导线、两个点和半径、中心和两个角度、圆心和半径、两条引导线和切面、一条引导线和切面、限制曲线和切面。下面以图7-14所示的三条引导线圆扫掠曲面实例对操作进行说明。

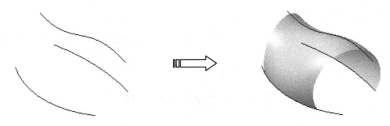

图 7-14　三条引导线圆扫掠曲面

上机操作——创建圆扫掠曲面

01　打开本例素材源文件"7-4.CATPart"。

02　执行菜单栏中的【插入】/【曲面】/【扫掠】命令，系统弹出【扫掠曲面定义】对话框。

03　定义扫掠曲面的相关参数。单击【轮廓类型】栏处的【圆扫掠】图标以指定扫掠类型，在【子类型】下拉列表中选择【三条引导线】选项；依次选取图形窗口中的 3 条曲线作为扫掠的引导曲线，单击【确定】按钮完成圆扫掠曲面的创建，如图 7-15 所示。

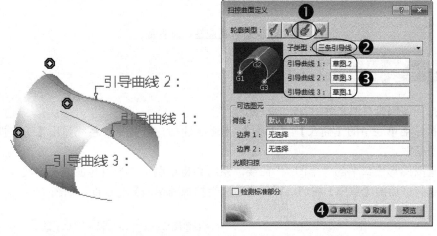

图 7-15　创建三条引导线扫掠曲面

提示：

　　在选取引导曲线时，系统会根据选取的顺序自动创建相应形状的曲面特征。通常情况下，选取的第一条引导曲线和第三条引导曲线将作为曲面的两个边界，第二条引导曲线则作为曲面的通过曲线。

4. 二次曲线扫掠

　　二次曲线扫掠是通过指定引导线及相切线，系统自动使用二次曲线作为扫掠轮廓，从而创建扫掠片体，下面以图 7-16 所示的实例对操作进行说明。

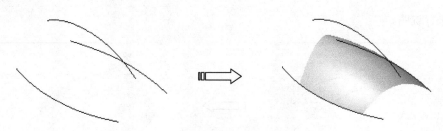

图 7-16　二次曲线扫掠曲面

7.3.2　适应性扫掠面

适应性扫掠是通过变更扫掠截面的相关参数，从而创建可变截面的扫掠片体特征。下面以图 7-17 所示的实例对操作进行说明。

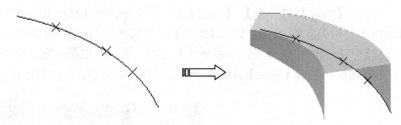

图 7-17　适应性扫掠曲面

01　打开本例素材源文件"7-5.CATPart"。

02　执行菜单栏中的【插入】/【曲面】/【适应性扫掠】命令，系统弹出【适应性扫掠定义】对话框。

03　选取图形窗口中的"草图 1"曲线，系统会将草图 1 作为引导曲线和脊线；单击【草图】选择框后的【草图】按钮，弹出【适应性扫掠的草图】对话框，如图 7-18 所示。

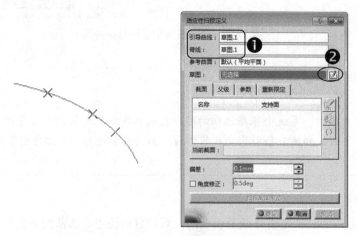

图 7-18　选取引导曲线和脊线

04　激活【点】选择框并选取曲线上的一点作为扫掠的起点，单击【确定】按钮进入草绘模式，以系统坐标点作为起点绘制 3 条直线段，如图 7-19 所示。

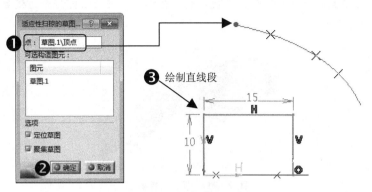

图 7-19　绘制截面形状

05　从起点方向依次选取曲线的 3 个特征点和端点，系统在【截面】选项卡中添加用户截面；激活【参数】选项卡，可对各个截面的尺寸进行编辑和修改，具体设置如图 7-20 所示。

图 7-20　定义截面参数

提示：

通过单击【扫掠截面预览】按钮，可提前查看并检查适应性扫掠曲面的截面形状特点，如图 7-21 所示。

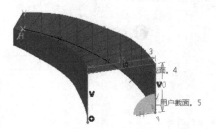

图 7-21　预览扫掠截面

7.3.3　填充

填充是由一组曲线围成封闭区域，从而形成片体。操作范例如图 7-22 所示。

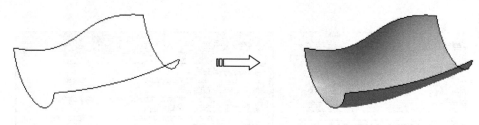

图 7-22　填充曲面

7.3.4　多截面曲面

多截面曲面是通过指定多个截面轮廓曲线，从而创建扫掠片体特征。下面以图 7-23 所示的实例对操作进行说明。

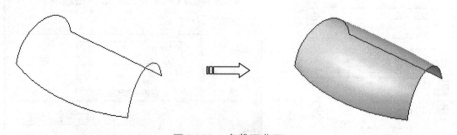

图 7-23　多截面曲面

上机操作——创建多截面曲面

01　打开本例素材源文件"7-6.CATPart"。

02　执行菜单栏中的【插入】/【曲面】/【多截面曲面】命令，系统弹出【多截面曲面定义】
　　对话框。

03　定义多截面曲面的相关参数。选取圆 1 和圆 2 作为曲面的截面轮廓并使其方向一致，单
　　击【引导线】选项卡，再选取草图 1 和草图 2 作为曲面的引导线，单击【确定】命令按
　　钮完成多截面曲面的创建，如图 7-24 所示。

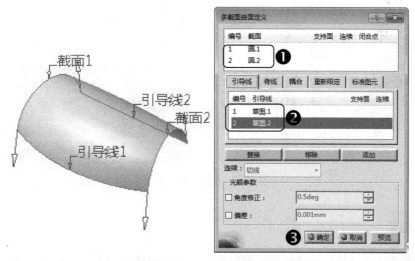

图 7-24　创建多截面曲面

> **提示：**
>
> 　　在创建多截面曲面时，如只选取截面轮廓曲线，系统将自动计算截面的连接边界，从而创
> 建多截面曲面，如图 7-25 所示。在选取截面轮廓线和引导线时，应注意使其方向一致。
>
>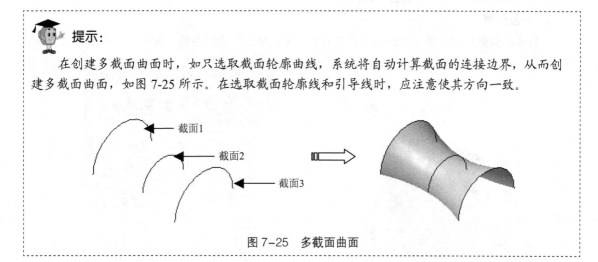
>
> 图 7-25　多截面曲面

7.3.5　桥接曲面

　　桥接曲面是通过指定两个曲面或曲线，从而创建连接两个对象的片体特征。下面以图 7-26 所
示的实例对操作进行说明。

　　01　执行菜单栏中【插入】/【曲面】/【桥接曲面】命令，系统弹出【桥接曲面定义】对话框。

　　02　定义桥接曲面的相关参数。选取一曲面的直线边作为第一曲线并选取此曲面为支持面，
选取另一曲面的直线边为第二曲线并选取此曲面为支持面；在【第一连续】和【第二连续】的下拉
列表中分别选取【相切】选项，单击【确定】按钮完成桥接曲面的创建。

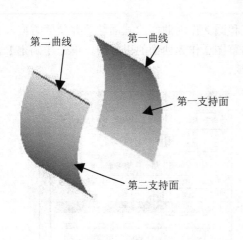

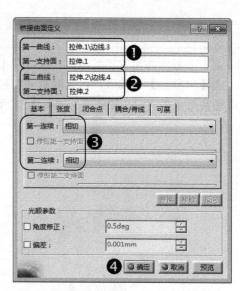

图 7-26　创建桥接曲面

7.3.6　偏置

偏置是通过对已知的曲面特征进行偏移操作，从而创建新的曲面。偏置主要包括一般偏置、可变偏置、粗略偏置 3 种曲面偏置方式。

1.　一般偏置

一般曲面偏置是通过指定曲面的偏置方向和距离，从而创建新曲面。操作范例如图 7-27 所示。

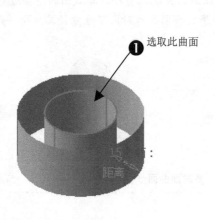

图 7-27　创建一般偏置曲面

- 单击对话框的【反向】按钮，可调整曲面的偏置方向。
- 选中【双侧】选项，可向源对象曲面的两侧进行偏置操作。
- 在【要移除的子图元】选项卡中，可指定从偏置曲面中移除的子图元。

2.　可变偏置

可变偏置是通过指定偏置曲面中的一个或几个图元的可变偏置值，从而创建新的曲面。

执行菜单栏中的【插入】/【曲面】/【可变偏置】命令，系统弹出【可变偏置定义】对话框。

定义可变偏置曲面的相关参数。选取"接合 1"曲面作为基曲面，在【参数】选项卡中单击鼠标右键并选取【提取】命令，提取图 7-28 所示的提取曲面 1 并设置偏置值为"15"，提取图 7-28 所示的提取曲面 2 并设置偏置值为变量，提取图 7-28 所示的提取曲面 3 并设置偏置值为"20"，单击【确定】按钮完成可变偏置曲面的创建，如图 7-28 所示。

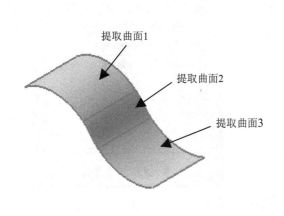

图 7-28　创建可变偏置曲面

- 常量：选择此项后，可在后面的文本框中输入数字以指定偏移距离。
- 变量：选择此项后，偏移距离由其他的连接图元的偏移距离来决定。

7.4　曲面编辑

在曲面造型设计过程中，常需要对已创建的曲线或曲面进行编辑和修改等操作，如接合、修复、修剪、分割、圆角化及变换等。针对此种情况，在 CATIA 的【创成式外形设计】模块中提供了【操作】工具集以满足用户对曲线、曲面的设计编辑要求。

7.4.1　接合

接合命令是通过指定多个独立的曲线或曲面对象，再将其连接成一个独立的曲线或曲面。执行菜单栏中的【插入】/【操作】/【接合】命令，系统弹出【接合定义】对话框。

1．曲线的接合

依次选取图形窗口中两曲面的边线作为接合对象，选中【检查连接性】选项，单击【确定】按钮完成曲线的接合，如图 7-29 所示。

2．曲面的接合

定义接合曲面的相关参数。分别选取图形窗口中的"拉伸 1"和"拉伸 2"曲面作为接合的对象，选中【检查连接性】选项，单击【确定】按钮完成曲面的接合，如图 7-30 所示。

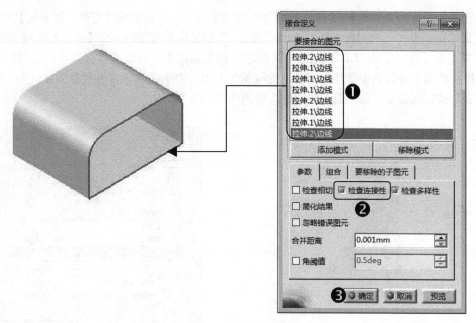

图 7-29　创建接合曲线

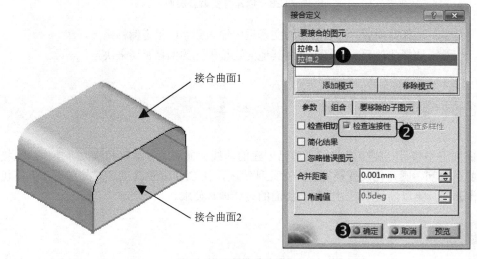

图 7-30　创建接合曲面

【接合定义】对话框中的部分选项说明如下。

● 检查相切：此项主要用于检查接合的对象是否具有相切状态。如不相切，系统将出现提示信息。

● 检查连接性：此项主要用于检查接合的对象是否互相连接。如不互相连接，则不能接合两个或多个对象。

● 检查多样性：此项主要用于检查接合后的对象是否有多个接合结果，此项只用于曲线对象的接合。

● 合并距离：此项主要用于设置合并对象的间隙距离（合并公差值），系统默认值为0.001mm。用户可通过设置适当的合并距离以缝合曲面间的缝隙。

7.4.2 修复

修复命令是通过指定两曲面对象，从而修复两个曲面之间的间隙，如图 7-31 所示。

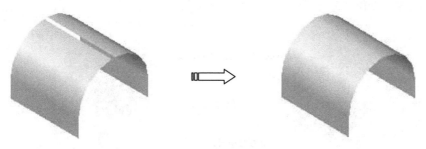

图 7-31 修复曲面缝隙

7.4.3 拆解

拆解命令是将由多个图元单位组成的独立整体曲线或曲面分解为各自独立的单个曲线或曲面，如图 7-32 所示。

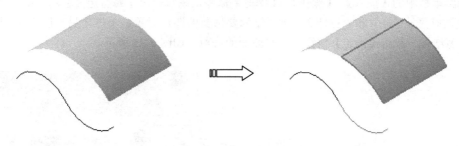

图 7-32 拆解曲线、曲面

7.4.4 分割

分割命令是通过指定两相交的曲线或曲面，从而切割曲线或曲面的外形，选取的分割对象可以是点、线和面，如图 7-33 所示。

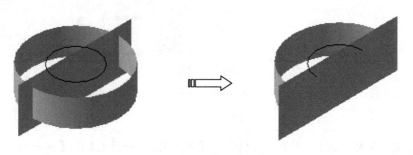

图 7-33 分割曲线、曲面

提示：

在【定义分割】对话框中，当选中【保留双侧】选项时，系统将会保留被分割后的两部分曲线或曲面对象，如图 7-34 所示。

选取曲面作为要切除的图元

选取圆为切除图元

图 7-34　保留分割曲面两侧

7.4.5　修剪

修剪命令是通过指定相交的曲线或曲面进行互相裁剪，再根据用户需要保留其中某一部分并使之合并成为一个新的曲线或曲面对象。

执行菜单栏中的【插入】/【操作】/【修剪】命令，系统弹出【修剪定义】对话框。

依次选取"拉伸 1"和"拉伸 2"曲面作为要修剪的图形对象，单击【另一侧 / 下一图元】按钮调整修剪结果，单击【确定】按钮完成对曲面的修剪，如图 7-35 所示。

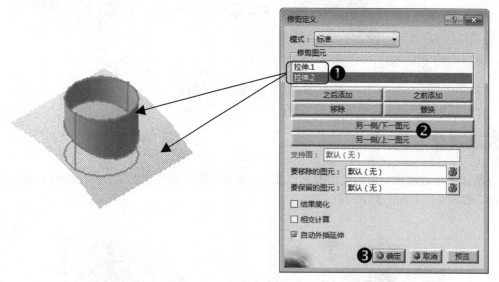

图 7-35　修剪曲面

提示：

在【修剪定义】对话框中，用户可通过单击【另一侧 / 下一图元】和【另一侧 / 上一图元】按钮来选择修剪的结果。

7.4.6　曲面圆角

在现代的产品设计中,圆角不仅能美化产品的外观,更能使产品在转角位置处减少应力作用。因此,曲面圆角在曲面造型设计中有着重要的地位。在【创成式外形设计】模块中,系统提供了简单圆角、倒圆角、可变圆角、弦圆角、样式圆角、面与面的圆角和三切线内圆角 7 种圆角化方式。本小节介绍实际工作中最常用的几种圆角化方式,具体分析如下。

1.　简单圆角

简单圆角是可以直接对两个独立曲面进行圆角化处理的命令。图 7-36 所示为创建简单圆角的范例。

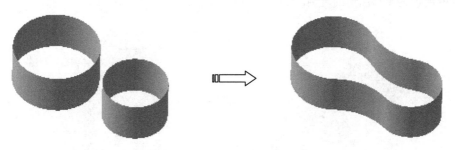

图 7-36　创建简单圆角

2.　一般倒圆角

倒圆角是在一个独立曲面的边线上进行圆角化处理的命令。图 7-37 所示为创建一般倒圆角的范例。

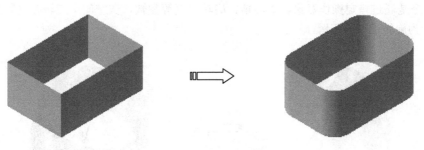

图 7-37　创建一般倒圆角

3.　可变圆角

可变圆角就是在曲面边线上不同位置处创建不同半径的圆角特征。图 7-38 所示为创建可变圆角的范例。

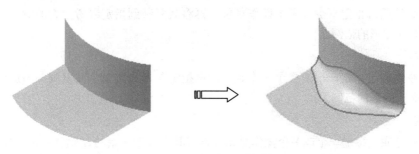

图 7-38　创建可变圆角

7.4.7 几何变换

几何变换命令是通过对图形对象进行平移、旋转、对称、缩放、仿射、定位变换等操作，从而改变图形对象的空间位置、尺寸大小。在 CATIA 的【创成式外形设计】模块中通过变换命令生成的几何特征与源对象具有参数关联关系，能让用户方便地进行编辑和修改操作。具体的命令操作方法介绍如下。

1. 平移

平移命令是通过指定操作对象、移动方向和移动距离等参数，在空间中移动并复制出图形对象。图 7-39 所示为平移图形的范例。

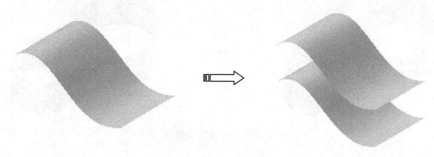

图 7-39　平移图形

2. 旋转

旋转命令是通过指定操作对象、旋转轴、旋转角度等参数，在空间中旋转并复制出图形对象。图 7-40 所示为旋转图形的范例。

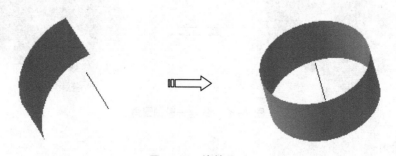

图 7-40　旋转图形

3. 对称

对称命令是通过指定一个或多个操作对象，再将其复制到指定参考元素的对称位置。图 7-41 所示为创建对称图形的范例。

4. 缩放

缩放命令是通过指定一个或多个操作对象，再指定参考和比率从而复制并缩放图形。图 7-42 所示为创建缩放图形的范例。

5. 仿射

仿射命令是通过指定一个或多个操作对象，再将其沿参考元素的 X 轴、Y 轴、Z 轴方向进行比例缩放。图 7-43 所示为创建仿射图形的范例。

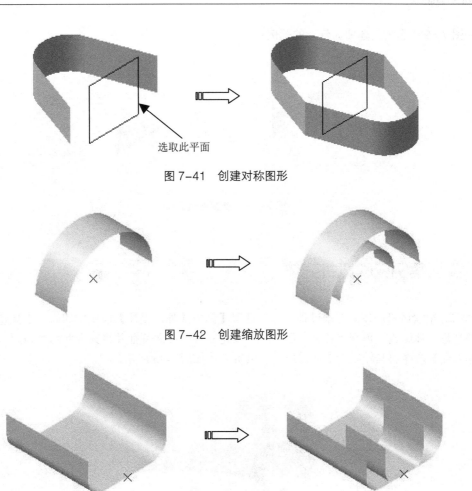

图 7-41　创建对称图形

图 7-42　创建缩放图形

图 7-43　创建仿射图形

6. 定位变换

定位变换命令是通过指定一个或多个操作对象，再将其复制并重新调整其在参考坐标系中的空间位置。图 7-44 所示为创建定位变换的范例。

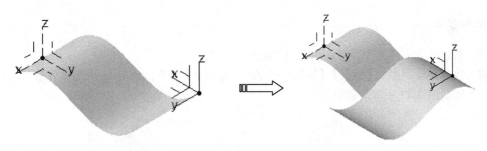

图 7-44　创建定位变换

7.4.8　曲面延伸

曲面延伸命令是通过执行【外插延伸】命令并指定曲线或曲面，从而使曲线或曲面沿参考方向延伸。图 7-45 所示为创建曲面延伸的范例。

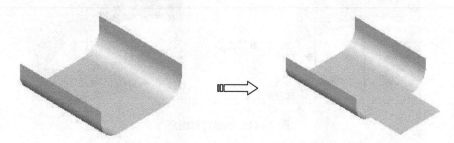

图 7-45　创建曲面延伸

7.5　实战案例：吹风机壳体

本节介绍吹风机壳体的造型过程。首先运用【创成式外形设计】模块中的曲线工具建立吹风机壳体的外形主体结构，再利用各种曲面工具逐步建立各个曲面特征并将其合并修剪为面组，最后通过【厚曲面】命令将其转换为实体图形。吹风机壳体如图 7-46 所示。

图 7-46　吹风机壳体

操作步骤

01　新建一个零件文件并将其命名为"hair –drier"。

02　执行菜单栏中的【插入】/【草图编辑器中】/【草图】命令，选取 xy 平面作为草图绘制平面，绘制图 7-47 所示的草图 1。

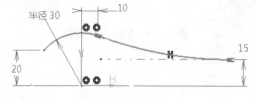

图 7-47　绘制草图 1

03 执行菜单栏中的【插入】/【操作】/【对称】命令。选取"草图 1"作为对称图元，选取目录树中的"zx 平面"作为参考平面，单击【确定】按钮完成对称操作，如图 7-48 所示。

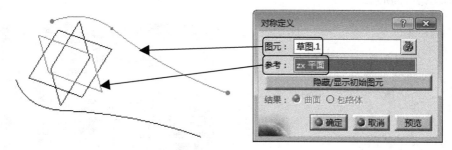

图 7-48　创建对称曲线

04 执行菜单栏中的【插入】/【线框】/【圆】命令。选择【两点和半径】作为圆类型，分别选取两条曲线的顶点作为圆的通过点，选取目录树中的"yz 平面"作为支持面，指定圆半径值为"20"，使用【修剪圆】限制模式，单击【确定】按钮完成圆弧的创建，如图 7-49 所示。

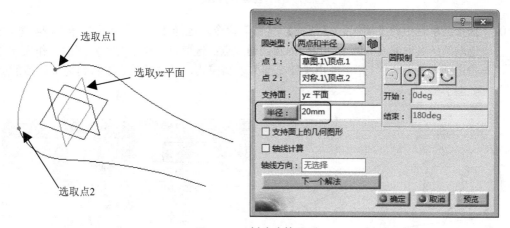

图 7-49　创建连接圆弧

05 执行菜单栏中【插入】/【线框】/【相交】命令。选取"yz 平面"和"对称 1"曲线作为相交的图元，创建一个特征点；再次执行【相交】命令，选取"yz 平面"和"草图 1"曲线作为相交的图元，创建另一个特征点，如图 7-50 所示。

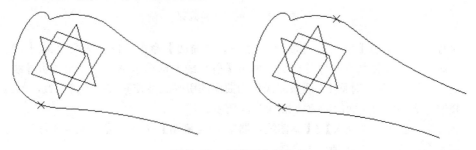

图 7-50　创建两个相交点

06 执行菜单栏中的【插入】/【线框】/【圆】命令。选择【两点和半径】作为圆类型，分别选取上一步中创建的两个特征点为圆的通过点；选取目录树中的"yz 平面"作为支持面，指定圆半径值为"30"，使用【补充圆】限制模式，单击【确定】按钮完成圆弧的创建，如图 7-51 所示。

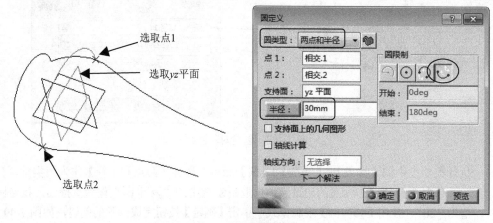

图 7-51　创建连接圆弧

07　执行菜单栏中的【插入】/【线框】/【圆】命令。选择【两点和半径】作为圆类型，分别选取两条对称曲线的两个顶点作为圆的通过点；选取目录树中的"yz 平面"作为支持面，指定圆半径值为"15"，使用【补充圆】限制模式，单击【确定】按钮完成圆弧的创建，如图 7-52 所示。

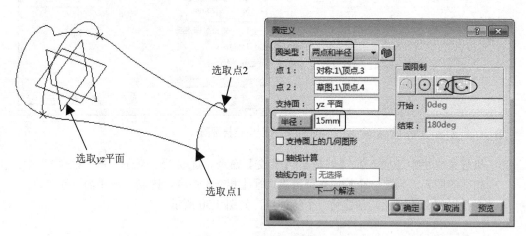

图 7-52　创建连接圆弧

08　执行菜单栏中的【插入】/【曲面】/【多截面曲面】命令。依次选取圆 3、圆 2、圆 1 作为截面轮廓并使其方向保持一致，单击【引导线】选项卡空白处以激活引导线；分别选取"草图 1"和"对称 1"两条曲线作为曲面的引导线并使其方向保持一致，单击【确定】按钮完成多截面曲面的创建，如图 7-53 所示。

09　执行菜单栏中的【插入】/【草图编辑器中】/【草图】命令，选取"xy 平面"作为草图绘制平面，绘制图 7-54 所示的草图 2。

10　执行菜单栏中的【插入】/【曲面】/【桥接曲面】命令。选取"圆 1"为第一曲线，选取"多截面曲面 1"作为第一支持面，选取"草图 2"的圆弧作为第二曲线；在【第一连续】下拉列表中选择【相切】选项，单击【确定】按钮完成桥接曲面的创建，如图 7-55 所示。

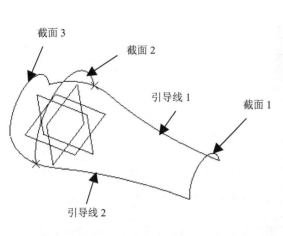

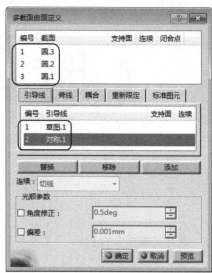

图 7-53　定义多截面曲面

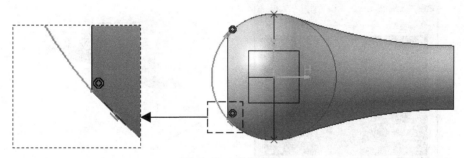

图 7-54　绘制草图 2

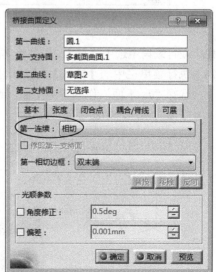

图 7-55　创建桥接曲面

11 执行菜单栏中的【插入】/【草图编辑器中】/【草图】命令，选取"xy 平面"作为草图绘制平面，绘制图 7-56 所示的草图 3。

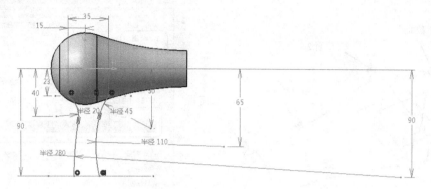

图 7-56　绘制草图 3

12 执行菜单栏中的【插入】/【操作】/【拆解】命令。在【拆解】对话框中选择【仅限域】选项，选取上步创建的"草图 3"曲线作为拆解对象，单击【确定】按钮完成对曲线的拆解，如图 7-57 所示。

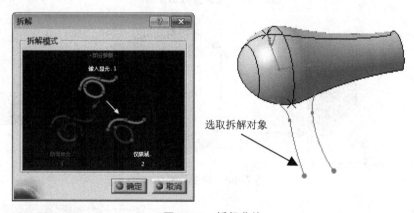

图 7-57　拆解曲线

13 在目录树中选中"草图 3"并将其隐藏，系统将只显示拆解后的曲线 1 和曲线 2。

14 执行菜单栏中的【插入】/【线框】/【平面】命令。选择【平行通过点】作为平面类型，选择"zx 平面"作为参考平面，选取曲线 2 的顶点作为参考点，单击【确定】按钮完成平面的创建，如图 7-58 所示。

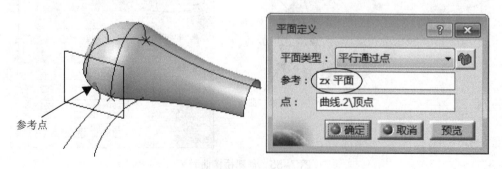

图 7-58　创建平面

15 执行菜单栏中的【插入】/【草图编辑器中】/【草图】命令，选取上一步中创建的"平面 1"
作为草图平面，绘制图 7-59 所示的草图 4。

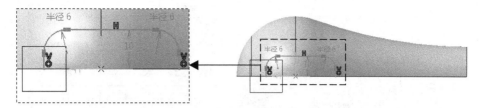

图 7-59 绘制草图 4

16 执行菜单栏中的【插入】/【线框】/【平面】命令。选择【平行通过点】作为平面类型，
选取"平面 1"作为参考平面，选取曲线 2 的一个顶点作为参考点，单击【确定】按钮完
成平面的创建，如图 7-60 所示。

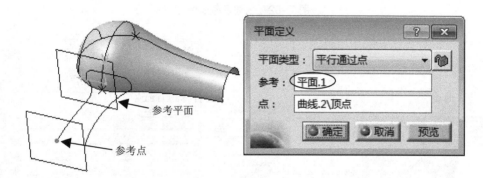

图 7-60 创建平面

17 执行菜单栏中的【插入】/【草图编辑器中】/【草图】命令，选取上一步中创建的"平面 2"
为草图平面，绘制图 7-61 所示的草图 5。

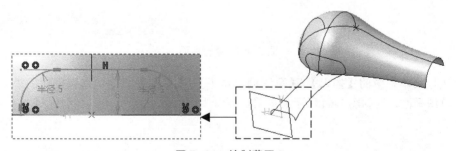

图 7-61 绘制草图 5

18 执行菜单栏中的【插入】/【曲面】/【多截面曲面】命令。依次选取"草图 4"和"草图 5"作为
曲面的截面轮廓并使其保持方向一致；激活【引导线】选项卡后再分别选取"曲线 1"和"曲线 2"
作为引导线并使其方向保持一致，单击【确定】按钮完成多截面曲面的创建，如图 7-62 所示。

19 选中目录树中所有的曲线对象和点对象，再将其隐藏以简洁显示图形。

20 执行菜单栏中的【插入】/【操作】/【修剪】命令。选取"多截面曲面 1"和"多截面曲面 2"
作为修剪图元，使用系统默认的保留侧，单击【确定】按钮完成对曲面的修剪，如图 7-63 所示。

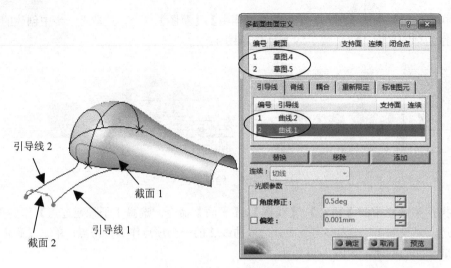

图 7-62　创建多截面曲面

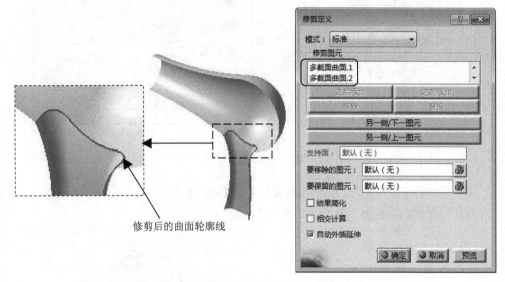

图 7-63　修剪曲面

21　执行菜单栏中的【插入】/【草图编辑器中】/【草图】命令，选取创建的"平面 2"为草图平面，绘制图 7-64 所示的草图 6。

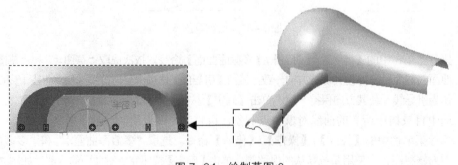

图 7-64　绘制草图 6

22 执行菜单栏中的【插入】/【曲面】/【填充】命令。依次选取"草图 6"和与之相接的
曲面边线，单击【确定】按钮完成填充曲面的创建，如图 7-65 所示。

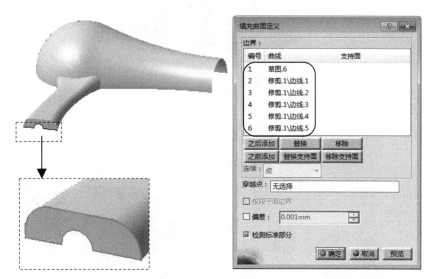

图 7-65　创建填充曲面

23 执行菜单栏中有【插入】/【操作】/【接合】命令。选取"修剪 1"曲面、"填充 1"曲面、
桥接曲面作为要接合的图元，使用系统默认的合并距离，单击【确定】按钮完成对曲面
的接合，如图 7-66 所示。

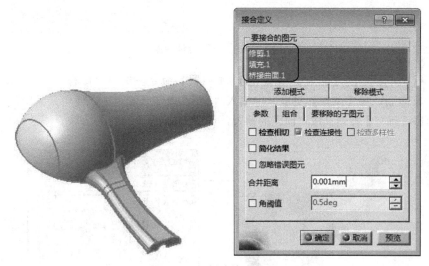

图 7-66　创建接合曲面

24 执行菜单栏中的【插入】/【草图编辑器中】/【草图】命令，选取"xy 平面"作为草图平
面，绘制图 7-67 所示的草图 7。

25 执行菜单栏中的【插入】/【曲面】/【拉伸】命令。选取绘制的"草图 7"圆形作为拉伸
曲面的轮廓线，使用系统默认的拉伸方向；在【限制 1】区域的尺寸文本框中输入"35"
以指定拉伸的长度，单击【确定】按钮完成拉伸曲面的创建，如图 7-68 所示。

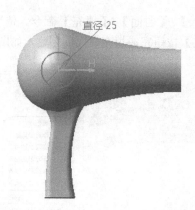

图 7-67　草图 7

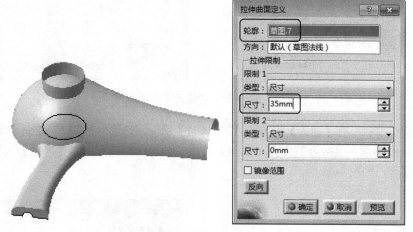

图 7-68　创建拉伸曲面

26　执行菜单栏中的【插入】/【曲面】/【偏置】命令。选取"接合 1"曲面作为偏置的源
对象曲面，在【偏置】文本框中输入"3"以指定偏置距离，使用系统默认的向内偏置，
单击【确定】按钮完成对曲面的偏置，如图 7-69 所示。

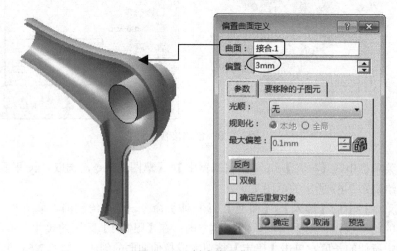

图 7-69　创建偏置曲面

27　执行菜单栏中的【插入】/【操作】/【修剪】命令。选取"拉伸 1"曲面和"偏置 1"曲面作为修剪图元，单击【另一侧 / 下一图元】按钮调整修剪曲面的保留侧，单击【确定】按钮完成对曲面的修剪，如图 7-70 所示。

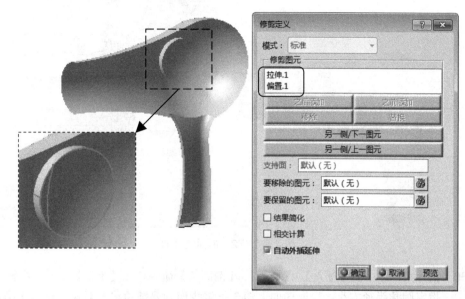

图 7-70　修剪曲面

28　执行菜单栏中的【插入】/【操作】/【修剪】命令。选取"接合 1"曲面和"修剪 2"曲面作为修剪图元，单击【另一侧 / 上一图元】按钮调整修剪曲面的保留侧，单击【确定】按钮完成对曲面的修剪，如图 7-71 所示。

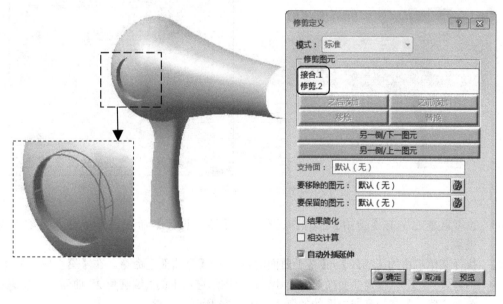

图 7-71　修剪曲面

29　执行菜单栏中的【插入】/【操作】/【倒圆角】命令。在【半径】文本框中输入"3"以

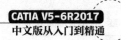

指定圆角半径大小，选取曲面上的一条边线作为要圆角化的对象，单击【确定】按钮完成曲面倒圆角的创建，如图 7-72 所示。

图 7-72 曲面倒圆角

30 执行菜单栏中的【插入】/【操作】/【倒圆角】命令。在【半径】文本框中输入"1.5"以指定圆角半径大小，选取曲面上的 3 条边线作为要圆角化的对象，单击【确定】按钮完成曲面的倒圆角的创建，如图 7-73 所示。

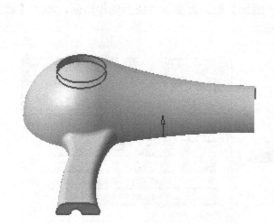

图 7-73 曲面倒圆角

31 执行菜单栏中的【开始】/【机械设计】/【零件设计】命令，系统进入【零件设计】模块。

32 执行菜单栏中的【插入】/【基于曲面的特征】/【厚曲面】命令。在【第一偏置】文本框中输入"1.5"以指定曲面加厚的尺寸，选取图形窗口中的"倒圆角 2"曲面作为加厚对象，单击【确定】按钮完成曲面的加厚，如图 7-74 所示。

33 选中"倒圆角 2"曲面后再将其隐藏以简洁显示图形。

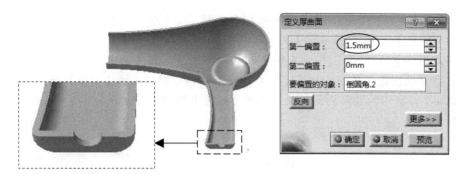

图 7-74　曲面加厚

34　执行菜单栏中的【插入】/【草图编辑器中】/【草图】命令，选取"xy 平面"作为草图绘制平面，绘制图 7-75 所示的草图 8。

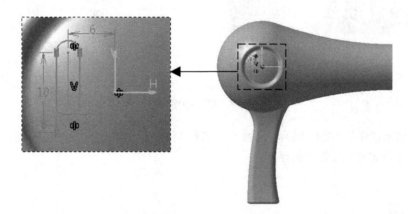

图 7-75　草图 8

35　执行菜单栏中的【插入】/【基于草图的特征】/【凹槽】命令。在【第一限制】栏中的【长度】文本框中输入"35"以指定拉伸距离，选取"草图 8"作为拉伸的轮廓线，单击【确定】按钮完成凹槽的创建，如图 7-76 所示。

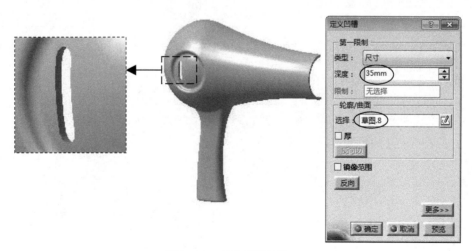

图 7-76　创建凹槽特征

36 执行菜单栏中的【插入】/【变换特征】/【矩形阵列】命令。在【参数】下拉列表中选择【实例和间距】选项，在【实例】文本框中输入 3 以指定矩形阵列中的实例个数；在【间距】文本框中输入"6"以指定实例之间的间隔距离，在【参考图元】选择框中单击鼠标右键并在快捷菜单中选择【X 轴】以指定阵列方向，激活【对象】选择框并选取"凹槽 1"特征作为要阵列的对象，单击【确定】按钮完成对凹槽的矩形阵列，如图 7-77 所示。

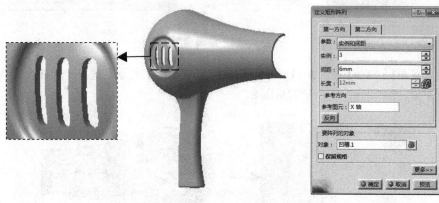

图 7-77   阵列凹槽特征

37 执行菜单栏中的【文件】/【保存】命令。在【名称名】文本框中输入"hair –drier"，单击【确定】按钮完成对文件的保存。

8 Chapter

第 8 章
自由曲面设计

　　自由曲面设计是 CATIA 曲面设计的重要组成部分，它是一个非参数化设计的工作台，其创建的各种曲线和曲面都是完全非参数化的。本章详细介绍 CATIA 自由曲面设计的基础知识和造型技巧。

知识要点

- CATIA 自由曲面概述
- 曲线的创建
- 曲面的创建
- 曲线与曲面的编辑
- 曲面外形修改

8.1 CATIA 自由曲面概述

【自由曲面】是 CATIA 中的一个非参数化设计模块，它主要针对设计过程中的各种更为复杂的曲面。用户使用该模块可以快速、自由地创建产品各种复杂的外形，并且该模块还提供了快捷的曲线、曲面编辑修改和分析工具，以便于用户能实时地检查已创建的曲线和曲面的质量。

8.1.1 切换到【自由曲面】模块

在菜单栏中执行【开始】/【形状】/【自由曲面】命令，即可进入【自由曲面】模块，如图 8-1 所示。

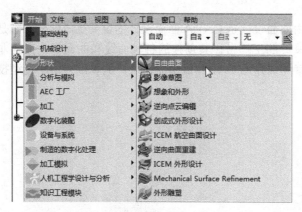

图 8-1　进入【自由曲面】模块

 提示：

进入【自由曲面】模块的提示如下。

- 如在切换到【自由曲面】模块前已新建零件，则可直接进入该模块。
- 如在切换到【自由曲面】模块前未新建零件，则系统会弹出【新建零件】对话框。

8.1.2 工具栏

在【自由曲面】模块中，系统提供了各种工具栏，它们分别位于绘图窗口的上侧和右侧。因空间有限，工具栏中的命令不能完全显示在屏幕中，用户可将其拖放到合适的位置，如图 8-2 所示。

1.【曲线创建】工具栏

针对各种复杂的空间曲线，【自由曲面】模块提供了丰富的创建曲线的工具，即【曲线创建】工具栏，如图 8-3 所示。

图 8-3 中所示的曲线创建工具从左至右依次介绍如下。

- （3D 曲线）：主要用于创建空间样条曲线。
- （曲面上的曲线）：主要用于在已知的曲面上创建各种曲线。

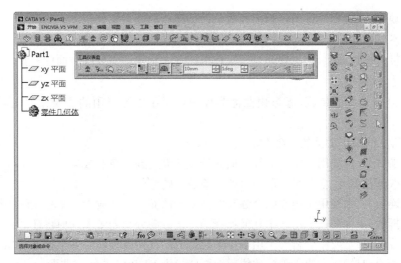

图 8-2 【自由曲面】模块中的工具栏

- ● 　（等参数曲线）：主要用于在已知曲面上创建与曲面参数相同的曲线。
- ● 　（投影曲线）：主要用于将空间中的曲线投影至曲面上以创建新的曲线。
- ● 　（桥接曲线）：主要用于创建一条连接两曲线的空间曲线。
- ● 　（样式圆角）：主要用于两条空间曲线的圆角化操作。
- ● 　（匹配曲线）：主要用于创建一条连接两曲线且具有曲率连续性的空间曲线。

2.【曲面创建】工具栏

针对各种复杂的曲面特征，【自由曲面】模块提供了更为自由的【曲面创建】工具栏，如图 8-4
所示。

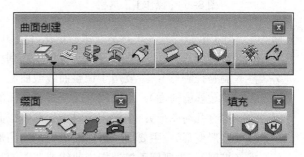

图 8-3 【曲线创建】工具栏 　　　　　　　　　　图 8-4 【曲面创建】工具栏

图 8-4 中所示的曲面创建工具从左至右依次介绍如下。

- ● 　（缀面）：主要用于指定通过点来创建各种曲面。主要包括两点缀面、三点缀面、四点
  缀面等工具。
- ● 　（拉伸曲面）：主要用于创建各种拉伸曲面。
- ● 　（旋转曲面）：主要用于创建各种旋转曲面。
- ● 　（偏置曲面）：主要通过平移已知曲面从而创建新曲面。
- ● 　（外插延伸）：主要用于延伸已知曲面的边界从而创建新曲面。
- ● 　（桥接曲面）：主要用于创建一个连接两个不相交曲面的新曲面。
- ● 　（样式圆角）：主要用于在两个相交曲面间创建圆角曲面。

- ◯ （填充）：主要通过指定封闭曲线从而创建新曲面。它包括填充、自由填充两个工具。
- ◯ （网状曲面）：主要通过指定已知的网状曲线从而创建新曲面。
- ◯ （样式扫掠曲面）：主要通过指定轮廓曲线、脊线、引导线从而创建新曲面。

3.【操作】工具栏

针对各种复杂的曲面特征，【自由曲面】模块提供了更为自由的【操作】工具栏，如图 8-5 所示。

图 8-5 中所示的操作工具从左至右依次介绍如下。

- ◯ （断开）：主要用于中断曲线或曲面特征从而达到修剪的效果。
- ◯ （取消修剪）：主要用于取消对曲线或曲面的修剪。
- ◯ （连接）：主要用于连接两个独立的曲线或曲面，使之成为一个独立的特征。
- ◯ （拆散）：主要用于将一个几何特征沿指定方向分割为多个几何特征。
- ◯ （分解）：主要用于将一个由多个单位组成的几何体分解为多个独立的几何体。
- ◯ （变换向导）：主要用于将曲线或曲面转换为 NUPBS 曲线或曲面。
- ◯ （复制几何参数）：主要用于将目标曲线或曲面的相关参数复制到其他曲线或曲面上。

4.【修改外形】工具栏

在【自由曲面】模块中创建的曲面是无参数的特征，不便于参数化的编辑和修改。因此，【自由曲面】模块中提供了功能非常强大的【修改外形】工具栏，使用户能自由地编辑和修改已创建的曲线、曲面特征，如图 8-6 所示。

图 8-5 【操作】工具栏

图 8-6 【修改外形】工具栏

图 8-6 中所示的修改外形工具从左至右依次介绍如下。

- ◯ （对称）：主要用于将指定图元镜像复制到相对于一个平面的对称位置上。
- ◯ （调整控制点）：主要用于调整曲线或曲面上的控制点以改变曲线或曲面的外形。
- ◯ （单边匹配曲面）：主要用于改变指定曲面的连续性，使之与其他曲面相连接。
- ◯ （拟合几何图形）：主要用于对指定曲线或曲面与目标图元进行外形拟合。
- ◯ （全局变形）：主要用于对曲面沿指定的图形元素进行外形修改。
- ◯ （扩展）：主要用于扩展指定曲线或曲面的长度。

8.2 曲线的创建

8.2.1 3D 曲线

3D 曲线是通过指定空间中已知的各种特征点，从而创建空间的样条曲线。下面以图 8-7 所示的实例对操作进行说明。

图 8-7 3D 曲线

上机操作——创建 3D 曲线

01　新建文件并执行【开始】/【形状】/【自由曲面】命令，进入【自由曲面】设计模块。

02　定义活动平面。单击【工具仪表盘】工具栏中的【指南针工具栏】按钮，系统弹出【快速确定指南针方向】工具栏，再单击【YZ】按钮以确定 3D 曲线的放置平面，如图 8-8 所示。

图 8-8　定义活动平面

03　调整视图显示方位。单击【视图】工具栏中的【正视图】按钮，将视图的显示方位调整为正视角。

04　执行菜单栏中的【插入】/【曲线创建】/【3D 曲线】命令，系统弹出【3D 曲线】对话框。

05　定义曲线通过点。使用系统默认的【通过点】选项作为创建类型，依次单击图形窗口中的任意空白处，确定并创建曲线要通过的各个特征点，单击【确定】按钮完成空间 3D 曲线的创建，如图 8-9 所示。

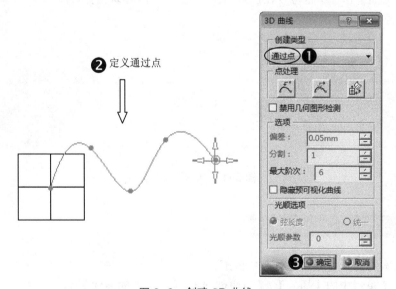

图 8-9　创建 3D 曲线

06　再次定义活动平面。单击【快速确定指南针方向】工具栏中的【XY】按钮，单击【视图】工具栏中的【俯视图】按钮将视图的显示方位调整为俯视角。

07　修改 3D 曲线的相关参数。双击图形窗口中已创建的 3D 曲线，选取曲线上的一个特征点

并将其拖动至图形窗口中的任意位置处，如图 8-10 所示。

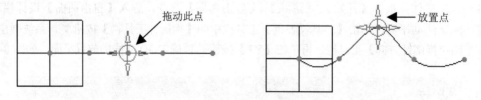

图 8-10　移动控制点

08　单击【3D 曲线】对话框中的【确定】按钮完成 3D 曲线的编辑修改。

 提示：

对于活动平面说明如下。

- 系统默认将 3D 曲线放置在活动平面之上，因此在创建 3D 曲线之前应先定义曲线的活动平面。
- 在创建 3D 曲线时，可将视图方位调整到活动平面的平行面上以方便曲线的创建。
- 使用 F5 键，可快速转换活动平面。

8.2.2　曲面上的曲线

在【自由曲面】模块中也可以在已知的曲面上创建各种形状的曲线。下面以图 8-11 所示的实例对操作进行说明。

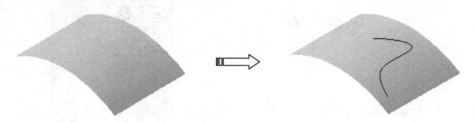

图 8-11　曲面上的曲线

上机操作——创建曲面上的曲线

01　打开本例素材源文件 "8-1.CATPart"。

02　执行菜单栏中的【插入】/【曲线创建】/【曲面上的曲线】命令，在【创建类型】下拉列表中选择【逐点】选项，在【模式】下拉列表中选择【通过点】选项，选取参考曲面并在曲面上依次单击以指定曲线的通过点，单击【确定】按钮完成曲面上的曲线的创建，如图 8-12 所示。

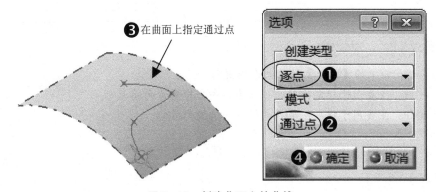

图 8-12 创建曲面上的曲线

8.2.3 投影曲线

投影曲线是通过指定空间曲线和参考曲面从而创建曲面上的曲线。下面以图 8-13 所示的实例对操作进行说明。

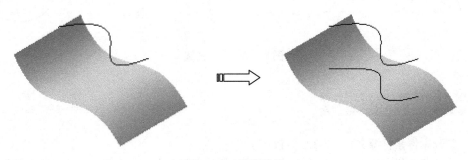

图 8-13 投影曲线

上机操作——创建投影曲线

01 打开本例素材源文件"8-2.CATPart"。

02 执行菜单栏中的【插入】/【曲线创建】/【投影曲线】命令，系统弹出【投影】对话框。

03 定义投影曲线相关参数。使用系统默认的【指南针投影】选项，单击【快速确定指南针方向】工具栏中的【XY】按钮❀以指定投影方向，按 Ctrl 键的同时选取图形窗口中的曲线和曲面，系统会显示投影曲线预览，单击【确定】按钮完成投影曲线的创建，如图 8-14 所示。

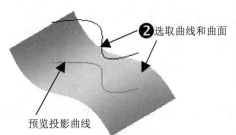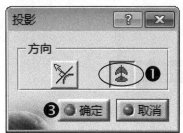

图 8-14 创建投影曲线

提示:

【投影】对话框中的【方向】的相关选项说明如下。

● ✂ 按钮:主要用于指定曲面的一条法线作为投影方向的参考。

● ⛏ 按钮:主要用于指定系统指南针方向为投影方向。

8.2.4　桥接曲线

桥接曲线是通过对两条空间曲线进行连接操作从而创建一条与两曲线相切并连续的曲线。下面以图 8-15 所示的实例对操作进行说明。

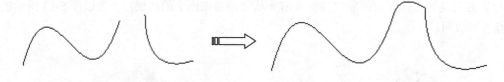

图 8-15　桥接曲线

上机操作——创建桥接曲线

01　打开本例素材源文件"8-3.CATPart"。

02　执行菜单栏中的【插入】/【曲线创建】/【桥接曲线】命令,系统弹出【桥接曲线】对话框。

03　定义桥接对象。选取图形窗口中的两条曲线作为要连接的对象,单击连接点处的提示信息并分别将其选项修改为【切线】和【点】,单击【确定】按钮完成桥接曲线的创建,如图 8-16 所示。

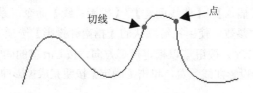

图 8-16　创建桥接曲线

8.2.5　样式圆角

样式圆角是在两条空间曲线之间创建一条相切于两曲线的曲线对象。下面以图 8-17 所示的实例对操作进行说明。

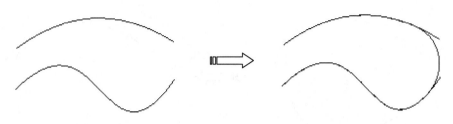

图 8-17　样式圆角

上机操作——创建样式圆角

01　打开本例素材源文件"8-4.CATPart"。

02　执行菜单栏中的【插入】/【曲线创建】/【样式圆角】命令，系统弹出【样式圆角】对话框。

03　定义要圆角化的对象。在【半径】文本框中输入"15"以指定圆角半径大小，使用系统默认的【修剪】选项，分别选取图形窗口中的两条曲线作为要圆角化的对象；单击【应用】按钮预览圆角曲线，再单击【确定】按钮完成曲线样式圆角的创建，如图 8-18 所示。

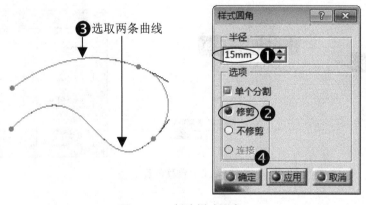

图 8-18　创建样式圆角

提示：

【样式圆角】对话框中的部分选项说明如下。

- 单个分割：选中此项，系统将强制限定圆角曲线的控制点数量并获得单一的弧形曲线。
- 修剪：选中此项，系统将使圆角曲线在连接点上复制修剪源对象曲线。
- 不修剪：选中此项，系统将不修剪源对象曲线而直接创建圆角曲线。

8.2.6　匹配曲线

匹配曲线是指定一条曲线并沿其曲率方向将其连接到另一条曲线上。下面以图 8-19 所示的实例对操作进行说明。

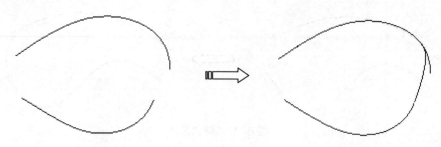

图 8-19　匹配曲线

上机操作——创建匹配曲线

01　打开本例素材源文件"8-5.CATPart"。

02　执行菜单栏中的【插入】/【曲线创建】/【匹配曲线】命令，系统弹出【匹配曲线】对话框。

03　定义匹配对象。分别选取图形窗口中的两条曲线作为匹配对象，设置匹配曲线的约束为
【切线】模式，单击【确定】按钮完成匹配曲线的创建，如图 8-20 所示。

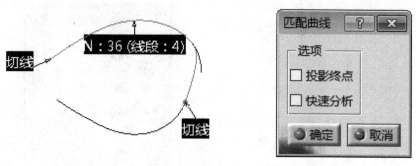

图 8-20　创建匹配曲线

提示：

【匹配曲线】对话框中的选项说明如下。

● 投影终点：选中此项，系统会将源对象曲线的终点沿曲线匹配点的切线方向的直线最短
距离投影到目标曲线上。

● 快速分析：选中此项，系统将诊断匹配点质量。

8.3　曲面的创建

在【创成式外形设计】模块中创建的各种曲线和曲面基本上都是基于参数的特征，编辑和修改
都由各种参数驱动，因此对用户操作要求比较严格。

在【自由曲面】模块中创建的各种曲线和曲面基本上都是无参数的特征，其创建和编辑修改都

比较随意。此模块中的曲面创建方法与其他模块中的曲面创建方法基本相似,具体介绍如下。

8.3.1 平面缀面

平面缀面是【自由曲面】模块中的基础曲面,其主要创建方式有两点缀面、三点缀面、四点缀面、几何提取。具体操作方法介绍如下。

1. 两点缀面

两点缀面是通过指定空间中的两个特征点从而创建一个规则曲面特征。下面以图 8-21 所示的实例对操作进行说明。

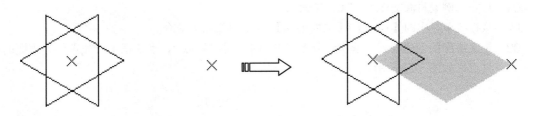

图 8-21 两点缀面

上机操作——创建两点缀面

01 打开本例素材源文件"8-6.CATPart"。

02 定义活动平面。单击【工具仪表盘】工具栏中的【指南针工具栏】按钮 ⚓,系统弹出【快速确定指南针方向】工具栏,再单击【XY】按钮 ⚒ 以确定缀面所在的平面。

03 执行菜单栏中的【插入】/【曲面创建】/【两点缀面】命令。

04 定义缀面的创建要素。选取图形窗口中的点 1 作为缀面的第一点,移动鼠标,系统会显示临时缀面网格;单击鼠标右键并在快捷菜单中选择【编辑阶次】命令,在【阶次】对话框设置缀面的阶次,选取图形窗口中的点 2 作为缀面的第二点,如图 8-22 所示。

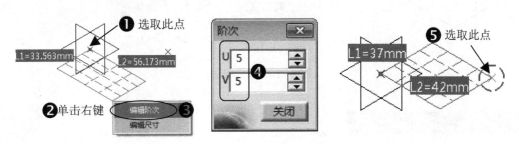

图 8-22 创建两点缀面

2. 三点缀面

三点缀面是通过指定空间中的三个特征点从而创建一个规则的曲面特征。下面以图 8-23 所示的实例对操作进行说明。

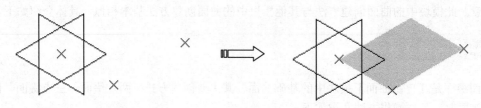

图 8-23　三点缀面

上机操作——创建三点缀面

01　打开本例素材源文件"8-7.CATPart"。

02　执行菜单栏中的【插入】/【曲面创建】/【三点缀面】命令。

03　定义缀面的创建要素。依次选取图形窗口中的点 1、点 2、点 3 三个特征点作为缀面的通过点，如图 8-24 所示。

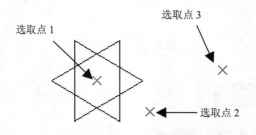

图 8-24　创建三点缀面

3. 四点缀面

四点缀面是通过指定空间中的四个特征点从而创建一个规则的曲面特征。下面以图 8-25 所示的实例对操作进行说明。

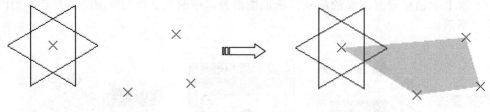

图 8-25　四点缀面

上机操作——创建四点缀面

01　打开本例素材源文件"8-8.CATPart"。

02　执行菜单栏中的【插入】/【曲面创建】/【四点缀面】命令。

03　定义缀面的创建要素。依次选取图形窗口中的点 1、点 2、点 3、点 4 四个特征点作为缀面的通过点，如图 8-26 所示。

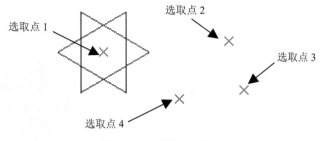

图 8-26　创建四点缀面

4. 几何提取

几何提取是通过在已知曲面上指定通过点从而创建新曲面特征。下面以图 8-27 所示的实例对操作进行说明。

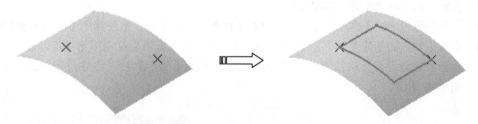

图 8-27　几何提取创建缀面

上机操作——创建几何提取

01　打开本例素材源文件"8-9.CATPart"。

02　执行菜单栏中的【插入】/【曲面创建】/【几何提取】命令。

03　定义缀面的创建要素。选取图形窗口中的曲面作为缀面的附着对象，依次选取曲面上的点 1 和点 2 作为缀面的通过点，如图 8-28 所示。

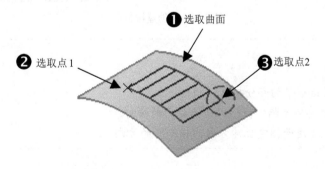

图 8-28　使用几何提取创建缀面

8.3.2　拉伸曲面

拉伸曲面是通过指定已知的曲线对象并将其延伸从而创建曲面特征。下面以图 8-29 所示的实例对操作进行说明。

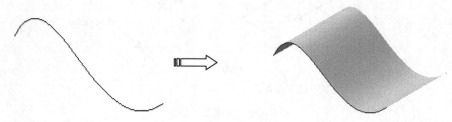

图 8-29　拉伸曲面

上机操作——创建拉伸曲面

01　打开本例素材源文件"8-10.CATPart"。

02　执行菜单栏中的【插入】/【曲面创建】/【拉伸曲面】命令，系统弹出【拉伸曲面】对话框。

03　定义拉伸曲面创建要素。选取图形窗口中的 3D 曲线 1 作为拉伸图元对象，在【长度】文本框中输入"42"以指定曲面的拉伸尺寸，单击【确定】按钮完成拉伸曲面的创建，如图 8-30 所示。

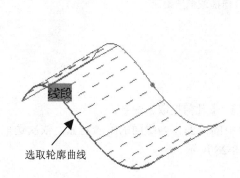

选取轮廓曲线

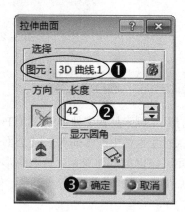

图 8-30　创建拉伸曲面

 提示：

【拉伸曲面】对话框中的部分按钮说明如下。

● 按钮：主要用于指定拉伸方向为曲面的法向。
● 按钮：主要用于指定拉伸方向为指南针的方向。

8.3.3　旋转曲面

旋转曲面是通过指定曲面轮廓线和旋转轴从而创建一个新曲面特征。下面以图 8-31 所示的实例对操作进行说明。

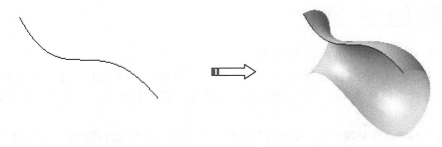

图 8-31　旋转曲面

01　打开本例素材源文件"8-11.CATPart"。

02　执行菜单栏中的【插入】/【曲面创建】/【旋转曲面】命令，系统弹出【旋转曲面定义】对话框。

03　定义旋转曲面创建要素。选取图形窗口中的 3D 曲线 1 作为旋转曲面的轮廓线，在【旋转轴】文本框中单击鼠标右键并从快捷菜单中选择【Y 轴】命令，在【角度 2】文本框中设置旋转角度为"180"，单击【确定】按钮完成旋转曲面的创建，如图 8-32 所示。

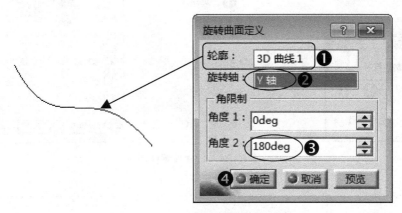

图 8-32　创建旋转曲面

8.3.4　偏置曲面

偏置曲面是通过指定已知曲面和偏移距离从而创建一个新曲面特征。下面以图 8-33 所示的实例对操作进行说明。

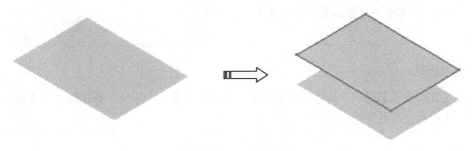

图 8-33　偏置曲面

上机操作——创建偏置曲面

01 打开本例素材源文件"8-12.CATPart"。

02 选中目录树中的【曲面1】并使用快捷组合键【Ctrl+C】和【Ctrl+V】为其复制出副本。

03 执行菜单栏中的【插入】/【曲面创建】/【偏置曲面】命令，系统弹出【偏置曲面】对话框。

04 定义偏置曲面创建要素。选取复制出的副本曲面2作为偏置源对象，在系统的提示尺寸信息处单击鼠标右键并选择【编辑】命令，在【编辑值】文本框中输入"-20"以指定偏置方向和尺寸，单击【关闭】按钮退出对话框，系统会显示偏置结果预览，单击【确定】按钮完成偏置曲面的创建，如图8-34所示。

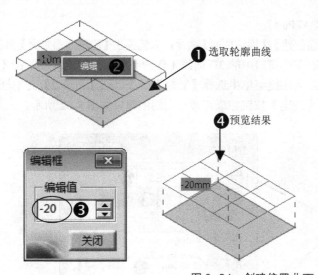

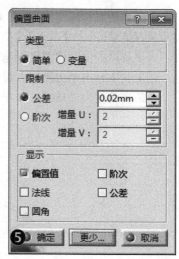

图 8-34　创建偏置曲面

 提示：

【偏置曲面】对话框中的部分选项说明如下。

- 偏置值：主要用于显示曲面的偏移距离值。
- 阶次：主要用于显示偏置曲面的阶次。
- 法线：主要用于显示偏置曲面的方向。
- 公差：主要用于显示偏置曲面的公差值。
- 圆角：主要用于显示偏置去曲面的各个角的顶点。

 重点注意：

使用【自由曲面】模块中的【偏置曲面】命令偏移曲面后，系统不会保留源对象曲面，如需要保留源对象曲面则需将其复制。

8.3.5　外插延伸

外插延伸是通过指定曲面的延伸边并对曲面沿相切方向进行延伸操作从而创建一个新曲面特征。下面以图 8-35 所示的实例对操作进行说明。

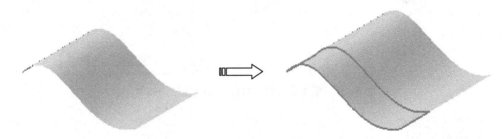

图 8–35　外插延伸曲面

上机操作——创建外插延伸

01　打开本例素材源文件"8-13.CATPart"。

02　执行菜单栏中的【插入】/【曲面创建】/【外插延伸】命令，系统弹出【外插延伸】对话框。

03　定义外插延伸曲面的创建要素。选取曲面的一条边线作为延伸图元，在【限制类型】下拉列表中选择【长度】选项并在【长度】文本框中输入"20"以指定曲面延伸尺寸，使用系统默认的【切线】选项，单击【确定】按钮完成对曲面的外插延伸，如图 8-36 所示。

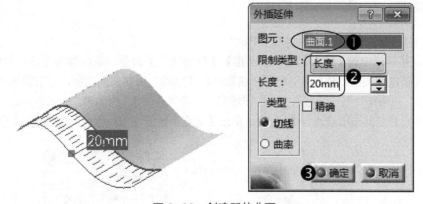

图 8–36　创建延伸曲面

 提示：

如在【限制类型】下拉列表中选择【直到】选项作为外插延伸的类型，则可指定一个已知图元作为曲线或曲面的延伸限制参考，如图 8-37 所示。

图 8-37　使用【直到】类型创建外插延伸曲面

8.3.6　桥接曲面

桥接曲面是通过指定两个不相接的曲面特征从而创建一个连接两曲面的新曲面特征。下面以图 8-38 所示的实例对操作进行说明。

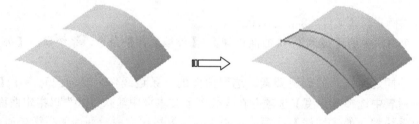

图 8-38　桥接曲面

上机操作——创建桥接曲面

01　打开本例素材源文件"8-14.CATPart"。

02　执行菜单栏中的【插入】/【曲面创建】/【桥接曲面】命令，系统弹出【桥接曲面】对话框。

03　定义桥接曲面的创建要素。使用系统默认的【自动】桥接曲面类型，选取图形窗口中的"拉伸 1"曲面作为第一个对象，选取图形窗口中的"曲面 1"作为第二个对象，单击图形中的提示信息并将其选项修改为【切线】，单击【确定】按钮完成桥接曲面的创建，如图 8-39 所示。

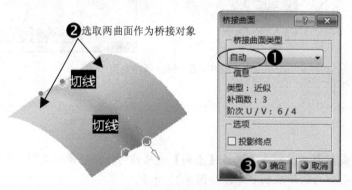

图 8-39　创建桥接曲面

8.3.7　曲面样式圆角

曲面样式圆角是在两个已知的相交曲面之间创建一个相切于两个曲面的圆角曲面特征。下面以图 8-40 所示的实例对操作进行说明。

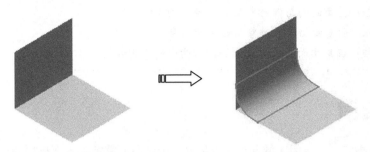

图 8-40　曲面样式圆角

上机操作——创建曲面样式圆角

01　打开本例素材源文件"8-15.CATPart"。

02　执行菜单栏中的【插入】/【曲面创建】/【样式圆角】命令，系统弹出【样式圆角】对话框。

03　定义曲面样式圆角的创建要素。选取特征目录树中的"曲面 2"作为第一支持面，选取特征目录树中的"曲面 1"作为第二支持面，单击选择【连续】栏中的【G2】按钮以指定圆角类型，在【半径】文本框中输入"15"以指定圆角半径大小，单击【确定】按钮完成曲面样式圆角，如图 8-41 所示。

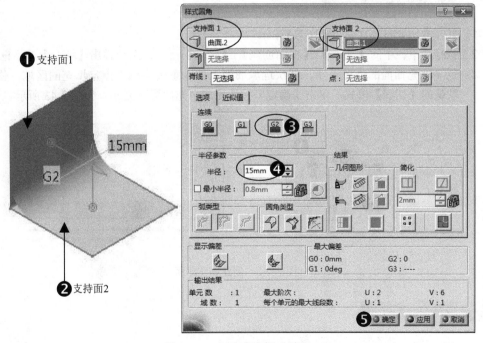

图 8-41　创建曲面样式圆角

提示：

【样式圆角】对话框中【连续】栏中的部分选项说明如下。

- $G0$ 按钮：圆角曲面与源对象曲面保持位置连续。
- $G1$ 按钮：圆角曲面与源对象曲面保持相切连续。
- $G2$ 按钮：圆角曲面与源对象曲面保持曲率连续。
- $G3$ 按钮：圆角曲面与源对象曲面保持曲率的变化连续。

8.3.8 填充曲面

填充曲面是指定一个封闭区域并在其内创建一个新曲面特征。下面以图 8-42 所示的实例对操作进行说明。

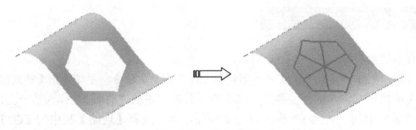

图 8-42　填充曲面

上机操作——创建填充曲面

01　打开本例素材源文件"8-16.CATPart"。

02　执行菜单栏中的【插入】/【曲面创建】/【填充】命令，系统弹出【填充】对话框。

03　定义填充曲面的创建要素。依次选取曲面上的 6 条边界线以指定填充的区域，使用系统默认的【切线】模式，单击【确定】按钮完成填充曲面的创建，如图 8-43 所示。

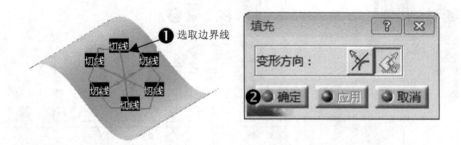

图 8-43　创建填充曲面

8.3.9 自由填充曲面

自由填充曲面是通过指定一个封闭的线框区域从而创建一个新曲面特征。下面以图 8-44 所示的实例对操作进行说明。

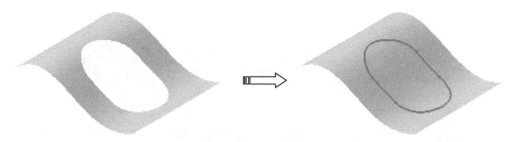

图 8-44　自由填充曲面

01　打开本例素材源文件"8-17.CATPart"。

02　执行菜单栏中的【插入】/【曲面创建】/【自由填充】命令，系统弹出【填充】对话框。

03　定义自由填充曲面的创建要素。使用系统默认的【自动】选项作为填充类型，依次选取曲面上的 4 条边界线以指定填充的区域，使用系统默认的【切线】模式，单击【确定】按钮完成自由填充曲面的创建，如图 8-45 所示。

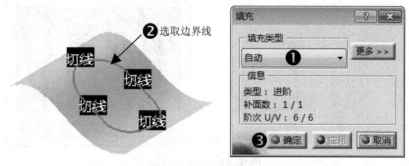

图 8-45　创建自由填充曲面

 提示：

　　使用【填充】命令创建的曲面特征与源对象曲面没有参数关联关系，而使用【自由填充】命令创建的曲面特征与源对象曲面具有参数关联关系。

　　图 4-45 所示的【填充】对话框中的填充类型选项说明如下。

● 自动：此选项是最优化的计算模式，系统会自动分析并使用【分析】或【进阶】方式来创建填充曲面。

● 分析：此选项是根据填充元素的数目来创建单个或多个填充曲面。

● 进阶：此选项是指定创建单个填充曲面。

8.3.10　网状曲面

　　网状曲面是通过指定已知的互相交叉的曲线对象从而创建新的曲面特征。下面以图 8-46 所示的实例对操作进行说明。

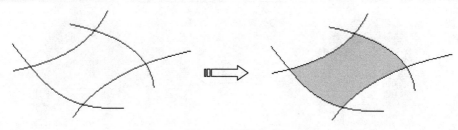

图 8-46　网状曲面

上机操作——创建网状曲面

01 打开本例素材源文件 "8-18.CATPart"。

02 执行菜单栏中的【插入】/【曲面创建】/【网状曲面】命令，系统弹出【网状曲面】对话框。

03 选取引导线。按住 Ctrl 键并在图形窗口中选取两条方向相同的曲线作为引导线，如图 8-47 所示。

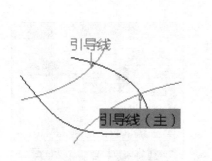

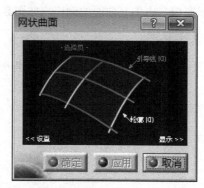

图 8-47　选取引导线

04 选取轮廓线。单击【网状曲面】对话框中的【轮廓】提示信息，按住 Ctrl 键并在图形窗口中选取另外两条方向相同的曲面作为轮廓线，单击【确定】按钮完成网状曲面的创建，如图 8-48 所示。

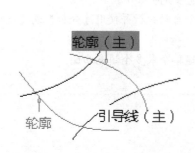

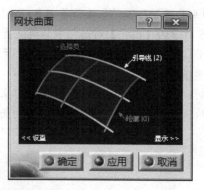

图 8-48　选取轮廓线

8.3.11 样式扫掠曲面

样式扫掠曲面是通过指定已知的轮廓线、引导线和脊线从而创建一个新曲面特征。下面以图 8-49 所示的实例对操作进行说明。

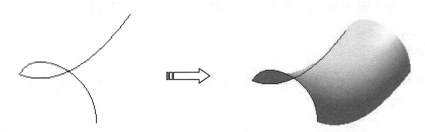

图 8-49 样式扫掠曲面

上机操作——创建样式扫掠曲面

01 打开本例素材源文件"8-19.CATPart"。

02 执行菜单栏中的【插入】/【曲面创建】/【样式扫掠曲面】命令，系统弹出【样式扫掠】对话框。

03 定义样式扫掠曲面的创建要素。使用系统默认的【简单扫掠】作为扫掠类型，选取图形窗口中的"3D 曲线 1"作为轮廓线，选取"3D 曲线 2"作为脊线，单击【确定】按钮完成样式扫掠曲面的创建，如图 8-50 所示。

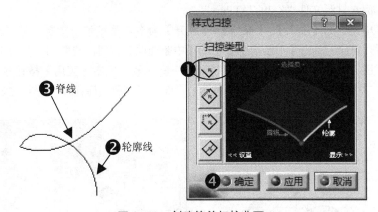

图 8-50 创建简单扫掠曲面

提示：

如图 16-50 所示的【样式扫掠】对话框中的 4 种扫掠类型说明如下。

● 简单扫掠：主要用于指定轮廓线和脊线来创建扫掠曲面。

● 扫掠和捕捉：主要用于指定轮廓线、脊线、引导线来创建扫掠曲面。

● 扫掠和拟合：主要用于指定轮廓线、脊线、引导线来创建扫掠与拟合。

● 近接轮廓扫掠：主要用于指定轮廓线、脊线、引导线、参考轮廓来创建近接轮廓。

8.4 曲线与曲面的编辑

在自由曲面造型设计过程中，常需要对已创建的曲线或曲面进行编辑、修改操作，如断开、连接、拆散、转换曲线或曲面等。针对此种情况，在 CATIA 的【自由曲面】模块中，系统提供了【操作】工具集以满足用户对曲线、曲面的设计编辑要求。具体介绍如下。

8.4.1 断开

断开操作是通过指定曲面和曲面上的曲线作为操作对象并根据需要将其割断。下面以图 8-51 所示的实例进行操作说明。

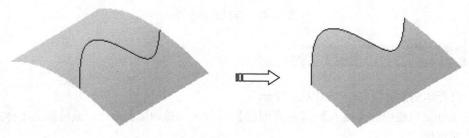

图 8-51　断开

上机操作——断开操作

01　打开本例素材源文件"8-20.CATPart"。

02　执行菜单栏中的【插入】/【操作】/【断开】命令，系统弹出【断开】对话框。

03　定义断开对象。单击【中断类型】中的【中断曲面】按钮，选取图形窗口中的"曲面 1"作为断开图元，选取"曲线 1"作为断开的限制元素，单击【应用】按钮预览断开效果，在图形窗口中选择"曲线 1"右侧的曲面作为断开后的保留曲面，如图 8-52 所示。

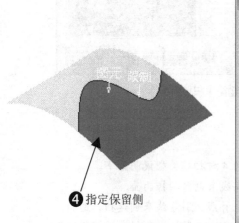

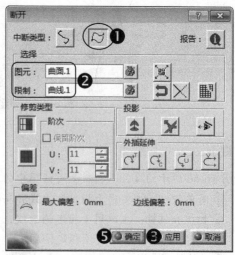

图 8-52　断开曲面

8.4.2　取消修剪

取消修剪是通过指定已断开或修剪的图形对象从而将其还原为切割前的形状。下面以图 8-53 所示的实例对操作进行说明。

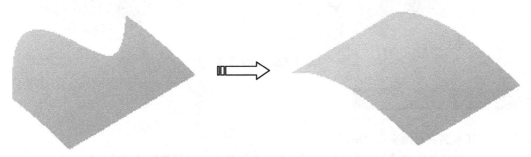

图 8-53　取消修剪

01　打开本例素材源文件"8-21.CATPart"。

02　执行菜单栏中的【插入】/【操作】/【取消修剪】命令，系统弹出【取消修剪】对话框。

03　定义取消修剪的操作对象。选取图形窗口中的"曲面 1"作为取消修剪的对象，单击【确定】按钮完成对曲面的取消修剪操作，如图 8-54 所示。

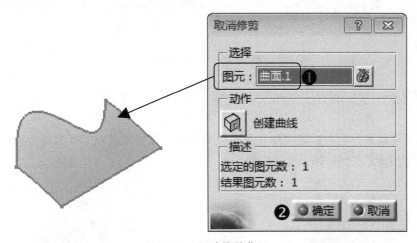

图 8-54　取消修剪曲面

8.4.3　连接

连接是通过指定两个图形窗口中的已知曲线或曲面特征并将其进行合并操作，从而创建一个整体型的曲线或曲面。下面以图 8-55 所示的实例对操作进行说明。

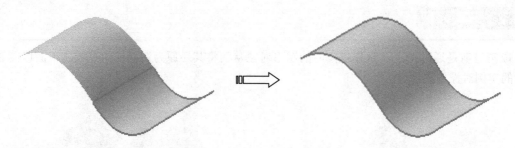

图 8-55　连接曲面

上机操作——创建连接曲面

01　打开本例素材源文件"8-22.CATPart"。

02　执行菜单栏中的【插入】/【操作】/【连接】命令，系统弹出【连接】对话框。

03　定义连接操作的相关要素。按住 Ctrl 键的同时选取图形窗口中的"曲面 1"和"曲面 2"作为连接对象，在【连接】对话框中设置公差值为"0.2"，单击【应用】按钮预览连接后的曲面效果，单击【确定】按钮完成对曲面的连接，如图 8-56 所示。

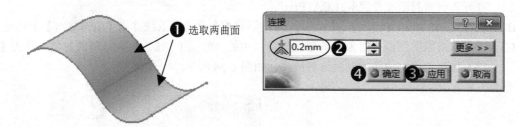

图 8-56　曲面的连接

8.4.4　拆散

拆散是指定已进行合并或连接操作的曲线或曲面对象并将其按 *U/V* 方向分割为单个的图元。下面以图 8-57 所示的实例对操作进行说明。

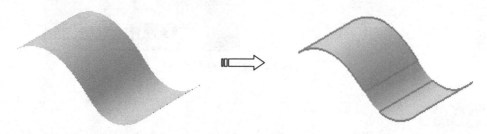

图 8-57　拆散曲面

上机操作——创建拆散曲面

01　打开本例素材源文件"8-23.CATPart"。

02 执行菜单栏中的【插入】/【操作】/【拆散】命令，系统弹出【分段】对话框。

03 定义拆散操作的相关要素。选中【UV 方向】作为分割方向，选取图形窗口中的曲面特征作为拆散对象，单击【确定】按钮完成对曲面的拆散操作，如图 8-58 所示。

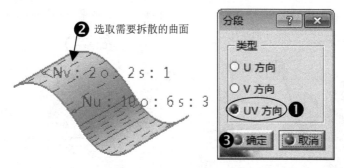

图 8-58 曲面的拆散

提示：

图 8-58 所示【分段】对话框中的各选项说明如下。

● U 方向：主要用于指定 U 方向上的分割元素。
● V 方向：主要用于指定 V 方向上的分割元素。
● UV 方向：主要用于指定 U 和 V 方向上的分割元素。

8.4.5 转换曲线或曲面

转换曲线或曲面是将已知的曲线、曲面特征转换为 NUPBS 曲线或曲面。下面以图 8-59 所示的实例对操作进行说明。

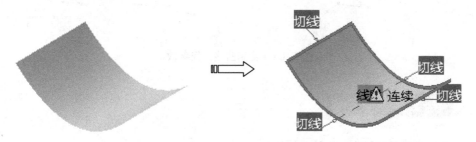

图 8-59 转换曲面

上机操作——转换曲线或曲面

01 打开本例素材源文件 "8-24.CATPart"。

02 执行菜单栏中的【插入】/【操作】/【变换向导】命令，系统弹出【转换器向导】对话框。

03 定义转换的相关要素。选取图形窗口中的曲面作为转换对象，单击 ⚠ 按钮激活【公差】

文本框并设置相应的公差值；单击 按钮激活【阶次】栏中的设置选项并分别在【沿 U】和【沿 V】文本框中输入"5"；单击 按钮激活分割区域栏，单击【应用】按钮预览转换效果；单击【确定】按钮完成曲面的转换，如图 8-60 所示。

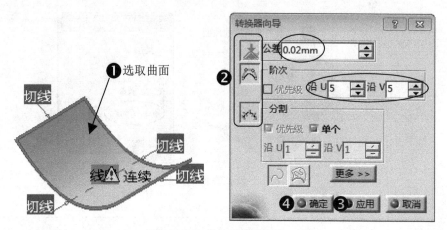

图 8-60　曲面的转换操作

8.4.6　复制几何参数

复制几何参数是指定一条已知的曲线并将其相关的阶次、段数等参数复制到另一条曲线之上。下面以图 8-61 所示的实例对操作进行说明。

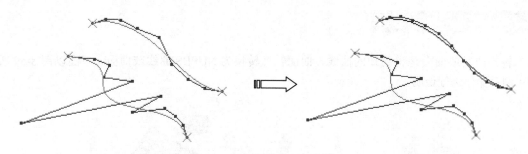

图 8-61　复制曲线几何参数

上机操作——复制几何参数

01　打开本例素材源文件"8-25.CATPart"。

02　执行菜单栏中的【插入】/【操作】/【复制几何参数】命令，系统弹出【复制几何参数】对话框。

03　单击【工具仪表盘】中的【隐秘显示】按钮 以显示曲线的控制点，选取图形窗口中的曲线 1 作为源对象曲线，如图 8-62 所示。

04　选取图形窗口中的曲线 2 作为目标曲线，单击【应用】按钮预览曲线的参数复制效果，单击【确定】按钮完成对几何参数的复制，如图 8-63 所示。

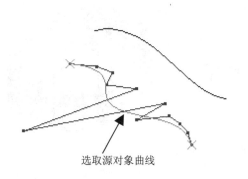

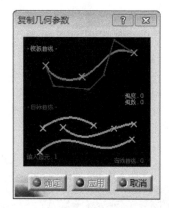

图 8-62 选取源对象曲线

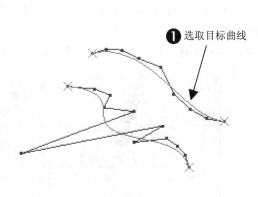

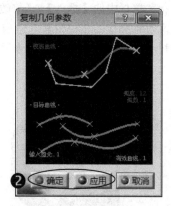

图 8-63 选取目标曲线

提示：

　　源对象曲线和目标曲线必须是具有阶次的曲线，可通过转换曲线或曲面的方式将曲线转换为 NUPBS 曲线再执行【复制几何参数】命令。

8.5 曲面外形修改

　　由于【自由曲面】模块是非参数化的设计工具，相对于【创成式外形设计】模块，其创建的曲线、曲面特征的修改起来就更为自由和直接，其主要修改思路也与参数化设计思路大相径庭。具体介绍如下。

8.5.1 对称

　　对称是指定已知的图元和参考平面并将图元对象镜像复制到参考平面的对称位置处。下面以图 8-64 所示的实例对操作进行说明。

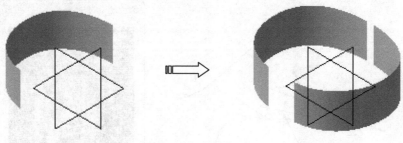

图 8-64　对称曲面

01　打开本例素材源文件"8-26.CATPart"。

02　执行菜单栏中的【插入】/【修改外形】/【对称】命令，系统弹出【对称定义】对话框。

03　定义对称操作的相关要素。选取图形窗口中的"曲面 1"作为对称操作的源对象，选取目录树中的"zx 平面"作为参考平面，单击【确定】按钮完成对称操作，如图 8-65 所示。

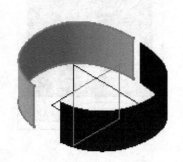

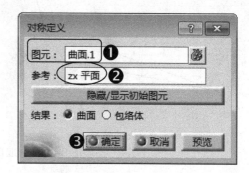

图 8-65　曲面的对称操作

8.5.2　调整控制点

调整控制点是通过对指定的曲线或曲面上的控制点进行编辑修改从而改变曲线或曲面的外形。下面以图 8-66 所示的实例对操作进行说明。

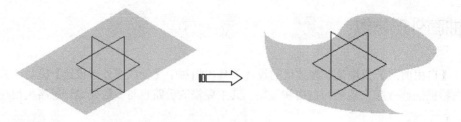

图 8-66　修改曲面外形

01　打开本例素材源文件"8-27.CATPart"。

02　调整视图显示方位。单击【视图】工具栏中的【俯视图】按钮 将视图的显示方位调整为俯视角。

03　执行菜单栏中的【插入】/【修改外形】/【调整控制点】命令，系统弹出【控制点】对话框。

04　定义控制参数。选取图形窗口中的"曲面 1"作为变形的控制图元，单击【对称】选择框并选取图形窗口中的"zx 平面"；单击【支持面】栏中的【指南针平面】按钮 ，使用默认的其他相关参数；向内移动曲面右上方的控制点，向右上方移动曲面右下方的控制点，单击【确定】按钮完成对曲面外形的调控，如图 8-67 所示。

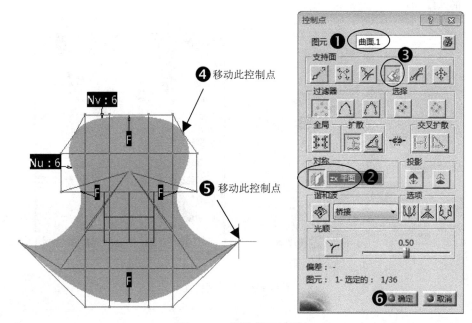

图 8-67　调控曲面外形

8.5.3　匹配曲面

匹配曲面是指定已知的曲面并将其外形变形至与其他曲面具有连续性的形状。匹配曲面的方式主要有单边匹配曲面和多重边匹配曲面两种。具体介绍如下。

1.　单边匹配曲面

单边匹配曲面是指定曲面上的一条边界与另一个曲面上的一条边并进行匹配接合操作，并使两曲面具有连续性特点。下面以图 8-68 所示的实例对操作进行说明。

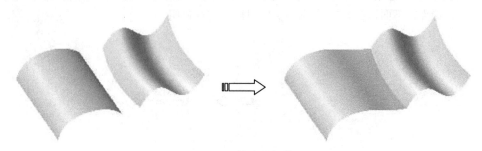

图 8-68　单边匹配曲面

上机操作——创建单边匹配曲面

01　打开本例素材源文件"8-28.CATPart"。

02　执行菜单栏中的【插入】/【修改外形】/【单边匹配曲面】命令，系统弹出【匹配曲面】对话框。

03　定义匹配曲面相关参数。使用系统默认的【自动】类型，选取图形窗口中左方曲面的一条边线作为匹配边线，选取图形窗口中右方曲面的一条边线作为匹配曲线，在图形窗口的【点】提示信息处单击右键并选择【曲率连续】命令，单击【确定】按钮完成对曲面的匹配操作，如图 8-69 所示。

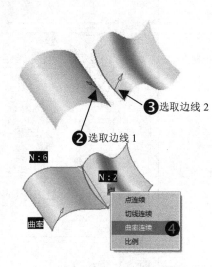

图 8-69　匹配两曲面

提示：

图 8-69 所示【匹配曲面】对话框中的【选项】栏的部分功能说明如下。

- 投影终点：主要用于投影第二条曲线上的边界终点。
- 投影边界：主要用于投影第二个曲面上的边界线。
- 在主轴上移动：主要用于匹配的约束控制，使其沿指南针主轴方向移动。
- 扩散：主要用于截线方向的曲面扩散变形。

---

2. 多重边匹配曲面

多重边匹配曲面是对指定的曲面的所有边界与一组曲面的边界进行匹配接合操作，并使曲面间具有连续性特点。下面以图 8-70 所示的实例对操作进行说明。

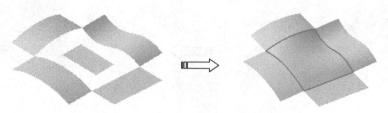

图 8-70　多重边匹配曲面

上机操作——创建多重边匹配曲面

01 打开本例素材源文件"8-29.CATPart"。

02 执行菜单栏中的【插入】/【修改外形】/【多重边匹配曲面】命令，系统弹出【多边匹配】对话框。

03 定义匹配对象。选中【散射变形】和【优化连续】选项，选取"曲面 5"的某一条边线，再选取周边曲面上与之相近的边线作为匹配边，继续选取各曲面匹配边线，在【点】信息提示上单击右键并选取快捷菜单中的【曲率连续】命令，如图 8-71 所示。

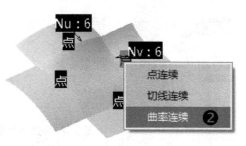

图 8-71 选取匹配边线

04 单击【应用】按钮预览匹配结果，单击【确定】按钮完成多重边匹配，如图 8-72 所示。

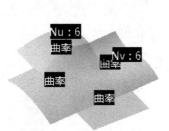

图 8-72 完成曲面匹配

8.5.4 拟合几何图形

拟合几何图形是通过对已知的曲线、曲面与另一目标曲线、曲面进行外形上的拟合操作，从而使其外形逼近目标曲线或曲面。下面以图 8-73 所示的实例对操作进行说明。

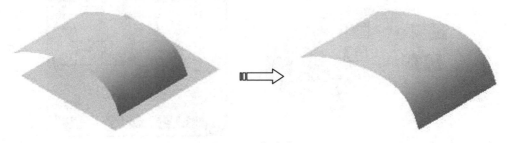

图 8-73 拟合曲面

上机操作——拟合几何图形

01　打开本例素材源文件"8-30.CATPart"。

02　执行菜单栏中的【插入】/【修改外形】/【拟合几何图形】命令，系统弹出【拟合几何图形】对话框。

03　选取图形窗口中的"曲面2"作为拟合的源对象曲面，如图8-74所示。

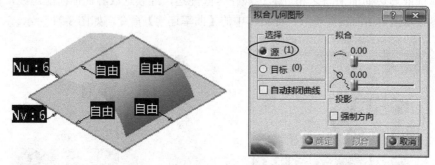

图8-74　选取源对象曲面

04　选中对话框中的【目标】选项，选取图形窗口中的"曲面1"作为拟合的目标曲面，如图8-75所示。

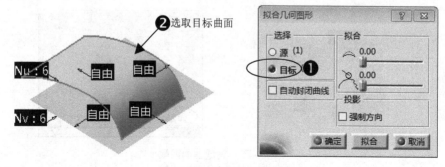

图8-75　选取目标曲面

05　定义拟合的相关参数。将【拟合】栏中的 ⌒ 滑块拖至最右方以调整参数至1，将 ⌒ 滑块拖至最右方以调整参数至1，单击【拟合】按钮预览拟合结果，单击【确定】按钮完成对曲面的拟合操作，如图8-76所示。

图8-76　设置拟合参数

提示:

图 8-76 所示的【拟合几何图形】对话框中部分选项的功能说明如下。

- ○ 自动封闭曲线: 此选项主要用于定义自动封闭拟合的曲线。
- ○ ⌢滑块: 主要用于设置拟合对象的张度系数。
- ○ ⌖滑块: 主要用于设置拟合对象的光顺系数。
- ○ 强制方向: 主要用于定义拟合的投影方向。

8.5.5　全局变形

全局变形是对已知的曲面沿指定的空间元素进行外形上的改变,其主要的操作方式有使用中间曲面和定义引导曲面两种。具体介绍如下。

1. 使用中间曲面变形

使用中间曲面的变形方式主要是通过调整控制点来改变曲面的外形。下面以图 8-77 所示的实例对操作进行说明。

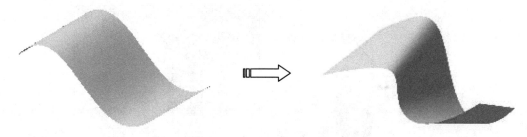

图 8-77　使用中间曲面变形

上机操作——使用中间曲面变形

01　打开本例素材源文件"8-31.CATPart"。

02　执行菜单栏中的【插入】/【修改外形】/【全局变形】命令,系统弹出【全局变形】对话框。

03　定义变形类型和对象。使用系统默认的【中间曲面】类型,选取图形窗口中的曲面特征作为变形对象,单击【运行】按钮,如图 8-78 所示。

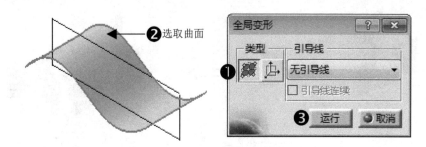

图 8-78　定义变形类型和对象

04 定义变形控制点的参数。单击【支持面】栏中的【垂直于指南针】按钮，选取图形上的一个控制点并向右拖动，如图 8-79 所示。

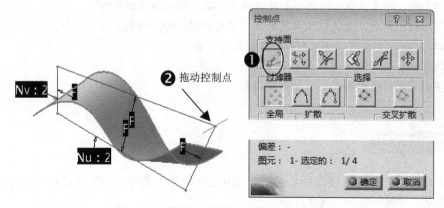

图 8-79   沿垂直于指南针的方向变形曲面

05 定义变形控制点的参数。单击【支持面】栏中的【指南针平面】按钮，选取图形上的一个控制点并向右下方拖动，单击【确定】按钮完成对曲面的全局变形操作，如图 8-80 所示。

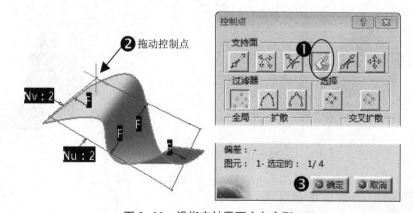

图 8-80   沿指南针平面方向变形

2. 使用引导曲面变形

使用引导曲面的变形方式是对已知曲面进行限制约束从而改变曲面的外形。下面以图 8-81 所示的实例对操作进行说明。

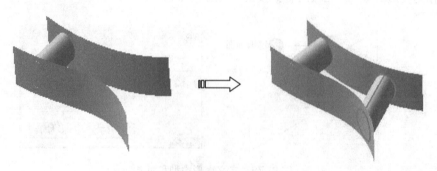

图 8-81   使用引导曲面变形

上机操作——使用引导曲面变形

01　打开本例素材源文件"8-32.CATPart"。

02　执行菜单栏中的【插入】/【修改外形】/【全局变形】命令，系统弹出【全局变形】对话框。

03　定义变形类型和对象。单击【使用轴】按钮切换变形类型，按住 Ctrl 键的同时选取椭圆形曲面作为变形对象。选取【引导线】下拉列表中的【2 条引导线】选项，单击【运行】按钮完成要变形的曲面的选取，如图 8-82 所示。

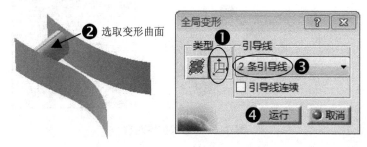

图 8-82　定义变形类型和对象

04　定义引导曲面和变形位置。选取"曲面 1"和"曲面 2"作为引导曲面，向右拖动椭圆曲面上的控制器，将控制器放置在右侧合适位置处，如图 8-83 所示。

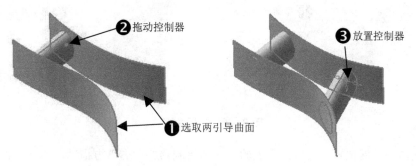

图 8-83　定义变形引导曲面和变形位置

05　单击【确定】按钮完成使用引导曲面使曲面变形的操作。

8.5.6　扩展曲面

扩展曲面是指定曲线或曲面作为扩展对象并将其向外延展扩张。下面以图 8-84 所示的实例对操作进行说明。

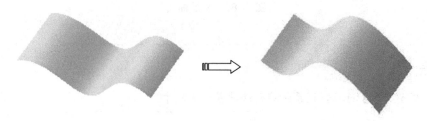

图 8-84　扩展曲面

上机操作——创建扩展曲面

01 打开本例素材源文件"8-33.CATPart"。

02 执行菜单栏中的【插入】/【修改外形】/【扩展】命令，系统弹出【扩展】对话框。

03 定义扩展模式和对象。选中对话框中的【保留分段】选项，选取图形窗口中的曲面特征
作为扩展对象，如图 8-85 所示。

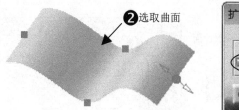

图 8-85　选取扩展对象

04 定义曲面扩展位置。选取曲面上的一个控制器并向右下方拖动，拖动该控制器至合适位
置并将其放置在该处以完成对曲面的扩展操作，如图 8-86 所示。

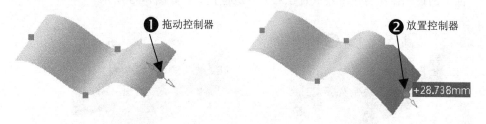

图 8-86　扩展曲面

05 定义曲面扩展位置。选取曲面上的另一个控制器并向右下方拖动，拖动该控制器至合适
位置并将其放置在该处以完成对曲面的扩展操作，如图 8-87 所示。

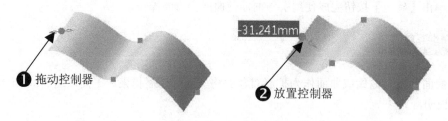

图 8-87　扩展曲面

提示：

选中【保留分段】选项，则系统将允许设置负值尺寸。

8.6　实战案例：小音箱面板曲面

本节以一个工业产品——小音箱面板设计实例来详细介绍自由曲线、草图、自由曲面创建和编辑相结合的应用技巧。小音箱面板造型如图 8-88 所示。

图 8-88　小音箱面板效果

操作步骤

01　在【标准】工具栏中单击【新建】按钮，在弹出的【新建】对话框中选择"Part"，弹出【新建零件】对话框。单击【确定】按钮新建一个零件文件，选择【开始】/【形状】/【自由曲面】命令，进入【自由曲面】设计工作台。

02　执行菜单栏中的【工具】/【自定义】命令，弹出【自定义】对话框，单击【工具栏】选项卡，选中左侧的【Curve Creation】选项，单击右侧的【添加命令】按钮，如图 8-89 所示。

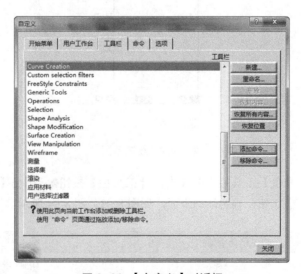

图 8-89　【自定义】对话框

03　在弹出的【命令列表】对话框中选择【草图】选项，单击【确定】按钮，完成命令的添加，

如图 8-90 所示。

04 再次添加命令。在弹出的【命令列表】对话框中选择【Point…】选项，单击【确定】按钮，完成命令的添加，如图 8-91 所示。

图 8-90 添加草图命令

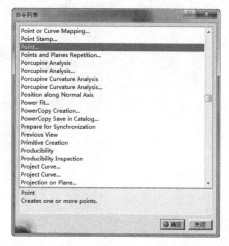

图 8-91 添加点命令

05 选择 zx 平面作为草图平面，单击【草图】按钮，进入草图编辑器中。利用草绘工具绘制图 8-92 所示的草图。单击【工作台】工具栏中的【退出工作台】按钮，完成草图的绘制。

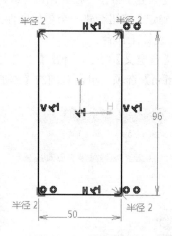

图 8-92 绘制草图

06 单击【工具仪表盘】工具栏中的【指南针工具栏】按钮，弹出【快速确定指南针方向】工具栏，单击按钮，确定活动平面，如图 8-93、图 8-94 所示。

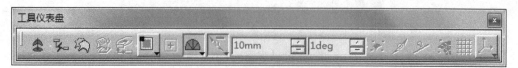

图 8-93 【工具仪表盘】工具栏

图 8-94　【快速确定指南针方向】工具栏

07　单击【拉伸曲面】按钮，选择草图作为要拉伸的曲线，设置拉伸长度为"20mm"，单击【确定】按钮，完成拉伸曲面的创建，如图 8-95 所示。

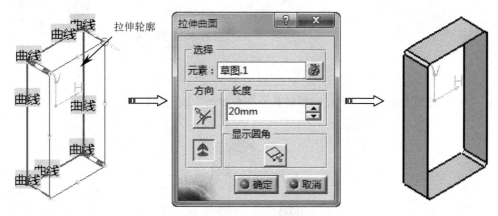

图 8-95　创建拉伸曲面

08　选择 *yz* 平面作为草图平面，单击【草图】按钮，进入草图编辑器中。利用草绘工具绘制图 8-96 所示的草图，单击【工作台】工具栏中的【退出工作台】按钮，完成草图的绘制。

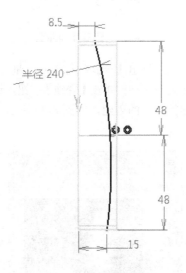

图 8-96　绘制草图

09　单击【中断曲面或曲线】按钮，弹出【断开】对话框，选择中断类型；激活【元素】选择框，选择图 8-97 所示的曲面；激活【限制】选择框，选择曲线，单击【确定】按钮完成剪切曲面的操作。

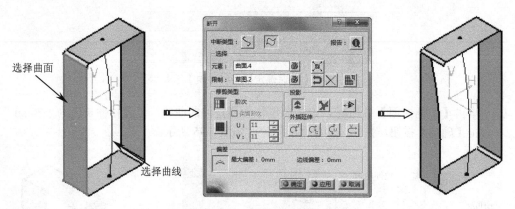

图 8-97 创建剪切曲面

10 重复上述曲面剪切过程，依次剪切其他 7 个曲面，如图 8-98 所示。

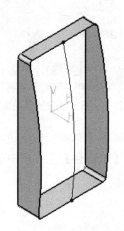

图 8-98 修剪其他曲面

11 单击【扫掠造型面】按钮 ，弹出【样式扫掠】对话框，选择扫掠类型；单击【轮廓】按钮，选择拉伸曲面边线作为轮廓线；单击【脊线】按钮，选择第 8 步绘制的草图作为脊线，单击【确定】按钮完成扫掠曲面的创建，如图 8-99 所示。

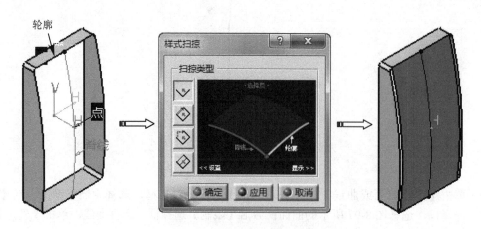

图 8-99 创建扫掠曲面

12 单击【修改外形】工具栏中的【延伸】按钮，弹出【外插延伸】对话框，选择扫掠曲面，设置【长度】为"10mm"，单击【确定】按钮完成外插延伸曲面的创建，如图 8-100 所示。

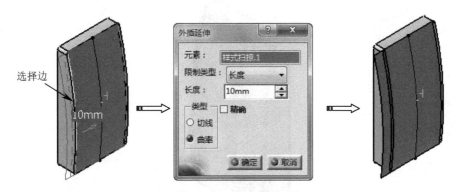

图 8-100　外插延伸曲面

13 单击【修改外形】工具栏中的【延伸】按钮，弹出【外插延伸】对话框，选择扫掠曲面，设置【长度】为"10mm"，单击【确定】按钮完成延伸曲面的创建，如图 8-101 所示。

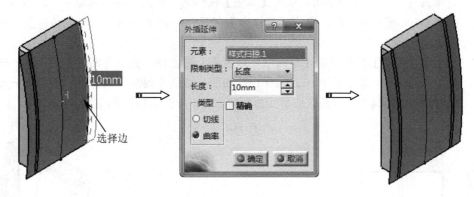

图 8-101　外插延伸曲面

14 单击【操作】工具栏中的【中断曲面或曲线】按钮，弹出【断开】对话框，选择中断类型；激活【元素】选择框，选择左侧的外插延伸曲面；激活【限制】选择框，选择"草图 1"，单击【确定】按钮完成剪切曲面的创建，如图 8-102 所示。

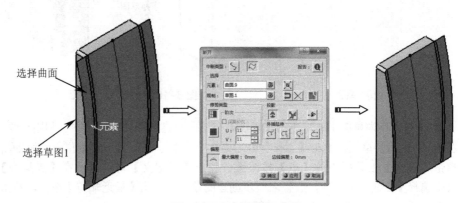

图 8-102　创建剪切曲面

15 重复上述曲面剪切过程，剪切另一侧的外插延伸曲面，如图 8-103 所示。

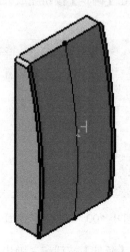

图 8-103　修剪曲面

16 选择 zx 平面作为草图平面，单击【草图】按钮 ，进入草图编辑器中。利用草绘工具绘制图 8-104 所示的草图。单击【工作台】工具栏中的【退出工作台】按钮 ，完成草图绘制。

17 单击【操作】工具栏中的【中断曲面或曲线】按钮 ，弹出【断开】对话框，选择中断类型；激活【元素】选择框，选择扫掠曲面；激活【限制】选择框，选择上一步创建的草图，单击【确定】按钮完成剪切曲面的创建，如图 8-105 所示。

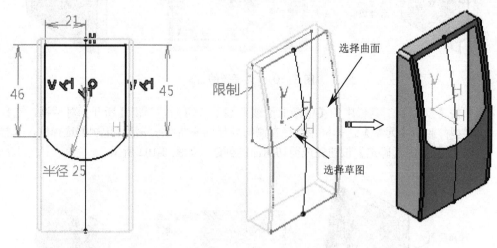

图 8-104　绘制草图　　　　　　　　　　图 8-105　创建剪切曲面

18 选择 yz 平面作为草图平面，单击【草图】按钮 ，进入草图编辑器中。利用草绘工具绘制图 8-106 所示的草图。单击【工作台】工具栏中的【退出工作台】按钮 ，完成草图绘制。

19 单击【线框】工具栏中的【点】按钮 ，弹出【点定义】对话框；在【点类型】下拉列表中选择【曲线上】选项，选择上一步创建的草图；单击【最近端点】按钮，单击【确定】按钮，系统自动完成点的创建，如图 8-107 所示。

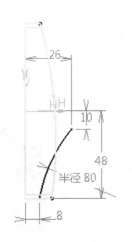

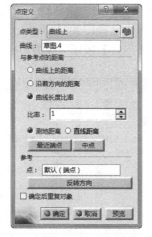

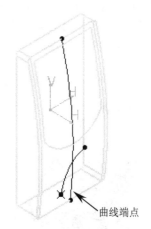

曲线端点

图 8-106　绘制草图　　　　　　　　　　　　图 8-107　创建点

20　单击【曲线创建】工具栏中的【曲面上曲线】按钮，弹出【选项】对话框。在【创建类型】
　　下拉列表中选择【逐点】选项，在【模式】下拉列表中选择【通过点】选项。在图形区
　　选择拉伸曲面，然后在曲面上选择通过的点，单击【确定】按钮，系统自动完成曲面上
　　的曲线创建，如图 8-108 所示。

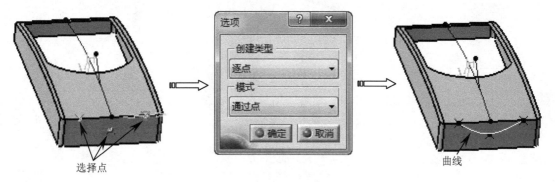

选择点　　　　　　　　　　　　　　　　　　　　　　　　　　曲线

图 8-108　创建曲面上的曲线

21　单击【曲面创建】工具栏中的【扫掠造型面】按钮，弹出【样式扫掠】对话框。选择扫掠
　　类型，单击【轮廓】按钮，选择上一步创建的曲线作为轮廓线。在缩略图中单击【脊线】按钮，
　　选择第 18 步绘制的草图作为脊线，单击【确定】按钮完成扫掠曲面的创建，如图 8-109 所示。

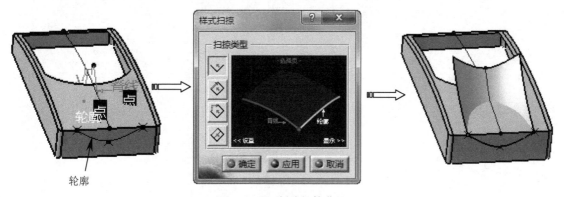

轮廓

图 8-109　创建扫掠曲面

22 单击【操作】工具栏中的【中断曲面或曲线】按钮，弹出【断开】对话框。选择中断
类型，激活【元素】选择框，选择图 8-110 所示的曲面。激活【限制】选择框，选择上一
步创建的扫掠曲面，单击【确定】按钮完成剪切曲面的创建。

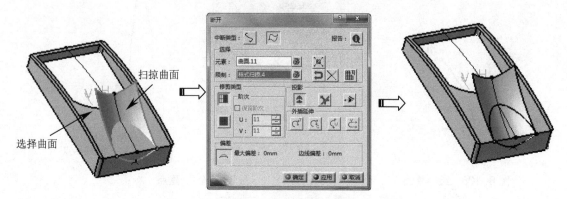

图 8-110 创建剪切曲面

23 重复上述过程，修剪其余曲面，得到小音箱面板曲面，如图 8-111 所示。

图 8-111 小音箱面板曲面

9 Chapter

第9章
曲面优化与模型渲染

本章详细介绍曲面优化设计的方法和渲染技巧。其中，曲面优化设计包括交接曲面、曲面变形、曲面中心凸起等曲面操作，这些曲面操作用普通的曲面创建方式很难完成。而在CATIA的【创成式外形设计】模块中提供了这些曲面优化操作的各种工具集。

CATIA的实时渲染模块用于产品造型的后期处理，它通过使用具有各种参数的材质来逼真地渲染出产品的外观。

知识要点

- 中心凹凸曲面
- 基于曲面的变形
- 曲面外形渐变
- 材料的应用
- 场景编辑器的应用

9.1 曲面优化设计

曲面的优化设计是【创成式外形设计】平台中提供的曲面高级操作，它主要用于非常规的曲面造型优化设计，以方便用户完成一些特殊的曲面设计。

9.1.1 中心凹凸曲面

中心凹凸是以曲面上的曲线为区域边界，以一点为中心按指定的方向进行凹凸变形从而创建一个新曲面特征。下面以图9-1所示的实例对操作进行说明。

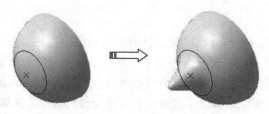

图9-1 中心凸起曲面

上机操作——创建中心凸起曲面

01 打开本例素材源文件"9-1.CATPart"。

02 执行菜单栏中的【开始】/【形状】/【创成式外形设计】命令，系统进入创成式外形设计平台。

03 执行菜单栏中的【插入】/【高级曲面】/【凹凸】命令，系统弹出【凹凸变形定义】对话框。

04 选取图形窗口中的曲面作为要变形的图元，选取曲面上的圆形作为限制曲线，选取曲面上的点1作为变形中心；指定X轴为变形方向，设置变形距离为"20"，单击【确定】按钮完成曲面的凸起变形操作，如图9-2所示。

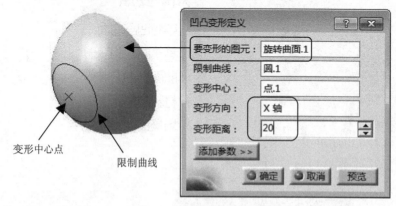

图9-2 创建中心凸起曲面

 提示：

选取的限制曲线必须在曲面上或是曲面的边界线，否则不能创建中心凸起曲面特征。

9.1.2 基于曲线的曲面变形

基于曲线的曲面变形是将曲面的一组参考曲线变形到目标曲线上。下面就以图 9-3 所示的实例对操作进行说明。

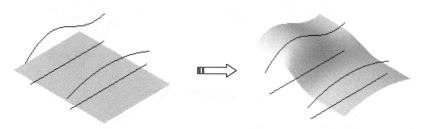

图 9-3 基于曲线的曲面变形

上机操作——基于曲线的曲面变形

01 打开本例素材源文件 "9-2.CATPart"。

02 执行菜单栏中的【开始】/【形状】/【创成式外形设计】命令，系统进入创成式外形设计平台。

03 执行菜单栏中的【插入】/【高级曲面】/【包裹曲线】命令，系统弹出【包裹曲线定义】对话框。

04 选取图形窗口中的曲面特征作为要变形的图元，依次选取图 9-4 所示的参考 1 和目标 1 作为相对应的曲线，选取参考 2 和目标 2 作为相对应的曲线，单击【确定】按钮完成曲面的变形操作，如图 9-4 所示。

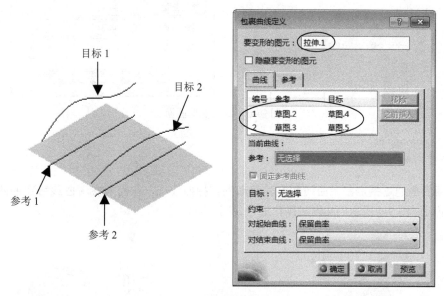

图 9-4 选取相对应的曲线

9.1.3 基于曲面的曲面变形

基于曲面的曲面变形是指定一个参考曲面并将其变形到另一个目标曲面上。下面以图 9-5 所示的实例对操作进行说明。

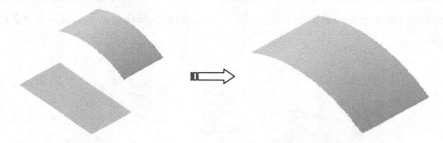

图 9-5　基于曲面的曲面变形

上机操作——基于曲面的曲面变形

01　打开本例素材源文件"9-3.CATPart"。

02　执行菜单栏中的【开始】/【形状】/【创成式外形设计】命令，系统进入创成式外形设计平台。

03　执行菜单栏中的【插入】/【高级曲面】/【包裹曲面】命令，系统弹出【包裹曲面变形定义】对话框。

04　选取"拉伸 1"曲面作为要变形的图元和参考曲面，选取"拉伸 2"曲面作为目标曲面，使用系统默认的【3D】选项作为包裹类型，单击【确定】按钮完成曲面的变形操作，如图 9-6 所示。

图 9-6　定义变形曲面

9.1.4　外形渐变

外形渐变是通过指定参考曲线并将其变形到目标曲线上，从而对参考曲线所在的曲面外形进行变形。下面以图 9-7 所示的实例对操作进行说明。

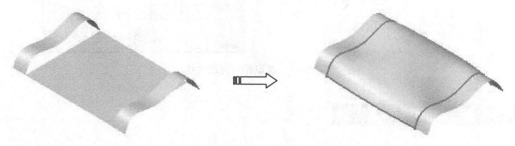

图 9-7　外形渐变曲面

上机操作——创建外形渐变曲面

01 打开本例素材源文件"9-4.CATPart"。

02 执行菜单栏中的【开始】/【形状】/【创成式外形设计】命令，系统进入创成式外形设计平台。

03 执行菜单栏中的【插入】/【高级曲面】/【外形渐变】命令，系统弹出【外形变形定义】对话框。

04 选取"拉伸1"曲面作为要变形的图元，分别选取图9-8所示的参考曲线和目标曲线，单击【确定】按钮完成曲面的外形渐变，如图9-8所示。

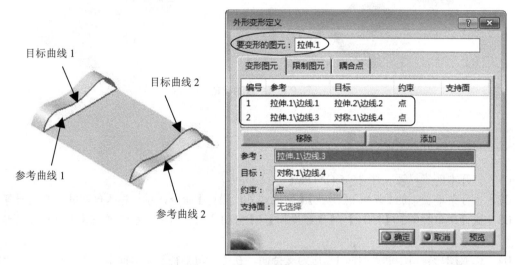

图9-8 定义外形变形参数

提示：

在图9-8所示的【外形变形定义】对话框中，可在【约束】选择框中选取【切线】选项并选择相切控制的支持面来控制曲面的变形，如图9-9所示。

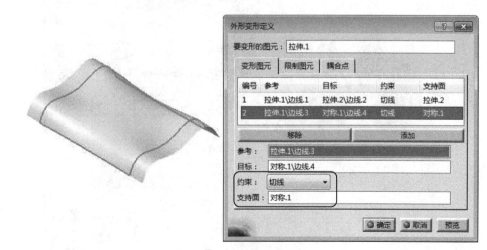

图9-9 定义相切约束

9.1.5 自动圆角

曲面的自动圆角是通过指定需要圆角化的支持曲面，系统将自动选取进行圆角化的边线并最终创建圆角特征。下面以图 9-10 所示的实例对操作进行说明。

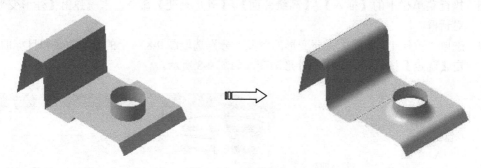

图 9-10 自动圆角

上机操作——创建自动圆角

01 打开本例素材源文件"9-5.CATPart"。

02 执行菜单栏中的【开始】/【形状】/【创成式外形设计】命令，系统进入创成式外形设计平台。

03 执行菜单栏中的【插入】/【高级操作】/【自动圆角】命令，系统弹出【定义自动圆角化】对话框。

04 选取图形窗口中的"曲面 1"作为支持面，在【圆角半径】文本框中设置半径尺寸为"7"，使用系统默认的其他相关设置，单击【预览】按钮可显示相关的圆角边线，单击【确定】按钮完成曲面自动圆角的创建，如图 9-11 所示。

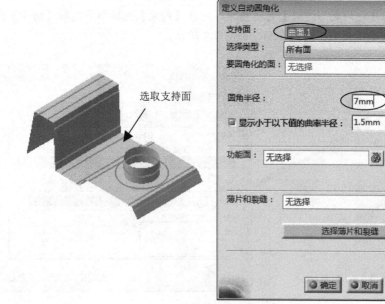

图 9-11 定义自动圆角参数

9.2 CATIA 实时渲染

本节将讲解 CATIA 实时渲染的相关功能及操作方法和技巧,该模块主要应用在产品造型的后期制作和处理流程中,并通过赋予三维模型以各种材质以渲染出逼真的效果来表达产品,它对产品前期的市场推广具有一定的积极作用。

在菜单栏中执行【开始】/【基础结构】/【实时渲染】命令,系统即可进入【实时渲染】模块,如图 9-12 所示。

图 9-12　进入【实时渲染】模块

9.2.1 应用材料

在 CATIA 造型设计过程中可以通过对三维模型赋予相关的材质,从而可观察产品在实际材质表现情况下的状态。下面以图 9-13 所示的实例对操作进行说明。

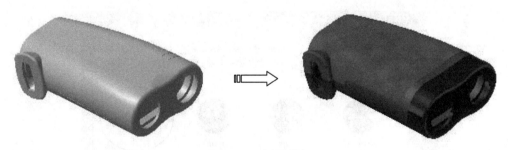

图 9-13　应用材料

上机操作——应用材料

01　打开本例素材源文件"剃须刀 \ Shaver.CATProduct"。

02　执行菜单栏中的【开始】/【基础结构】/【实时渲染】命令,系统进入实时渲染平台。

03　执行菜单栏中的【视图】/【渲染样式】/【自定义视图】命令,系统弹出【视图模式自定义】对话框;选中【着色】选项,选中【材料】选项,单击【确定】按钮完成视图模式的自定义,如图 9-14 所示。

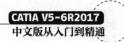

CATIA V5-6R2017
中文版从入门到精通

04 选中目录树中的"end-cover"零部件作为材质应用的实体，单击【应用材料】工具栏中的【应用材料】按钮，系统弹出材料【库】对话框。

05 激活【Metal】选项卡以指定材料类型，选择【Bronze】作为应用的材料，单击【应用材料】按钮和【确定】按钮完成材料的应用，如图9-15所示。

图9-14 自定义视图模式

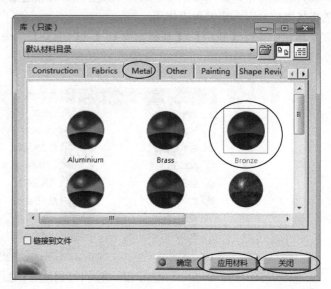

图9-15 定义应用材料

06 选中目录树中的"up-cover"零部件作为材质应用的实体，单击【应用材料】工具栏中的【应用材料】按钮，系统弹出【库】对话框。

07 激活【Metal】选项卡以指定材料类型，选择【Brushed metal】作为应用的材料，单击【应用材料】按钮和【确定】按钮完成材料的应用，如图9-16所示。

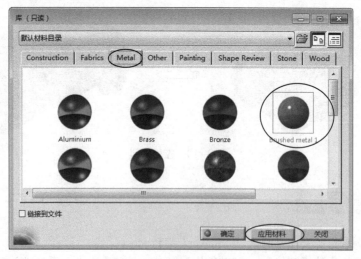

图9-16 定义应用材料

08 选中目录树中的"down-cover"零部件作为材质应用的实体，单击【应用材料】工具栏中的【应用材料】按钮，系统弹出【库】对话框。

09　激活【Fabrics】选项卡以指定材料类型，选择【Alcantara】作为应用的材料；单击【应用材料】按钮和【确定】按钮完成材料的应用，如图 9-17 所示。

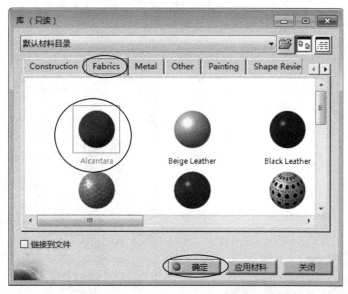

图 9-17　定义应用材料

10　选中目录树中的"septalium"零部件作为材质应用的实体，单击【应用材料】工具栏中的【应用材料】按钮🖼️，系统弹出【库】对话框。

11　激活【Construction】选项卡以指定材料类型，选择【PVC】作为应用的材料；单击【应用材料】按钮和【确定】按钮完成材料的应用，如图 9-18 所示。

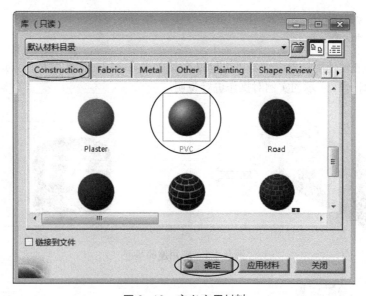

图 9-18　定义应用材料

12　执行菜单栏中的【视图】/【渲染样式】/【含材料着色】命令，系统会将已应用材料的零部件的效果在图形窗口中显示出来，最终结果如图 9-19 所示。

提示：

　　在【库】对话框的材质图标上单击鼠标右键，在弹出的快捷菜单中选择【属性】命令，再单击【渲染】选项卡即可在此面板中设置渲染材料的各种相关参数。其中包括【环境】【散射】【粗糙度】等参数设置，如图 9-20 所示。

图 9-19　材料应用效果

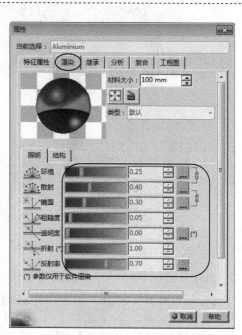

图 9-20　设置应用材料的渲染参数

9.2.2　场景编辑器

　　在 CATIA 中通过使用场景编辑器可以模拟产品在实际应用中的实时环境以达到更为逼真的渲染效果。下面以图 9-21 所示的实例对操作进行说明。

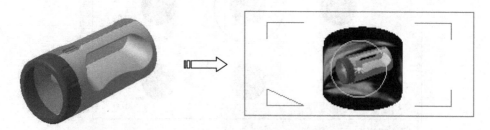

图 9-21　应用渲染场景

上机操作——应用场景编辑器

1. 创建环境

01　打开本例素材源文件"探照灯 \searchlight.CATProduct"。

02 执行菜单栏中的【开始】/【基础结构】/【实时渲染】命令，系统进入实时渲染平台。

03 单击【场景编辑器】工具栏中的【创建圆柱环境】按钮 🛢，系统会在图形窗口中显示环境并在目录树中添加【环境】节点，如图 9-22 所示。

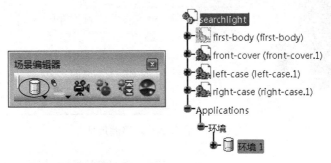

图 9-22 添加圆柱环境

提示:

在 CATIA 中可以建立如【箱环境】【球面环境】和【圆柱环境】这样的环境及自定义环境，但一个数字模型中只能激活一种应用环境。

04 选中目录树中的"环境 1"并单击鼠标右键，在弹出的快捷菜单中选择【属性】命令，系统弹出【属性】对话框，如图 9-23 所示。

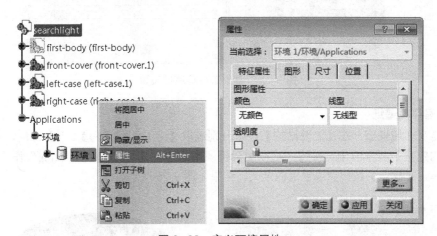

图 9-23 定义环境属性

05 单击【尺寸】选项卡以切换设置类型，在【尺寸】栏中通过拨动 ▥▥▥▥▥▥ 旋钮来调整圆柱环境的【半径】和【高度】，单击【确定】按钮完成圆柱环境的显示尺寸的调整，如图 9-24 所示。

06 单击【位置】选项卡以切换设置类型，在【轴】栏中通过拨动 ▥▥▥▥▥▥ 旋钮或在文本框中输入相应数值可调整圆柱环境的方位，单击【确定】按钮完成圆柱环境的显示位置的调整，如图 9-25 所示。

07 激活【环境定义】对话框。双击目录树中"Applications"节点下的"环境"图标，系统弹出【环境定义】对话框。

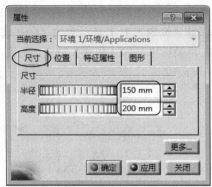

图 9-24　调整圆柱环境的尺寸

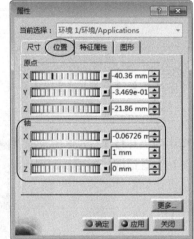

图 9-25　调整圆柱环境的位置

2.　创建环境壁纸

01　定义环境壁纸。在【侧壁结构】栏中分别选取【上】【北】【南】【下】方位，再单击【结构定义】栏中的浏览按钮并选取配套资源中的"探照灯\环境壁纸.jpg"作为环境壁纸，单击【确定】按钮完成壁纸的定义。结果如图 9-26 所示。

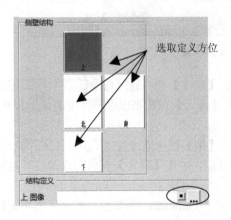

图 9-26　定义环境壁纸

02　创建点光源。单击【场景编辑器】工具栏中的【创建点光源】按钮🔆，系统出现球形边界，如图 9-27 所示。

03　调整点光源位置。拖动球形边界中心的控制点并将其放置在图形中合适的位置以调整光源的位置，如图 9-28 所示。

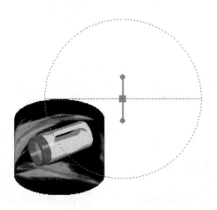　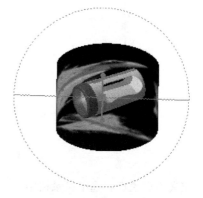

图 9-27　创建点光源　　　　　　　　图 9-28　调整点光源

04　选中目录树中的"光源 1"并单击鼠标右键，在弹出的快捷菜单中选择【属性】命令，系统弹出【属性】对话框，如图 9-29 所示。

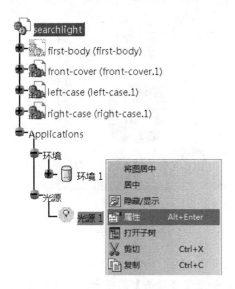　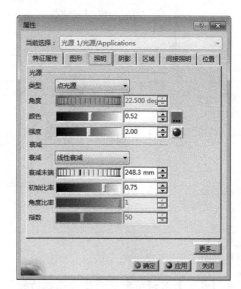

图 9-29　定义光源参数

 提示：

　　在【属性】对话框中可调整光源的相关参数。如激活【照明】选项卡，可调整光源类型、光源投影角度、颜色等。

05　单击【确定】按钮完成对光源的设置。

3. 创建摄像机

01 创建摄像机。单击【场景编辑器】工具栏中的【创建照相机】按钮🖾，系统会添加摄像
窗口，如图 9-30 所示。

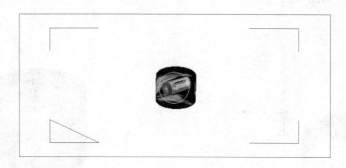

图 9-30 创建摄像机

02 定义摄像焦点。选中目录树中的"照相机 1"并单击鼠标右键，在弹出的快捷菜单中选择
【属性】命令，系统弹出【属性】对话框，如图 9-31 所示。

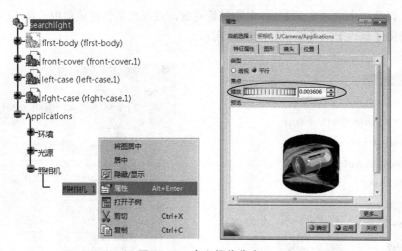

图 9-31 定义摄像焦点

 提示：

在【属性】对话框中可调整摄像机的相关参数。如激活【镜头】选项卡，可调整摄像类型、
焦点等相关设置并能进行实时预览。

03 单击【确定】按钮完成摄像机的创建。

9.2.3 制作动画

在完成应用材料、场景编辑和创建摄像机的操作后，可对相关的三维模型进行实时的运动仿
真并输出动画影片。

上机操作——制作动画

1. 创建旋转轴

01　单击【动画】工具栏中的【创建转盘】按钮，系统弹出【转盘】对话框，如图 9-32 所示。

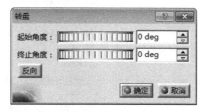

图 9-32　激活转盘工具

02　定义旋转轴。系统默认将指南针定位到三维产品模型的原点并以 Z 轴为旋转轴，拖动 Z 轴上顶点的控制点可自由旋转指南针以重新定义旋转轴，如图 9-33 所示。

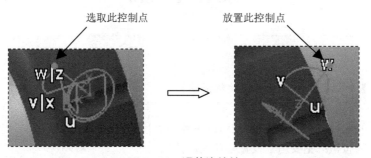

图 9-33　调整旋转轴

03　单击【确定】按钮完成旋转轴的定义。

2. 定义仿真运动

01　单击【动画】工具栏中的【模拟】按钮，系统弹出【选择】对话框，如图 9-34 所示。

02　编辑模拟相关参数。选取【选择】对话框中的各项作为需要模拟的对象，单击【确定】按钮完成模拟对象的选取，系统弹出【操作】工具栏和【编辑模拟】对话框，如图 9-35 所示。

图 9-34　【选择】对话框

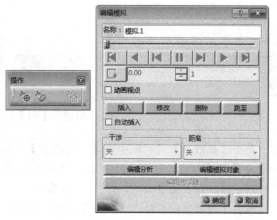

图 9-35　【编辑模拟】对话框

03 修改模拟名称。在对话框的【名称】文本框中修改模拟名称为"演示模拟"。

04 单击【插入】按钮插入帧用于设置模拟动画的位置变化，多次单击【插入】按钮继续设置相关帧，如图 9-36 所示，单击【确定】按钮完成设置。

图 9-36　插入帧设置

提示：

【编辑模拟】对话框中的部分功能按钮说明如下。

- ![按钮] 按钮：主要用于预览模拟的方式。
- 按钮：主要用于设置模拟运动的帧。
- **修改** 按钮：主要用于修改已设置的相关运动帧。
- **跳至** 按钮：主要用于跳过当前设置的运动帧。

3. 生成视频

01 选中目录树中的"演示模拟"节点，单击【动画】工具栏中的【生成视频】按钮，系统弹出【播放器】和【视频生成】对话框，如图 9-37 所示。

图 9-37　【播放器】和【视频生成】对话框

02 单击【播放器】对话框中的【向前播放】按钮，系统会播放已制作的模拟运动过程。

03 设置播放参数。单击【播放器】对话框中的【参数】按钮，系统弹出【播放器参数】对话框，设置图 9-38 所示的播放参数。

04 单击【视频生成】对话框中的【设置】按钮 **设置** ，系统即可弹出【Choose Compressor】对话框，此处使用系统默认的视频压缩参数即可，单击【确定】按钮退出该对话框，如

图 9-39 所示。

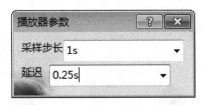

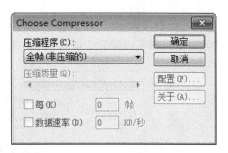

图 9-38 设置播放参数　　　　　图 9-39 【Choose Compressor】对话框

05　单击【视频生成】对话框中的【文件名】按钮 文件名...，系统弹出【另存为】对话框，设置好视频文件的保存路径和文件名称，单击【确定】按钮完成视频文件的制作。

9.3 实战案例

本节以一个玩具产品——M41 步枪渲染演示实例来详细介绍产品在 CATIA 系统中的实时渲染过程。在本实例的渲染过程中，将应用系统中已有的各种材料对 M41 步枪的各个零部件进行材质的渲染。最终效果如图 9-40 所示。

图 9-40 M41 步枪渲染

 操作步骤

01　打开本例素材源文件 "M41.CATProduct"。

02　执行菜单栏中的【开始】/【基础结构】/【实时渲染】命令，系统进入实时渲染平台。

03　执行菜单栏中的【视图】/【渲染样式】/【自定义视图】命令，系统弹出【视图模式自定义】对话框，选中【着色】选项，选中【材料】选项；单击【确定】按钮完成视图模式的自定义。

04　执行菜单栏中的【视图】/【渲染样式】/【含材料着色】命令，以便图形渲染后能实时地显示在图形窗口中。

05　选中目录树中的"QIANGTUO"零部件作为材质应用的实体零件。

06　单击【应用材料】工具栏中的【应用材料】按钮，单击【库】对话框中的【Wood】选项卡，选择【Bright Oak】作为零件的附着材质；单击【应用材料】按钮预览效果，单击【确定】按钮完成零件的材料应用，如图 9-41 所示。

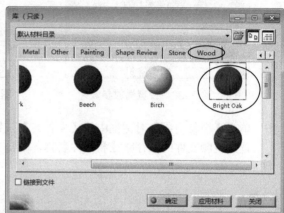

图 9-41　定义木质枪拖

07　选中目录树中的"SHOUBA"零部件作为材质应用的实体零件。

08　单击【应用材料】工具栏中的【应用材料】按钮，单击【库】对话框中的【Wood】选项卡，选择【Wild Cherry】作为零件的附着材质；单击【应用材料】按钮预览效果，单击【确定】按钮完成零件的材料应用，如图 9-42 所示。

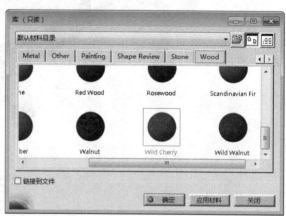

图 9-42　定义木质手把

09　选中目录树中的"DANJIA""QIANGTUO22""QIANGGUAN""MIAOZHUNZHIZUO""SANREGUAN""GUANTAO""LIANJIETAO""SHANGGAI"零部件作为材质应用的实体零件。

10　单击【应用材料】工具栏中的【应用材料】按钮，单击【库】对话框中的【Metal】选项卡，选择【Aluminium】作为零件的附着材质；单击【应用材料】按钮预览效果，单击【确定】按钮完成零件的材料应用，如图 9-43 所示。

11　选中目录树中的"ZHUTI1"零部件作为材质应用的实体零件。

图 9-43　定义金属材质

12　单击【应用材料】工具栏中的【应用材料】按钮👤，单击【库】对话框的【Metal】选项
卡，选择【Gold】作为零件的附着材质；单击【应用材料】按钮预览效果，单击【确定】
按钮完成零件的材料应用，如图 9-44 所示。

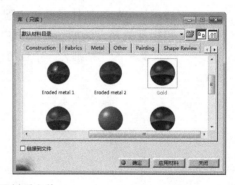

图 9-44　定义金属材质主体

第 10 章
装配设计

在 CATIA V5-6R2017 中把各种零件、部件组合在一起形成一个完整装配体的过程叫做装配设计，而装配体实际上是保存在单个 CATPart 文件中的相关零件集合，该文件的扩展名为 .CATProduct。装配体中的零部件是通过装配约束关系来确定它们之间的正确位置和相互关系，添加到装配体中的零件与源零件之间是相互关联的，改变其中的一个则另一个也将随之改变。

知识要点

- 装配设计概述
- 装配结构设计与管理
- 自底向上装配
- 自顶向下装配
- 装配分析

10.1 装配设计概述

CATIA 装配设计有两种方法：自底向上和自顶向下。如果首先设计好全部零件，然后将零件作为部件添加到装配体中，则称为自底向上；如果首先设计好装配模型，然后在装配模型中建立零件，称为自顶向下。无论哪种方法首先都要进入装配设计工作台，本节首先介绍装配设计工作台的基本知识。

10.1.1　进入装配设计工作台

要进行装配设计，首先必须进入装配设计工作台。进入装配设计工作台有两种方法：【开始】菜单法和新建装配文件法。

（1）【开始】菜单法。

启动 CATIA V5-6R2017 后，在菜单栏执行【开始】/【机械设计】/【装配设计】命令，系统自动进入装配设计工作台，如图 10-1 所示。

（2）新建装配文件法。

启动 CATIA 之后，在菜单栏执行【文件】/【新建】命令，弹出【新建】对话框，在【类型列表】中选择【Product】选项，如图 10-2 所示。单击【确定】按钮，系统自动进入装配设计工作台。

图 10-1　【开始】菜单法　　　　　　　　　图 10-2　【新建】对话框

1. 打开装配文件

启动 CATIA 之后，在菜单栏执行【文件】/【打开】命令，弹出【选择文件】对话框，选择一个装配文件（*.CATProduct），单击【打开】按钮，即可进入装配模块。

2. 装配工作台用户界面

装配工作台中增加了装配相关命令和操作，其中与装配有关的菜单有【插入】【工具】【分析】，与装配有关的工具栏有【产品结构工具】【约束】【移动】【装配特征】等，如图 10-3 所示。

3. 装配设计菜单

（1）【插入】菜单。

【插入】菜单包含约束命令、产品结构管理命令和装配特征命令等，如图 10-4 所示。

（2）【工具】菜单。

【工具】菜单包含产品管理命令、从产品生成 CATPart 命令，以及场景命令等，如图 10-5 所示。

（3）【分析】菜单。

【分析】菜单包含装配设计分析命令和测量命令等，如图 10-6 所示。

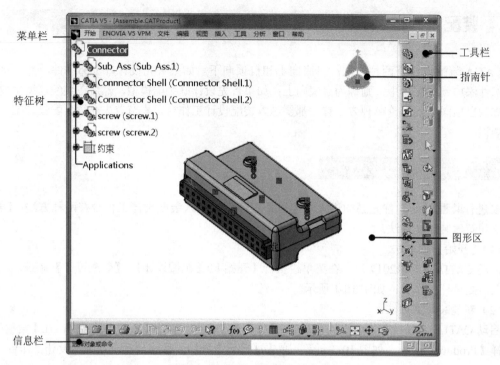

图 10-3　装配工作台用户界面

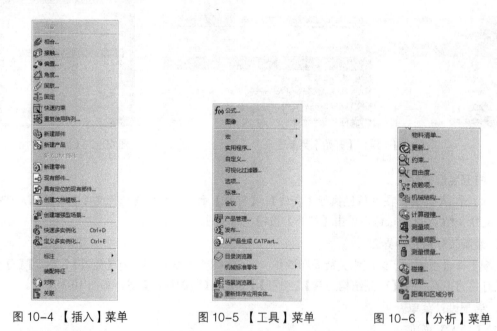

图 10-4　【插入】菜单　　　　图 10-5　【工具】菜单　　　　图 10-6　【分析】菜单

4．装配设计工具栏

CATIA V5-6R2017 装配设计中的常用工具栏中有【产品结构工具】【约束】【移动】【装配特征】【空间分析】等。

（1）【产品结构工具】工具栏。

【产品结构工具】工具栏用于管理产品部件，包括部件插入和部件管理，如图 10-7 所示。

- 【部件】按钮：插入一个新的部件。
- 【产品】按钮：插入一个新的产品。
- 【零件】按钮：插入一个新的零件。
- 【现有部件】：插入系统中已经存在的零部件。
- 【具有定位的现有部件】按钮：插入系统具有定位的零部件。
- 【替换部件】按钮：将现有的部件以新的部件代替。
- 【图形树重新排序】按钮：将零件在特征树中重新排列。
- 【生成编号】按钮：将零部件逐一按序号排列。
- 【选择性加载】按钮：单击将打开【产品加载管理】对话框。
- 【管理展示】按钮：单击该按钮再选择装配特征树中的"Product"将弹出【管理展示】对话框。
- 【快速多化】按钮：根据定义多化输入的参数快速定义零部件。
- 【定义多化】按钮：根据输入的数量及规定的方向创建多个相同的零部件。

（2）【约束】工具栏。

【约束】工具栏用于定义装配体零部件的约束定位关系，如图 10-8 所示。

图 10-7 【轮廓】工具栏   图 10-8 【约束】工具栏

- 【相合约束】按钮：在轴系间创建相合约束，轴与轴之间必须有相同的方向与方位。
- 【接触约束】按钮：在两个共面间的共同区域创建接触约束，共同的区域可以是平面、直线和点。
- 【偏移约束】按钮：在两个平面间创建偏移约束，输入的偏移值可以为负值。
- 【角度约束】按钮：在两个平行平面间创建角度约束。
- 【修复部件】按钮：部件固定的位置方式有两种，即绝对位置和相对位置，目的是在更新操作时避免此部件从父级中移开。
- 【固联】按钮：将选定的部件连接在一起。
- 【快速约束】按钮：用于快速自动建立约束关系。
- 【柔性 / 刚性子装配】按钮：将子装配作为一个刚性或柔性整体。
- 【更改约束】按钮：用于更改已经定义的约束类型。
- 【重复使用阵列】按钮：按照零件上已有的阵列样式来生成其他零件的阵列。

（3）【移动】工具栏。

【移动】工具栏用于移动插入到装配工作台中的零部件，如图 10-9 所示。

- 【操作】按钮：将零部件向指定的方向移动或旋转。
- 【捕捉】按钮：以单捕捉的形式移动零部件。
- 【智能移动】按钮：以单捕捉和双捕捉结合在一起的方式移动零部件。
- 【分解】按钮：不考虑所有的装配约束，将部件分解。
- 【碰撞时停止操作】按钮：检测部件移动时是否存在冲突，如有将停止动作。

（4）【装配特征】工具栏。

【装配特征】工具栏用于在装配体中同时在多个零部件上创建特征，如图 10-10 所示。

- 【分割】按钮：利用平面或曲面作为分割工具，将零部件实体分割。
- 【对称】按钮：以平面为镜像面，将现有零部件镜像至镜像面的另一侧。
- 【孔】按钮：创建可同时穿过多个零部件的孔特征。
- 【凹槽】按钮：创建可同时穿过多个零部件的凹槽特征。
- 【添加】按钮：单击此按钮，选择要移除的几何体，并选择需要从中移除的零件。
- 【移除】按钮：单击此按钮，选择要添加的几何体，并选择需要从中添加材料的零件。

（5）【空间分析】工具栏。

【空间分析】工具栏用于分析装配体零部件之间的干涉及切片观察等，如图 10-11 所示。

图 10-9 【移动】工具栏　　　图 10-10 【装配特征】工具栏　　图 10-11 【空间分析】工具栏

- 【碰撞】按钮：用于检查零部件之间的间距与干涉。
- 【切割】按钮：用于三维环境下观察产品，也可创建局部剖视图和剖视体。
- 【距离和区域分析】按钮：用于计算零部件之间的最小距离。

10.1.2　装配术语

1. 产品（Product）

产品即装配设计的最终结果，它包含了部件与部件之间的约束关系和标注等内容，其扩展名为 *.CATProduct。

2. 部件（Component）

部件是组成产品的单位，它可以是一个零件（Part），也可以是多个零件的装配结果（Sub-assembly）。

3. 零件

零件是组成产品和部件的基本单位。

4. 装配约束（Mating Condition）

配对关系是装配中用来确定组件间的相互位置和方位的，通过一个或多个关联约束来实现。在两个组件之间可以建立一个或多个配对约束，用以部分或完全确定一个组件相对于其他组件的位置与方位。

5. 上下文设计（Design in Context）

上下文设计是指在装配环境对装配部件的设计和编辑。即在装配建模过程中，可对装配中的任一组件进行添加几何对象、特征编辑等操作，可以其他的组件对象作为参照对象，进行该组件的设计和编辑工作。

6. 自底向上装配（Bottom-UP Assembly）

自底向上装配是先创建部件几何模型，再组合成子装配，最后生成装配部件的装配方法。即先产生组成装配的最低层次的部件，然后组装成装配。

7. 自顶向下装配（Top-Down Assembly）

自顶向下装配，是指在装配级中创建与其他部件相关的部件模型，是在装配部件的顶级向下产生子装配和部件（即零件）的装配方法。顾名思义，自顶向下装配是先在结构树的顶部生成一个装配，然后下移一层，生成子装配和组件。

8. 混合装配（Mixing Assembly）

混合装配是将自顶向下装配和自底向上装配结合在一起的装配方法。例如，先创建几个主要部件模型，再将其装配在一起，然后在装配中设计其他部件，即为混合装配。在实际设计中，可根据需要在两种模式下切换。

10.2　装配结构设计与管理

装配不同于零件建模，零件建模以几何体为主，装配的操作对象是组件，不同对象的建立过程对应不同的操作方法。本节介绍装配结构设计与管理，相关命令集中在【产品结构工具】工具栏中，下面分别加以介绍。

10.2.1　创建产品

【产品】用于在空白装配文件或已有装配文件中添加产品。

单击【产品结构工具】工具栏中的【产品】按钮 ，系统提示"选择部件以添加产品"，在特征树中选择部件节点，系统自动添加一个产品，如图 10-12 所示。

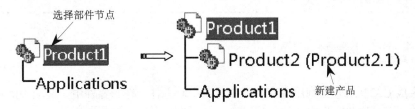

图 10-12　创建产品

10.2.2　创建部件

【部件】用于在空白装配文件或已有装配文件中添加部件。

单击【产品结构工具】工具栏中的【部件】按钮 ，系统提示"选择部件以添加新部件"，在特征树中选择部件节点，系统自动添加一个产品，如图 10-13 所示。

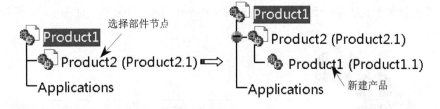

图 10-13　创建部件

10.2.3　创建零件

【零件】用于在现有产品中直接添加一个零件。

单击【产品结构工具】工具栏中的【零件】按钮 ，系统提示"选择部件以插入新零件"，在特征树中选择部件节点，系统弹出【新零件：原点】对话框，如图 10-14 所示。新增的零件需要定位原点，单击【是】按钮，读取插入零件的原点，原点位置单独定义；单击【否】按钮，表示插入零件的原点位置同它的父组件原点位置相同。

图 10-14   创建零件

提示：

   产品（Product）、部件（Componet）、零件（Part）是逐级减小的关系，产品的概念范畴比部件大，部件的概念范畴比零件大。

10.2.4   从产品生成 CATPart

从产品生成 CATPart 是指利用现有装配生成一个新零件，在新零件中，装配中的各个零部件转换为零件实体，通过这些现有实体的布尔运算，可创建一个相关的新零件。

上机操作——从产品生成 CATPart

01   在【标准】工具栏中单击【打开】按钮，在弹出的【选择文件】对话框中选择"10-1. CATProduct"文件。单击【打开】按钮打开一个装配体文件，如图 10-15 所示。

02   选择下拉菜单中的【工具】/【从产品生成 CATPart】命令，弹出【从产品生成 CATPart】对话框，零件的默认名称为原有产品名称后添加"_AllCATPart"，【将每个零件的所有几何体都合并为一个几何体】复选框用于定义将所有产品零件实体组成一个实体，如图 10-16 所示。

图 10-15   打开装配体文件

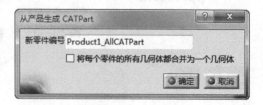

图 10-16   【从产品生成 CATPart】对话框

03 单击【确定】按钮，完成新零件的创建，新零件中的所有零部件已经转换成相应实体，如图 10-17 所示。

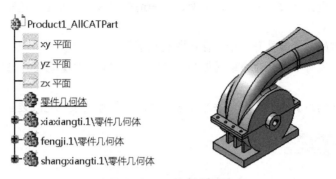

图 10-17 生成的实体

10.2.5 装配更新

在装配设计时，每当添加约束或添加新组件时，都可能产生需要更新的部分，此时可以使用"装配更新"功能来实现更新。

在设计状态下，打开一个装配或添加一个组件时，更新工具显示为【全部更新】按钮，当按钮为灰色显示时，表明当前文档无需更新，如图 10-18 所示。

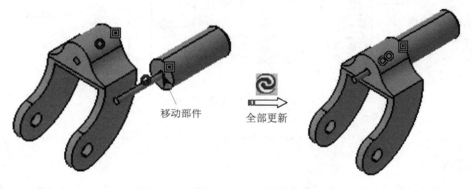

图 10-18 装配更新

10.3 自底向上装配

自底向上（Bottom-Up）装配建模是先进行零件的详细设计，在将零件放进装配体之前设计和编辑好，然后添加到装配体中，该方法适用于外购零件或现有的零件。

10.3.1 概念与步骤

在 CATIA V5 中，首先要通过"加载部件"操作，将已经设计好的部件依次加入当前的装配模型中，然后再通过装配部件之间的约束操作，来确定这些零部件之间的位置关系，最后完成装配。

自底向上装配的步骤如下。

（1）根据零部件设计参数，采用实体造型、曲面造型或钣金等方法创建装配产品中各个零部件的具体几何模型。

（2）新建一个装配文件或打开一个已存在的装配文件。

（3）利用【加载现有部件】命令或【加载具有定位的现有部件】命令，选取需要加入装配中的相关零部件。

（4）利用【装配约束】命令，设置添加零部件之间的位置关系，完成装配设计。

10.3.2 加载现有部件

自底向上装配方法中的第一个重要步骤就是"加载现有部件"，它是将已经存储在计算中的零件、部件或产品作为一个个部件插入当前产品中，从而构成整个装配体。

单击【产品结构工具】工具栏中的【现有部件】按钮 ，在特征树中选取插入位置（可以是当前产品或产品中的某个部件），弹出【选择文件】对话框，选择需要插入的文件，单击【打开】按钮，系统自动载入部件，如图 10-19 所示。

图 10-19 加载现有部件

> 💡 **提示：**
>
> 在一个装配文件中，可以添加多种文件，包括 CATPart、CATProduct、V4 CATIA Assembly、CATAnalysis、V4 session、V4 model、cgr、wrl 等后缀类型的文件。

10.3.3 加载具有定位的现有部件

加载具有定位的现有部件是指相对于现有组件，在定位插入当前组件时，可利用【智能移动】对话框创建约束。

单击【产品结构工具】工具栏中的【具有定位的现有部件】按钮 ，在特征树中选取插入位置（可以是当前产品或产品中的某个部件），弹出【选择文件】对话框，选择需要插入的文件，单击【打开】按钮，系统弹出【智能移动】对话框，如图 10-20 所示。

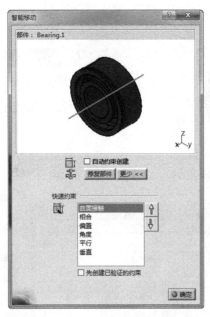

图 10-20 【智能移动】对话框

【智能移动】对话框中相关选项参数的含义如下。

- 【自动约束创建】复选框：选择该复选框，系统自动按照【快速约束】列表框中的约束顺序创建约束。
- 【修复部件】按钮：单击该按钮将创建固定约束，如图 10-21 所示。

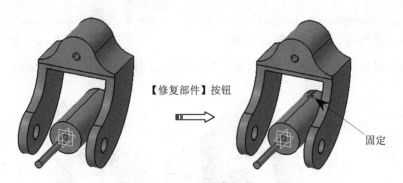

图 10-21 修复部件

上机操作——加载具有定位的现有部件

01 在【标准】工具栏中单击【打开】按钮，在弹出的【选择文件】对话框中选择"10-2. CATProduct"文件。单击【打开】按钮打开一个装配体文件，如图 10-22 所示。

02 单击【产品结构工具】工具栏中的【具有定位的现有部件】按钮，在特征树中选取插入位置（Product1），如图 10-23 所示。弹出【选择文件】对话框，选择需要插入的文件（xiao.CATPart），如图 10-24 所示。单击【打开】按钮，弹出【智能移动】对话框，如图 10-25 所示。

选择部件节点

图 10-22　打开装配体文件　　　　　　　　图 10-23　选择部件节点

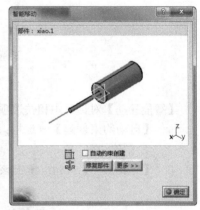

图 10-24　【选择文件】对话框　　　　　　　图 10-25　【智能移动】对话框

03 依次选择两个零件轴线，单击【确定】按钮完成部件加载，如图 10-26 所示。

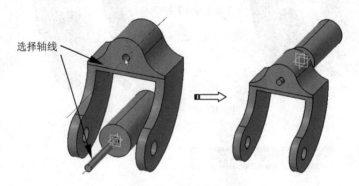
选择轴线

图 10-26　完成部件加载

10.3.4　加载标准件

在 CATIA V5 中有一个标准件库，库中有大量的已经造型完成的标准件，在装配中可以直接将标准件调出来使用。

单击【目录浏览器】工具栏中的【目录浏览器】按钮，或选择下拉菜单中的【工具】/【目录浏览器】命令，弹出【目录浏览器】对话框，选中相应的标准件，双击所需的标准件，可将其添加到装配文件中，如图 10-27 所示。

图 10-27 【目录浏览器】对话框

上机操作——加载标准件

01 在【标准】工具栏中单击【打开】按钮，在弹出的【选择文件】对话框中选择"10-3.CATProduct"文件。单击【打开】按钮，打开一个装配体文件，如图 10-28 所示。

02 单击【目录浏览器】工具栏中的【目录浏览器】按钮，或选择下拉菜单中的【工具】/【目录浏览器】命令，弹出【目录浏览器】对话框，选中【Screws】类型，如图 10-29 所示。

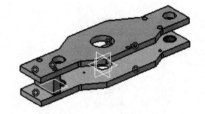

图 10-28 打开装配体文件

03 双击【Screws】项目，展开标准件库中的螺钉标准件类型，如图 10-30 所示。

图 10-29 【目录浏览器】对话框

图 10-30 选择【Screws】项目

04 双击【ISO_4762_HEXAGON_SOCKET_HEAD_CAP_SCREW】标准件类型，在弹出的标准件规格序列中双击【ISO 4762 M5x20】规格的标准件，如图 10-31 所示。随后弹出【目录】对话框，并在设计环境中显示螺钉标准件，如图 10-32 所示。

图 10-31　选择标准件

图 10-32　【目录】对话框

05 单击【确定】按钮将标准件插入装配文件中，关闭库浏览器对话框，在设计树上会添加相应信息，如图 10-33 所示。

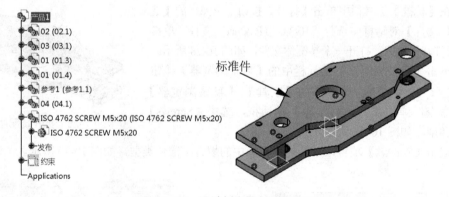

图 10-33　设计树和添加的标准件

10.3.5　移动

创建零部件时坐标原点不是按装配关系确定的，导致装配中所插入零部件可能位置相互干涉，影响装配，因此需要调整零部件的位置，便于约束和装配。移动的相关命令主要集中在【移动】工具栏中，下面分别加以介绍。

1. 利用指南针移动零部件

将指南针拖动到零部件上，可用于移动和旋转活动的组件。

（1）移动零部件。

移动鼠标指针到【指南针操作把手】上，指针变成四向箭头，然后拖动指南针至模型上释放，此时指南针会附着在模型上，且字母 X、Y、Z 变为 W、U、V。选择指南针上的任意一条直线，按住鼠标左键并移动鼠标，则零部件将沿着此直线平移，如图 10-34 所示。

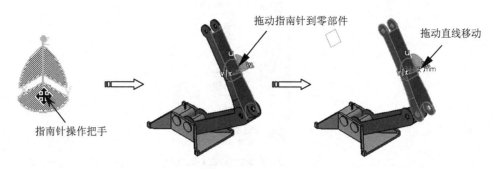

图 10-34　指南针移动零部件

提示：

　　若指南针脱离模型，可将其拖动到窗口右下角绝对坐标系处；或者拖到指南针离开物体的同时按住 Shift 键，并且要先松开鼠标左键；还可以选择菜单栏中的【视图】/【重置指南针】命令来实现。

（2）旋转零部件。

　　移动鼠标指针到【指南针操作把手】上，指针变成四向箭头，然后拖动指南针至模型上释放，此时指南针会附着在模型上，且字母 X、Y、Z 变为 W、U、V，选择指南针上的旋转把手，按住鼠标左键则零部件将旋转，如图 10-35 所示。

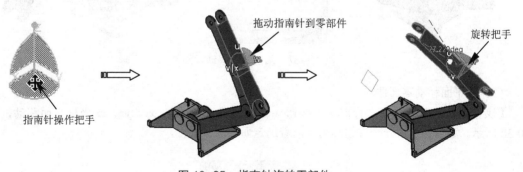

图 10-35　指南针旋转零部件

提示：

　　利用指南针可移动已经约束的组件，移动后恢复约束，可单击【更新】工具栏中的【全部更新】按钮。

2. 操作

【操作】命令允许用户使用鼠标徒手移动、旋转处于激活状态下的部件。

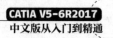
单击【移动】工具栏中的【操作】按钮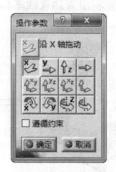，弹出【操作参数】对话框，如图 10-36 所示。

图 10-36 【操作参数】对话框

在【操作参数】对话框中选中【遵循约束】复选框后，不允许对已经施加约束的部件进行违反约束要求的移动、旋转等操作。

（1）沿直线移动零部件。

【操作参数】对话框第一行前 3 个按钮用于零部件沿着 X、Y、Z 坐标轴移动零部件，如图 10-37 所示。第一行最后一个按钮用于沿着任意选定线方向移动，可选择直线或边线。

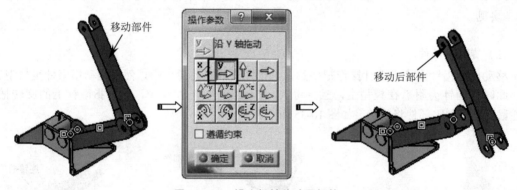

图 10-37 沿坐标轴移动零部件

（2）沿平面移动零部件。

【操作参数】对话框第二行前三个按钮用于零部件在 xy、yz、xz 坐标平面移动，如图 10-38 所示。第二行最后一个按钮用于沿着选定面移动零部件。

图 10-38 沿坐标面移动零部件

（3）旋转零部件。

【操作参数】对话框第三行前 3 个按钮用于零部件绕着 *X*、*Y*、*Z* 坐标轴旋转，如图 10-39 所示。第三行最后一个按钮用于绕某一任意选定轴旋转零部件，选定轴可以是棱线或轴线。

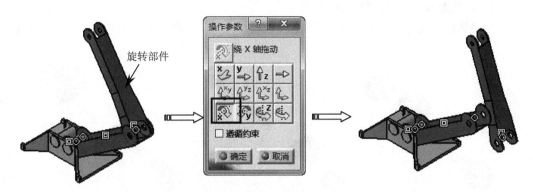

图 10-39　旋转零部件

提示：

　利用操作工具按钮不可以移动或旋转已经约束的零部件，此时可利用指南针移动。此外，可变形组件不可以利用操作工具按钮移动。

---

3. 分解

【分解】是为了了解零部件之间的位置关系，将当前已经完成约束的装配设计进行自动的爆炸操作，并有利于生成二维图纸。

单击【移动】工具栏中的【分解】按钮，弹出【分解】对话框，如图 10-40 所示。

图 10-40　【分解】对话框

【分解】对话框中相关选项参数的含义如下。

（1）深度。

用于设置分解的层次，包括以下选项。

● 　第一级别：只将装配体下第一层炸开，若其中有子装配，在分解时作为一个部件处理。

● 　所有级别：将装配体完全分解，变成最基本的部件等级。

（2）选择集。

用于选择将要分解的装配体。

（3）类型。

用于设置分解类型，包括以下选项（见图 10-41）。

- 3D：将装配体在三维空间中分解。
- 2D：装配体分解后投影到 XY 平面上。
- 受约束：将装配体按照约束条件进行分解，该方式仅在产品中存在共轴或共面时有效。

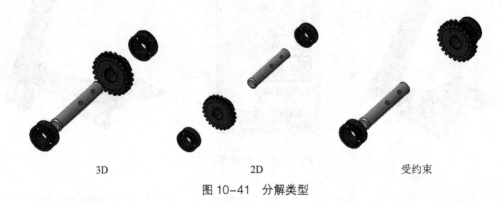

| 3D | 2D | 受约束 |

图 10-41　分解类型

（4）固定产品。

用于选择分解时固定不动的零部件。

 提示：

> 如果要想将分解图恢复到装配状态，单击【工具】工具栏中的【全部更新】按钮 即可。

10.3.6　装配约束

装配约束就是在部件之间建立相互约束条件以确定它们在装配体中的相对位置，主要是通过约束部件之间的自由度来实现的。通过约束将所有零件组成一个产品，装配约束相关命令集中在【约束】工具栏中，下面分别加以介绍。

1. 装配约束概述

对于一个装配体来说，组成装配体的所有零部件之间的位置不是任意的，而是按照一定关系组合起来的。因此，零部件之间必须要进行定位，移动和旋转零部件并不能精确地定位装配体中的零件，还必须通过建立零件之间的配合关系来达到设计要求。

 提示：

> 只有通过装配约束建立了装配中组件与组件之间的相互位置关系，才可以称得上是真正的装配模型。由于这种装配约束关系之间具有相关性，一旦装配组件的模型发生变化，装配部件之间可自动更新，并保持装配约束不变。

2. 相合约束

【相合约束】是通过设置两个部件中的点、线、面等几何元素重合来获得同心、同轴和共面等几何关系。当两个几何元素的最短距离小于 0.001mm 时，系统认为它们是相合的。单击【约束】工具栏中的【相合约束】按钮 ，选择第一个零部件约束表面，然后选择第二个零部件约束表面，如果是两个平面约束，弹出【约束属性】对话框，如图 10-42 所示。

【约束属性】对话框中各选项参数的含义如下。

- 名称：用于输入约束名称。
- 方向：用于选择约束方向，分别是方向相同、方向相反、未定义（系统寻找最佳的位置）。
- 状态：用于显示所选约束表面的连接状态。单击【支持面图元】选项组【状态】列表框中的"已连接"选项，然后单击【重新连接】按钮，在弹出的窗口中可重新选择连接支持面，如图 10-43 所示。

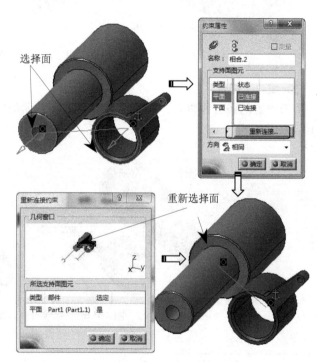

图 10-42 【约束属性】对话框

图 10-43 重新连接

 提示：

> 如果约束定义完成后，部件的相对几何关系未发生变化，可单击【工具】工具栏中的【更新】按钮 ，部件之间的相互位置将发生改变。

在相合约束中，对于所选的不同对象，相合约束定位方式不同，分别介绍如下。

（1）点与点。

用于设置两个点重合，如图 10-44 所示。

提示：

> 在相合约束中，移动的总是第一个选择元素，第二个选择元素保持固定状态。

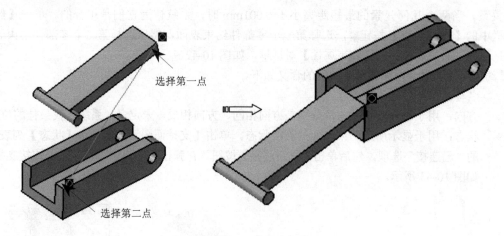

选择第一点

选择第二点

图 10-44　点与点相合

（2）线与线相合。

用于设置两条直线重合，特别是选择两个圆柱面的轴线，系统自动约束两个轴线重合，如图 10-45 所示。

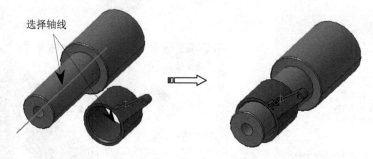

选择轴线

图 10-45　轴线与轴线相合

提示：

　　在相合约束中，若选择的是轴元素，鼠标指针要尽量靠近几何体的圆孔面或圆柱面，此时系统会显示轴线，单击即可选中轴线。

（3）面与面相合。

用于设置两面重合，通过【方向】选项可以设置面法向相同或相反，如图 10-46 所示。

提示：

　　使用相合约束时，两个参照不必为同一类型，直线与平面、点与直线等都可以使用相合约束。

3．接触约束

【接触约束】是对选定的两个面或平面进行约束，使它们处于点、线或面接触状态。

图 10-46　面与面相合

单击【约束】工具栏中的【接触约束】按钮 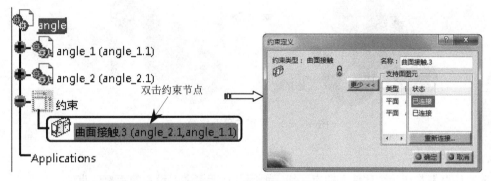，依次选择两个部件的约束表面，系统自动完成接触约束。双击特征树【约束】节点下的相关接触约束，弹出【约束定义】对话框，可重新选择约束对象，如图 10-47 所示。

图 10-47　编辑接触约束

（1）球面与平面接触约束。

当选择球面与平面时创建相切约束，如图 10-48 所示。

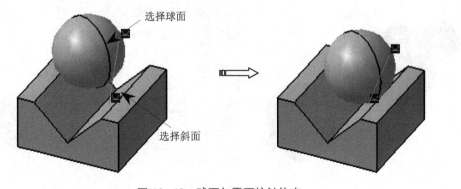

图 10-48　球面与平面接触约束

（2）圆柱面与平面接触约束。

选择圆柱面与平面时创建相切约束，如图 10-49 所示。

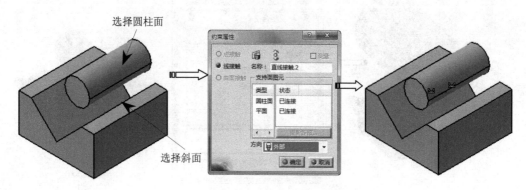

图 10-49　圆柱面与平面接触约束

（3）平面与平面接触约束。

选择平面与平面时创建重合约束，两个平面的法线方向相反，如图 10-50 所示。

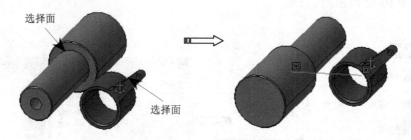

图 10-50　平面与平面接触约束

4. 偏移约束

【偏移约束】是在两个部件上的点、线、面等几何元素之间设置的距离约束。

单击【约束】工具栏中的【偏移约束】按钮，依次选择两个部件的约束表面，弹出【约束属性】对话框，在【名称】框可改变约束名称，在【方向】下拉列表中选择约束方向，在【偏移】框中输入距离值，单击【确定】按钮，如图 10-51 所示。

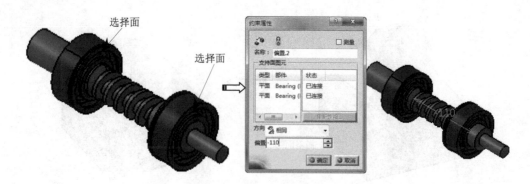

图 10-51　偏移约束

【约束属性】对话框中相关选项参数的含义如下。

- 方向：用于显示选择的两个图元的位置关系，包括"相同""相反"和"未定义"等。
- 偏移：用于定义选定图元之间的距离，该数值可以是正值也可以是负值，正值为选择的第一个图元的法向方向。

（1）角度约束。

【角度约束】是指通过设定两个部件几何元素的角度关系来约束两个部件之间的相对几何关系。

单击【约束】工具栏中的【偏角度约束】按钮，依次选择两个部件的约束表面，弹出【约束属性】对话框，选择约束类型为【角度】，在【名称】框中可改变约束名称，在【角度】框中输入角度值，单击【确定】按钮，系统自动完成角度约束，如图 10-52 所示。

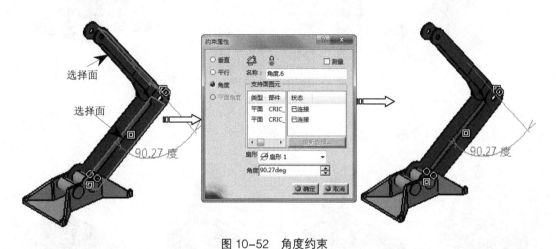

图 10-52　角度约束

（2）约束模式。

在【约束属性】对话框中可添加 3 种角度约束模式，分别介绍如下。

- 垂直：用于设置特殊的角度约束，角度值为 90，如图 10-53 所示。

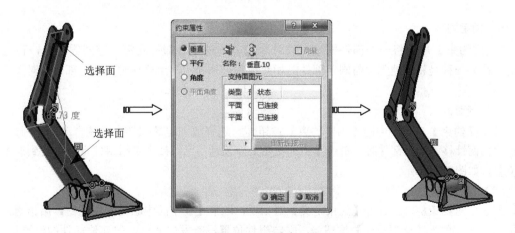

图 10-53　垂直

- 平行：用于设置特殊的角度约束，角度值为 0，如图 10-54 所示。
- 角度：用于设置两部件几何元素间的角度约束。

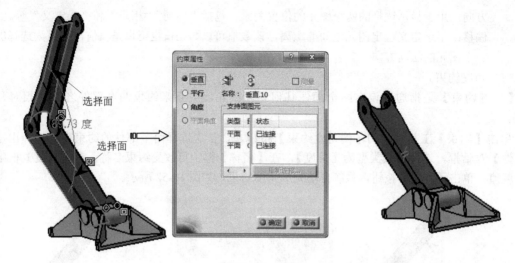

图 10-54　平行

（3）扇形。

用于设置角度的 4 个扇形位置，如图 10-55 所示。

扇形 1　　　　　　扇形 2　　　　　　扇形 3　　　　　　扇形 4

图 10-55　扇形

5.　固定约束

【固定约束】用于将一个部件固定在设计环境，一种是将部件固定于空间固定处，称为绝对固定；另外一种是将其他部件与固定部件的相对位置关系固定，当移动时，其他部件相对固定组件移动。

（1）绝对固定。

单击【约束】工具栏中的【固定约束】按钮，选择要固定的部件，系统自动创建固定约束。选择用指南针移动固定部件时，单击【全部更新】按钮，已经被固定的组件重新恢复到原始的空间位置，如图 10-56 所示。

（2）相对固定。

双击绝对约束标志，打开【约束定义】对话框，取消【在空间中固定】复选框，用指南针移动固定部件时，单击【全部更新】按钮，固定组件位置没有发生变化，但其他部件的位置将移动，各组件之间的位置重新固定，如图 10-57 所示。

（3）固联约束。

【固联约束】用于将多个部件按照当前位置固定成一个整体，移动其中的一个部件，其他部件也将被移动。

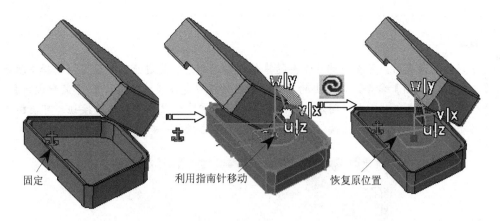

图 10-56　绝对固定

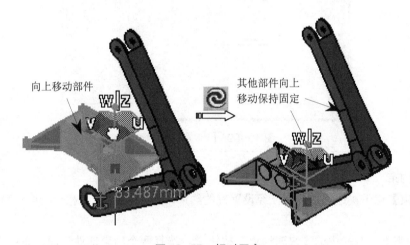

图 10-57　相对固定

单击【约束】工具栏中的【固联约束】按钮 ✎，弹出【固联】对话框，选择多个要固联的部件，单击【确定】按钮，系统自动创建约束，如图 10-58 所示。

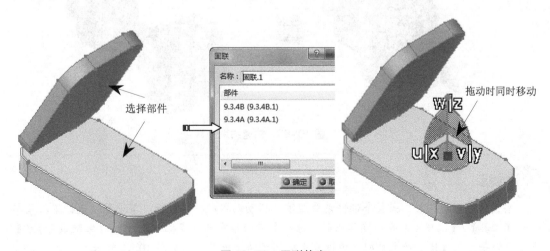

图 10-58　固联约束

提示:

当固联移动设置后,若整个部件需要随零件移动而移动,要进行以下设置。选择下拉菜单中的【工具】/【选项】命令,在弹出的【选项】对话框中选择【机械设计】/【装配设计】/【常规】选项卡,选中【移动已应用固定约束的部件】选项组中的【始终】单选按钮,可使固联组件一起移动;选中【从不】单选按钮,可单独移动固联中的任一部件,如图 10-59 所示。

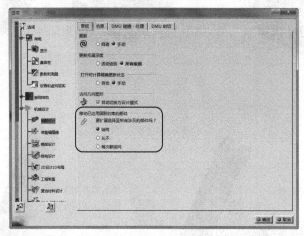

图 10-59 【选项】对话框

6. 快速约束

【快速约束】用于快速添加一些已经设置好的约束,如"面接触""相合接触""距离""角度"和"平行"等。

单击【约束】工具栏中的【快速约束】按钮 ,选择两个约束部件表面,系统根据所选部件情况自动创建相关约束,如图 10-60 所示。

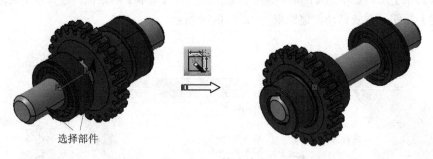

选择部件

图 10-60 快速约束

提示:

当固联移动设置后,若整个部件需要随零件移动而移动,要进行以下设置。选择下拉菜单中的【工具】/【选项】命令,在弹出的【选项】对话框中选择【机械设计】/【装配设计】/【约束】选项卡,在【快速约束】列表中设置生成约束的先后顺序,如图 10-61 所示。

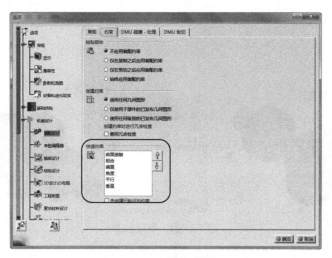

图 10-61 【选项】对话框

7. 柔性 / 刚性装配

子装配内零件在产品中的固定方式有两种：刚性固定和柔性固定，柔性固定是指子装配中的零部件像其他零部件一样利用指南针等工具进行自由自动；刚性固定是指整个子装配只能作为刚性整体移动。通常，在装配设计中一个子装配往往作为一个刚性的整体来移动，此时可利用【柔性 / 刚性装配】命令将一个子装配中的组件单独处理。

单击【约束】工具栏中的【柔性 / 刚性装配】按钮🔲，在特征树中选择子装配，将子装配变成柔性，可利用指南针单独移动，如图 10-62 所示。

图 10-62 快速约束

 提示：

无论执行何种机械修改，刚性子装配始终与原始产品同步，而柔性子装配可以单独移动，与子装配在原始产品中的位置无关。

8. 更改约束

【更改约束】是指在一个已经完成的约束上，更改一个约束类型。

在特征树上选择需要更改的约束，单击【约束】工具栏中的【更改约束】按钮🔲，弹出【可能的约束】对话框，选择要更改的约束类型，单击【确定】按钮，系统完成约束更改，如图 10-63 所示。

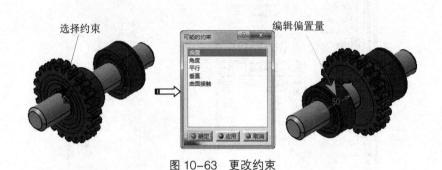

选择约束   编辑偏置量

图 10-63   更改约束

10.4 自顶向下装配

自顶向下装配的思想是由顶向下产生子装配和零部件，在装配层次上建立和编辑零部件。自顶向下装配主要用在上下文设计中，是一种在装配中参照其他零部件对当前工作零部件进行设计的方法。

10.4.1 基本概念

自顶向下装配的方法主要用在上下文设计，即在装配中参照其他零部件对当前零部件进行设计或创建新的零部件。可利用键接关系引用其他部件中的几何对象到当前零部件中，再用这些几何对象生成几何体。这样，一方面提高了设计效率，另一方面保证了部件之间的关联性，便于参数化设计。一般而言，设计一个产品其零件数量不超过 10 个，采用自底向上的装配方法简单有效。但是如果做一个大型的复杂总成件，如一辆汽车，就不能一个一个零件做完后再进行装配，此时可采用自顶向下的方法，先建立主干件，然后在装配中一步一步地创建其他零件。

10.4.2 自顶向下装配方法

先建立一个空的新零件，它不包含任何几何对象，然后使其成为工作部件，再在其中建立几何模型，利用装配约束定位零件。用户可按照以下步骤进行操作。

1. 打开或新建装配文件

打开一个装配文件，该文件可以是一个不含任何几何模型和组件的文件，也可以是一个含有几何模型或装配部件的文件。

2. 创建空的新零件

单击【产品结构工具】工具栏中的【零件】按钮，系统提示"选择部件以插入新零件"，在特征树中选择部件节点，创建新零件。新建零件不含任何几何对象。

3. 建立新零件几何对象

新零件产生后，可在其中建立几何对象，首先在特征树中展开零件节点，可以观察到产品和零件的不同标识，双击零件标识，系统自动切换到零件设计模块。然后利用建模命令和方法创建新的几何对象，完成后双击特征树中的根节点返回装配模块，如图 10-64 所示。

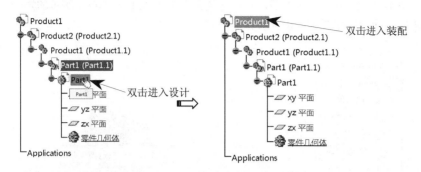

图 10-64　模型创建和重新进入装配

4. 施加装配约束

利用【约束】工具栏中的相关工具对新建立的零部件对象施加装配约束。

01　在【标准】工具栏中单击【打开】按钮，在弹出的【选择文件】对话框中选择"10-4.CATProduct"文件。单击【打开】按钮，打开一个装配体文件，如图 10-65 所示。

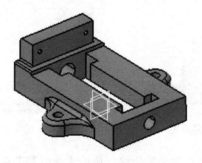

图 10-65　打开装配体文件

02　单击【产品结构工具】工具栏中的【零件】按钮 ，系统提示"选择部件以插入新零件"，在特征树中选择特征树根节点，系统弹出【新零件：原点】对话框，单击【是】按钮，插入空白零件，如图 10-66 所示。

图 10-66　创建零件

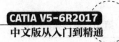
03 在特征树中展开新建零件节点，双击图 10-67 所示的零件标识，系统自动切换到零件设计模块。

04 选择图 10-68 所示的草图平面，利用【矩形工具】绘制图 10-69 所示的矩形。利用草图和实体创建功能创建图 10-70 所示的实体。

图 10-67　双击零件标识

图 10-68　选择草图平面

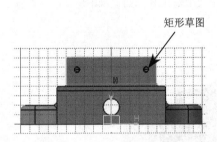

图 10-69　绘制矩形草图

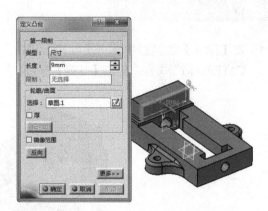

图 10-70　创建凸台实体

05 双击特征树中的根节点返回装配模块，单击【约束】工具栏中的【相合约束】按钮，施加 3 个相合约束，如图 10-71 所示。

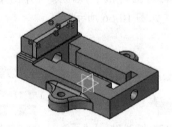

图 10-71　施加约束

06 选择下拉菜单中的【文件】/【保存】命令，保存装配文件，系统提示保存新建文件，单击【确定】按钮完成即可。

10.5 装配分析

完成装配后接下来要分析装配的干涉、约束、切片观察等，本节介绍 CATIA 装配中的相关分析方法。

10.5.1 分析装配

1. 更新分析

移动组件与添加约束往往会对一个装配体产生影响，然后需要分析如何获取一个合格的产品。【更新分析】允许查找是否需要更新，并对一个产品或一个组件进行更新。

01 在【标准】工具栏中单击【打开】按钮，在弹出的【选择文件】对话框中选择"10-5.CATProduct"文件。单击【打开】按钮打开一个装配体文件，如图 10-72 所示。

02 选择下拉菜单中的【约束】/【更新】命令，弹出【更新分析】对话框，在【要分析的部件】下拉列表中可选择要分析的零部件，如图 10-73 所示。

图 10-72 打开装配体文件

图 10-73 【更新分析】对话框

03 在【要更新的部件约束】列表中选择"Coincidence.1"，图形区加亮显示相应的约束，如图 10-74 所示。

图 10-74 选择约束"Coincidence.1"

04　单击【更新】选项卡，在【要更新的部件】列表中选择所需更新的部件，如图 10-75 所示。
　　单击其后的 ◎ 按钮，完成更新，如图 10-76 所示。同时系统弹出【更新分析】对话框，单
　　击【确定】按钮完成，如图 10-77 所示。

图 10-75　【更新】选项卡　　　　图 10-76　更新结果　　图 10-77　【更新分析】对话框

2. 约束分析

约束是装配设计的主要环节，也是零部件之间位置关系的体现。完成装配体设计后，约束是
否合理，是否符合设计要求，需要进行分析。【约束分析】用于分类展示所有约束。

上机操作——约束分析

01　在【标准】工具栏中单击【打开】按钮，在弹出的【选择文件】对话框中选择"10-5.
　　CATProduct"文件。单击【打开】按钮打开一个装配体文件，如图 10-78 所示。

02　选择下拉菜单中的【约束】/【分析】命令，弹出【约束分析】对话框，如图 10-79 所示。
　　在【约束】选项卡中列出了当前产品的所有约束，可在最上方的下拉列表中选择其他的
　　子装配体，用于显示该子装配体的约束信息。【约束】选项卡中显示的相关信息介绍如下。

图 10-78　打开装配体文件　　　　　　图 10-79　【约束】选项卡

○　活动部件：显示活动组件的名称。

○　部件：在活动组件中约束设计的子组件的数目。

- 未约束：在活动组件中未约束的子组件数目。
- 已验证：显示已经验证的约束数目。
- 不可能：显示不存在的约束数目，不存在意味着几何图形无法符合约束，例如，在一定距离上添加两个不同的距离约束。
- 未更新：显示未更新的约束数目。
- 断开：显示已经断开的约束数目，当约束的参考图元被删除时，约束显示为断开。
- 已取消激活：显示出解除激活状态的约束数目。
- 测量模式：显示在测量模式下的约束数目。
- 固联：显示约束在一起的约束数目。
- 总数：显示活动组件的所有约束数目。

03 单击【自由度】选项卡，显示出各种约束自由度，用于分析组件是否完全约束，如图 10-80 所示。

04 在对话框中双击"Part5.1"，在图形区显示出自由度状态，如图 10-81 所示。同时弹出【自由度分析】对话框，如图 10-82 所示。

图 10-80　【自由度】选项卡

图 10-81　显示自由度

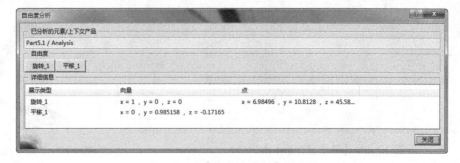

图 10-82　【自由度分析】对话框

3. 自由度分析

自由度分析可以检查当前组件是否需要添加更多的约束。自由度分析所针对的约束是装配约束,即零件、组件之间。这样,在零件设计时的约束不参与自由度分析。

提示:

　　自由度分析对象必须是活动组件及其子装配。在对一个组件的子装配进行分析时,因所涉及的分析对象只有其活动的父组件,所以必须先激活相应的组件;柔性组件是无法参与自由度分析的。

上机操作——自由度分析

01　在【标准】工具栏中单击【打开】按钮,在弹出的【选择文件】对话框中选择"10-5.CATProduct"文件。单击【打开】按钮打开一个装配体文件,如图 10-83 所示。

02　在特征树中选中"CRIC_SCREW(CRIC_SCREW.1)",单击鼠标右键,在弹出的快捷菜单中选择【CRIC_SCREW.1 对象】/【部件的自由度】命令,如图 10-84 所示。

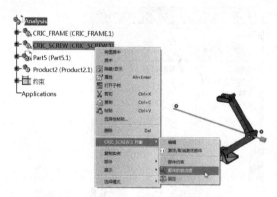

图 10-83　打开装配体文件　　　　图 10-84　选择【部件的自由度】命令

03　随后,系统弹出【自由度分析】对话框,如图 10-85 所示。

04　在【自由度分析】对话框中单击【旋转 _1】按钮,在图形区相应的自由度加亮以红色显示,如图 10-86 所示。

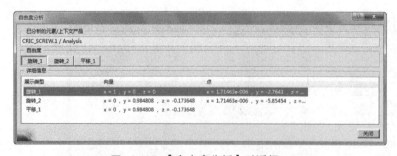

图 10-85　【自由度分析】对话框　　　　图 10-86　单击【旋转 _1】
按钮后显示自由度

4. 从属分析

【从属分析】可分析组件和约束之间的依赖和从属关系,可利用关系树观察这些从属关系。

上机操作——从属分析

01　在【标准】工具栏中单击【打开】按钮，在弹出的【选择文件】对话框中选择"10-5.
CATProduct"文件。单击【打开】按钮打开一个装配体文件，如图 10-87 所示。

02　选择下拉菜单中的【约束】/【依赖项】命令，弹出【装配依赖项结构树】对话框，如图
10-88 所示。

图 10-87　打开装配体文件　　　　　图 10-88　【装配依赖项结构树】对话框

03　用鼠标右击中间的"Analysis"，在弹出的快捷菜单中选择【展开节点】命令，将显示出
该部件的所有约束，如图 10-89 所示。

04　用鼠标右击中间的"Analysis"，在弹出的快捷菜单中选择【全部展开】命令，将显示出
该部件的所有约束和约束相关的组件，如图 10-90 所示。

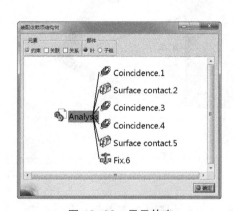

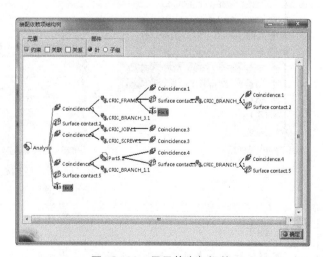

图 10-89　显示约束　　　　　　　　图 10-90　显示约束与组件

10.5.2　干涉检测与分析

　　一个装配设计可能由大量的零件组成，结构非常复杂，此时查找干涉将非常困难，CATIA 干
涉检测与分析用于分析零部件间的干涉与间隙，下面分别加以介绍。

1. 干涉与间隙计算

干涉与间隙计算是指对装配体中的任意两个零件的间距进行检查，查看其是否满足设计要求。

上机操作——干涉与间隙计算

01 在【标准】工具栏中单击【打开】按钮，在弹出的【选择文件】对话框中选择"10-5. CATProduct"文件。单击【打开】按钮打开一个装配体文件，如图 10-91 所示。

02 选择下拉菜单中的【分析】/【计算碰撞】命令，弹出【碰撞检测】对话框，如图 10-92 所示。

图 10-91 打开装配体文件 　　　　图 10-92 【碰撞检测】对话框

03 按住 Ctrl 键在特征树中选中 CRIC_BRANCH_1 和 CRIC_BRANCH_3 零部件，单击【应用】按钮，在【碰撞检测】对话框中显示出所选的两个零件，在【结果】中显示"接触"，在图形区以黄色加亮显示，则表示两个零件之间有接触，如图 10-93 所示。

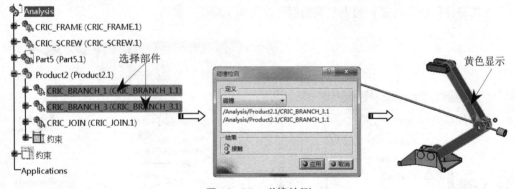

图 10-93 碰撞检测

> **提示：**
> 图形区红色加亮显示表示发生干涉，【结果】为"碰撞"；黄色加亮显示表示两个零件之间有接触，【结果】为"接触"。

04 在图形区空白处单击鼠标，即可取消零件选择。再次按住 Ctrl 键在特征树中选择 CRIC_ FRAME 和 Part5，在【定义】下拉列表中选择"间隙"，输入值为"300"，单击【应用】按钮，在【结果】中显示"间隙违例"，在图形区以绿色加亮显示，则表示两个零件之间存在间隙妨碍，如图 10-94 所示。

图 10-94 间隙计算

2. 碰撞检测

碰撞检测用于检测零件之间的大小，以及是否有干涉存在，一般先进行初步计算，再进行细节运算。

上机操作——碰撞检测

01 在【标准】工具栏中单击【打开】按钮，在弹出的【选择文件】对话框中选择"10-28. CATProduct"文件。单击【打开】按钮打开一个装配体文件，如图 10-95 所示。

02 单击【空间分析】工具栏中的【碰撞】按钮，弹出【检查碰撞】对话框，如图 10-96 所示。

图 10-95 打开装配体文件

图 10-96 【检查碰撞】对话框

【检查碰撞】对话框中相关选项参数的含义如下。

（1）【类型】选项组第一选项。

在【类型】下拉列表中选择检查类型，包括以下选项。

● 接触 + 碰撞：检查两个产品之间是否占用相同的空间，以及两个产品是否接触（最小距离小于总弦高）。

● 间隙 + 接触 + 碰撞：除了检查接触和碰撞之外，还检查两个产品间隔是否小于预定义的间隙距离。

● 已授权的贯通：在实际的过盈配合时，往往需要零件之间有一定的干涉程度，该方式用于设置最大的校准长度。

● 碰撞规则：利用预定义好的干涉规则检查装配之间是否存在不恰当的干涉。

（2）【类型】选项组第二选项。

用于定义参与运算的组件，包括以下选项。

● 一个选择之内：在任意一个选择中检查选择内部所有组件之间的相互关系。

● 选择之外的全部：检查选择组件之外的所有产品其他组件之间的相互关系。

● 在所有部件之间：检查产品中所有组件之间的相互关系。

● 在两个选择之间：检查两个选择对象之间的相互关系。

03 在【检查碰撞】对话框的【类型】下拉列表中选择"接触＋碰撞"选项，选择"在两个选择之间"选项，分别激活【选择 1】和【选择 2】编辑框，在特征树中分别选择"Part5"和"Product2"部件，如图 10-97 所示。

图 10-97 选择分析部件

04 单击【应用】按钮，显示出分析结果，如图 10-98 所示。在图形区显示出碰撞的位置和间隙，如图 10-99 所示。

图 10-98 碰撞检测结果

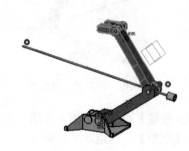

图 10-99 碰撞位置和间隙

05 单击【另存为】按钮，弹出【另存为】对话框，系统会将结果保存为 xml、txt、model、cgr 等格式，如图 5-1 所示。单击【确定】按钮完成碰撞检测分析。

10.5.3 切片分析

对于一个产品往往无法看透其中内部的相关状况，通过切片观察可以对装配体进行任何平面观察。同时，切片可以创建剖视图，也可以创建局部剖视图和剖视体，以便于在三维环境下更好地观察产品。

1. 创建剖切面

创建一个剖切面往往通过它的默认设置，除此之外也可调整剖切面的法向。

单击【空间分析】工具栏中的【切割】按钮，系统自动生成一个剖切面，一般自动生成的

剖切面平行于 yz 轴剖切所有产品，同时弹出【截面.1】窗口显示出剖切位置效果，如图10-100所示。

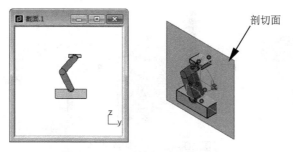

图 10-100　剖切面和剖切零部件

在设计环境，系统弹出【切割定义】对话框，激活【选择】编辑框，在特征树中选择"chain"零件作为剖切对象，在【截面.1】对话框显示出两个零件的剖切图，单击【确定】按钮完成剖切，如图 10-101 所示。

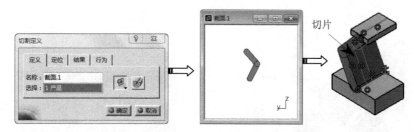

图 10-101　创建切片

2. 创建三维剖切视图

在生成剖切视图时，可以生成三维的剖切视图，用于观察产品的内部结构。

单击【空间分析】工具栏中的【切割】按钮，系统自动生成一个剖切面，在弹出的【切割定义】对话框中单击【剪切包络体】按钮，单击【确定】按钮即可生成，如图 10-102 所示。

图 10-102　创建三维剖切视图

3. 调整剖切面位置

对于生成的剖切面可以直接用鼠标进行平移、旋转、缩放等操作，而且还可以通过几何对象定位剖切面的具体位置。

（1）剖切面的直接移动。

对于生成的切片视图，将鼠标指针移动到剖切面边缘，按下左键直接拖动鼠标，在红色边缘上显示出一个绿色双向箭头，同时有一个距离显示，随着鼠标拖动，数值动态变化，同时在剖切窗

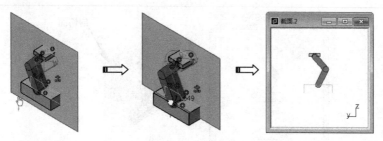

图 10-103　剖切面移动

（2）利用几何对象定义剖切面。

对于剖切面还可以自定义剖切平面的具体位置。

在黄色剖切面右击鼠标，选择弹出快捷菜单中的【隐藏 / 显示】命令，将剖切面隐藏，如图 10-104 所示。在【切割定义】对话框的【定位】选项卡中单击【几何目标】按钮，如图 10-105 所示。

图 10-104　隐藏剖切面

图 10-105　【定位】选项卡

在产品上移动鼠标指针，出现一个位置捕捉标志，由一个平面和箭头组成，用于表示捕捉后剖切面的位置，其中平面即为剖切面所在面，箭头即为剖切面的法向位置，在恰当位置单击，即可选择剖切面，如图 10-106 所示。

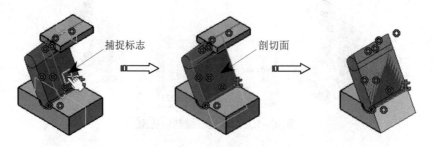

图 10-106　指定剖切面

（3）编辑剖切面位置。

利用创建的剖切面位置可通过编辑相关参数快速、准确地移动剖切平面。

在【定位】选项卡中单击【编辑位置与尺寸】按钮，弹出【编辑位置和尺寸】对话框，在【平移】文本框中输入 5mm，单击 +Tw 和 -Tw 按钮，移动剖切面位置，如图 10-107 所示。

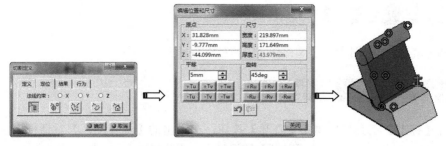

图 10-107　编辑剖切面位置

 提示：

　　左侧的 +Tu、-Tu、+Tv、-Tv、+Tw、-Tw 按钮用于调整在 3 个方向上的移动，每单击一次即以所设步长移动相应的距离；左侧的 +Ru、-Ru、+Rv、-Rv、+Rw、-Rw 按钮用于调整在 3 个轴向上的转动，每单击一次即以所设步长旋转相应的角度。

上机操作——创建切片分析

01　在【标准】工具栏中单击【打开】按钮，在弹出的【选择文件】对话框中选择"10-6. CATProduct"文件。单击【打开】按钮打开一个装配体文件，如图 10-108 所示。

02　单击【空间分析】工具栏中的【切割】按钮 ，系统自动生成一个剖切面，一般自动生成的剖切面平行于 *YZ* 轴，剖切所有产品，同时弹出【截面 .1】窗口，显示出剖切位置效果，如图 10-109 所示。

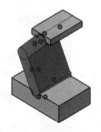

图 10-108　打开装配体文件

图 10-109　剖切面和剖切零部件

03　设计环境系统弹出【切割定义】对话框，激活【选择】编辑框，在特征树中选择"chain"零件作为剖切对象，在【截面 .1】对话框显示出两个零件的剖切图，单击【确定】按钮完成剖切，如图 10-110 所示。

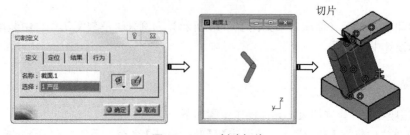

图 10-110　创建切片

10.5.4 距离和区域分析

距离和区域分析用于计算指定零部件之间的最小距离。

上机操作——距离和区域分析

01 在【标准】工具栏中单击【打开】按钮，在弹出的【选择文件】对话框中选择"10-7.
   CATProduct"文件。单击【打开】按钮打开一个装配体文件，如图10-111所示。

02 单击【空间分析】工具栏中的【距离和区域分析】按钮，弹出【编辑距离和区域分析】
   对话框。在【类型】下拉列表中选择"最小值"，选择"两个选择之间"选项，分别激活
   【选择1】和【选择2】编辑框，分别在特征树中选中 CRIC_FRAME 和 Part5 零部件，如
   图10-112所示。

图 10-111　打开装配体文件

图 10-112　【编辑距离和区域分析】对话框

03 单击【应用】按钮，得到两个零件之间最短的距离值，如图10-113所示。

图 10-113　距离分析结果

10.6 实战案例

本节将以机械手装配（装配效果如图10-114所示）为例来讲解装配工作台中装配约束、爆炸
图功能在实际设计中的应用。

操作步骤

1. 加载底座零件并建立约束，具体操作步骤如下。

01 在菜单栏中执行【开始】/【机械设计】/【装配设计】命令，系统自动进入装配设计工作台。

02 单击【产品结构工具】工具栏中的【现有部件】按钮 ![icon]，在特征树中选取 Product1，弹出【选择文件】对话框，选择需要的文件 dizuo.CATPart，单击【打开】按钮，系统自动载入部件，如图 10-115 所示。

03 单击【约束】工具栏中的【固定约束】按钮 ![icon]，选择底座部件，系统自动创建固定约束，如图 10-116 所示。

2．加载电机并建立约束，具体操作步骤如下。

01 单击【产品结构工具】工具栏中的【现有部件】按钮 ![icon]，在特征树中选取 Product1，弹出【选择文件】对话框，选择需要的文件 dianji.CATPart，单击【打开】按钮，系统自动载入部件，利用移动操作调整好位置，如图 10-117 所示。

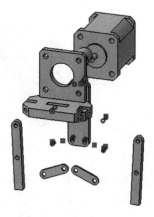

图 10-114　机械手装配

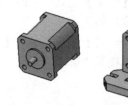

图 10-115　打开底座　　　图 10-116　固定约束　　　图 10-117　加载电机

02 单击【约束】工具栏中的【相合约束】按钮 ![icon]，选择电机轴和底座孔，单击【确定】按钮，完成约束，如图 10-118 所示。

03 单击【约束】工具栏中的【接触约束】按钮 ![icon]，依次选择电机和底座表面，系统自动完成接触约束，如图 10-119 所示。

图 10-118　建立相合约束　　　　　图 10-119　创建接触约束

3．加载偏心轴并建立约束，具体操作步骤如下。

01 单击【产品结构工具】工具栏中的【现有部件】按钮 ![icon]，在特征树中选取 Product1，弹出【选择文件】对话框，选择需要的文件 pianxinzhou.CATPart，单击【打开】按钮，系统自动载入部件，利用移动操作调整好位置，如图 10-120 所示。

02 单击【约束】工具栏中的【相合约束】按钮 ![icon]，选择图 10-121 所示的部件表面，单击【确定】按钮，完成约束。

03 单击【约束】工具栏中的【接触约束】按钮 ![icon]，选择图 10-122 所示的部件表面，系统自动完成接触约束。

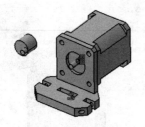

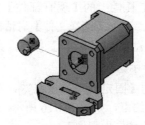
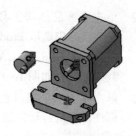

图 10-120　加载偏心轴　　　图 10-121　建立相合约束　　　图 10-122　创建接触约束

4. 加载连杆 1 并建立约束，具体操作步骤如下。

01　单击【产品结构工具】工具栏中的【现有部件】按钮，在特征树中选取 Product1，弹出【选择文件】对话框，选择需要的文件 liangan1.CATPart，单击【打开】按钮，系统自动载入部件，利用移动操作调整好位置，如图 10-123 所示。

02　单击【约束】工具栏中的【接触约束】按钮，选择图 10-124 所示的部件表面，系统自动完成接触约束。

03　单击【约束】工具栏中的【接触约束】按钮，选择图 10-125 所示的部件表面，系统自动完成接触约束。

图 10-123　加载连杆 1　　　图 10-124　创建接触约束　　　图 10-125　创建接触约束

04　单击【约束】工具栏中的【相合约束】按钮，选择图 10-126 的部件表面，单击【确定】按钮，完成约束。

5. 加载手指并建立约束，具体操作步骤如下。

01　单击【产品结构工具】工具栏中的【现有部件】按钮，在特征树中选取 Product1，弹出【选择文件】对话框，选择需要的文件 shouzhi.CATPart，单击【打开】按钮，系统自动载入部件，利用移动操作调整好位置，如图 10-127 所示。

02　单击【约束】工具栏中的【接触约束】按钮，选择图 10-128 所示的部件表面，系统自动完成接触约束。

03　单击【约束】工具栏中的【相合约束】按钮，选择图 10-129 所示的部件表面，单击【确定】按钮，完成约束。

04　加载手指并建立约束，如图 10-130 所示。

6. 加载连杆 2 并建立约束，具体操作步骤如下。

01　单击【产品结构工具】工具栏中的【现有部件】按钮，在特征树中选取 Product1，弹出【选择文件】对话框，选择需要的文件 liangan2.CATPart，单击【打开】按钮，系统自动载入部件，利用移动操作调整好位置，如图 10-131 所示。

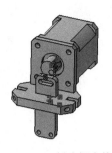 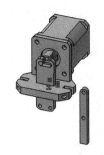 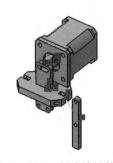 

图 10-126　创建相合约束　　图 10-127　加载手指　　图 10-128　创建接触约束　　图 10-129　创建相合约束

02 单击【约束】工具栏中的【接触约束】按钮，选择图 10-132 所示的部件表面，系统自动完成接触约束。

03 单击【约束】工具栏中的【相合约束】按钮，选择图 10-133 所示的部件表面，单击【确定】按钮，完成约束。

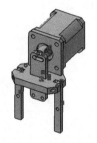 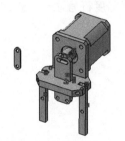 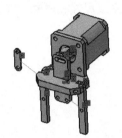 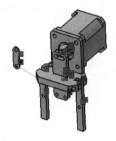

图 10-130　加载手指　　图 10-131　加载连杆 2　　图 10-132　创建接触约束　　图 10-133　创建相合约束

04 单击【约束】工具栏中的【相合约束】按钮，选择图 10-134 所示的部件表面，单击【确定】按钮，完成约束。

05 继续加载连杆 2 并建立约束，如图 10-135 所示。

06 选择要分解的产品 Product1，单击【移动】工具栏中的【分解】按钮，弹出【分解】对话框，单击【应用】按钮，出现【信息框】对话框，单击【确定】按钮，完成分解，如图 10-136 所示。

  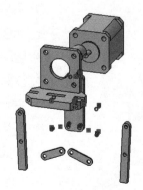

图 10-134　创建相合约束　　图 10-135　加载连杆 2 并建立约束　　图 10-136　创建爆炸图

Chapter **11**

第 11 章
工程图设计

本章介绍 CATIA V5-6R2017 的强大制图功能，介绍包括工程图模块简介、图框与标题栏设计、创建基本视图、创建图纸、标注尺寸、自动生成尺寸和序号、文字粗糙度符号注释、修饰特征等。

知识要点

- 工程制图模块简介
- 工程图图框和标题栏设计
- 创建视图
- 绘图
- 标注尺寸
- 自动生成尺寸和序号
- 注释功能
- 生成修饰特征
- 在装配图中生成零件表（BOM）
- 实战案例：生成轴承座工程图

11.1 工程制图模块简介

CATIA V5-6R2017 提供了两种制图方法：交互式制图和创成式制图。交互式制图类似于 AutoCAD 设计制图，通过人与计算机之间的交互操作完成；创成式制图从 3D 零件和装配中直接生成相互关联的 2D 图样。无论哪种方式，都需要进入工程制图工作台。

11.1.1 进入工程制图工作台

在利用 CATIA V5-6R2017 创建工程图时，需要先完成零件或装配设计，然后由三维实体创建二维工程图，这样才能保持相关性，所以在进入 CATIA V5-6R2017 工程制图模块时要先打开产品或零件模型，再转入工程制图工作台。常用以下两种形式进入工程制图工作台。

1. 【开始】菜单法

（1）执行【开始】/【机械设计】/【工程制图】命令，如图 11-1 所示。

（2）在弹出的【创建新工程图】对话框中选择布局，如图 11-2 所示。单击【确定】按钮，进入工程制图工作台。

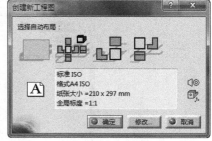

图 11-1 【开始】菜单命令　　　　　　图 11-2 【创建新工程图】对话框

- 空图纸 ▭：在进入工程制图工作台后将打开一页空白图纸。
- 所有视图 ⊞：在进入工程制图工作台后自动创建全部 6 个基本视图外加 1 个轴测图。
- 正视图、仰视图和右视图 ⊞：在进入工程制图工作台后自动创建正视图、仰视图和右视图。
- 正视图、仰视图和左视图 ⊞：在进入工程制图工作台后自动创建正视图、仰视图和左视图。

2. 新建文件法

（1）选择菜单栏中的【文件】/【新建】命令，弹出【新建】对话框，在【类型列表】中选择【Drawing】选项，单击【确定】按钮，如图 11-3 所示。

（2）在弹出的【新建工程图】对话框中选择标准、图纸样式等，如图 11-4 所示。

- 标准：选择相应的制图标准，如 ISO 国际标准、ANSI 美国标准、JIS 日本标准，由于我国 GB 多采用国际标准，所以选择 ISO 即可。
- 图样样式：选择所需的图纸幅面代号。如选择 ISO，则对应有 A0 ISO、A1 ISO、A2 ISO、A3 ISO、A4 ISO 等。

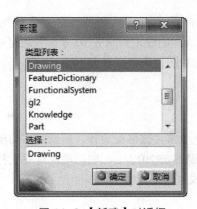

图 11-3 【新建】对话框

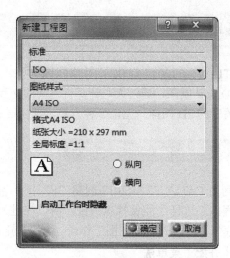

图 11-4 【新建工程图】对话框

● 图纸方向：选择【纵向】和【横向】图纸。

（3）单击【确定】按钮，进入工程制图工作台，如图 11-5 所示。

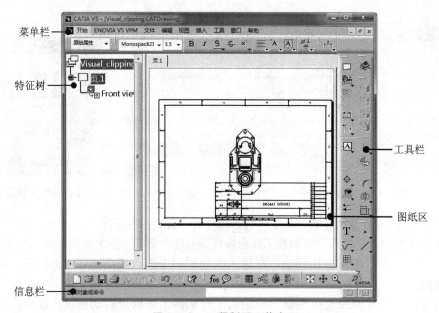

图 11-5 工程制图工作台

11.1.2 工具栏

CATIA V5-6R2017 的工程制图工作台主要由【视图】工具栏、【工程图】工具栏、【标注】工具栏、【尺寸标注】工具栏、【修饰】工具栏等组成。工具栏中显示了常用的工具按钮，单击工具右侧的黑色三角，可展开下一级工具栏。

1.【工程图】工具栏

【工程图】工具栏中的工具用于添加新图纸页、创建新视图、实例化 2D 部件，如图 11-6

所示。

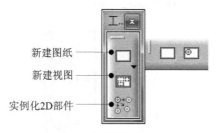

图 11-6　【工程图】工具栏

2.【视图】工具栏

　　【视图】工具栏中提供了多种视图生成方式，可以方便地从三维模型生成各种二维视图，如图 11-7 所示。

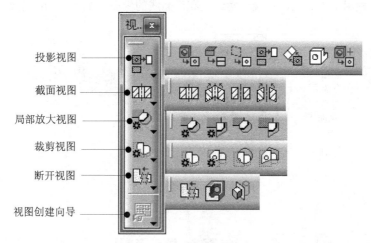

图 11-7　【视图】工具栏

3.【尺寸标注】工具栏

　　尺寸标注工具可以方便地标注几何尺寸、公差、形位公差，如图 11-8 所示。

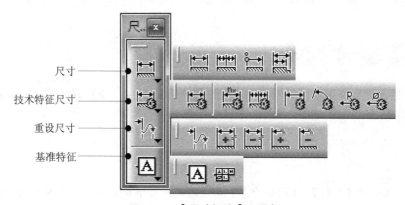

图 11-8　【尺寸标注】工具栏

4.【标注】工具栏

【标注】工具栏用于文字注释、粗糙度标注、焊接符号标注，如图 11-9 所示。

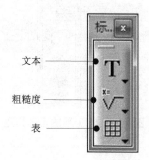

图 11-9 【标注】工具栏

5.【修饰】工具栏

【修饰】工具栏用于中心线、轴线、螺纹线和剖面线的生成，如图 11-10 所示。

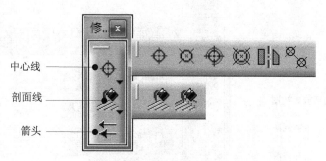

图 11-10 【修饰】工具栏

11.2 工程图图框和标题栏设计

完整的工程图要有图框和标题栏，CATIA V5-6R2017 提供了两种工程图图框和标题栏设置功能，一种是创建图框和标题栏，另一种是直接调用已有的图框和标题栏。下面分别加以介绍。

11.2.1 创建图框和标题栏

在图纸背景下直接利用绘图和编辑命令绘制图框和标题栏，绘制好的图框和标题栏可以为后续图纸所重用。

提示：

选择菜单栏中的【编辑】/【图纸背景】命令进入背景编辑环境，在该图层处理完图框和标题栏后，选择菜单栏中的【编辑】/【工作视图】命令，可返回工作视图层。

选择菜单栏中的【编辑】/【图纸背景】命令进入背景编辑环境，利用【几何图形创建】工具栏和【几何图形修改】工具栏中的相关工具绘制图框。

1.【几何图形创建】工具栏

【几何图形创建】工具栏用于创建二维图形元素，如图 11-11 所示。

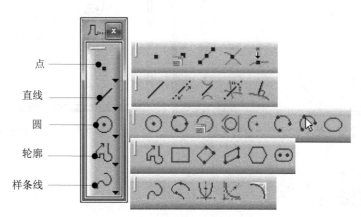

图 11-11　【几何图形创建】工具栏

2.【几何图形修改】工具栏

【几何图形修饰】工具栏用于编辑二维图形元素，如图 11-12 所示。

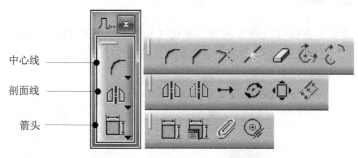

图 11-12　【几何图形修改】工具栏

11.2.2　引入已有图框和标题栏

CATIA V5-6R2017 提供了一些图框和标题栏文件，可以在工程图设计过程中直接插入已有图框和标题栏。

（1）选择菜单栏中的【编辑】/【图纸背景】命令，进入图纸背景。

（2）单击【工程图】工具栏中的【框架和标题节点】按钮□，弹出【管理框架和标题块】对话框，如图 11-13 所示。

（3）在【标题块的样式】下拉列表中选择已有的样式，选择【创建】选项，在右侧的【预览】框显示出样式预览，单击【确定】按钮，即可插入选择的图框和标题栏，如图 11-14 所示。

图 11-13 【管理框架和标题块】对话框

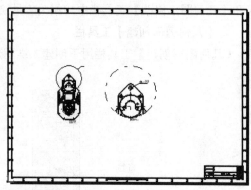

图 11-14 插入后的图框和标题栏

11.3 创建视图

工程图由多个视图组成，并用它来表达机件内部和外部的形状及结构。在【视图】工具栏中提供了 CATIA V5-6R2017 有关的视图创建工具，本节介绍利用 CATIA 工程图工作台创建视图的方法。

11.3.1 创建投影视图

用正投影方法绘制的视图称为投影视图。单击【视图】工具栏中的【偏移剖视图】按钮 右下角的下三角按钮，弹出有关截面视图的工具按钮，如图 11-15 所示。

图 11-15 投影视图工具

1. 正视图

正视图最能表达零件的整体外观特征，是 CATIA 工程视图创建的第一步，有了它之后才能创建其他视图、剖视图和断面图等。

01 单击【标准】工具栏中的【打开】按钮 📂，打开"\11.3touyingshitu.CATPart"模型文件。

02 单击【打开】按钮 📂，打开"\11.3\touyingshitu.CATDrawing"图纸文件，文件打开后为空白文档。

03 单击【视图】工具栏中的【正视图】按钮 🔲，系统提示，将当前窗口切换到 3D 模型窗口，选择一个平面作为投影平面，如图 11-16 所示。

04 选择一个平面作为正视图投影平面后，系统自动返回工程图工作台，将显示正视图预览，同时在图纸页右上角显示一个视图操纵盘，如图 11-17 所示。调整至满意方位后，单击圆盘中心按钮或图纸页空白处，即自动创建出实体模型对应的主视图，如图 11-18 所示。

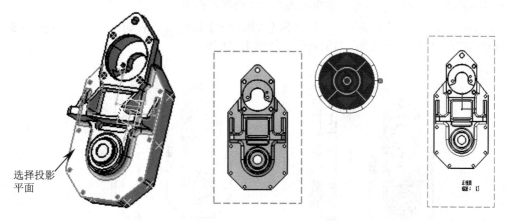

图 11-16 选择投影平面　　　　图 11-17 视图预览　　　　图 11-18 创建的正视图

05 创建视图后，如果要调整视图的位置，可将鼠标指针移到主视图虚线边框，指针变成手形，通过拖动其边框将正视图移动到任意位置，如图 11-19 所示。

06 在特征树上选择创建的视图，或者鼠标指针移到主视图虚线边框，指针变成手形。单击鼠标右键，在弹出的快捷菜单中选择【属性】命令，弹出【属性】对话框，利用该对话框可对视图进行编辑，如图 11-20 所示。

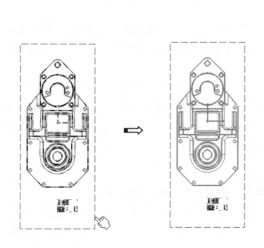

图 11-19 移动视图位置

图 11-20 【属性】对话框

【属性】对话框中相关选项的含义如下。

- 【显示视图框架】：选中该复选框，可用一个虚线边框来将视图与其他视图隔开。
- 【锁定视图】：选中该复选框，使视图锁定，该视图将无法编辑。
- 【可视裁剪】：选中该复选框，出现一个可编辑边框，拖动边框4个顶点的小正方形，可缩放显示区域范围。
- 【比例和方向】：设置视图比例和角度。
- 【修饰】：设置图纸的一些修饰符号，如隐藏线、中心线、螺纹、轴等。

2. 创建投影视图

【投影视图】功能用于以已有二维视图为基准生成其投影图。

激活当前视图，单击【视图】工具栏中的【投影视图】按钮，移动鼠标至所需视图位置（上图中绿框内视图）单击，即生成所需的视图，如图11-21所示。

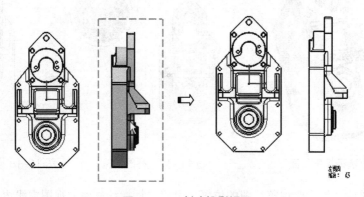

图11-21　创建投影视图

3. 创建辅助视图

辅助视图是物体向不平行于基本投影面的平面进行投影所得的视图，用于表达机件倾斜部分的外部表面形状。

> **提示：**
> 创建辅助视图时，系统默认与父视图是对应关系，要想使二者脱离，可激活所创建的辅助视图，单击鼠标右键，在弹出的快捷菜单中选择【视图定位】下的相关命令，然后再拖动辅助视图即可。

单击【视图】工具栏中的【辅助视图】按钮，单击一点来定义线性方向，选择一条直线，系统自动生成一条与选定直线平行的线，移动鼠标单击空白位置结束视图方向定位，再移动鼠标到视图所需位置，单击鼠标即生成所需的视图，如图11-22所示。

4. 等轴侧视图

等轴侧视图是轴测投影方向与轴测投影面垂直时所投影得到的轴测图。

单击【视图】工具栏中的【等轴侧视图】按钮，在零件窗口中选择一个基准面，返回工程图工作台，同时在图纸页右上角显示一个视图操纵盘，调整至满意的方位后，单击圆盘中心按钮或图纸页的空白处，即创建轴测图，如图11-23所示。

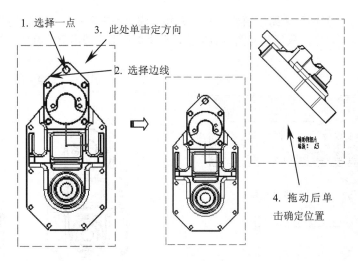

图 11-22　创建辅助视图

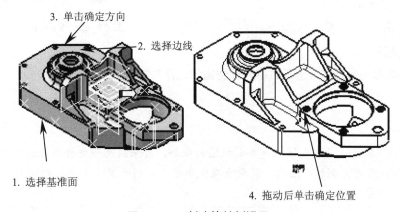

图 11-23　创建等轴侧视图

11.3.2　创建截面视图

截面视图是用假想剖切平面剖开部件，将处在观察者和剖切平面之间的部分移去，而将其余部分向投影面投影得到图形，包括全剖、半剖、阶梯剖、局部剖等。

单击【视图】工具栏【偏移剖视图】按钮 右下角的下三角按钮，弹出有关截面视图的工具按钮，如图 11-24 所示。

1. 全剖视图

对于内部复杂而又不对称的机件常常采用全剖，以表达其内部结构。

 提示：

　　按照国标规定全剖符号不标注，可直接选择剖切符号隐藏即可。如果要修改剖面线属性，可选中剖面线，单击鼠标右键，选择【属性】命令，在弹出的【属性】对话框的【阵列】选项卡中进行设置。

单击【视图】工具栏中的【偏移剖视图】按钮■，依次单击两点来定义剖切平面，在拾取第二点时双击鼠标结束拾取，移动鼠标到视图所需位置，单击鼠标即生成所需的视图，如图 11-25 所示。

图 11-24　截面视图工具

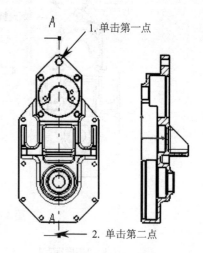

图 11-25　创建全剖视图

2. 半剖视图

对于兼顾内部结构形状表达且具有对称结构的机件常常考虑采用半剖。

 提示：

CATIA V5-6R2017 没有直接创建半剖视图的命令，可采用两个平行平面的方法来实现。创建半剖视图时，在定义剖切平面时，前两点在视图之内，用于定义半剖的剖切面，而后两点则在视图之外，为空剖。

单击【视图】工具栏中的【偏移剖视图】按钮■，依次选取 4 点来定义个剖切平面，在拾取第 4 点时双击鼠标结束拾取，移动鼠标到视图所需位置，单击鼠标即生成所需的视图，如图 11-26 所示。

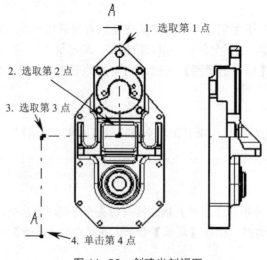

图 11-26　创建半剖视图

3．阶梯剖视图

阶梯剖视图是用几个相互平行的剖切平面剖切机件。

单击【视图】工具栏中的【偏移剖视图】按钮，依次单击 4 点来定义剖切平面，在拾取第 4 点时双击鼠标结束拾取，移动鼠标到视图所需位置，单击鼠标即生成所需的视图，如图 11-27 所示。

4．旋转剖视图

旋转剖视图是用两个相交的剖切平面剖切机件的方法。

单击【视图】工具栏中的【偏移剖视图】按钮，依次单击 4 点来定义剖切平面，在拾取第 4 点时双击鼠标结束拾取，移动鼠标到视图所需位置，单击鼠标即生成所需的视图，如图 11-28 所示。

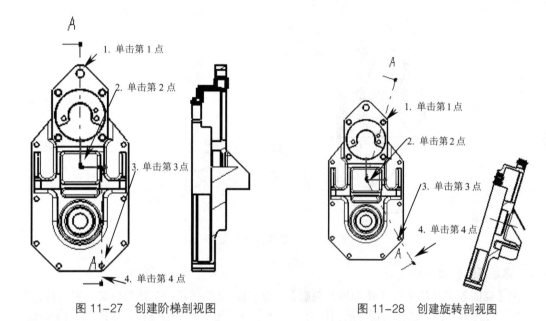

图 11-27　创建阶梯剖视图　　　　　　图 11-28　创建旋转剖视图

11.3.3　创建局部放大视图

局部放大视图适用于把机件视图上某些表达不清楚或不便于标注尺寸的细节用放大比例画出时使用。

单击【视图】工具栏【详细视图】按钮右下角的下三角按钮，弹出有关局部放大视图的工具按钮，如图 11-29 所示。

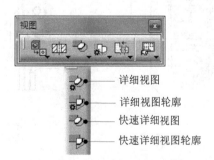

图 11-29　局部放大视图工具

提示:

　　快速详细视图由二维视图直接计算生成,而普通详细视图由三维零件计算生成,因此快速
生成局部放大视图比局部放大视图生成速度快。

1. 详细视图

　　单击【视图】工具栏中的【详细视图】按钮，选择圆心位置，然后再次单击一点确定圆半径，
移动鼠标到视图所需位置,单击鼠标即生成所需的视图,如图 11-30 所示。

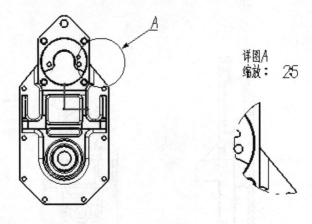

图 11-30　创建详细视图

2. 详细视图轮廓

　　单击【视图】工具栏中的【详细视图轮廓】按钮，绘制任意的多边形轮廓,双击鼠标左键
可使轮廓自动封闭,移动鼠标到视图所需位置,单击鼠标即生成所需的视图,如图 11-31 所示。

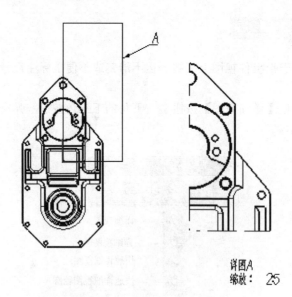

图 11-31　创建详细视图轮廓

11.3.4　创建裁剪视图

裁剪视图用于通过圆或多边形来裁剪现有视图使其只显示需要的部分。

单击【视图】工具栏【裁剪视图】按钮右下角的下三角按钮，弹出有关裁剪视图的工具按钮，如图 11-32 所示。

1. 裁剪视图

单击【视图】工具栏中的【裁剪视图】按钮，选择圆心位置，然后再次单击一点确定圆半径，即生成所需的视图，如图 11-33 所示。

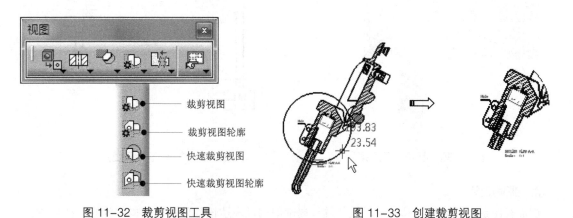

图 11-32　裁剪视图工具　　　　　　　图 11-33　创建裁剪视图

2. 裁剪视图轮廓

单击【视图】工具栏中的【裁剪视图轮廓】按钮，绘制任意的多边形轮廓，双击鼠标左键可使轮廓自动封闭，即生成所需的视图，如图 11-34 所示。

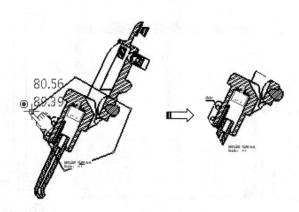

图 11-34　创建裁剪视图轮廓

11.3.5　创建断开视图

对于较长且沿长度方向形状一致或按一定规律变化的机件，如轴、型材、连杆等，通常采用将视图中间一部分截断并删除，余下两部分靠近绘制，即断开视图。

单击【视图】工具栏【裁剪视图】按钮右下角的下三角按钮，弹出有关裁剪视图的工具按钮，如图 11-35 所示。

1. 断开视图

单击【视图】工具栏中的【局部视图】按钮，选取一点以作为第一条断开线的位置点，移动鼠标使第一条断开线水平或垂直，单击左键确定第一条断开线；移动鼠标使第二条断开线至所需位置，单击鼠标左键确定第二条断开线，在图纸任意位置单击鼠标左键，即生成断开视图，如图 11-36 所示。

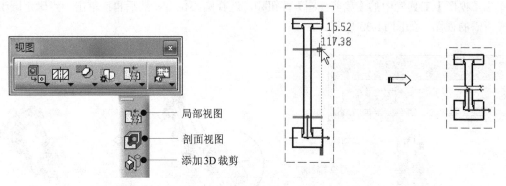

图 11-35　断开视图工具　　　　　　　图 11-36　创建断开视图

2. 剖面视图

剖面视图是在原来视图基础上对机件进行局部剖切以表达该部件内部结构形状的一种视图。

单击【视图】工具栏中的【剖面视图】按钮，连续选取多个点，在最后点处双击封闭形成多边形，弹出【3D 查看器】对话框，可以拖动剖切面来确定剖切位置，单击【确定】按钮，即生成剖面视图，如图 11-37 所示。

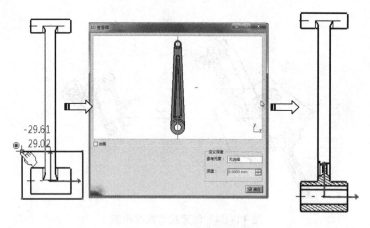

图 11-37　创建剖面视图

11.4　绘图

绘图是指交互式制图方法，主要包括生成新图纸、创建新视图、二维元素示例，本节介绍如何利用 CATIA V5-6R2017 创建绘图。

11.4.1 生成新图纸

一旦进入工程制图工作台，系统即自动创建一个默认名为【页 .1】的工程图文件，这对绘制一个零件工作图已经足够，但对一个包含多个零件的产品来说显得不够。CATIA V5-6R2017 可创建一个工程图文件并包含多个图纸页，不同图纸页上可以绘制不同零件或装配图的图样，一个产品的所有相关图样都可以集中在一个工程图文件中。

单击【工程图】工具栏中的【新建图纸】按钮□，添加一个新图纸页，如图 11-38 所示。

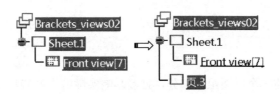

图 11-38 创建新图纸

11.4.2 创建新视图

新建的图纸是一个空白图纸页，无法在其上绘制图形和注释。需要插入一个新视图后激活视图，可在上面创建图形和文字，而且所创建的文字依附于当前工作视图。

单击【工程图】工具栏中的【新建视图】按钮，然后在图纸页上选择一个点作为新视图的插入点，即可将视图插入，如图 11-39 所示。利用【几何图形创建】工具栏和【几何图形修改】工具栏中的相关工具绘制工程图。

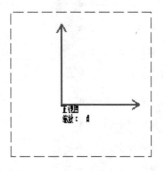

图 11-39 创建新建视图

11.4.3 二维元素示例

用于重复使用二维元素。

单击【工程图】工具栏中的【实例化 2D 部件】按钮，选取 2D 部件，拖动鼠标放置到所需的位置上，如图 11-40 所示。

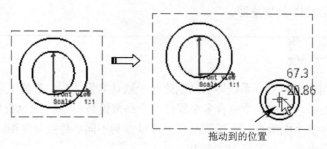

图 11-40 创建实例化 2D 部件

11.5 标注尺寸

尺寸标注是工程图的一个重要组成部分，直接影响实际的生产和加工。CATIA 提供了方便的尺寸标注功能，主要集中在【尺寸标注】工具栏中。下面分别介绍。

11.5.1 标注尺寸

尺寸标注指的是在工程图上标注不同的尺寸，包括长度、直径、螺纹、倒角等。CATIA V5-6R2017 提供了多种尺寸标注方式，单击【尺寸标注】工具栏【尺寸】按钮 右下角的下三角按钮，弹出有关标注尺寸的工具按钮，如图 11-41 所示。

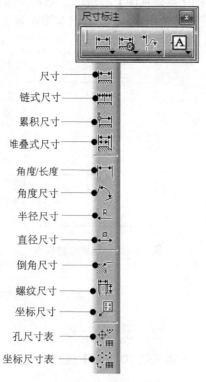

图 11-41 【尺寸标注】工具栏

1. 尺寸

【尺寸】是一种推导式尺寸标注工具，可根据用户选择的标注元素自动生成相应的尺寸标注，如长度、角度、直径、半径等。

单击【尺寸标注】工具栏中的【尺寸】按钮 ，弹出【工具控制板】工具栏，选择需要标注的元素，移动鼠标使尺寸移到合适的位置，单击鼠标左键，系统自动完成尺寸标注，如图 11-42 所示。

2. 链式尺寸

【链式尺寸】用于创建链式尺寸标注，如果要删除一个尺寸，所有的尺寸都被删除，移动一个尺寸所有的尺寸全部移动。

单击【尺寸标注】工具栏中的【链式尺寸】按钮 ，弹出【工具控制板】工具栏，选中第一个点或线，选中其他的点或线，移动鼠标使尺寸移到合适的位置，单击鼠标左键，系统自动完成尺寸标注，如图 11-43 所示。

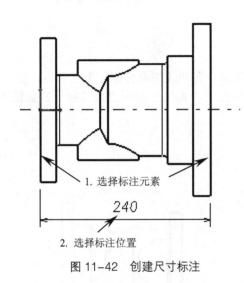

图 11-42　创建尺寸标注　　　　图 11-43　创建链式尺寸标注

3. 累积尺寸

【累积尺寸】用于以一个点或线为基准创建坐标式尺寸标注。

单击【尺寸标注】工具栏中的【累积尺寸】按钮 ，弹出【工具控制板】工具栏，选中第一个点或线，再选中其他的点或线，移动鼠标使尺寸移到合适的位置，单击鼠标左键，系统自动完成尺寸标注，如图 11-44 所示。

4. 堆叠式尺寸

【堆叠式尺寸】用于以一个点或线为基准创建阶梯式尺寸标注。

单击【尺寸标注】工具栏中的【堆叠式尺寸】按钮 ，弹出【工具控制板】工具栏，选中第一个点或线，再选中其他的点或线，移动鼠标使尺寸移到合适的位置，单击鼠标左键，系统自动完成尺寸标注，如图 11-45 所示。

5. 长度 / 距离尺寸

【长度 / 距离尺寸】用于标注长度和距离。

单击【尺寸标注】工具栏中的【长度 / 距离尺寸】按钮 ，弹出【工具控制板】工具栏，选中所需元素，移动鼠标使尺寸移到合适的位置，单击鼠标左键，系统自动完成尺寸标注，如图 11-46 所示。

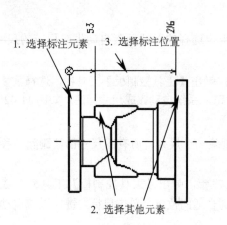

图 11-44　创建累积尺寸标注

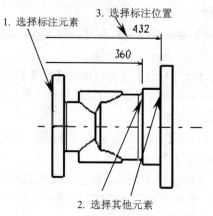

图 11-45　创建堆叠式尺寸标注

6. 角度尺寸

【角度尺寸】用于标注角度。

单击【尺寸标注】工具栏中的【角度尺寸】按钮，弹出【工具控制板】工具栏，选中所需元素，移动鼠标使尺寸移到合适的位置，单击鼠标左键，系统自动完成尺寸标注，如图 11-47 所示。

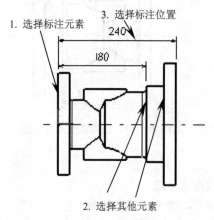

图 11-46　创建长度 / 距离尺寸标注

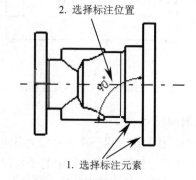

图 11-47　创建角度尺寸标注

7. 半径尺寸

【半径尺寸】用于标注半径。

单击【尺寸标注】工具栏中的【半径尺寸】按钮，弹出【工具控制板】工具栏，选中所需元素，移动鼠标使尺寸移到合适的位置，单击鼠标左键，系统自动完成尺寸标注，如图 11-48 所示。

8. 直径尺寸

【直径尺寸】用于标注直径。

单击【尺寸标注】工具栏中的【直径尺寸】按钮，弹出【工具控制板】工具栏，选中所需元素，移动鼠标使尺寸移到合适的位置，单击鼠标左键，系统自动完成尺寸标注，如图 11-49 所示。

9. 倒角尺寸

【倒角尺寸】用于标注倒角尺寸。

单击【尺寸标注】工具栏中的【倒角尺寸】按钮，弹出【工具控制板】工具栏，选择角度类型，然后选中欲标注的线，选择参考线或面，移动鼠标使尺寸移到合适的位置，单击鼠标左键，系统自动完成尺寸标注，如图 11-50 所示。

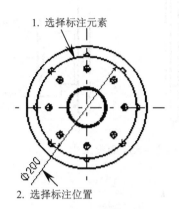

图 11-48　创建角度尺寸标注

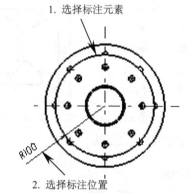

图 11-49　创建直径尺寸标注

10. 螺纹尺寸

【螺纹尺寸】用于标注关联螺纹尺寸。

单击【尺寸标注】工具栏中的【螺纹尺寸】按钮，弹出【工具控制板】工具栏，选中螺纹线，系统自动完成尺寸标注，如图 11-51 所示。

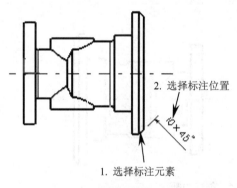

图 11-50　创建倒角尺寸标注

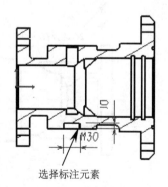

图 11-51　创建螺纹尺寸标注

11.5.2　修改标注尺寸

CATIA V5-6R2017 提供了多种标注尺寸修改功能，单击【尺寸标注】工具栏中【重设尺寸】按钮右下角的下三角按钮，弹出有关修改尺寸标注的工具按钮，如图 11-52 所示。

1. 重设尺寸

【重设尺寸】用于重新选择尺寸标注元素，即尺寸线起始点。

单击【尺寸标注】工具栏中的【重设尺寸】按钮，选择重设尺寸，依次选择尺寸标注元素，系统自动重设尺寸标注，如图 11-53 所示。

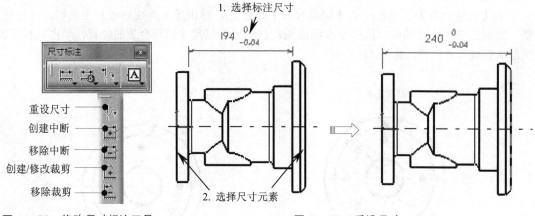

图 11-52 修改尺寸标注工具　　　　　图 11-53 重设尺寸

2. 创建中断

【创建中断】用于打断图形中的尺寸线。

单击【尺寸标注】工具栏中的【创建中断】按钮，弹出【工具控制板】工具栏，先选择要打断的尺寸线，再分别选择要打断的起点和终点，尺寸引出线即断开，如图 11-54 所示。

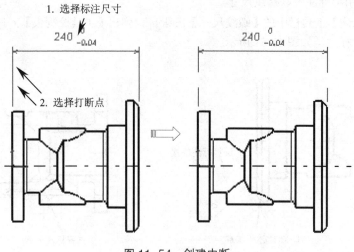

图 11-54 创建中断

👨‍🎓 **提示：**

在【工具控制板】工具栏中选择打断尺寸线的样式有两种：第一种是指打断一条尺寸线，第二种是指同时打断两条尺寸线。

---

3. 移除中断

【移除中断】用于恢复已经打断的尺寸线。

单击【尺寸标注】工具栏中的【创建中断】按钮，弹出【工具控制板】工具栏，先选择要恢复打断的尺寸线，再选择要恢复的一边或是这一边的附近距离，则完成这一边的尺寸线恢复，如图 11-55 所示。

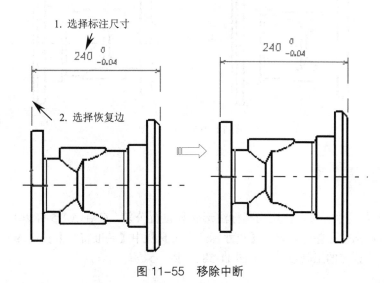

图 11-55　移除中断

4. 创建 / 修改裁剪

【创建 / 修改裁剪】用于创建或修改修剪尺寸线。

单击【尺寸标注】工具栏中的【创建 / 修改裁剪】按钮，先选择要修剪的尺寸线，再选择要保留侧，然后选择裁剪点，则系统完成尺寸线修剪，如图 11-56 所示。

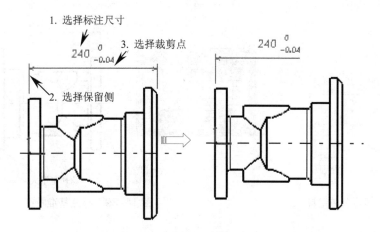

图 11-56　创建 / 修改裁剪

5. 移除裁剪

【移除裁剪】用于移除修剪的尺寸线。

单击【尺寸标注】工具栏中的【移除裁剪】按钮，先选择要恢复的尺寸线，则系统完成尺寸线恢复，如图 11-57 所示。

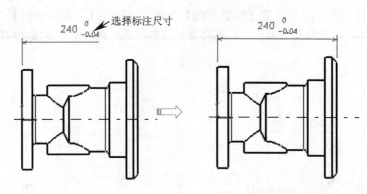

图 11-57　移除裁剪

11.5.3　标注公差

工程图标注完尺寸之后，就要为其标注形状和位置公差。CATIA V5-6R2017 中提供的公差功能主要包括基准和形位公差等。单击【尺寸标注】工具栏中【基准特征】按钮右下角的下三角按钮，弹出有关标注公差的工具按钮，如图 11-58 所示。

1. 基准特征

【基准特征】用于在工程图上标注基准。

单击【尺寸标注】工具栏中的【基准特征】按钮，再单击图上要标注基准的直线或尺寸线，出现【创建基准特征】对话框。在对话框中输入基准代号，单击【确定】按钮，则标注出基准特征，如图 11-59 所示。

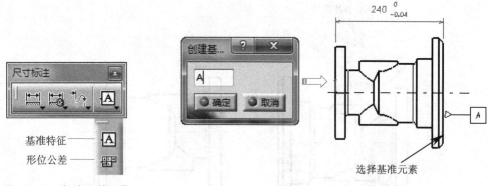

图 11-58　标注公差工具　　　　　　　图 11-59　标注基准特征

2. 形位公差

【形位公差】用于在工程图上标注形位公差。

单击【尺寸标注】工具栏中的【形位公差】按钮，再单击图上要标注公差的直线或尺寸线，出现【形位公差】对话框。设置形位公差参数，单击【确定】按钮，完成形位公差标注，如图 11-60 所示。

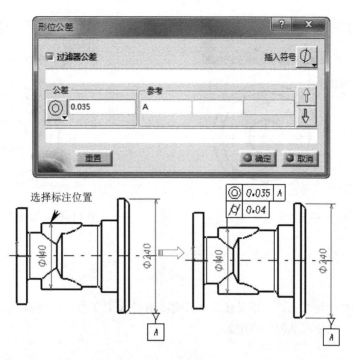

图 11-60　创建形位公差

11.5.4　尺寸属性

CATIA V5-6R2017 中标注的尺寸具有属性，相应的数值可进行修改。通常有两种尺寸属性修改方式：一种是在【尺寸属性】工具栏中修改，另一种是通过单击鼠标右键，选择【属性】命令，在弹出的【属性】对话框中进行修改。

1.【尺寸属性】工具栏

在标注尺寸时，或者单击要修改的尺寸后，【尺寸属性】工具栏中的选项将激活，如图 11-61 所示。

01　单击【标准】工具栏中的【打开】按钮 📂，打开【选择文件】对话框，选择文件 "\11.5\biaozhuchicun.CATDrawing"，单击【OK】按钮，文件打开后查看标注，如图 11-62 所示。

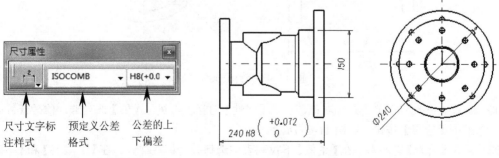

图 11-61　【尺寸属性】工具栏　　　　图 11-62　标注图形

02　选择 $\phi 240$ 尺寸，激活【尺寸属性】工具栏，选择尺寸文字标注样式，如图 11-63 所示。

03　选择公差样式【ISONUM】，在【偏差】框中输入 "0.035/0"，按 Enter 键确认，如图 11-64 所示。

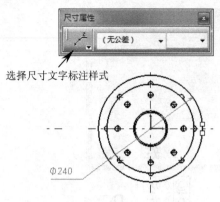

图 11-63　选择尺寸文字标注样式

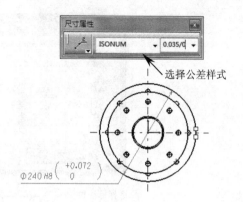

图 11-64　设置尺寸公差

提示：

在【偏差】框中输入上、下偏差值，之间需要用斜杠（/）分开，例如，上偏差 +0.035，下偏差为 −0.012，则需输入 0.035/-0.012。

2.【属性】对话框

选择要修改的尺寸，单击鼠标右键，在弹出的快捷菜单中选择【属性】命令，利用弹出的【属性】对话框来进行尺寸编辑。

01　单击【标准】工具栏中的【打开】按钮🗁，打开文件 "biaozhuchicun..CATDrawing"，如图 11-65 所示。

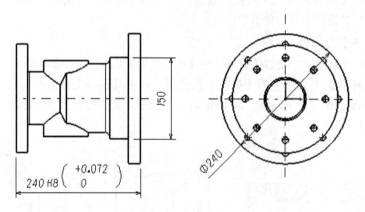

图 11-65　打开文件

02　选择 150 尺寸，单击鼠标右键，弹出【属性】对话框，进入【值】选项卡，修改尺寸数值，单击【应用】按钮，如图 11-66 所示。

03　单击【公差】选项卡，在【主值】下拉列表中选择公差标注样式，在【上限值】和【下限值】文本框中输入公差，单击【应用】按钮，如图 11-67 所示。

04　单击【尺寸文本】选项卡，单击🔛按钮，出现相关插入符号，选择直径符号，单击【确定】按钮，如图 11-68 所示。

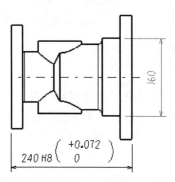

图 11-66　修改尺寸值

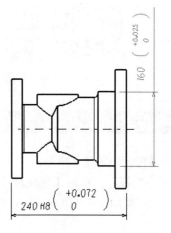

图 11-67　修改尺寸公差

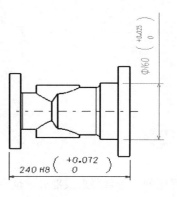

图 11-68　插入前缀

11.6 自动生成尺寸和序号

生成功能包括自动标注尺寸、逐步标注尺寸、在装配图中自动标注零件编号。生成功能集中在【生成尺寸】工具栏中，下面分别加以介绍。

11.6.1 自动标注尺寸

【自动标注尺寸】用于根据建模时的尺寸自动标注工程图中的零件尺寸。

选择标注的视图，单击【生成尺寸】按钮，弹出【生成的尺寸分析】对话框。在对话框中选择欲分析的约束选项或尺寸选项，单击【确定】按钮后自动完成尺寸标注，如图 11-69 所示。

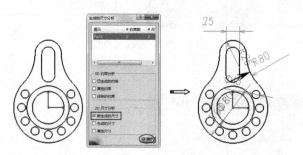

图 11-69　自动标注尺寸

11.6.2 在装配图中自动标注零件编号

用于自动生成装配图中的零件序号。

选择要生成序号的视图，单击【生成尺寸】工具栏中的【生成零件序号】按钮，系统自动标注装配图零件序号，如图 11-70 所示。

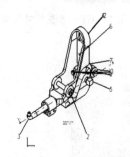

图 11-70　生成零件序号

11.7 注释功能

注释是工程图的一个重要组成部分，也会影响实际的生产和加工。CATIA 提供了方便的注释功能，主要集中在【标注】工具栏中，下面分别进行介绍。

11.7.1　标注文本

标注文本是指在工程图中添加文字信息说明。单击【标注】工具栏中【文本】按钮 $\boxed{T}$ 右下角的下三角按钮，弹出有关标注文本的工具按钮，如图 11-71 所示。

1. 文本

【文本】工具用于标注文字。

单击【标注】工具栏中的【文本】按钮 $\boxed{T}$，选择欲标注文字的位置，弹出【文本编辑器】对话框。输入文字（可以通过选择字体输入汉字），单击【确定】按钮，完成文字添加，如图 11-72 所示。

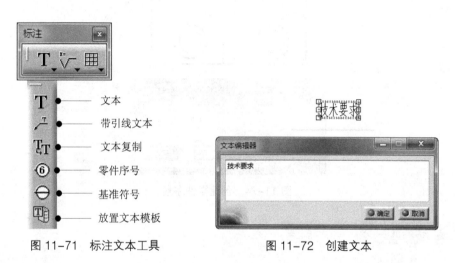

图 11-71　标注文本工具　　　　　　图 11-72　创建文本

2. 带引线的文本

【带引线的文本】工具用于标注带引出线的文字。

单击【标注】工具栏中的【带引线的文本】按钮 $\boxed{\underline{}^T}$，选中引出线箭头所指位置，选中欲标注文字的位置，弹出【文本编辑器】对话框。输入文字（可以通过选择字体输入汉字），单击【确定】按钮，完成文字添加，如图 11-73 所示。

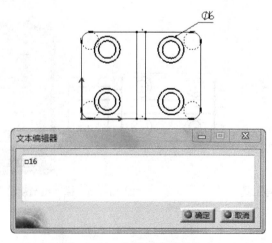

图 11-73　创建带引线的文本

3. 零件序号

【零件序号】工具用于标注装配图中的零件。

单击【标注】工具栏中的【零件序号】按钮 ⑥ ，选择欲标注的元素，选择气球符号所在位置，弹出【创建零件序号】对话框。在对话框中输入文字，完成零件序号的添加，如图 11-74 所示。

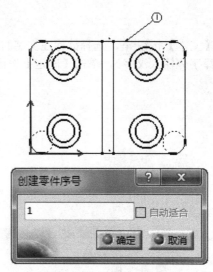

图 11-74　创建零件序号

11.7.2　标注粗糙度和焊接符号

单击【标注】工具栏中【文本】按钮 **T** 右下角的下三角按钮，弹出有关标注粗糙度和焊接符号的工具按钮，如图 11-75 所示。

1. 粗糙度符号

单击【标注】工具栏中的【粗糙度符号】按钮 ，选择粗糙度符号所在位置，弹出【粗糙度符号】对话框。输入粗糙度的值，选择粗糙度类型，单击【确定】按钮即可完成粗糙度符号标注，如图 11-76 所示。

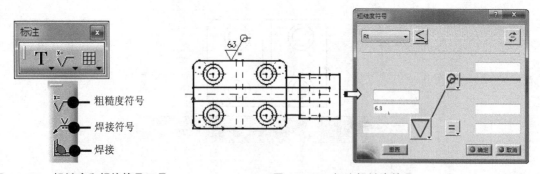

图 11-75　粗糙度和焊接符号工具　　　　图 11-76　标注粗糙度符号

2. 焊接符号

单击【标注】工具栏中的【焊接符号】按钮 ，选择焊接符号所在位置，弹出【焊接符号】

对话框。输入焊接符号和数值，单击【确定】按钮即可完成焊接符号标注，如图 11-77 所示。

3. 焊接

单击【标注】工具栏中的【焊接】按钮 ，选择第一个元素，如一根直线，选择第二个元素，如另一根直线，弹出【焊接编辑器】对话框。选择焊接类型、输入焊接厚度和角度，单击【确定】按钮即可完成焊接标注，如图 11-78 所示。

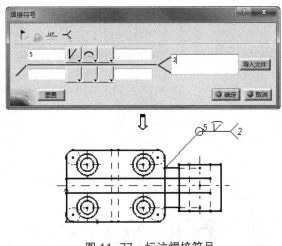

图 11-77 标注焊接符号

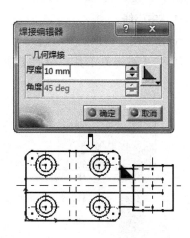

图 11-78 焊接标注

11.7.3 创建表

该功能用于创建注释功能用的表格。

单击【标注】工具栏中的【表】按钮 ，弹出【表编辑器】对话框。设置表的行列数，单击【确定】按钮，再单击合适的位置来放置表。双击表格单元格，弹出【文本编辑器】对话框，输入相关文本注释信息，如图 11-79 所示。

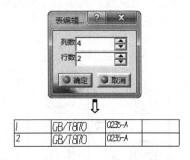

图 11-79 创建表

11.8 生成修饰特征

生成修饰特征包括生成中心线、生成螺纹线、生成轴线和中心线、生成剖面线（Area Fill）等功能，主要集中在【修饰】工具栏中，下面分别加以介绍。

11.8.1 生成中心线

该功能用于生成中心线、螺纹线等。单击【标注】工具栏中【中心线】按钮 ⊕ 右下角的下三角按钮，弹出有关生成中心线的工具按钮，如图 11-80 所示。

1. 中心线

该命令用于生成圆中心线。

单击【修饰】工具栏中的【中心线】按钮 ⊕ ，选择圆后系统自动生成中心线，如图 11-81 所示。

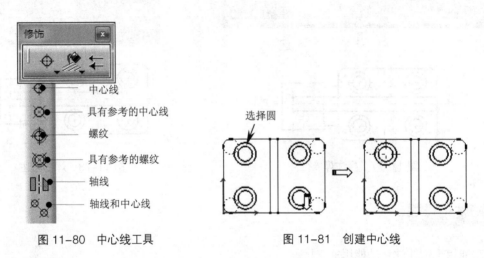

图 11-80　中心线工具　　　　　　图 11-81　创建中心线

2. 具有参考的中心线

该命令用于参考其他元素生成中心线。

单击【修饰】工具栏中的【具有参考的中心线】按钮 ⊗ ，选中圆，选中参考的元素，中心线自动生成，如图 11-82 所示。若参考元素为直线，则中心线分别与参考直线平行和垂直；若参考元素为圆，则中心线分别与两个圆圆心的连线平行和垂直。

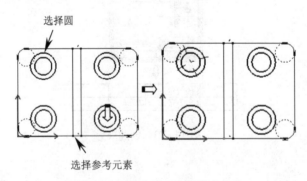

图 11-82　创建具有参考的中心线

3. 螺纹

该命令用于生成螺纹线。

单击【修饰】工具栏中的【螺纹】按钮 ⊕，弹出【工具控制板】工具栏，选择内螺纹或外螺纹，选择圆，系统自动创建螺纹线，如图 11-83 所示。

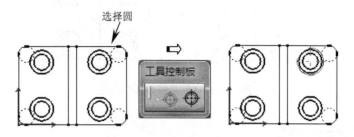

图 11-83 创建螺纹线

4. 具有参考的螺纹

该命令用于参考其他元素生成螺纹线。

单击【修饰】工具栏中的【具有参考的螺纹】按钮 ⊠，弹出【工具控制板】工具栏，选择内螺纹或外螺纹，选中圆，选中参考的元素，螺纹线自动生成，如图 11-84 所示。

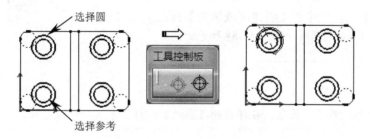

图 11-84 创建具有参考的螺纹线

5. 轴线

该命令用于生成轴线。

单击【修饰】工具栏中的【轴线】按钮 ⅲ，选中两条直线，轴线自动生成，如图 11-85 所示。

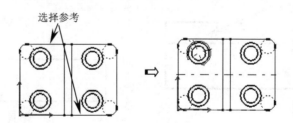

图 11-85 创建轴线

6. 轴线和中心线

该命令用于生成轴线和中心线。

单击【修饰】工具栏中的【轴线和中心线】按钮 ⊠，选中两个圆，则自动生成两圆之间的轴线和中心线，如图 11-86 所示。

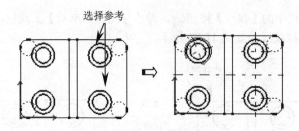

图 11-86　创建轴线和中心线

11.8.2　创建填充剖面线

该命令用于生成剖面线等。单击【标注】工具栏中【创建区域填充】按钮 右下角的下三角按钮，弹出有关生成剖面线的工具按钮，如图 11-87 所示。

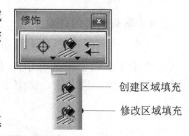

创建区域填充

修改区域填充

图 11-87　填充剖面线工具

1. 创建区域填充

该命令用于生成剖面线。

单击【修饰】工具栏中的【创建区域填充】按钮 ，选择填充区域，系统自动填充剖面线，如图 11-88 所示。

提示：

要修改剖面线，双击剖面线，在弹出的【属性】对话框中进行修改即可。

2. 修改区域填充

该命令用于切换剖面线填充区域。

单击【修饰】工具栏中的【修改区域填充】按钮 ，选择已填充区域，然后选择要填充的区域，系统自动将剖面线切换到新区域，如图 11-89 所示。

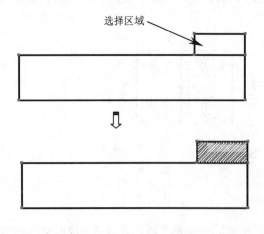

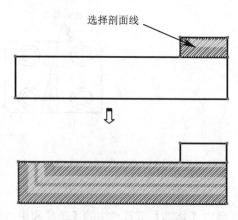

图 11-88　创建区域填充　　　　　　图 11-89　修改区域填充

11.8.3　标注箭头

该命令用于增加箭头符号。

单击【修饰】工具栏中的【箭头】按钮⇤，选择一个点作为起点，单击另外一个点作为终点，系统自动增加箭头符号，如图 11-90 所示。

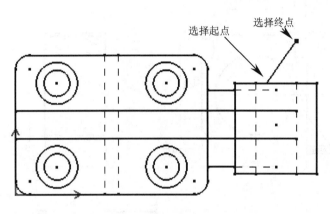

图 11-90　标注箭头

11.9　在装配图中生成零件表（BOM）

CATIA 工程制图工作台可以方便生成零件表，本节介绍零件表相关内容。

打开装配图工程图，选择菜单栏中的【插入】/【生成尺寸】/【物料清单】/【物料清单】命令，选择插入物料清单位置，系统自动在装配图中生成，如图 11-91 所示。

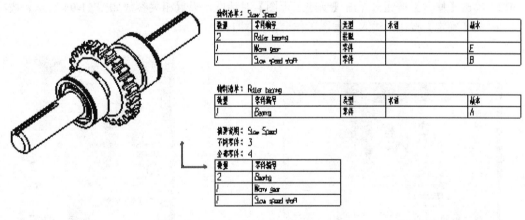

图 11-91　插入零件表（BOM）

11.10　实战案例：生成轴承座工程图

本节以法兰草图为例来讲解草图轮廓创建、草图操作和草图约束等功能在实际设计中的应用。

根据三维实体模型轴承座，绘制图 11-92 所示的轴承座工程图。

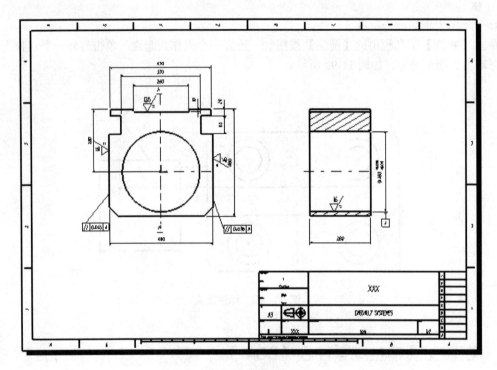

图 11-92 轴承座工程图

01 打开本例素材源文件"zhouchengzou.CATPart"，在菜单栏中执行【开始】/【机械设计】/
    【工程制图】命令。

02 在弹出的【创建新工程图】对话框中选择【空白】图标，如图 11-93 所示。

03 单击【修改】按钮，弹出【新建工程图】对话框，设置相关参数如图 11-94 所示。依次单
    击【确定】按钮，进入工程图工作台，如图 11-95 所示。

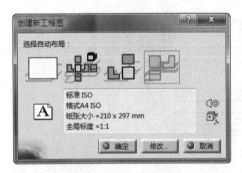

图 11-93 【创建新工程图】对话框

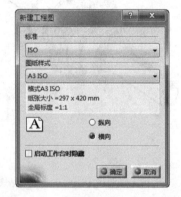

图 11-94 【新建工程图】对话框

04 选择菜单栏中的【编辑】/【图纸背景】命令，进入图纸背景。

05 单击【工程图】工具栏中的【框架和标题节点】按钮□，弹出【管理框架和标题块】对话
    框，如图 11-96 所示。

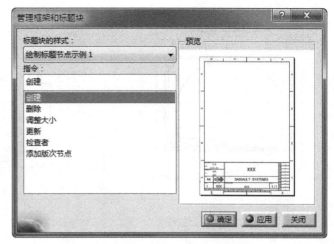

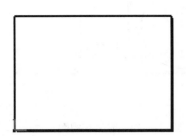

图 11-95　新建工程图　　　　图 11-96　【管理框架和标题块】对话框

06　在【标题块的样式】下拉列表中选择已有的样式，选择【创建】选项，在右侧【预览】
　　框显示出样式预览，单击【确定】按钮，即可插入选择的图框和标题栏，如图 11-97 所示。

07　选择菜单栏中的【编辑】/【工作视图】命令，进入视图环境。

08　单击【视图】工具栏中的【正视图】按钮 ，系统提示，将当前窗口切换到 3D 模型窗口，
　　选择一个平面作为投影平面，如图 11-98 所示。

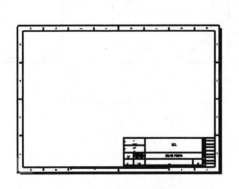

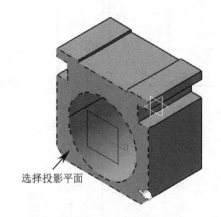

选择投影平面

图 11-97　插入图框和标题栏　　　　图 11-98　选择投影平面

09　选择一个平面作为正视图投影平面后，系统自动返回工程图工作台，调整至满意方位后，
　　单击圆盘中心按钮或图纸页空白处，即自动创建出实体模型对应的主视图，如图 11-99
　　所示。

10　单击【视图】工具栏中的【偏移剖视图】按钮 ，依次单击两点（通过圆心）来定义剖
　　切平面，在拾取第二点时双击鼠标结束拾取；移动鼠标到视图所需位置，单击鼠标即生
　　成所需的视图，如图 11-100 所示。

11　单击【修饰】工具栏中的【中心线】按钮 ，选择圆后系统自动生成中心线，如图 11-101
　　所示。

12　单击【修饰】工具栏中的【轴线】按钮 ，选中右侧孔边线，轴线自动生成，如图 11-102
　　所示。

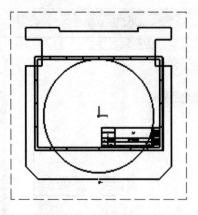
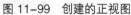

图 11-99　创建的正视图

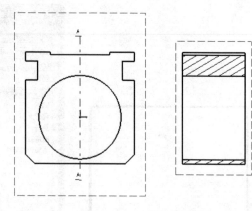

图 11-100　创建剖视图

13　单击【尺寸标注】工具栏中的【尺寸】按钮▦，弹出【工具控制板】工具栏，选择需要
　　标注的元素，移动鼠标使尺寸移到合适的位置，单击鼠标左键，系统自动完成尺寸标注，
　　如图 11-103 所示。

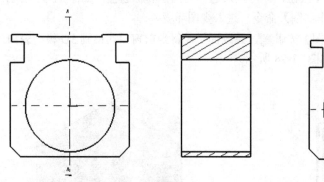

图 11-101　创建中心线

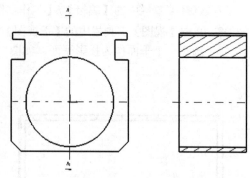

图 11-102　创建轴线

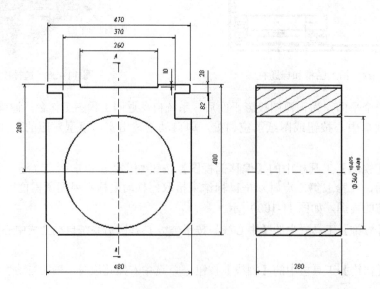

图 11-103　标注尺寸

14　单击【尺寸标注】工具栏中的【基准特征】按钮 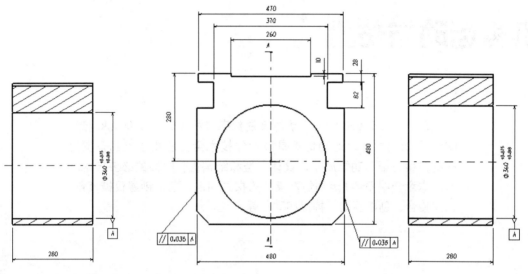，再单击图上"360mm"尺寸，出现【创建基准特征】对话框。在对话框中输入基准代号，单击【确定】按钮，则标注出基准特征，如图 11-104 所示。

15　单击【尺寸标注】工具栏中的【形位公差】按钮 ，选择侧面边线，出现【形位公差】对话框。设置形位公差参数，单击【确定】按钮，完成形位公差标注，如图 11-105 所示。

图 11-104　创建基准符号　　　　　　　图 11-105　创建形位公差

16　单击【标注】工具栏中的【粗糙度符号】按钮 ，选择粗糙度符号所在位置，弹出【粗糙度符号】对话框。输入粗糙度的值，选择粗糙度类型，单击【确定】按钮即可完成粗糙度符号标注，如图 11-106 所示。

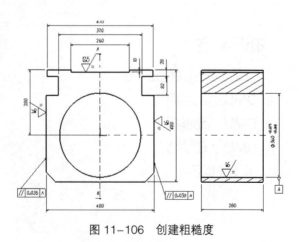

图 11-106　创建粗糙度

第 12 章
机构运动与仿真

CATIA V5-6R2017 运动仿真是数字样机（Digital Mock-Up，DMU）功能之一，运动仿真是数字化技术全面应用于产品开发过程的方案论证、功能展示、设计定型和结构优化阶段的必要技术环节。本章介绍 DMU 运动仿真模块的相关知识，包括创建机械装置、创建接合、创建驱动、模拟和动画等。

知识要点

- 运动仿真模块概述
- DMU 运动机构
- DMU 运动模拟
- DMU 运动动画
- 运动机构更新

12.1 运动仿真模块概述

DMU 运动仿真就是利用计算机呈现的、可替代物理样机功能的虚拟现实。通过运动仿真机构的运动模拟，分析运动相关的性能参数。

12.1.1 进入运动仿真环境

要进行运动仿真和分析，首先要进入 DMU 运动仿真环境，常用的方法如下。

1. 系统没有开启任何文件

选择【开始】/【数字化装配】/【DMU 运动机构】命令，如图 12-1 所示，进入 DMU 运动仿真工作台，如图 12-2 所示。

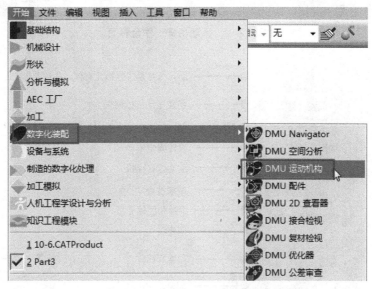

图 12-1 【开始】菜单命令

2. 当开启文件在其他工作台

当开启文件在其他工作台，执行【开始】/【形状】/【FreeStyle】命令，系统将切换到自由曲面设计工作台。

12.1.2 运动仿真工作台界面

CATIA V5-6R2017 运动仿真工作台中增加了机构运动计的相关命令和操作，其中与运动仿真有关的菜单有【插入】，与运动仿真有关的工具栏有【DMU 运动机构】【运动机构更新】【DMU 空间分析】【DMU 一般动画】等，如图 12-2 所示。

1. DMU 运动仿真菜单

进入 CATIA V5-6R2017 运动仿真工作台后，整个设计平台的菜单与其他模式下的菜单有了较大区别，其中【插入】菜单是运动仿真工作台的主要菜单，如图 12-3 所示。该菜单集中了所有运动仿真命令，当在工具栏中没有相关命令时，可选择该菜单中的命令。

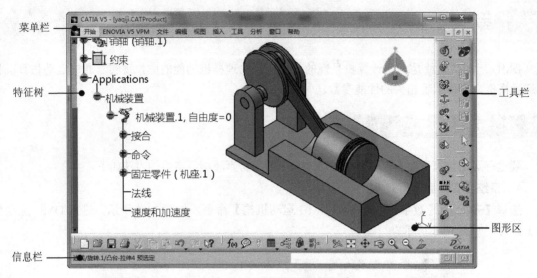

菜单栏
特征树
工具栏
图形区
信息栏

图 12-2　运动仿真工作台界面

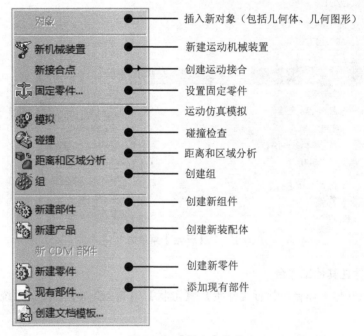

对象 —— 插入新对象（包括几何体、几何图形）
新机械装置 —— 新建运动机械装置
新接合点 —— 创建运动接合
固定零件... —— 设置固定零件
模拟 —— 运动仿真模拟
碰撞 —— 碰撞检查
距离和区域分析 —— 距离和区域分析
组 —— 创建组
新建部件 —— 创建新组件
新建产品 —— 创建新装配体
新 CDM 部件
新建零件 —— 创建新零件
现有部件... —— 添加现有部件
创建文档模板...

图 12-3　【插入】菜单

2．DMU 运动仿真工具栏

利用运动仿真工作台工具栏中的工具按钮是启动工程图绘制命令最方便的方法。CATIA V5-6R2017 的运动仿真工作台主要由【DMU 运动机构】工具栏、【运动机构更新】工具栏、【DMU 空间分析】工具栏、【DMU 一般动画】工具栏等组成。工具栏中显示了常用的工具按钮，单击工具右侧的黑色三角，可展开下一级工具栏。

（1）【DMU 运动机构】工具栏。

【DMU 运动机构】工具栏用于创建各种运动接合及固定零件，并进行机构模拟，如图 12-4 所示。

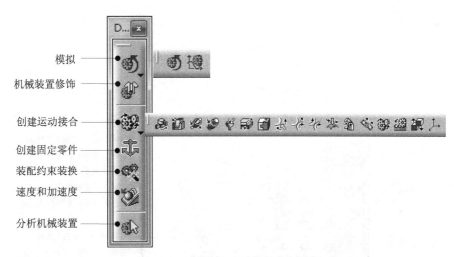

图 12-4 【DMU 运动机构】工具栏

（2）【运动机构更新】工具栏。

【运动机构更新】工具栏用于运动约束改变后的位置更新、子机械装置导入和动态仿真后的机械装置初始位置重置等，如图 12-5 所示。

（3）【DMU 空间分析】工具栏。

【DMU 空间分析】工具栏用于空间距离、干涉及运动范围分析，如图 12-6 所示。

图 12-5 【运动机构更新】工具栏　　　　　　图 12-6 【DMU 空间分析】工具栏

（4）【DMU 一般动画】工具栏。

【DMU 一般动画】工具栏用于运动仿真的动画制作、管理，以及部分运动分析功能，如图 12-7 所示。

在运动仿真分析中，产品的特征树在【Applications】节点下出现了运动仿真专用子节点，如图 12-8 所示。

- 机械装置：机械装置节点用于记录机械仿真，其中"机械装置 .1"为第一个运动机构，一个机械装置可以具有多个运动机构。
- 自由度：自由度显示仿真机构可动零部件的全部自由度。如果显示"自由度 =0"，表示固定件完成，接合设置完毕，可以进行运动模拟。
- 接合：接合显示仿真机构已经创建的所有运动副。
- 命令：命令记录机构仿真的驱动命令数量和驱动位置。
- 固定零件：固定零件记录被设计者固定的零部件。固定零件是仿真机构必须的，一个运动机构只能有一个固定的零部件，其他要求固定的零件可采用与已固定件刚性连接的方式进行处理。

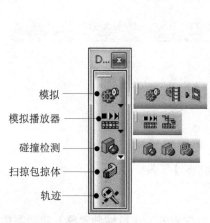

图 12-7 【DMU 一般动画】工具栏

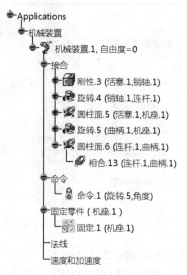

图 12-8 【Applications】节点

- ● 法线：法线用以记录有设计者固定的、以公式或程序形式存在的、规定机构运动方式的函数或指令集。指定运动函数或动作程序是运动机构仿真过程中一些运动参数（如速度、加速度、运动轨迹）测量与分析的基础。
- ● 速度和加速度：速度和加速度是显示仿真机构中被放置了用于测量某一零部件或某点速度与加速度的传感器，该传感器在运动分析时可激活，采集的信息可以图形或数据形式供设计人员查看。

12.1.3 运动仿真机械装置

在进行 DMU 运动仿真之前，需要建立运动仿真机械装置。

选择下拉菜单中的【插入】/【新机械装置】命令，系统自动在特征树的【Applications】节点下生成"机械装置"节点，如图 12-9 所示。

图 12-9 创建新机械装置

12.2　DMU 运动机构

创建好机械装置后，要搭建运动机构，包括创建运动接合，指定固定零件、运动速度和加速度等，相关命令集中在【DMU 运动机构】工具栏，下面分别加以介绍。

12.2.1　运动接合

创建运动接合是进行 DMU 运动机构分析的重要步骤。CATIA V5-6R2017 提供了强大的接合方式，运动接合相关结合方式可在【DMU 运动机构】工具栏中单击【旋转结合】 按钮旁的下三角按钮展开并选择，如图 12-10 所示。下面分别加以介绍。

图 12-10　创建运动结合的所有方式

1．旋转接合

【旋转接合】是指两个构件之间的相对运动为转动的运动副，也称为铰链。创建时需要指定两条相合轴线及两个轴向限制。

上机操作——旋转接合

01　在【标准】工具栏中单击【打开】按钮，在弹出的【选择文件】对话框中选择"jitouti.CATProduct"文件，单击【打开】按钮打开模型文件。选择【开始】/【数字化装配】/【DMU 运动机构】命令，进入运动仿真设计工作台，如图 12-11 所示。

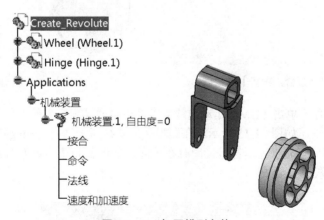

图 12-11　打开模型文件

02　单击【DMU 运动机构】工具栏中的【旋转接合】按钮 ，弹出【创建接合：旋转】对话框，在图形区分别选中图 12-12 所示几何模型的轴线 1 和轴线 2，并选择两个平面作为轴向限制面。

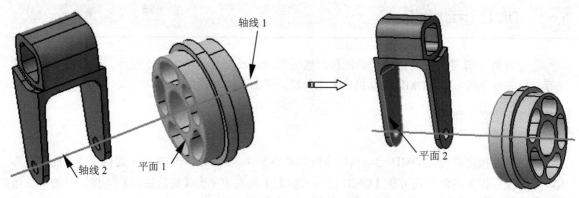

图 12-12　选择轴线和限制平面

提示：

限制平面用于限制零件在轴线方向上的位置，通常要求限制平面垂直于所选择的轴线。此外，为了方便选择，可综合运用放大、缩小、移动、旋转、隐藏等方式调整几何模型。

03　选中【偏移】单选按钮，在其后的文本框中输入"2"，如图 12-13 所示。单击【确定】按钮，完成旋转接合创建，在【接合】节点下增加"旋转 .1"，在【约束】节点下增加"相合 .1"和"偏移 .2"，如图 12-14 所示。

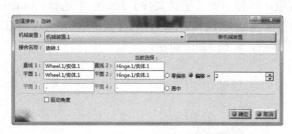

图 12-13　【创建接合：旋转】对话框

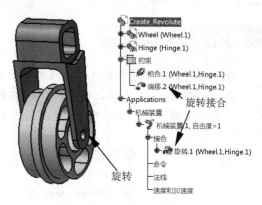

图 12-14　创建的接合

04　设置固定零件。单击【DMU 运动机构】工具栏中的【固定零件】按钮，弹出【新固定零件】对话框，如图 12-15 所示。在图形区或特征树上选择"Hinge"零件为固定件，选中零件在图形区显示固定符号，同时在【固定零件】和【约束】节点增加固定选项，如图 12-16 所示。

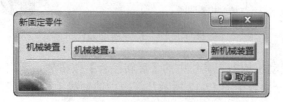

图 12-15　【新固定零件】对话框

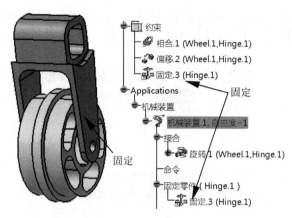

图 12-16　固定

05 施加驱动命令。在特征树上双击【旋转 .1】节点，显示【编辑接合：旋转 .1（旋转）】对话框，选中【驱动角度】复选框，在图形区显示轴的旋转方向箭头，如图 12-17 所示。

图 12-17　施加驱动命令

 提示：

如果图中的旋转方向与所需旋转方向相反，可单击图中的箭头更改旋转方向。

06 单击【确定】按钮，弹出【信息】对话框，如图 12-18 所示。单击【确定】按钮完成，此时特征树中"自由度 =0"，并在【命令】节点下增加"命令 .1"，如图 12-19 所示。

图 12-18　【信息】对话框

图 12-19　增加【命令】节点

07　运动模拟。单击【DMU 运动机构】工具栏中的【使用命令进行模拟】按钮，弹出【运动模拟 - 机械装置 .1】对话框，用鼠标拖动滚动条，可观察产品的旋转运动，如图 12-20 所示。

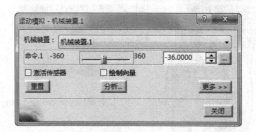

图 12-20　【运动模拟 – 机械装置 .1】对话框

2. 棱形接合

　　【棱形接合】是指两个构件之间的相对运动为沿某一条公共直线滑动，也称为铰链。创建时需要指定两条相合直线及与直线平行或重合的两个相合平面。

上机操作——棱形接合

01　在【标准】工具栏中单击【打开】按钮，在弹出【选择文件】对话框，选择 "12-2.CATProduct" 文件，单击【打开】按钮打开模型文件。选择【开始】/【数字化装配】/【DMU 运动机构】命令，进入运动仿真设计工作台，如图 12-21 所示。

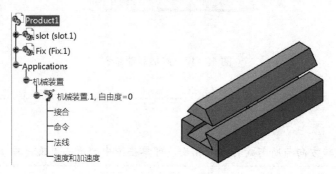

图 12-21　打开模型文件

02　单击【DMU 运动机构】工具栏中的【棱形接合】按钮，弹出【创建接合：棱形】对话框，如图 12-22 所示。

图 12-22　【创建接合：棱形】对话框

03　在图形区中分别选中图 12-23 所示的几何模型中的直线 1 和直线 2，并选择两个平面作为相合限制面。

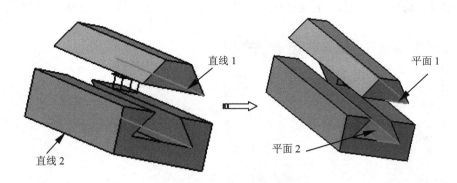

图 12-23　选择直线和平面

04 单击【确定】按钮，完成棱形接合创建。在【接合】节点下增加"旋转 .1"，在【约束】节点下增加"相合 .2"，如图 12-24 所示。

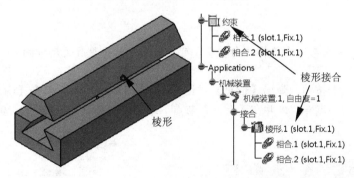

图 12-24　创建的接合

05 设置固定零件。单击【DMU 运动机构】工具栏中的【固定零件】按钮 ⚓，弹出【新固定零件】对话框，如图 12-25 所示。

06 在图形区或特征树上选择"Fix"零件为固定件，选中零件在图形区显示固定符号，同时在【固定零件】和【约束】节点增加固定选项，如图 12-26 所示。

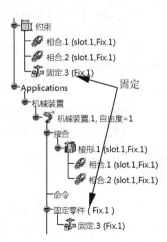

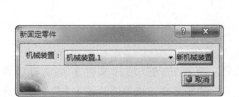

图 12-25　【新固定零件】对话框　　　　　图 12-26　固定

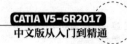
07 施加驱动命令。在特征树上双击【棱形.1】节点，显示【编辑接合：棱形.1（棱形）】对话框，选中【驱动长度】复选框，在图形区显示移动方向箭头，如图12-27所示。

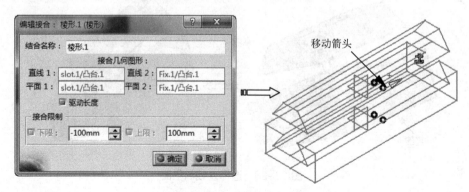

图12-27　施加移动命令

 提示：

　　如果图中移动方向与所需旋转方向相反，可单击图中箭头更改运动方向。

08 单击【确定】按钮，弹出【信息】对话框，如图12-28所示。单击【确定】按钮，此时特征树中"自由度=0"，并在【命令】节点下增加"命令.1"，如图12-29所示。

图12-28　【信息】对话框

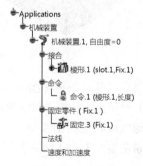

图12-29　增加【命令】节点

09 运动模拟。单击【DMU运动机构】工具栏中的【使用命令进行模拟】按钮，弹出【运动模拟-机械装置.1】对话框，用鼠标拖动滚动条，可观察产品的直线运动。

3. 圆柱接合

　　【圆柱接合】是指两个构件之间的沿公共轴线转动又能像棱形副一样沿着该轴线滑动，如钻床摇臂运动。创建时需要指定两条相合轴线。

上机操作——圆柱接合

01 在【标准】工具栏中单击【打开】按钮，在弹出的【选择文件】对话框中选择"12-3. CATProduct"文件，单击【打开】按钮打开模型文件。选择【开始】/【数字化装配】/【DMU运动机构】命令，进入运动仿真设计工作台，如图12-30所示。

图 12-30　打开模型文件

02 单击【DMU 运动机构】工具栏中的【圆柱接合】按钮，弹出【创建接合：圆柱面】对话框，如图 12-31 所示。

03 在图形区分别选中图 12-32 所示几何模型的轴线 1 和轴线 2。单击【确定】按钮，完成圆柱接合创建，在【接合】节点下增加"圆柱面 .1"，在【约束】节点下增加"相合 .1"。

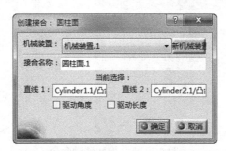

图 12-31　【创建接合：圆柱面】对话框

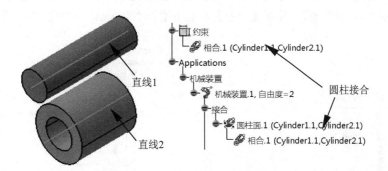

图 12-32　创建的接合

04 设置固定零件。单击【DMU 运动机构】工具栏中的【固定零件】按钮，弹出【新固定零件】对话框，如图 12-33 所示。

05 在图形区或特征树上选择"Cylinder2"零件为固定件，选中零件在图形区显示固定符号，同时在【固定零件】和【约束】节点增加固定选项，如图 12-34 所示。

06 施加驱动命令。在特征树上双击【圆柱面 .1】节点，显示【编辑接合：圆柱面 .1（圆柱面）】对话框，选中【驱动角度】和【驱动长度】复选框，在图形区显示移动和旋转方向箭头，如图 12-35 所示。

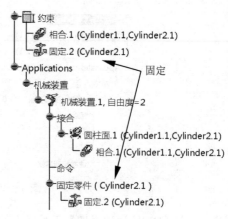

图 12-34　固定

图 12-33　【新固定零件】对话框

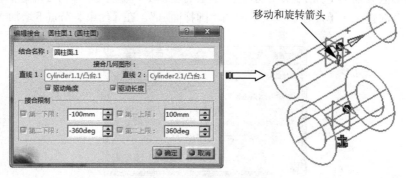

图 12-35　施加移动命令

07　单击【确定】按钮，弹出【信息】对话框，如图 12-36 所示。单击【确定】按钮，此时特征树中"自由度 =0"，并在【命令】节点下增加"命令 .1"，如图 12-37 所示。

图 12-36　【信息】对话框

图 12-37　增加【命令】节点

08　运动模拟。单击【DMU 运动机构】工具栏中的【使用命令进行模拟】按钮，弹出【运动模拟 - 机械装置 .1】对话框，用鼠标拖动滚动条，可观察产品的直线和旋转运动。

4. 螺钉接合

　　【螺钉接合】是指两个构件之间的沿公共轴线转动，以及沿该轴线以螺距为步距移动，如机床上丝杠螺母的运动。创建时需要指定两条相合轴线。

01　在【标准】工具栏中单击【打开】按钮，在弹出的【选择文件】对话框中选择"12-4.CATProduct"文件，单击【打开】按钮打开模型文件。选择【开始】/【数字化装配】/【DMU 运动机构】命令，进入运动仿真设计工作台，如图 12-38 所示。

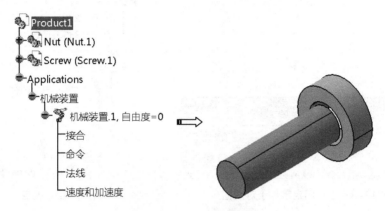

图 12-38　打开模型文件

02　单击【DMU 运动机构】工具栏中的【螺钉接合】按钮🔩，弹出【创建接合：螺钉】对话框，如图 12-39 所示。

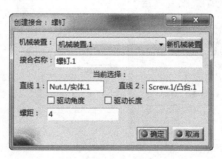

图 12-39　【创建接合：螺钉】对话框

03　在图形区分别选中图 12-40 所示几何模型的轴线 1 和轴线 2，单击【确定】按钮，完成螺钉接合创建。在【接合】节点下增加"螺钉 .1"，在【约束】节点下增加"相合 .2"，如图 12-40 所示。

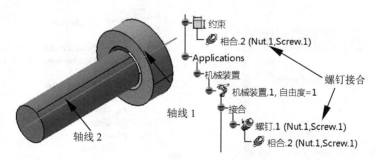

图 12-40　创建的接合

04 设置固定零件。单击【DMU 运动机构】工具栏中的【固定零件】按钮🔩，弹出【新固定零件】对话框，如图 12-41 所示。

05 在图形区或特征树上选择"Screw"零件为固定件，选中零件在图形区显示固定符号，同时在【固定零件】和【约束】节点增加固定选项，如图 12-42 所示。

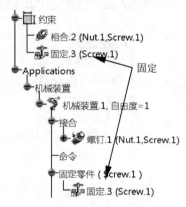

图 12-42 固定

图 12-41 【新固定零件】对话框

06 施加驱动命令。在特征树上双击【螺钉.1】节点，显示【编辑接合：螺钉.1（螺钉）】对话框，选中【驱动角度】复选框，在图形区显示移动和旋转方向箭头，如图 12-43 所示。

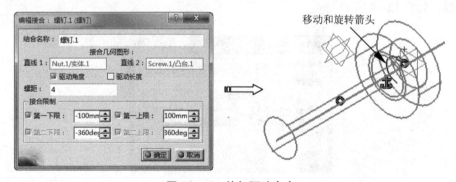

图 12-43 施加驱动命令

07 单击【确定】按钮，弹出【信息】对话框，如图 12-44 所示。单击【确定】按钮完成，此时特征树中"自由度=0"，并在【命令】节点下增加"命令.1"，如图 12-45 所示。

图 12-44 【信息】对话框

图 12-45 增加【命令】节点

08 运动模拟。单击【DMU 运动机构】工具栏中的【使用命令进行模拟】按钮 ，弹出【运动模拟 - 机械装置 .1】对话框，用鼠标拖动滚动条，可观察产品的直线旋转运动。

5. 球面接合

【球面接合】是指两个构件之间仅被一个公共点或一个公共球面约束的多自由度运动副，可实现多方向的摆动与转动，又称为球铰，如球形万向节。创建时需要指定两条相合的点，对于高仿真模型来讲，即两零部件上相互配合的球孔与球头的球心。

上机操作——球面接合

01 在【标准】工具栏中单击【打开】按钮，在弹出的【选择文件】对话框中选择 "12-5. CATProduct" 文件，单击【打开】按钮打开模型文件。选择【开始】/【数字化装配】/【DMU 运动机构】命令，进入运动仿真设计工作台，如图 12-46 所示。

02 单击【DMU 运动机构】工具栏中的【球面接合】按钮 ，弹出【创建接合：球面】对话框，如图 12-47 所示。

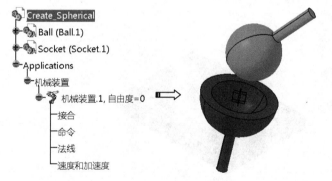

图 12-46 打开模型文件　　　　　　　图 12-47 【创建接合：球面】对话框

03 在图形区分别选中图 12-48 所示几何模型的点 1 和点 2，单击【确定】按钮，完成球面接合创建。在【接合】节点下增加 "球面 .1"，在【约束】节点下增加 "相合 .1"，如图 12-48 所示。

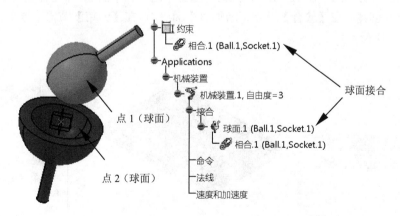

图 12-48 创建的接合

提示：

在特征树中显示"自由度 =3"，表示球面副不能单独驱动，只能配合其他运动副来建立运动机构。

6. 平面接合

【平面接合】是指两个构件之间以公共的平面为约束，具有除沿平面法向移动及绕平面坐标轴转动之外的 3 个自由度。创建时需要指定两条相合平面。

上机操作——平面接合

01 在【标准】工具栏中单击【打开】按钮，在弹出的【选择文件】对话框中选择"12-6. CATProduct"文件，单击【打开】按钮打开模型文件。选择【开始】/【数字化装配】/【DMU 运动机构】命令，进入运动仿真设计工作台，如图 12-49 所示。

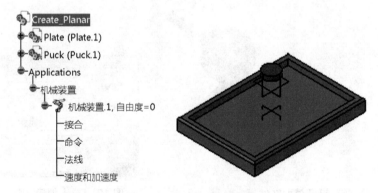

图 12-49　打开模型文件

02 单击【DMU 运动机构】工具栏中的【平面接合】按钮，弹出【创建接合：平面】对话框，如图 12-50 所示。

03 在图形区分别选中图 12-51 所示几何模型的平面 1 和平面 2，单击【确定】按钮，完成平面接合创建。在【接合】节点下增加"平面 .1"，在【约束】节点下增加"相合 .1"，如图 12-51 所示。

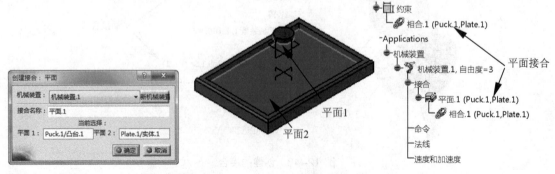

图 12-50　【创建接合：平面】对话框　　　　图 12-51　创建的结合

提示:

在特征树中显示"自由度 =3",表示平面副不能单独驱动,只能配合其他运动副来建立运动机构。

7. 刚性接合

【刚性接合】是指两个构件之间在初始位置不变的情况下实现所有自由度的完全约束,使其具有一个零部件属性。创建时需要指定两个零部件。

上机操作——刚性接合

01 在【标准】工具栏中单击【打开】按钮,在弹出的【选择文件】对话框中选择"12-7. CATProduct"文件,单击【打开】按钮打开模型文件。选择【开始】/【数字化装配】/【DMU 运动机构】命令,进入运动仿真设计工作台,如图 12-52 所示。

02 单击【DMU 运动机构】工具栏中的【刚性接合】按钮 🗐,弹出【创建接合:刚性】对话框,如图 12-53 所示。

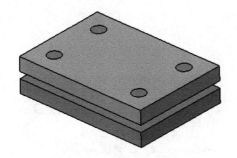

图 12-52 打开的模型

图 12-53 【创建接合:刚性】对话框

03 在图形区分别选中图 12-54 所示几何模型的零件 1 和零件 2,单击【确定】按钮,完成刚性面接合创建。在【接合】节点下增加"刚性 .1",在【约束】节点下增加"固联 .1",如图 12-54 所示。

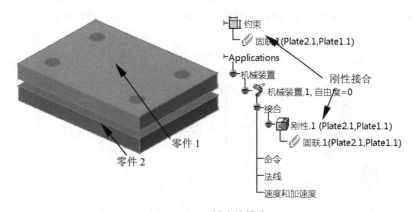

图 12-54 创建的接合

提示：

在特征树中显示"自由度=3"，表示平面副不能单独驱动，只能配合其他运动副来建立运动机构。

8. 点曲线接合

【点曲线接合】是指两个构件之间通过点与曲线的相合创建运动副。创建时需要指定一条线（直线、曲线、草图）和另外一个相合的点。

上机操作——点曲线接合

01 在【标准】工具栏中单击【打开】按钮，在弹出的【选择文件】对话框中选择"12-8.CATProduct"文件，单击【打开】按钮打开模型文件。选择【开始】/【数字化装配】/【DMU运动机构】命令，进入运动仿真设计工作台，如图 12-55 所示。

02 单击【DMU运动机构】工具栏中的【点曲线接合】按钮 ，弹出【创建接合：点曲线】对话框，如图 12-56 所示。

图 12-55　打开的模型

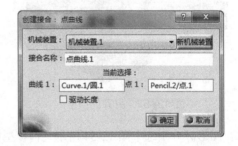

图 12-56　【创建接合：点曲线】对话框

03 在图形区分别选中图 12-57 所示几何模型的曲线 1 和点 1，单击【确定】按钮，完成点曲线接合创建。在【接合】节点下增加"点曲线 .1"，如图 12-57 所示。

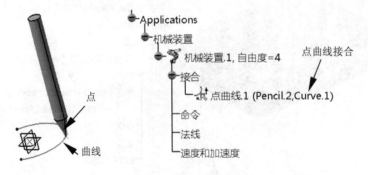

图 12-57　创建的接合

提示:

　　在特征树中显示"自由度=4",而其本身只有一个【驱动长度】指令,故点曲线接合不能单独驱动,只能配合其他运动副来建立运动机构。

9. 滑动曲线接合

　　【滑动曲线】是指两个构件之间通过一组相切曲线实现相互约束、切点速度不为零的运动。创建时需要指定是分属于不同零部件上的相切的两曲线。

上机操作——滑动曲线接合

01　在【标准】工具栏中单击【打开】按钮,在弹出的【选择文件】对话框中选择"12-9.CATProduct"文件,单击【打开】按钮打开模型文件。选择【开始】/【数字化装配】/【DMU运动机构】命令,进入运动仿真设计工作台,如图 12-58 所示。

02　单击【DMU 运动机构】工具栏中的【滑动曲线接合】按钮,弹出【创建接合:滑动曲线】对话框,如图 12-59 所示。

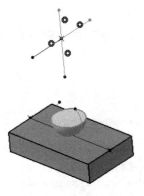

图 12-58　打开的模型　　　　　　　　图 12-59　【创建接合:滑动曲线】对话框

03　在图形区分别选中图 12-60 所示几何模型的曲线和直线,单击【确定】按钮,完成滑动曲线接合创建。在【接合】节点下增加"滑动曲线 .3",如图 12-60 所示。

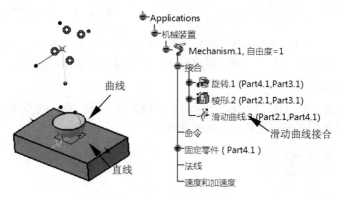

图 12-60　创建的接合

04 施加驱动命令。在特征树上双击【旋转.1】节点，显示【编辑接合：旋转.1（旋转）】对话框，选中【驱动角度】复选框，在图形区显示旋转方向箭头，如图 12-61 所示。

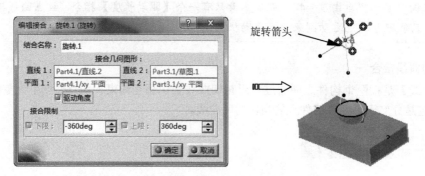

图 12-61 施加旋转命令

提示：

如果图中旋转方向与所需旋转方向相反，可单击图中箭头更改旋转方向。

05 单击【确定】按钮，弹出【信息】对话框，如图 12-62 所示。

06 单击【确定】按钮，此时特征树中"自由度 =0"，并在【命令】节点下增加"命令.1"，如图 12-63 所示。

图 12-62 【信息】对话框

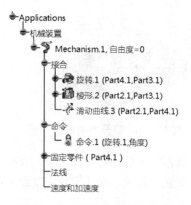

图 12-63 增加【命令】节点

07 运动模拟。单击【DMU 运动机构】工具栏中的【使用命令进行模拟】按钮，弹出【运动模拟 - 机械装置 .1】对话框，用鼠标拖动滚动条，可观察产品的滑动运动。

10. 滚动曲线接合

【滚动曲线】是指两个构件之间通过一组相切曲线实现相互约束、切点速度为零的运动。创建时需要指定是分属于不同零部件上的相切的两曲线。

上机操作——滚动曲线接合

01 在【标准】工具栏中单击【打开】按钮，在弹出的【选择文件】对话框中选择"12-10.

CATProduct"文件，单击【打开】按钮打开模型文件。选择【开始】/【数字化装配】/【DMU运动机构】命令，进入运动仿真设计工作台，如图 12-64 所示。

02　单击【DMU 运动机构】工具栏中的【滚动曲线接合】按钮，弹出【创建接合：滚动曲线】对话框，如图 12-65 所示。

图 12-64　打开的模型　　　　图 12-65　【创建接合：滚动曲线】对话框

03　在图形区分别选中图 12-66 所示几何模型的曲线 1 和曲线 2，单击【确定】按钮，完成滚动曲线接合创建。在【接合】节点下增加"滚动曲线 .2"，如图 12-66 所示。

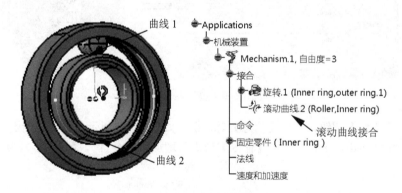

图 12-66　创建的接合

04　单击【DMU 运动机构】工具栏中的【滚动曲线接合】按钮，弹出【创建接合：滚动曲线】对话框，如图 12-67 所示。

图 12-67　【创建接合：滚动曲线】对话框

05　在图形区分别选中图 12-68 所示几何模型的曲线 1 和曲线 2，单击【确定】按钮，完成滚动曲线接合创建。在【接合】节点下增加"滚动曲线 .2"，如图 12-68 所示。

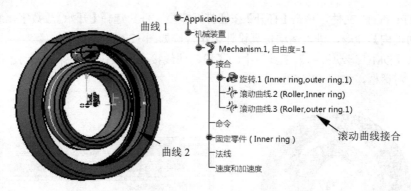

图 12-68　创建的接合

06　施加驱动命令。在特征树上双击【旋转 .1】节点，显示【编辑接合：旋转 .1（旋转）】对话框，选中【驱动角度】复选框，在图形区显示旋转方向箭头，如图 12-69 所示。

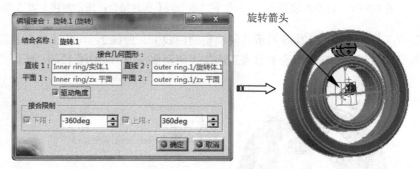

图 12-69　施加旋转命令

07　单击【确定】按钮，弹出【信息】对话框，如图 12-70 所示。单击【确定】按钮，此时特征树中"自由度 =0"，并在【命令】节点下增加"命令 .1"，如图 12-71 所示。

图 12-70　【信息】对话框

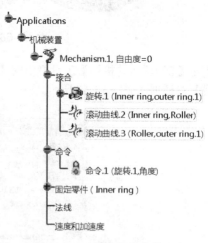

图 12-71　增加【命令】节点

08　运动模拟。单击【DMU 运动机构】工具栏中的【使用命令进行模拟】按钮，弹出【运动模拟 - 机械装置 .1】对话框，用鼠标拖动滚动条，可观察产品的滚动运动。

11. 点曲面接合

【点曲面接合】是指两个构件之间通过点与曲面的相合创建运动副。创建时需要指定一个曲面和另外一个相合的点。

上机操作——点曲面接合

01　在【标准】工具栏中单击【打开】按钮，在弹出的【选择文件】对话框中选择"12-11. CATProduct"文件，单击【打开】按钮打开模型文件。选择【开始】/【数字化装配】/【DMU 运动机构】，进入运动仿真设计工作台，如图 12-72 所示。

02　单击【DMU 运动机构】工具栏中的【点曲面接合】按钮，弹出【创建接合：点曲面】对话框，如图 12-73 所示。

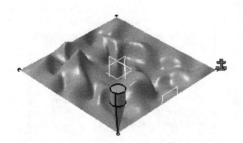

图 12-72　打开的模型　　　　图 12-73　【创建接合：点曲面】对话框

03　在图形区分别选中图 12-74 所示几何模型的曲面和点，单击【确定】按钮，完成点曲面接合创建。在【接合】节点下增加"点曲面 .1"，如图 12-74 所示。

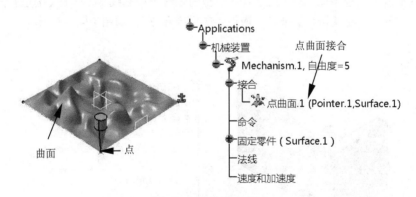

图 12-74　创建的接合

　提示：

　　在特征树中显示"自由度 =5"，故点曲面接合不能单独驱动，只能配合其他运动副来建立运动机构。

12. 通用接合

【通用接合】是用于同步关联两条轴线相交的旋转，用于不以传动过程为重点的运动机构创建过程中简化结构，并减少操作过程。创建时需要指定不同零件上的两条相交轴线或已建成的两个轴线相交的旋转接合。

上机操作——通用接合

01 在【标准】工具栏中单击【打开】按钮，在弹出的【选择文件】对话框中选择"12-12. CATProduct"文件，单击【打开】按钮打开模型文件。选择【开始】/【数字化装配】/【DMU 运动机构】命令，进入运动仿真设计工作台，如图 12-75 所示。

02 单击【DMU 运动机构】工具栏中的【通用接合】按钮，弹出【创建接合：U 形接合】对话框，如图 12-76 所示。

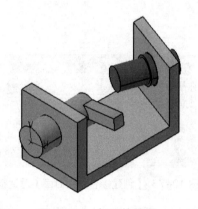

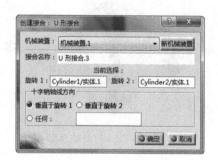

图 12-75 打开的模型　　　　　图 12-76 【创建接合：U 形接合】对话框

03 在图形区分别选中图 12-77 所示几何模型的轴线 1 和轴线 2，单击【确定】按钮，完成通用接合创建。在【接合】节点下增加"U 形接合 .3"，如图 12-77 所示。

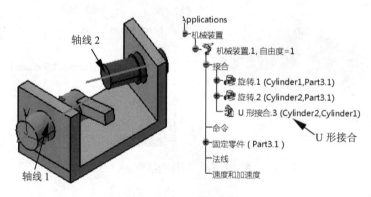

图 12-77 创建的接合

04 施加驱动命令。在特征树上双击【旋转 .1】节点，显示【编辑接合：旋转 .1（旋转）】对话框，选中【驱动角度】复选框，在图形区显示旋转方向箭头，如图 12-78 所示。

05 单击【确定】按钮，弹出【信息】对话框，如图 12-79 所示。单击【确定】按钮，此时特征树中"自由度 =0"，并在【命令】节点下增加"命令 .1"，如图 12-80 所示。

06 运动模拟。单击【DMU 运动机构】工具栏中的【使用命令进行模拟】按钮，弹出【运动模拟 - 机械装置 .1】对话框，用鼠标拖动滚动条，可以观察产品的运动。

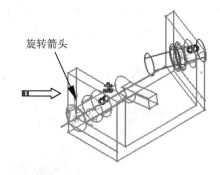

旋转箭头

图 12-78　施加旋转命令

图 12-79　【信息】对话框

图 12-80　增加【命令】节点

13. CV 接合

【CV 接合】用于通过中间轴同步关联两条轴线相交的旋转运动副，用于不以传动过程为重点的运动机构创建过程中简化结构并减少操作过程。创建时需要指定不同零件上的三条相交轴线，或者已建成的三个轴线相交的旋转接合。

上机操作——CV 接合

01 在【标准】工具栏中单击【打开】按钮，在弹出的【选择文件】对话框中选择"12-13. CATProduct"文件，单击【打开】按钮打开模型文件。选择【开始】/【数字化装配】/【DMU 运动机构】命令，进入运动仿真设计工作台，如图 12-81 所示。

02 单击【DMU 运动机构】工具栏中的【CV 接合】按钮，弹出【创建接合：CV 接合】对话框，如图 12-82 所示。

图 12-81　打开的模型

图 12-82　【创建接合：CV 接合】对话框

03　在图形区分别选中图 12-83 所示几何模型的轴线 1、轴线 2 和轴线 3，单击【确定】按钮，完成 CV 接合创建。在【接合】节点下增加 "CV 接合 .4"，如图 12-83 所示。

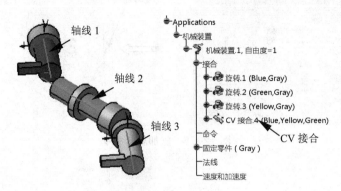

图 12-83　创建的接合

04　施加驱动命令。在特征树上双击【旋转 .1】节点，显示【编辑接合：旋转 .1（旋转）】对话框，选中【驱动角度】复选框，在图形区显示旋转方向箭头，如图 12-84 所示。

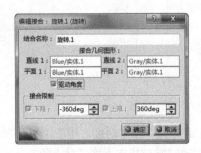
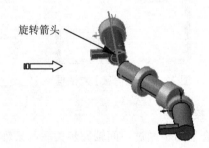

图 12-84　施加旋转命令

05　单击【确定】按钮，弹出【信息】对话框，如图 12-85 所示。单击【确定】按钮，此时特征树中 "自由度 =0"，并在【命令】节点下增加 "命令 .1"，如图 12-86 所示。

图 12-85　【信息】对话框　　　　　图 12-86　增加【命令】节点

06　运动模拟。单击【DMU 运动机构】工具栏中的【使用命令进行模拟】按钮，弹出【运动模拟 - 机械装置 .1】对话框，用鼠标拖动滚动条，可观察产品的运动。

14. 齿轮接合

【齿轮接合】用于以一定比率关联两个旋转运动副，可创建平行轴、交叉轴和相交轴的各种齿轮运动机构，以正比率关联还可以模拟带传动和链传动。创建时需要指定两个旋转运动副。

上机操作——齿轮接合

01　在【标准】工具栏中单击【打开】按钮，在弹出的【选择文件】对话框中选择"12-14.CATProduct"文件，单击【打开】按钮打开模型文件。选择【开始】/【数字化装配】/【DMU运动机构】命令，进入运动仿真设计工作台，如图 12-87 所示。

02　单击【DMU 运动机构】工具栏中的【齿轮接合】按钮，弹出【创建接合：齿轮】对话框，如图 12-88 所示。

图 12-87　打开的模型

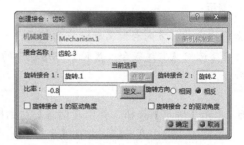

图 12-88　【创建接合：齿轮】对话框

03　在特征树上分别选中图 12-89 所示旋转 1 和旋转 2 接合，单击【确定】按钮，完成齿轮接合创建。在【接合】节点下出现"齿轮 .3"，如图 12-89 所示。

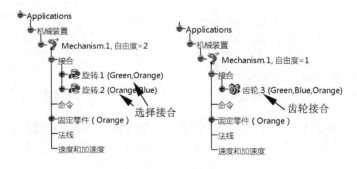

图 12-89　创建的接合

💡 **提示：**

　　定义比率时，可单击其后的【定义】按钮，弹出【定义齿轮比率】对话框，在图形中分别选择两个齿轮的分布圆，系统自动计算比率。

04　施加驱动命令。在特征树上双击【齿轮 .3】节点，显示【编辑接合：齿轮 .3（齿轮）】对

话框，选中【旋转接合 1 的驱动角度】复选框，在图形区显示旋转方向箭头，如图 12-90
所示。

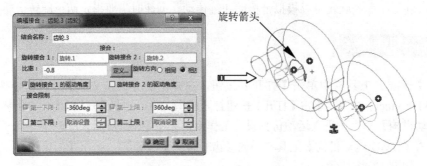

图 12-90　施加旋转命令

　　提示：

　　如果图中旋转方向与所需旋转方向相反，可单击图中箭头更改旋转方向。此外，可在创建
接合时直接选中【创建接合：齿轮】对话框中的【旋转接合 1 的驱动角度】复选框，即可施加
旋转命令。

05　单击【确定】按钮，弹出【信息】对话框，如图 12-91 所示。单击【确定】按钮，此时特
　　征树中"自由度 =0"，并在【命令】节点下增加"命令 .1"，如图 12-92 所示。

图 12-91　【信息】对话框

图 12-92　增加【命令】节点

06　运动模拟。单击【DMU 运动机构】工具栏中的【使用命令进行模拟】按钮，弹出【运
　　动模拟 - 机械装置 .1】对话框，用鼠标拖动滚动条，可观察产品的运动。

15. 架子接合

　　【架子接合】用于以一定比率关联一个旋转副和一个棱形运动副，常用于旋转和直线运动相互
转换的场合，如齿轮齿条。创建时需要指定一个旋转运动副和棱形运动副。

上机操作——架子接合

01　在【标准】工具栏中单击【打开】按钮，在弹出的【选择文件】对话框中选择 "12-15.
　　CATProduct" 文件，单击【打开】按钮打开模型文件。选择【开始】/【数字化装配】/【DMU
　　运动机构】命令，进入运动仿真设计工作台，如图 12-93 所示。

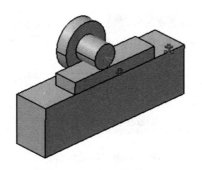

图 12-93　打开的模型

02 单击【DMU 运动机构】工具栏中的【架子接合】按钮 ，弹出【创建接合：架子】对话框，如图 12-94 所示。在特征树上分别选中图 12-95 所示棱形 2 和旋转 1 接合。

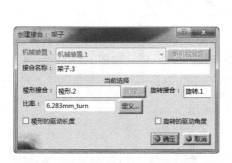

图 12-94　【创建接合：架子】对话框

图 12-95　选择接合

03 单击【定义】按钮，弹出【定义齿条比率】对话框，在图形区选择图 12-96 所示的圆，单击【确定】按钮返回。再次单击【确定】按钮，完成架子接合创建，在【接合】节点下出现"架子 .3"，如图 12-97 所示。

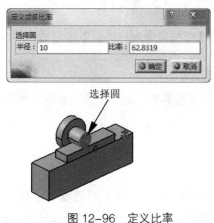

图 12-96　定义比率

图 12-97　创建的接合

04 施加驱动命令。在特征树上双击【架子 .3】节点，显示【编辑接合：架子 .3（架子）】对话框，选中【旋转接合 2 的驱动角度】复选框，在图形区显示旋转方向箭头，如图 12-98 所示。

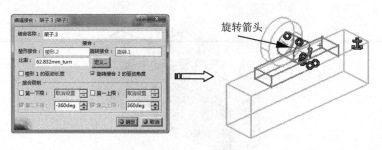

图 12-98　施加旋转命令

 提示：

　　如果图中移动方向与所需旋转方向相反，可单击图中箭头更改运动方向。此外，可在创建接合时直接选中【创建接合：架子】对话框中的【旋转接合 2 的驱动角度】复选框，即可施加旋转命令；或者选中【棱形 1 的驱动长度】复选框，施加移动命令。

05　单击【确定】按钮，弹出【信息】对话框，如图 12-99 所示。单击【确定】按钮，此时特征树中"自由度 =0"，并在【命令】节点下增加"命令 .1"，如图 12-100 所示。

图 12-99　【信息】对话框

图 12-100　增加【命令】节点

06　运动模拟。单击【DMU 运动机构】工具栏中的【使用命令进行模拟】按钮，弹出【运动模拟 - 机械装置 .1】对话框，用鼠标拖动滚动条，可观察产品的运动。

16. 电缆接合

　　【电缆接合】用于以一定比率关联两个棱形运动副，来实现具有一定配合关系的两个直线运动。创建时需要指定两个棱形运动副。

上机操作——电缆接合

01　在【标准】工具栏中单击【打开】按钮，在弹出的【选择文件】对话框中选择 "12-16. CATProduct" 文件，单击【打开】按钮打开模型文件。选择【开始】/【数字化装配】/【DMU 运动机构】命令，进入运动仿真设计工作台，如图 12-101 所示。

02　单击【DMU 运动机构】工具栏中的【电缆接合】按钮，弹出【创建接合：电缆】对话框，如图 12-102 所示。

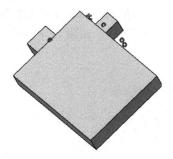

图 12-101 打开的模型

图 12-102 【创建接合：电缆】对话框

03 在特征树上分别选中图 12-103 所示棱形 1 和棱形 2 接合，单击【确定】按钮，完成电缆接合创建。在【接合】节点下出现"电缆 .3"，如图 12-103 所示。

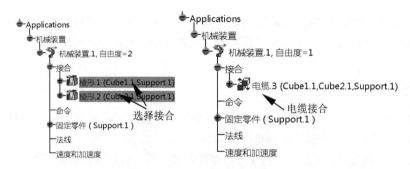

图 12-103 创建的接合

04 施加驱动命令。在特征树上双击【齿轮 .3】节点，显示【编辑接合：电缆 .1（电缆）】对话框，选中【棱形 1 的驱动长度】复选框，在图形区显示移动方向箭头，如图 12-104 所示。

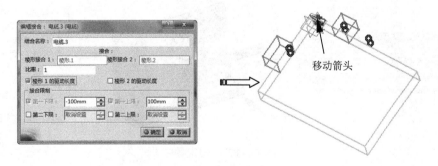

图 12-104 施加移动命令

 提示：

　　如果图中移动方向与所需移动方向相反，可单击图中箭头更改移动方向。此外，可在创建接合时直接选中【创建接合：电缆】对话框中的【棱形 1 的驱动长度】复选框，即可施加移动命令。

05 单击【确定】按钮，弹出【信息】对话框，如图 12-105 所示。单击【确定】按钮，此时特征树中"自由度 =0"，并在【命令】节点下增加"命令 .1"，如图 12-106 所示。

图 12-105 【信息】对话框   图 12-106 增加【命令】节点

06 运动模拟。单击【DMU 运动机构】工具栏中的【使用命令进行模拟】按钮，弹出【运动模拟 - 机械装置 .1】对话框，用鼠标拖动滚动条，可观察产品的运动。

12.2.2 固定零件

在每个机构中，固定零件是不可缺少的参考组件。机构运动是相对于固定零件进行的，因此正确地指定机构的固定零件才能够达到正确的运动结果。

单击【DMU 运动机构】工具栏中的【固定零件】按钮，弹出【新固定零件】对话框，在图形区选择需要固定的零件，对话框自动消失，在特征树【固定零件】节点下增加固定选项，如图 12-107 所示。

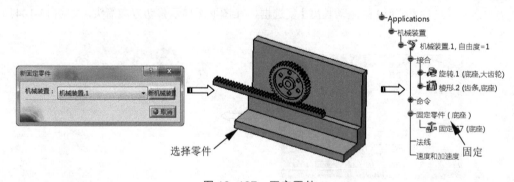

图 12-107 固定零件

12.2.3 装配约束转换

【装配约束转换】是指将静态装配过程中已建立的零部件之间由约束所限制的位置关系转换成运动约束（运动副）。

上机操作——装配约束转换

01 在【标准】工具栏中单击【打开】按钮，在弹出的【选择文件】对话框中选择"12-17.

CATProduct"文件,单击【打开】按钮打开模型文件。选择【开始】/【数字化装配】/【DMU
运动机构】命令,进入运动仿真设计工作台,如图 12-108 所示。

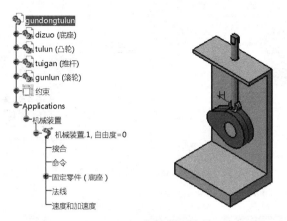

图 12-108 打开模型文件

02 单击【DMU 运动机构】工具栏中的【装配约束转换】按钮 ,弹出【装配件约束转换】
对话框,【未解的对】值为 3,当前待解对设计的两个零部件在图形区和特征树上高亮显
示。在【约束列表】中选择"曲面接触 .2"和"相合 .1",【结果类型】信息栏显示【旋转】,
单击【创建接合】按钮,创建旋转接合,如图 12-109 所示。

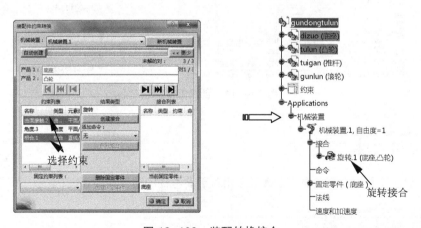

图 12-109 装配转换接合

03 单击【装配件约束转换】对话框中的【前进】按钮 ,【未解的对】值为"3",第二对
待解设计的两个零部件在图形区和特征树上高亮显示。在【约束列表】中选择"角度 .9"
和"相合 .7",【结果类型】信息栏显示【棱形】。单击【创建接合】按钮,创建棱形接合,
如图 12-110 所示。

04 单击【装配件约束转换】对话框中的【前进】按钮 ,【未解的对】值为"3",第三对
待解设计的两个零部件在图形区和特征树上高亮显示。在【约束列表】中选择"曲面接
触 .5"和"相合 .4",【结果类型】信息栏显示【旋转】。单击【创建接合】按钮,创建旋
转接合,如图 12-111 所示。

05 单击【装配件约束转换】对话框中的【确定】按钮,完成装配转换。

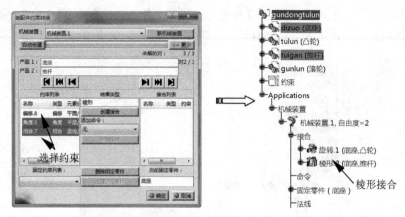

图 12-110　创建棱形接合

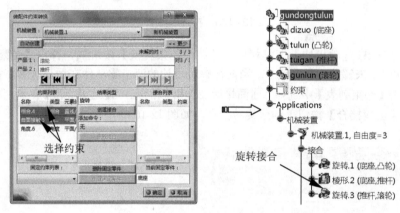

图 12-111　创建旋转接合

12.2.4　速度和加速度

【速度和加速度】用于测量物体上某一点相对于参考件的速度和加速度。

上机操作——速度和加速度

01　在【标准】工具栏中单击【打开】按钮，在弹出的【选择文件】对话框中选择"12-18.
　　CATProduct"文件，单击【打开】按钮打开模型文件。选择【开始】/【数字化装配】/【DMU
　　运动机构】命令，进入运动仿真设计工作台，如图 12-112 所示。

02　单击【DMU 运动机构】工具栏中的【速度和加速度】按钮，弹出【速度和加速度】对
　　话框，如图 12-113 所示。

03　激活【参考产品】编辑框，在特征树上或图形区选择 Main_Frame，激活【点选择】编辑框，
　　选择图 12-114 所示 Eccentric_Shaft 上的点，单击【确定】按钮，在特征树【速度和加速度】
　　节点下增加"速度和加速度 .1"。

04　单击【DMU 运动机构】工具栏中的【使用法则曲线进行模拟】按钮，弹出【运动模拟】
　　对话框，选中【激活传感器】复选框，如图 12-115 所示。

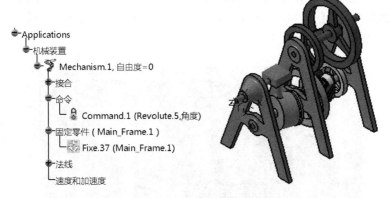

图 12-112　打开模型文件

图 12-113　【速度和加速度】对话框

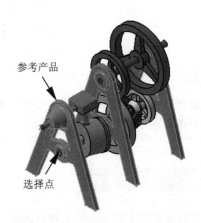

图 12-114　选择参考产品和点

05　系统弹出【传感器】对话框，在【选择集】中选中"速度和加速度 .1\X_ 点 .1""速度和加速度 .1\Y_ 点 .1""速度和加速度 .1\Z_ 点 .1"，如图 12-116 所示。

图 12-115　【运动模拟】对话框

图 12-116　【传感器】对话框

06 单击【运动模拟】对话框中的【向前播放】按钮▶，然后在【传感器】对话框中单击【图形】按钮，弹出【传感器图形显示】对话框，显示以时间为横坐标的选中点的运动规律曲线，如图 12-117 所示，单击【关闭】按钮。

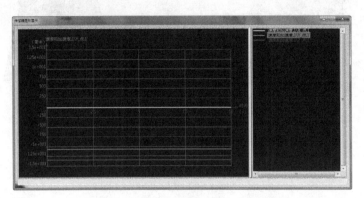

图 12-117 【传感器图形显示】对话框

> 提示：
>
> 在右侧列表中点选各检测项，可将对应左侧曲线坐标图的纵坐标变为该项的计量单位和标度，用于详细的分析与查看。

12.2.5 分析机械装置

【分析机械装置】用于分析某机构的相关属性和信息。

上机操作——分析机械装置

01 在【标准】工具栏中单击【打开】按钮，在弹出的【选择文件】对话框中选择"12-19.CATProduct"文件，单击【打开】按钮打开模型文件。选择【开始】/【数字化装配】/【DMU运动机构】命令，进入运动仿真设计工作台，如图 12-118 所示。

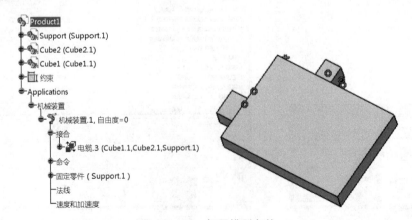

图 12-118 打开模型文件

02　单击【DMU 运动机构】工具栏中的【分析机械装置】按钮 ，弹出【分析机械装置】对
话框，可查看机械装置的属性信息，如图 12-119 所示。

图 12-119　分析机械装置

03　在【分析机械装置】对话框的【可视化接合】选项组中选中【开】单选按钮，在图形区
中运动零部件上标识出箭头显示运动情况，便于观察运动副的构成，如图 12-120 所示。

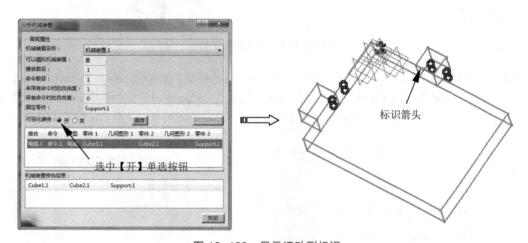

图 12-120　显示运动副标识

12.3　DMU 运动模拟

在 DMU 运动机构中，提供了两种模拟方式：使用命令进行模拟和使用法则曲线进行模拟。
DMU 运动模拟相关的工具集中在【DMU 运动机构】工具栏中，下面分别加以介绍。

12.3.1　使用命令进行模拟

【使用命令进行模拟】是指仅单纯进行机构几何操作，不考虑时间问题，没有速度和加速度等
分析，使用方式比较简单。

👨‍🎓 **提示：**

　　创建机构之后可使用命令模拟机构的基本运动情况，观看机构操作与路径是否正确，但是无法分析记录机构运动的物理量。

上机操作——使用命令进行模拟

01　在【标准】工具栏中单击【打开】按钮，在弹出的【选择文件】对话框中选择"12-20. CATProduct"文件，单击【打开】按钮打开模型文件。选择【开始】/【数字化装配】/【DMU 运动机构】命令，进入运动仿真设计工作台，如图 12-121 所示。

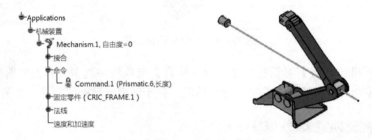

图 12-121　打开模型文件

02　单击【DMU 运动机构】工具栏中的【使用命令进行模拟】按钮🔧，弹出【运动模拟 - 机械装置 .1】对话框，在【机械装置】下拉列表中选择"Mechanism.1"作为要模拟的机械装置，如图 12-122 所示。单击 ... 按钮，弹出【滑块】对话框，分别设置相关数值，如图 12-123 所示。

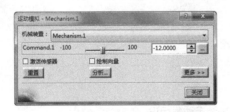

图 12-122　【运动模拟】对话框

图 12-123　【滑块】对话框

03　用鼠标拖动滚动条，可观察产品的运动，如图 12-124 所示。单击【重置】按钮，机构回到本次模拟之前的位置，单击【关闭】按钮。

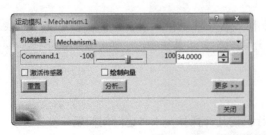

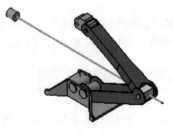

图 12-124　拖动模拟仿真

12.3.2　使用法则曲线进行模拟

【使用法则曲线进行模拟】可以指定机构运动的时间，查看并记录此时间内机构的物理量，如速度、加速度、角速度、角加速度等。

上机操作——使用法则曲线进行模拟

01　在【标准】工具栏中单击【打开】按钮，在弹出的【选择文件】对话框中选择"12-21.CATProduct"文件，单击【打开】按钮打开模型文件。选择【开始】/【数字化装配】/【DMU运动机构】命令，进入运动仿真设计工作台，如图 12-125 所示。

02　单击【知识工程】工具栏中的【公式】按钮 $f_{(x)}$，弹出【公式】对话框，在【参数】列表中选择"Mechanism.1\ 命令 \Command.1\ 长度"选项，如图 12-126 所示。

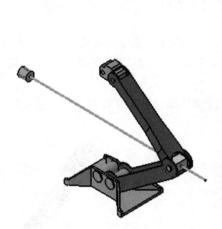

图 12-125　装配模型

图 12-126　【公式】对话框

03　单击【添加公式】按钮 [添加公式]，弹出【公式编辑器】对话框，在【参数的成员】中选择"时间"选项，在【时间的成员】中选择"Mechanism.1\KINTime"选项，在编辑栏中输入"Mechanism.1\KINTime/1s*10mm"，表示 1s 前进 10mm，如图 12-127 所示。

图 12-127　【公式编辑器】对话框

04 依次单击【确定】按钮后，在特征树中【法线】节点下插入相应的运动函数，如图 12-128 所示。

05 单击【DMU 运动机构】工具栏中的【使用法则曲线进行模拟】按钮，弹出【运动模拟 - 机械装置 .1】对话框，在【机械装置】下拉列表中选择 "Mechanism.1" 作为要模拟的机械装置，如图 12-129 所示。

图 12-128　插入运动函数　　　　　　图 12-129　【运动模拟】对话框

06 单击 ... 按钮，弹出【模拟持续时间】对话框，设置【最长时限】为 "10s"，如图 12-130 所示，单击【确定】按钮返回。

07 在【步骤数】下拉列表中选择 "80"，步骤数越小，则使用播放器播放机构模拟运行时的速度越快，模拟速度快慢只是视觉变化，并不影响后续的基于运动仿真分析的分析结果，如图 12-131 所示。

08 单击【运动模拟】对话框中的【向前播放】按钮▶和【向后播放】按钮◀可进行正反模拟，如图 12-132 所示。

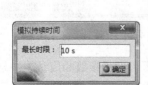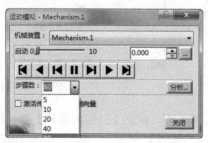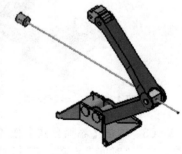

图 12-130　【模拟持续时间】对话框　　　图 12-131　选择步骤数　　　　图 12-132　播放模拟

09 单击【关闭】按钮，关闭对话框，机构保持在停止模拟时的位置，即对话框滚动条停留处所控制的运动机构对应位置。

 提示:

　　在使用播放器播放机构运动的过程中，可通过鼠标操作数字样机移动、旋转和缩放，从而可从不同角度观察机构的运动情况。

12.4　DMU 运动动画

在 DMU 运动机构中，可实现运动仿真的动画制作和管理。DMU 运动动画的相关工具集中在

【DMU 一般动画】工具栏中，下面介绍主要工具。

12.4.1　综合模拟

【综合模拟】可分别单独实现"使用命令模拟"和"使用法则曲线模拟"。

上机操作——综合模拟

01　在【标准】工具栏中单击【打开】按钮，在弹出的【选择文件】对话框中选择"12-22.
　　CATProduct"文件，单击【打开】按钮打开模型文件。选择【开始】/【数字化装配】/【DMU
　　运动机构】命令，进入运动仿真设计工作台，如图 12-133 所示。

02　单击【DMU 一般动画】工具栏中的【模拟】按钮 ，弹出【选择】对话框，选择
　　"Mechanism.1"作为要模拟的机械装置，如图 12-134 所示。

图 12-133　装配模型

图 12-134　【选择】对话框

03　单击【确定】按钮，弹出【运动模拟 -Mechanism.1】对话框和【编辑模拟】对话框，如
　　图 12-135、图 12-136 所示。

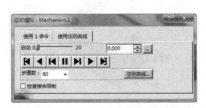

图 12-135　【运动模拟 –Mechanism.1】对话框　　　图 12-136　【编辑模拟】对话框

 提示：

　　【运动模拟 -Mechanism.1】对话框提供了"使用命令"和"使用法则曲线"两种方式，与单
独使用命令和使用法则曲线相同，不同之处在于：使用命令中增加【退出时保留位置】复选框，
可选择在关闭对话框时将机构保持在模拟停止时的位置；使用法则曲线有【法则曲线】按钮，
单击该按钮可显示驱动命令运动函数曲线。

04 在【编辑模拟】对话框中选中【自动插入】复选框，即在模拟过程中将自动记录运动图片。

05 在【运动模拟 -Mechanism.1】对话框中选择【使用法则曲线】选项卡，单击【向前播放】按钮 ▶ 和【向后播放】按钮 ◀ 可进行正反模拟，如图 12-137 所示。

06 单击【确定】按钮，关闭对话框，完成综合模拟，并在【Applications】节点下生成【模拟】子节点，如图 12-138 所示。

图 12-137 选择步骤数

图 12-138 生成【模拟】子节点

12.4.2 编译模拟

【编译模拟】是将已有的模拟在 CATIA 环境下转换为视频段的形式记录在特征树上，并可生成单独的视频文件。

上机操作——编译模拟

01 在【标准】工具栏中单击【打开】按钮，在弹出的【选择文件】对话框中选择 "12-23. CATProduct" 文件，单击【打开】按钮打开模型文件。选择【开始】/【数字化装配】/【DMU 运动机构】命令，进入运动仿真设计工作台，如图 12-139 所示。

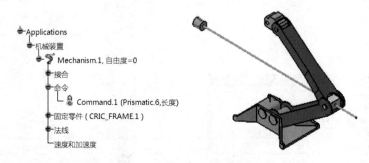

图 12-139 打开装配模型

02 单击【DMU 一般动画】工具栏中的【编辑模拟】按钮🔧，弹出【编辑模拟】对话框，如图 12-140 所示。选择【生成重放】复选框，单击【确定】按钮，对话框下部可显示生成进度条，生成后特征树中增加【重放】节点，如图 12-141 所示。

03 单击【DMU 一般动画】工具栏中的【编辑模拟】按钮🔧，弹出【编辑模拟】对话框，如图 12-142 所示。

04 选择【生成动画文件】复选框，在【文件名】文本框中输入合适的文件名，单击【确定】按钮，对话框下部可显示生成进度条，动画文件生成后对话框自动关闭，可用播放器软件单独打开动画文件，如图 12-143 所示。

图 12-140 【编辑模拟】对话框

图 12-141 生成【重放】节点

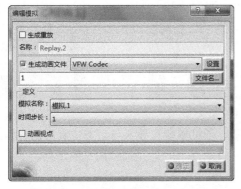

图 12-142 【编辑模拟】对话框

图 12-143 单独播放动画文件

12.4.3 观看重放

【观看重放】是将已经生成的重放重新在窗口中显示出来。

上机操作——观看重放

01 在【标准】工具栏中单击【打开】按钮，在弹出的【选择文件】对话框中选择"12-24.
CATProduct"文件，单击【打开】按钮打开模型文件。选择【开始】/【数字化装配】/【DMU
运动机构】命令，进入运动仿真设计工作台，如图 12-144 所示。

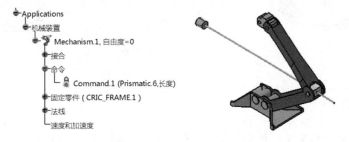

图 12-144 打开装配模型

02 单击【DMU 一般动画】工具栏中的【重放】按钮，弹出【重放】对话框，如图 12-145
    所示。单击【向前播放】按钮▶和【向后播放】按钮◀可在图形区实现重放，如图 12-
    146 所示。

图 12-145 【重放】对话框

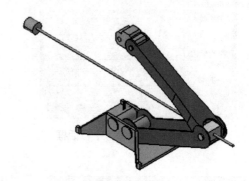

图 12-146 重放

12.5 运动机构更新

运动机构更新提供了运动约束改变后的位置更新、子机械装置导入与动态仿真后的机械装置
初始位置重置等功能。相关工具集中在【运动机构更新】工具栏中，下面介绍主要工具。

12.5.1 更新位置

单击【运动机构更新】工具栏中的【全部位置】按钮，弹出【更新机械装置】对话框，选
择更新的机械装置，单击【确定】按钮即可将已经施加接合但没有定位的接合更新到接合设置位置，
如图 12-147 所示。

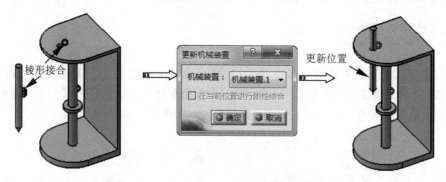

图 12-147 更新位置

12.5.2 重置位置

单击【运动机构更新】工具栏中的【重置位置】按钮，弹出【重置机械装置】对话框，选

中【将选定机械装置重置为上一个模拟之前的状态】单选按钮，单击【确定】按钮，即可重置上一模拟之前的状态，如图 12-148 所示。

图 12-148　更新位置

12.6　实战案例

下面我们以活塞式压气机为例，详细介绍 CATIA V5 运动仿真的创建方法和过程。活塞式压气机如图 12-149 所示。

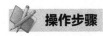
操作步骤

01　在【标准】工具栏中单击【打开】按钮，在弹出的【选择文件】对话框中选择 "jitouti.CATProduct" 文件，单击【打开】按钮打开模型文件，如图 12-150 所示。

02　选择【开始】/【数字化装配】/【DMU 运动机构】命令，进入运动仿真设计工作台。

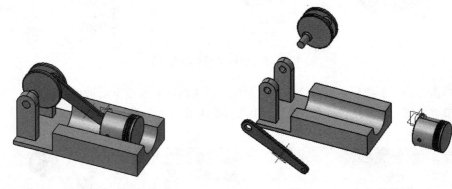

图 12-149　活塞式压气机　　　　图 12-150　打开的模型

03　选择下拉菜单中的【插入】/【新机械装置】命令，系统自动在特征树的【Applications】节点下生成 "机械装置" 项目节点。

04　单击【DMU 运动机构】工具栏中的【固定零件】按钮，弹出【新固定零件】对话框，在图形区选择机座为固定的零件，对话框自动消失，在特征树【固定零件】节点下增加固定选项。

05 单击【DMU 运动机构】工具栏中的【刚性接合】按钮![icon]，弹出【创建接合：刚性】对话框，在图形区分别选中图 12-151 所示几何模型的零件 1 和零件 2。单击【确定】按钮，完成刚性面的接合创建，在【接合】节点下增加"刚性.1"，在【约束】节点下增加"相合.1"。

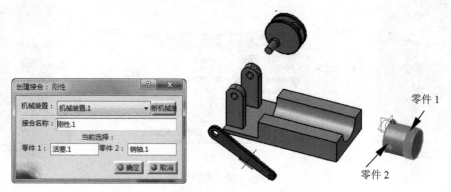

图 12-151　创建的刚性接合

06 单击【DMU 运动机构】工具栏中的【旋转接合】按钮![icon]，弹出【创建接合：旋转】对话框，在图形区分别选中图 12-152 所示几何模型的轴线 1 和轴线 2，并在特征树上选择两个平面作为轴向限制面。

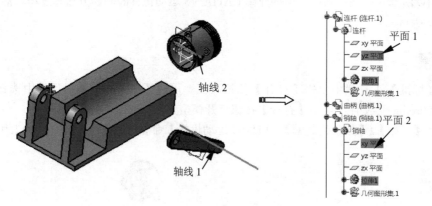

图 12-152　选择轴线和限制平面

07 单击【确定】按钮，完成旋转接合创建，在【接合】节点下增加"旋转.2"，在【约束】节点下增加"相合"和"偏移"，如图 12-153 所示。

图 12-153　创建的旋转接合

08　单击【DMU 运动机构】工具栏中的【旋转接合】按钮，弹出【创建接合：旋转】对话框，在图形区分别选中图 12-154 所示几何模型的轴线 1 和轴线 2，并在特征树上选择两个平面作为轴向限制面。

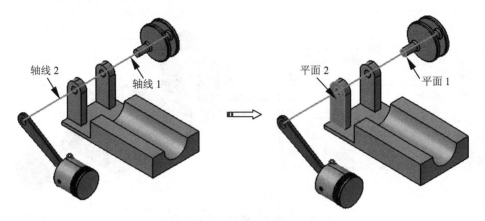

图 12-154　选择轴线和限制平面

09　单击【确定】按钮，完成旋转接合创建，在【接合】节点下增加"旋转.3"，在【约束】节点下增加"相合"和"偏移"，如图 12-155 所示。

图 12-155　创建的旋转接合

10　单击【DMU 运动机构】工具栏中的【圆柱接合】按钮，弹出【创建接合：圆柱面】对话框，在图形区分别选中图 12-156 所示几何模型的轴线 1 和轴线 2。单击【确定】按钮，完成圆柱接合创建，在【接合】节点下增加"圆柱面.4"，在【约束】节点下增加"相合"。

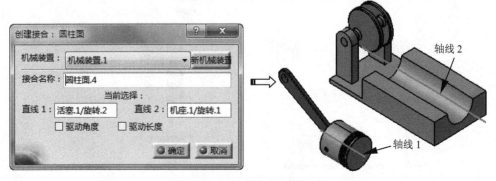

图 12-156　创建的圆柱接合

11　单击【DMU 运动机构】工具栏中的【圆柱接合】按钮，弹出【创建接合：圆柱面】对话框，在图形区分别选中图 12-157 所示几何模型的轴线 1 和轴线 2。单击【确定】按钮，完成圆柱接合创建，在【接合】节点下增加"圆柱面 .5"，在【约束】节点下增加"相合"。

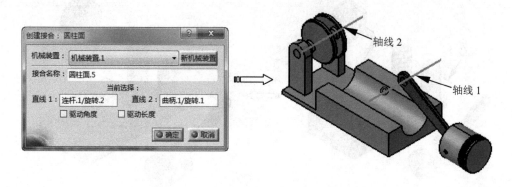

图 12-157　创建的圆柱接合

12　在特征树上双击【旋转 .3】节点，显示【编辑接合：旋转 .1（旋转）】对话框，选中【驱动角度】复选框，在图形区显示旋转方向箭头，如图 12-158 所示。

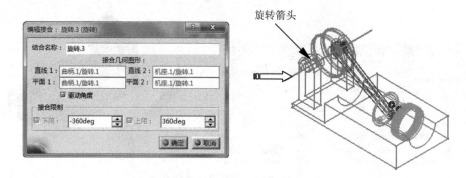

图 12-158　施加旋转命令

13　单击【确定】按钮，弹出【信息】对话框，单击【确定】按钮，此时特征树中"自由度 =0"，并在【命令】节点下增加"命令 .1"，如图 12-159 所示。

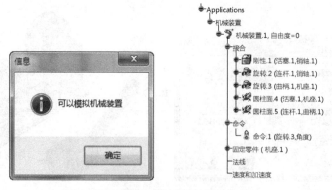

图 12-159　增加【命令】节点

14　单击【DMU 运动机构】工具栏中的【使用命令进行模拟】按钮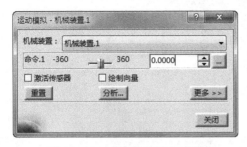，弹出【运动模拟 - 机械装置 .1】对话框，在【机械装置】下拉列表中选择"机械装置 .1"作为要模拟的机械装置，如图 12-160 所示。单击  按钮，弹出【滑块】对话框，分别设置相关数值，如图 12-161 所示。

图 12-160　【运动模拟】对话框　　　　　　图 12-161　【滑块】对话框

15　用鼠标拖动滚动条，可观察产品的运动，如图 12-162 所示。单击【重置】按钮，机构回到本次模拟之前的位置，单击【重置】按钮，然后单击【关闭】按钮。

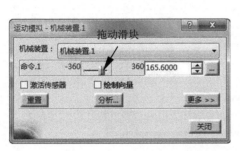
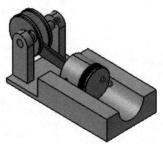

图 12-162　拖动模拟仿真

16　单击【知识工程】工具栏中的【公式】按钮 $f(x)$，弹出【公式】对话框，在【参数】列表中选择"机械装置 .1\ 命令 \ 命令 .1\ 角度"选项，如图 12-163 所示。

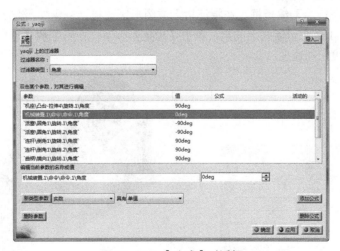

图 12-163　【公式】对话框

17　单击【添加公式】按钮，弹出【公式编辑器】对话框，在【参数的成员】中选择【时间】，在【时间的成员】中选择【机械装置.1\KINTime】，并在编辑栏中输入【机械装置.1\KINTime/1s*5deg】，表示 1s 前进 5 度，如图 12-164 所示。

图 12-164　【公式编辑器】对话框

18　依次单击【确定】按钮后，在特征树中【法线】节点下插入相应的运动函数，如图 12-165 所示。

图 12-165　插入运动函数

19　单击【DMU 运动机构】工具栏中的【速度和加速度】按钮，弹出【速度和加速度】对话框，如图 12-166 所示。

20　激活【参考产品】编辑框，在特征树上或图形区选择"机座"，激活【点选择】编辑框，选择图 12-167 所示活塞上的点，单击【确定】按钮，在特征树【速度和加速度】节点下增加"速度和加速度.1"。

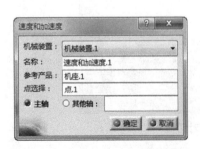

图 12-166　【速度和加速度】对话框

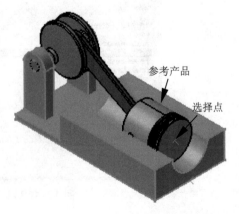

图 12-167　选择参考产品和点

21　单击【DMU 运动机构】工具栏中的【使用法则曲线进行模拟】按钮 ，弹出【运动模拟 - 机械装置.1】对话框，在【机械装置】下拉列表中选择"机械装置.1"作为要模拟的机械装置，如图 12-168 所示。单击 按钮，弹出【模拟持续时间】对话框，设置【最长时限】为"72s"，如图 12-169 所示，单击【确定】按钮返回。

图 12-168　【运动模拟】对话框　　　　　图 12-169　【模拟持续时间】对话框

22　在【步骤数】下拉列表中选择"80"，如图 12-170 所示。单击【运动模拟】对话框中的【向前播放】按钮 和【向后播放】按钮 可进行正反模拟，如图 12-171 所示。

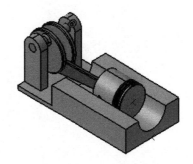

图 12-170　选择步骤数　　　　　　　图 12-171　播放模拟

23　在【运动模拟】对话框中选中【激活传感器】复选框，如图 12-172 所示，系统弹出【传感器】对话框。在【选择集】中选中"旋转.3\ 角度""速度和加速度.1\X_ 点.1""速度和加速度.1\Y_ 点.1""速度和加速度.1\Z_ 点.1"，如图 12-173 所示。

图 12-172　【运动模拟】对话框　　　　　图 12-173　【传感器】对话框

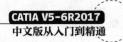
24 单击【运动模拟】对话框中的【向前播放】按钮▶，然后在【传感器】对话框中单击【图形】按钮，弹出【传感器图形展示】对话框，显示以时间为横坐标的选中点的运动规律曲线，如图 12-174 所示，单击【关闭】按钮完成。

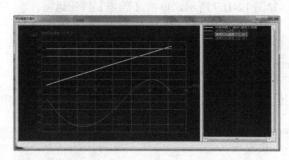

图 12-174 【传感器图形显示】对话框

25 单击【关闭】按钮，关闭对话框，机构保持在停止模拟时的位置，即对话框滚动条停留处所控制的运动机构对应位置。

13 Chapter

第 13 章
钣金件设计

钣金件是利用金属的可塑性，对金属薄板（5mm 以下）通过折弯、剪切、冲压等工艺制造出的零件，其显著特征是同一个零件厚度一致。CATIA V5-6R2017 提供了独立的钣金设计功能，本章介绍创成式钣金设计工作台，包括钣金参数设置、创建钣金壁、折弯和展开、切削和成型特征等。

知识要点

- 钣金件设计概述
- 钣金参数设置
- 创建第一钣金壁
- 创建弯边壁
- 钣金的折弯与展开
- 钣金剪裁与冲压
- 钣金成型特征
- 钣金件变换操作

13.1 钣金件设计概述

创成式钣金设计也称自发性钣金设计，CATIA 提供了基于特征造型的钣金设计环境，可与其他应用模块（零件设计、装配设计和工程图设计等）混合使用。

13.1.1 进入创成式钣金设计工作台

要创建零件，首先要进入钣金设计工作台环境，CATIA V5-6R2017 钣金设计是在【创成式钣金设计工作台】下进行的，常用以下方法进入创成式钣金设计工作台。

1. 系统没有开启任何文件

当系统没有开启任何文件时，执行【开始】/【机械设计】/【创成式钣金设计】命令，弹出【新建零件】对话框，在【输入零件名称】文本框中输入文件名称，然后单击【确定】按钮进入创成式钣金设计工作台，如图 13-1 所示。

2. 当开启文件在其他工作台

当开启文件在其他工作台，执行【开始】/【机械设计】/【创成式钣金设计】命令，系统将切换到创成式钣金设计工作台，如图 13-2 所示。

图 13-1 【新建零件】对话框

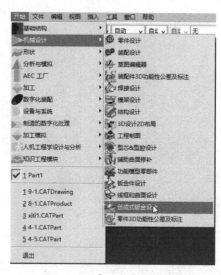

图 13-2 【开始】菜单命令

13.1.2 创成式钣金设计界面

创成式钣金设计界面主要包括菜单栏、特征树、图形区、指南针、工具栏、信息栏，如图 13-3 所示。

1. 创成式钣金设计中的菜单

进入钣金设计工作台后，整个设计平台的菜单与其他模式下的菜单有了较大区别，其中【插入】下拉菜单是钣金设计工作台的主要菜单，如图 13-4 所示。该菜单集中了所有钣金设计命令，当在工具栏中没有相关工具时，可选择该菜单中的命令。

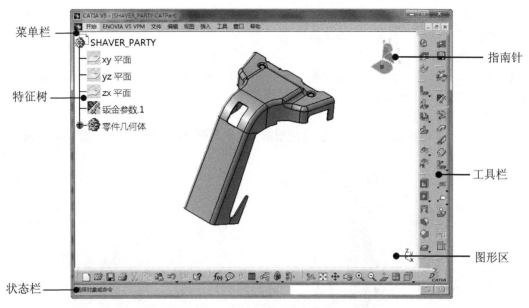

图 13-3 创成式钣金设计界面

图 13-4 【插入】下拉菜单

2. 创成式钣金设计中的工具栏

利用钣金设计工作台工具栏中的工具按钮是启动特征命令最方便的方法。CATIA V5-6R2017
创成式钣金设计工作台常用的工具栏有 6 个：【侧壁】工具栏、【桶形壁】工具栏、【折弯】工具栏、

【视图】工具栏、【裁剪 / 冲压】工具栏和【变换】工具栏。工具栏中显示了常用的工具按钮，单击工具右侧的黑色三角，可展开下一级工具栏。

（1）【侧壁】工具栏。

【侧壁】工具栏提供了钣金参数设置、辨识、侧壁（也叫平整壁）、拉伸壁、边线侧壁、弯边等创建工具，如图 13-5 所示。

（2）【桶形壁】工具栏。

【桶形壁】工具栏提供了斗状壁、自由成型曲面、多截面钣金壁等工具，如图 13-6 所示。

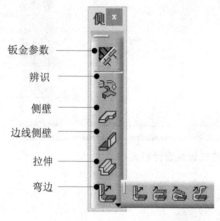

图 13-5 【侧壁】工具栏

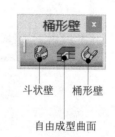

图 13-6 【桶形壁】工具栏

（3）【折弯】工具栏。

【折弯】工具栏提供了等半径折弯、变半径折弯、平板折弯、展开和收合、点和曲线对应等工具，如图 13-7 所示。

（4）【视图】工具栏。

【视图】工具栏提供了钣金视图工具，如图 13-8 所示。

图 13-7 【折弯】工具栏

图 13-8 【视图】工具栏

（5）【裁剪 / 冲压】工具栏。

【裁剪 / 冲压】工具栏用于在钣金件上创建切削孔、圆角、倒角及各种钣金冲压成型特征，如图 13-9 所示。

（6）【变换】工具栏。

【变换】工具栏提供了镜像、矩形阵列、圆形阵列、平移、旋转、对称等工具，如图 13-10 所示。

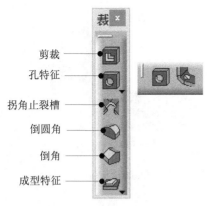

图 13-9 【裁剪 / 冲压】工具栏

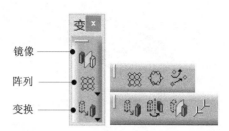

图 13-10 【变换】工具栏

13.2 钣金参数设置

在绘制钣金特征之前必须进行钣金件参数设置，否则钣金件设计工具不可用。钣金件参数包括钣金件厚度、折弯半径、折弯端口类型，以及折弯系数 K 因子等。

13.2.1 设置钣金壁常量参数

单击【侧壁】工具栏中的【钣金件参数】按钮 ，弹出【钣金件参数】对话框，单击【参数】选项卡，弹出钣金壁常量参数选项，如图 13-11 所示。

图 13-11 【钣金件参数】对话框

【参数】选项卡中相关参数的含义如下。

- ● Standard ：显示折弯参数执行的标准，用鼠标右键单击该文本框，可利用右键快捷菜单进行移除关联、编辑、编辑注释等操作。
- ● Thickness ：用于定义钣金壁的厚度，如图 13-12 所示。
- ● Default B end Radius ：用于定义钣金壁折弯半径值，如图 13-13 所示。

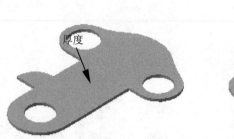

图 13-12　Thickness

图 13-13　Default B end Radius

13.2.2　设置折弯终止方式

为了防止侧边钣金壁与主钣金壁冲压后在尖角处裂开，可以在尖角处设置止裂槽。单击【折弯终止方式】选项卡，切换到折弯终止方式设置选项，如图 13-14 所示。

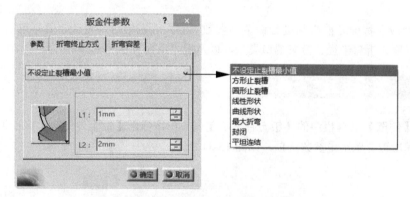

图 13-14　【折弯终止方式】选项卡

【折弯终止方式】选项卡提供的折弯终止方式如下。

- 【不设定止裂槽最小值】：表示不设置止裂槽，如图 13-15 所示。
- 【方形止裂槽】：表示采用矩形止裂槽，如图 13-15 所示。
- 【圆形止裂槽】：表示采用圆形止裂槽，如图 13-15 所示。
- 【线性形状】：表示采用线性止裂槽，如图 13-15 所示。

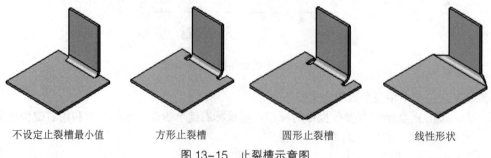

不设定止裂槽最小值　　　方形止裂槽　　　　圆形止裂槽　　　　线性形状

图 13-15　止裂槽示意图

- 【曲线形状】：表示采用相切止裂槽，如图 13-16 所示。
- 【最大折弯】：表示采用最大止裂槽，如图 13-16 所示。
- 【封闭】：表示采用封闭止裂槽，如图 13-16 所示。
- 【平坦连结】：表示采用连接止裂槽，如图 13-16 所示。

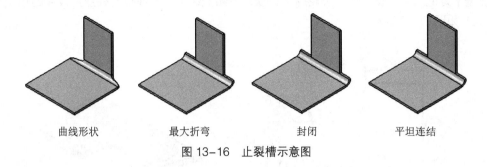

曲线形状　　　　　最大折弯　　　　　封闭　　　　　平坦连结

图 13-16　止裂槽示意图

13.2.3　设置钣金折弯容差

钣金材料的折弯容差控制着钣金折弯过渡区域展开后的实际长度，不同材料和厚度等因素会让折弯系数不一样。单击【折弯容差】选项卡，切换到折弯系数选项，如图 13-17 所示。

【折弯容差】选项卡相关选项如下。

- K 因子：K 因子是钣金件材料的中性折弯线的位置所定义的零件常数，是折弯内半径与钣金件厚度的距离比，数值为 $0 \sim 1$，数值越小表示材料越软。系统默认不可设置，由系统公式计算所得到。
- 打开用于更改驱动方程式的对话框 $f_{(x)}$：单击该按钮打开【公式编辑器】对话框，可通过编辑公式改变折弯系数，如图 13-18 所示。

图 13-17　【折弯容差】选项卡

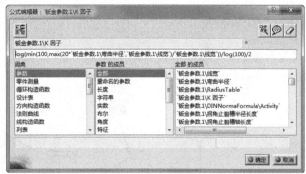

图 13-18　【公式编辑器】对话框

13.3　创建第一钣金壁

在钣金件创建时，需要先创建第一钣金壁，然后通过附加壁功能扩转生成钣金件。创建第一钣金壁工具集中在【侧壁】工具栏和【桶形壁】工具栏中，下面分别介绍。

13.3.1 侧壁（平整第一钣金壁）

【侧壁】是通过草绘截面的外形轮廓（必须是封闭的线条）形成钣金外形，钣金的形状与草绘截面相关，如图 13-19 所示。

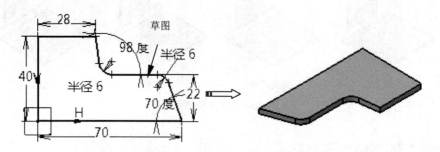

图 13-19 平整第一钣金壁

单击【侧壁】工具栏中的【侧壁】按钮，弹出【侧壁定义】对话框，如图 13-20 所示。

图 13-20 【侧壁定义】对话框

13.3.2 拉伸壁

【拉伸壁】是通过拉伸开放行轮廓线（线条、直线、圆弧等）生成相切连续的钣金件，如图 13-21 所示。

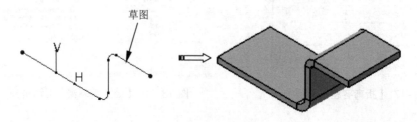

图 13-21 拉伸壁

单击【侧壁】工具栏中的【拉伸】按钮，弹出【拉伸成型定义】对话框，如图 13-22 所示。

图 13-22　【拉伸成型定义】对话框

13.3.3　斗状壁

【斗状壁】是通过多截面曲面或两个较规则的简单曲面（开放或封闭）创建钣金壁，如图 13-23 所示。

1．通过多截面曲面创建斗状壁

单击【桶形壁】工具栏中的【斗状壁】按钮，弹出【斗状壁】对话框，选择【曲面斗状】类型，如图 13-24 所示。

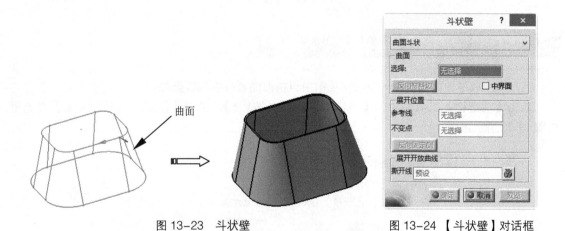

图 13-23　斗状壁　　　　　　　　　　图 13-24　【斗状壁】对话框

激活【选择】编辑框，选择图 13-25 所示的多截面曲面。系统自动完成【展开位置】和【展开开放曲线】参数设置，单击【确定】按钮，完成斗状壁创建。

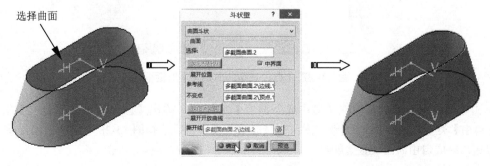

图 13-25　创建斗状壁

2. 圆锥斗状壁

要创建圆锥斗状壁，须先创建平行的两条截面曲线。

单击【桶形壁】工具栏中的【斗状壁】按钮，弹出【斗状壁】对话框，选择【圆锥斗状】类型。

激活【第一个断面轮廓】编辑框，然后选择第一条曲线；激活【第二个断面轮廓】编辑框，接着选择第二条曲线；激活【第一点】编辑框选择点 1；激活【第二点】编辑框选择点 2；单击【确定】按钮，完成斗状壁创建，如图 13-26 所示。

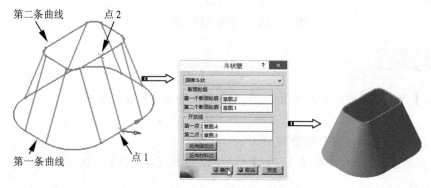

图 13-26　创建斗状壁

13.3.4　通过自由成型曲面创建第一钣金壁

通过自由成型曲面创建第一钣金壁是指由自由曲面直接生成钣金壁。

单击【桶形壁】工具栏中的【自由成型曲面】按钮，弹出【自由成型曲面定义】对话框，如图 13-27 所示。

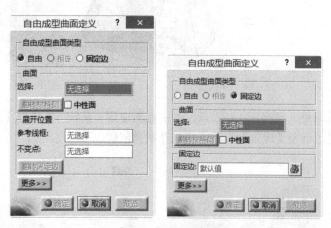

图 13-27　【自由成型曲面定义】对话框

单击【桶形壁】工具栏中的【自由成型曲面】按钮，弹出【自由成型曲面定义】对话框，选中【自由】类型，激活【曲面】选项栏中的【选择】编辑框，选择图 13-28 所示的曲面，单击【确定】按钮，完成自由曲面钣金壁创建。

图 13-28 创建自由曲面钣金壁

13.3.5 桶形壁

【桶形壁】是将钣金壁侧面轮廓草图拉伸指定长度围成一圈，形状类似桶状的钣金壁，如图 13-29 所示。

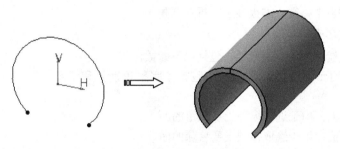

图 13-29 桶形壁

单击【桶形壁】工具栏中的【桶形壁】按钮，弹出【桶形壁定义】对话框，如图 13-30 所示。

图 13-30 【桶形壁定义】对话框

13.3.6 将实体零件转化为钣金

将实体零件转化为第一钣金壁是将薄壳类零件几何体（壁厚均匀）识别为钣金壁，如图 13-31 所示。

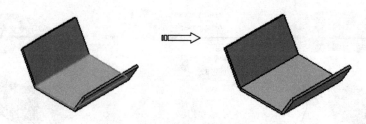

图 13-31　将实体零件转化为第一钣金壁

单击【侧壁】工具栏中的【辨识】按钮🔧，弹出【识别定义】对话框，如图 13-32 所示。

【识别定义】对话框中参数选项的含义如下。

1. 参考修剪面

用于在绘图区模型上选取一个平面作为识别钣金壁的参考平面。

2. 完整识别

用于设置识别多个特征，如钣金壁、折弯圆角等。

3.【侧壁】选项卡

用于设置钣金壁识别的相关参数，包括以下参数。

- 模式：用于识别钣金壁的形式，包括【完整识别】和【部分识别】。
- 保留修剪面：用于选择模型上要保留的面。
- 移除修剪面：用于选取模型上要移除的面。
- 颜色：用于定义钣金壁的颜色。
- 显示识别特征：用于以指定的颜色显示钣金壁、折弯圆角和折弯线位置。
- 忽略修剪面：用于选取可以忽略的面，再转化为钣金壁后将其移除。

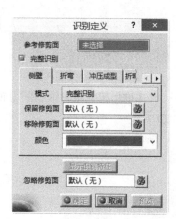

图 13-32　【识别定义】对话框

13.4　创建弯边壁

CATIA 钣金环境的弯边壁种类包括边线侧壁、直边弯边、平行弯边、滴状翻边和用户定义弯边。

13.4.1　边线侧壁

【边线侧壁】是指通过拾取边界，拉伸加厚该边界生成侧壁，或者加厚草图轮廓生成边线侧壁。边线侧壁的创建方法有两种：自动形式的钣金壁和草图基础形式的钣金壁。

1. 自动形式的钣金壁

【自动】形式的钣金壁是指根据所附着边自动创建钣金壁，其厚度与第一钣金壁相同，如图 13-33 所示。

单击【侧壁】工具栏中的【边线侧壁】按钮🔧，弹出【边线侧壁定义】对话框，在【形式】下拉列表中选择【自动】方式，如图 13-34 所示。

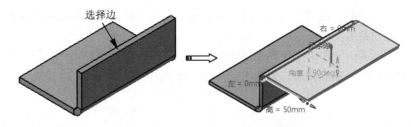

图 13-33　自动形式的钣金壁

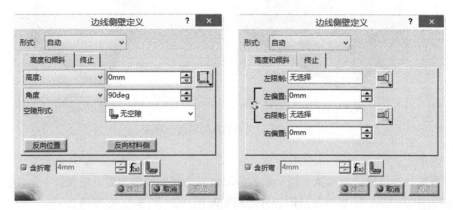

图 13-34　【边线侧壁定义】对话框

2.【高度和倾斜】选项卡

相关选项参数含义如下。

（1）【高度】下拉列表。

用于设置高度类型，包括以下选项。

- 高度：使用定义的高度值限制平整钣金壁高度，用户可在其后的文本框中输入数值来定义平整钣金壁的高度值。
- 至平面 / 曲面：使用指定的平面或曲面限制平整钣金壁的高度，激活其后的编辑框，选择一个平面或曲面来限制平整钣金壁的高度。

（2）【长度形式】下拉列表。

当选择【高度】高度类型时，该下拉列表中用于设置高度的计算方式，包括以下选项。

- ：表示边线侧壁的高度是从参考壁的底部开始的。
- ：表示边线侧壁的高度是从参考壁的顶部开始的。
- ：表示边线侧壁的高度是从折弯的底部开始的。
- ：表示边线侧壁的高度是从壁的边界开始的。

（3）【限制位置】下拉列表。

当选择【至平面 / 曲面】高度类型时，该下拉列表用于定义限制曲面在边线侧壁的位置，包括以下选项。

- ：表示限制曲面的位置位于边线侧壁的内侧。
- ：表示限制曲面的位置位于边线侧壁的外侧。

（4）角度 / 方向平面。

用于设置边线侧壁的弯曲形式，包括以下方式。

- 角度：用于设置边线侧壁与参考壁之间的夹角，可在其后的文本框中输入数值定义平整钣金壁的弯曲角度，如图 13-35 左图所示。
- 方向平面：用于选取一个平面来限制钣金壁的弯曲，可在【旋转角度】文本框中设置钣金壁与方向平面之间的夹角，如图 13-35 右图所示。

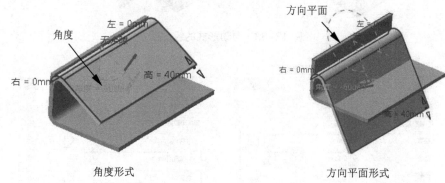

图 13-35 角度 / 方向平面示意图

（5）空隙形式。

用于设置平整钣金壁边线与第一钣金壁的拾取边界之间的间隙类型，包括以下选项。

- 无空隙：表示附加壁与拾取边界之间无间距，如图 13-36 左图所示。
- 单方向：表示附加壁沿一方向偏移，在【Clearance value】文本框中设置偏移距离，如图 13-36 中图所示。
- 双方向：表示附加壁沿两个方向偏移，如图 13-36 右图所示。

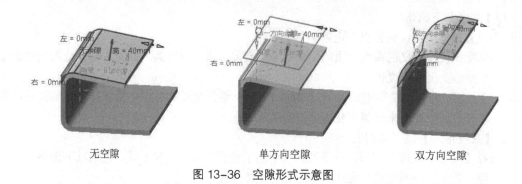

图 13-36 空隙形式示意图

（6）反向位置。

单击该按钮，用于改变平整钣金壁的位置，如图 13-37 所示。

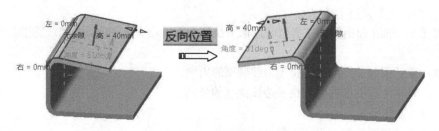

图 13-37 反向位置示意图

（7）反向材料边。

单击该按钮，用于改变平整边线侧壁在附着边的位置，如图 13-38 所示。

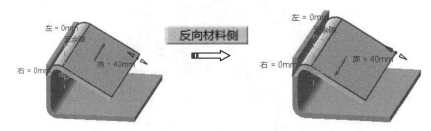

图 13-38　反向材料边示意图

（8）含折弯。

选中该复选框，用于在创建平整壁的同时，在平整壁和参考壁之间创建折弯圆角；否则不使用折弯半径的方式创建边线侧壁，如图 13-39 所示。

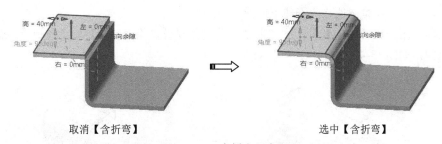

取消【含折弯】　　　　　　　　　　　　　　　选中【含折弯】

图 13-39　含折弯示意图

3.【终止】选项卡

用于设置平面钣金壁的边界限制，包括以下选项。

- 左限制：用于在图形区选取平整钣金壁的左边界限制。
- 左偏置：用于定义平整钣金壁左边界与第一钣金壁相应边的距离值。
- 右限制：用于在图形区选取平整钣金壁的右边界限制。
- 右偏置：用于定义平整钣金壁右边界与第一钣金壁相应边的距离值。

13.4.2　弯边

【弯边】是在已有钣金壁的边线上生成钣金薄壁特征，其壁厚与第一钣金壁相同，如图 13-40 所示。

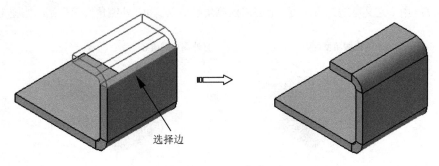

选择边

图 13-40　弯边

单击【侧壁】工具栏中的【直边弯边】按钮，弹出【直边弯边定义】对话框，如图 13-41 所示。

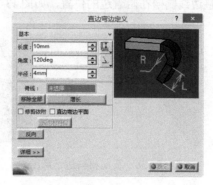

图 13-41 【直边弯边定义】对话框

【直边弯边定义】对话框中参数选项的含义如下。

1. 类型

- 基本：用于在整个选择的脊线上创建弯边。
- 截断：用于在脊线的部分上生成弯边，此时需要设置【限制 1】和【限制 2】来限制弯边范围，如图 13-42 所示。

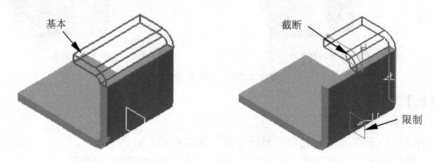

图 13-42 类型

2. 尺寸参数

- 长度：用于定义弯边的长度值，其后的下拉列表中提供了 4 种长度测量方式：是指在弯曲平面区域的墙体长度；是指从弯曲面内侧端部到弯曲平面区域的端部距离；是指从弯曲面外侧的端部到弯曲平面区域的端部距离；是指从弯曲面外部虚拟交点到弯曲平面区域的端部距离。
- 角度：用于定义弯边折弯角度，包括"内侧角度值"和"外侧角度值"，如图 13-43 所示。

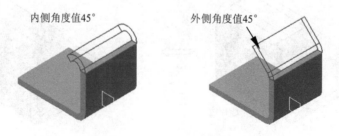

图 13-43 角度示意图

- 半径：用于定义弯边与基础壁之间的圆角半径。

3. 脊线选项

- 脊线：用于选择弯边的附着边。
- 移除全部：单击该按钮可以移除所有选择的脊线。
- 增长：单击该按钮用于选择与所选的脊线相切的所有边。

4. 修剪依附（Trim 依附）

用于是否使用弯边修剪基础壁。选中该复选框，将修剪基础壁，否则不修剪，如图 13-44 所示。

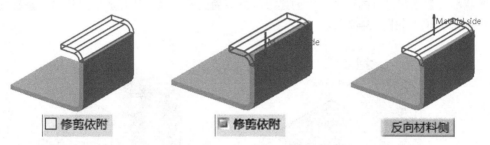

图 13-44　修剪依附和反向材料边示意图

5. 反向

单击【反向材料边】按钮，可调整修剪方向，单击该按钮，用于更改弯边的方向，如图 13-45 所示。

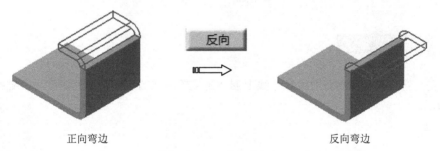

正向弯边　　　　　　　　　　反向弯边

图 13-45　反向示意图

13.4.3　平行弯边

【平行弯边】是创建与基础壁平行的弯边，并使用圆角过渡连接的侧壁。它与弯边的不同之处在于圆角过渡的角度不能定义，如图 13-46 所示。

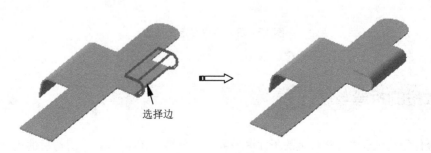

选择边

图 13-46　边缘

提示：

　　边缘常用于钣金件周边上，当与其他零部件接触或人为接触时，能够避免接触钣金的过程中受尖锐棱边造成的伤害和破坏。

13.4.4　滴状翻边

　　【滴状翻边】是在已有的钣金边上创建形状像泪滴的弯曲壁，其开放端的边缘与基础壁相切，厚度与基础壁相同，如图 13-47 所示。

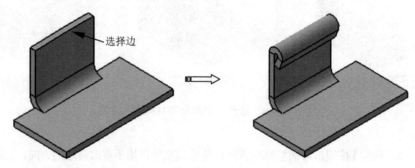

　　　　　　　　图 13-47　滴状翻边

13.4.5　用户定义弯边

　　【用户定义弯边】是在已有的钣金边线上创建定义轮廓线的弯曲壁，其厚度与基础壁相同，如图 13-48 所示。

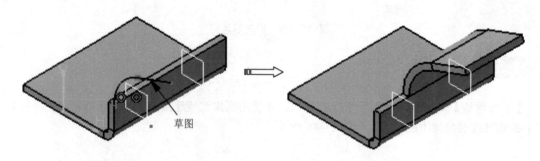

　　　　　　　　图 13-48　用户自定义弯边

13.5　钣金的折弯与展开

　　在钣金件创建过程中可将钣金的平面区域弯曲某一角度（即折弯）。折弯后的钣金可通过展开命令将其展平成二维图形。钣金折弯与展开工具集中在【折弯】工具栏中，下面分别介绍。

13.5.1　钣金的折弯

钣金件折弯方式有"等半径折弯""变半径折弯"和"平板折弯"3 种，下面介绍第一种方式。

【等半径折弯】是在两个钣金壁之间形成折弯圆角，即等半径折弯。常用于两相交的钣金壁之间没有过渡圆角时，添加折弯过渡圆角，如图 13-49 所示。

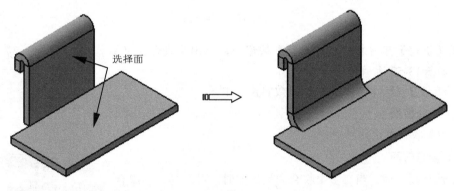

图 13-49　等半径折弯

13.5.2　钣金展开

【钣金展开】是指将三维折弯钣金件展开为二维平面板，以便于裁剪薄板，以及在展开钣金件上创建特征等，如图 13-50 所示。

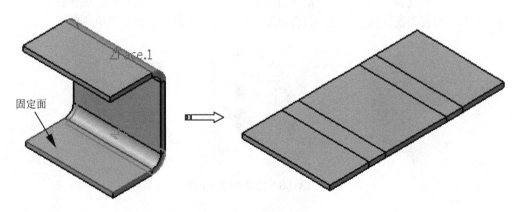

图 13-50　钣金的展开

13.5.3　钣金的收合

钣金的【收合】是指将展开的钣金壁部分或全部重新折弯使其恢复到展开前的状态，如图 13-51所示。

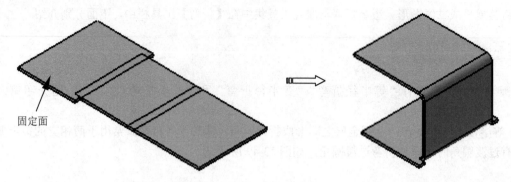

图 13-51 钣金收合

单击【折弯】工具栏中的【收合】按钮，弹出【收合定义】对话框，如图 13-52 所示。

【收合定义】对话框中相关选项参数的含义如下。

1. 参考修剪面

用于选择收合固定几何平面。

2. 收合修剪面

用于选择收合面，当有多个收合面被选取时，可选择一个收合面来定义其收合角度。

图 13-52 【收合定义】对话框

3. 角度

用于定义收合角度值。

4. 角度形式

用于设置收合的角度类型，包括以下选项，如图 13-53 所示。

- 自然：当选择该选项时，收合角度设置为展开前的折弯角度值。
- 已定义：当选择该选项时，可在【角度】文本框中定义收合面的收合角度值。
- 变形回复：当选择该选项时，收合角度设置为展开前的折弯角度值的补角。

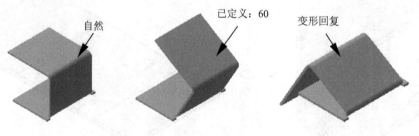

图 13-53 角度类型示意图

13.5.4 点和曲线对应

【点和曲线对应】是将草图的点、曲线点和曲线对应到钣金壁上，如图 13-54 所示。如果当前钣金状态为收合状态，选中的点、线将被点和曲线对应到展开后的支撑壁的位置处；反之，如果钣金处于展开状态，选中的点、线将被点和曲线对应到收合后相应的支撑壁的位置处。

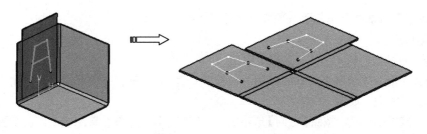

图 13-54　点和曲线对应

13.6　钣金剪裁与冲压

钣金的剪裁与冲压特征是在成形后的钣金零件上创建去除材料的特征，如凹槽、孔和切口等。钣金切削特征工具集中在【裁剪 / 冲压】工具栏中，下面将分别介绍。

13.6.1　凹槽切削

【凹槽切削】是在钣金件上挖出指定轮廓形状的材料，如图 13-55 所示。

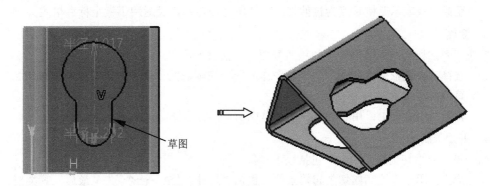

草图

图 13-55　凹槽切削

单击【裁剪 / 冲压】工具栏中的【剪裁】按钮，弹出【剪裁定义】对话框，如图 13-56 所示。

图 13-56　【剪裁定义】对话框

【剪裁定义】对话框中相关选项参数的含义如下。

1. 剪裁形式

用于设置凹槽切削的类型，包括以下选项。

- 钣金标准：表示多个切除的凹槽与钣金壁垂直，【方向】选项中定义的方向为切削的多个钣金壁方向，如图 13-57 所示。
- 钣金减重槽：表示按照【方向】选项定义的方向，拉伸草图轮廓生成凹槽，如图 13-57 所示。

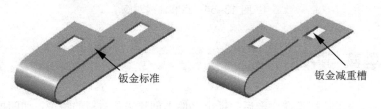

图 13-57　剪裁类型示意图

2. 端点限制

用于设置凹槽切削终止限制，包括以下参数。

- 尺寸：按照【长度】文本框中的长度数值生成凹槽。
- 至下一个：表示凹槽长度为一个钣金壁厚度，仅适用于钣金标准格式。
- 至最后：表示凹槽长度为拉伸方向上的所有钣金壁，仅适用于钣金标准格式。

3. 断面

用于设置凹槽切削的截面轮廓的相关参数，包括以下选项。

- 选择：在图形区选取一个封闭草图作为凹槽切削截面草图。单击【草绘】按钮，可进入草绘器绘制草图。
- 依附在组合面上：用于表示只切除草图所在的钣金壁。

4. 开始限制

用于设置凹槽切削起始限制，包括以下参数。

- 形式：用于设置凹槽切削起始条件，包括"尺寸""至下一个""至最后"等类型。
- 长度：用于定义凹槽切削从草图平面等距起始位置的长度值。

5. 方向

用于设置凹槽切削方向的相关参数，包括以下选项。

- 垂直断面：选中该复选框时，使用垂直于草图平面的方向为凹槽切削方向。
- 参考：用于在图形区选取草图来定义凹槽切削方向。

6. 影响组合面

用于设置固定面相关参数，包括以下选项。

- 上：选中该单选按钮，使用钣金零件的上表面为固定面。
- 底：选中该单选按钮，使用钣金零件的下表面为固定面。
- 用户选择：用于在图形区选择一个面作为固定面。

13.6.2 孔特征

CATIA V5-6R2017 提供了多种孔特征创建方法，单击【裁剪／冲压】工具栏中【孔】按钮，右下角的下三角按钮，弹出有关孔特征工具按钮，如图 13-58 所示。

标准孔

【标准孔】是在钣金壁的平面上创建孔。孔的创建方法和步骤与零件设计工作台中创建孔的操作步骤和方法相同，如图 13-59 所示。

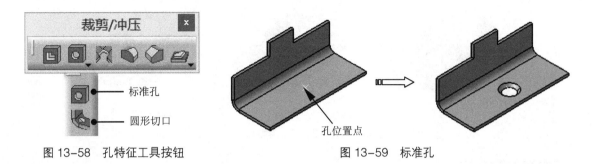

图 13-58　孔特征工具按钮　　　　　　　图 13-59　标准孔

13.6.3　拐角止裂槽

【拐角止裂槽】常用于在两个侧面钣金相交处，由于较为集中，容易产生开裂，为了防止钣金零件裂开，在相交处通常设置止裂槽，如图 13-60 所示。

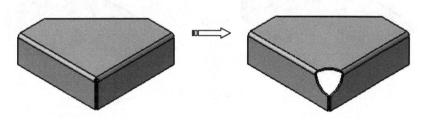

图 13-60　拐角止裂槽

单击【裁剪 / 冲压】工具栏中的【拐角止裂槽】按钮，弹出【拐角止裂槽定义】对话框，如图 13-61 所示。

图 13-61　【拐角止裂槽定义】对话框

【拐角止裂槽定义】对话框中的【形式】下拉列表用于设置止裂槽的类型，包括以下选项。

- 正方形：用于生成正方形的止裂槽，需要设置正方形的边长，如图 13-62 所示。
- 圆弧：用于生成圆形的止裂槽，需要设置圆形半径，如图 13-62 所示。
- 用户配置文件：通过用户定义止裂槽的轮廓曲线生成需要的止裂槽，如图 13-62 所示。生成用户自定义止裂槽需要在钣金展开状态下完成。

图 13-62　类型

13.6.4　倒圆角

【倒圆角】是对与钣金壁面垂直的边线进行圆角化的操作，即用圆角连接两侧面，如图 13-63 所示。

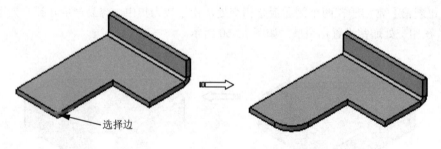

图 13-63　倒圆角

13.6.5　倒角

【倒角】是对与钣金壁面垂直的边线进行倒角操作，如图 13-64 所示。

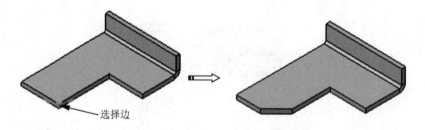

图 13-64　倒角

13.7　钣金成型特征

钣金成型特征也称冲压特征，它是把一个实体零件上的某个形状印贴在钣金壁上。钣金成型特征工具集中在【裁剪 / 冲压】工具栏中，下面分别介绍。

提示：

成型特征仅可在壁、边缘壁上（在折弯处生成的筋除外），如果成型特征创建覆盖了多个特征（如壁、折弯等），成型特征在钣金展开视图中不可视，且成型特征不能创建在展开的钣金件上，在展开视图中仅有较大的冲压印痕保留在壁上。

13.7.1 曲面冲压

【曲面冲压】是指使用封闭的轮廓形成曲面印贴在钣金壁上完成的冲压，如图 13-65 所示。

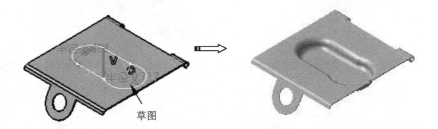

图 13-65 曲面冲压

单击【裁剪 / 冲压】工具栏中的【曲面冲压】按钮，弹出【曲面冲压定义】对话框，如图 13-66 所示。

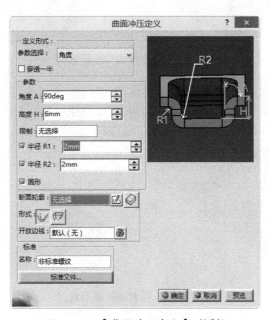

图 13-66 【曲面冲压定义】对话框

【曲面冲压定义】对话框中相关选项参数的含义如下。

1. 定义类型

用于选择创建曲面冲压的类型。其中,【参数选择】用于选择限制曲面冲压的参数类型,包括"角度""上模或下模"和"两断面轮廓"等。

- 角度:通过拉伸草图与钣金壁成一定角度生成凸起印记,如图 13-67 所示。当选中【穿透一半】复选框时,表示生成曲面冲压为钣金壁厚度的一半。

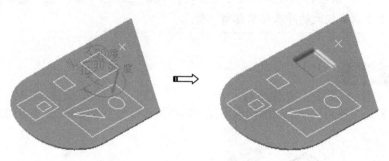

图 13-67　角度示意图

- 上模或下模:通过草图中两个轮廓混合生成凸起印记,一般要求同一草图内轮廓相似,如图 13-68 所示。

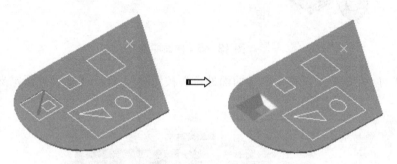

图 13-68　上模或下模示意图

- 两断面轮廓:通过两个草图轮廓混合生成凸起印记,一般要选择两个草图轮廓,且两个草图的草图平面必须平行,同时还要添加耦合点,如图 13-69 所示。

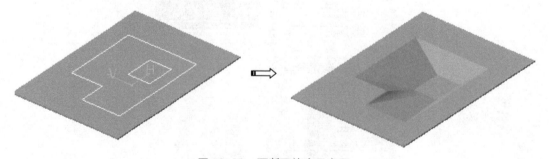

图 13-69　两断面轮廓示意图

2. 参数

用于设置冲压曲面的相关参数,包括以下选项。

- 角度 A：用于定义冲压后形成的面和草图平面间的夹角值。
- 高度 H：用于定义冲压长度值。
- 限制：用于在图形区选择一个平面以限制冲压长度。
- 半径 R1：选中该复选框，可以定义冲压圆角半径 $R1$。
- 半径 R2：选中该复选框，可以定义冲压圆角半径 $R2$。
- 圆形：选中该复选框，系统自动创建过渡圆角，如图 13-70 所示。

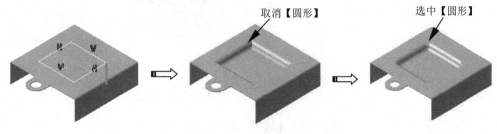

图 13-70　圆形示意图

3. 轮廓参数

- 断面轮廓：在图形区选取一个封闭草图作为冲压截面草图。单击【草绘】按钮☑，可进入草绘器绘制草图。
- 形式：用于设置冲压轮廓类型，单击☑按钮，用于设置使用所绘轮廓限制冲压曲面的顶截面；单击☑按钮，用于设置使用所绘轮廓限制冲压曲面的底截面。
- 开放边线：用于选择开放段生成开放性的曲面冲压，如图 13-71 所示。

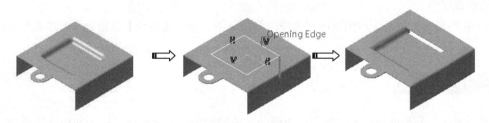

图 13-71　开放边线示意图

13.7.2　滴状冲压（凸圆冲压）

【滴状冲压】是指使用开放轮廓印贴在钣金壁上完成的冲压，如图 13-72 所示。

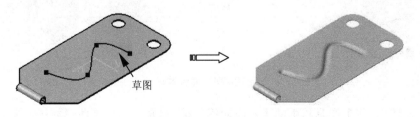

图 13-72　滴状冲压

单击【裁剪／冲压】工具栏中的【滴状冲压】按钮 ![按钮]，弹出【滴状冲压定义】对话框，如图 13-73 所示。

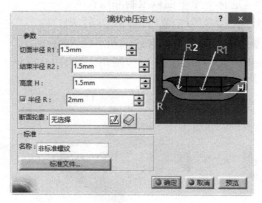

图 13-73 【滴状冲压定义】对话框

【滴状冲压定义】对话框中相关选项参数的含义如下。

1. 参数

用于设置滴状冲压参数，包括以下选项。

- 切面半径 R1：用于定义滴状冲压特征内侧底部圆角值。
- 结束半径 R2：用于定义滴状冲压特征底部两末端圆角值。
- 高度 H：用于设置冲压的长度值。
- 半径 R：用于定义滴状冲压特征外侧底部周圈的圆角值。

2. 断面轮廓

用于在图形区选取一个封闭草图作为冲压截面草图。单击【草绘】按钮 ![草绘]，可进入草绘器绘制草图。

13.7.3 曲线冲压

【曲线冲压】是指使用曲线印贴在钣金壁上完成的冲压。曲线冲压与滴状冲压特征类似，但曲线冲压特征具有更多的可自行定义的参数，如图 13-74 所示。

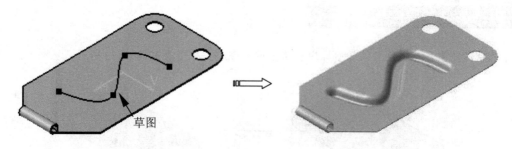

草图

图 13-74 曲线冲压

单击【裁剪／冲压】工具栏中的【曲线冲压】按钮 ![按钮]，弹出【曲线冲压定义】对话框，如图 13-75 所示。

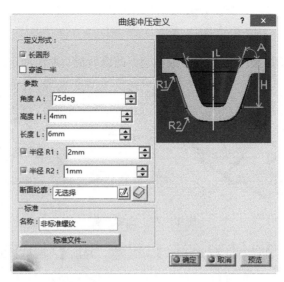

图 13-75 【曲线冲压定义】对话框

【曲线冲压定义】对话框中相关选项参数的含义如下。

1. 定义类型

用于定义曲线冲压类型,包括以下选项。

- 长圆形:选中该复选框,在冲压曲线草图的末端创建圆弧,如图 13-76 所示。

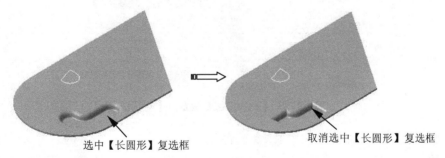

选中【长圆形】复选框　　　　　　　　取消选中【长圆形】复选框

图 13-76 长圆形示意图

- 穿透一半:当选中【穿透一半】复选框时,表示生成冲压为钣金壁厚度一半。

2. 参数

用于设置曲线冲压参数,包括以下选项。

- 角度 A:用于设置冲压形成的斜面与冲压曲线所在平面的夹角值。
- 高度 H:用于设置冲压的长度值。
- 长度 L:用于设置冲压开口截面的长度值。
- 半径 R1:用于定义冲压特征侧面底部周圈的圆角值。
- 半径 R2:用于定义冲压特征侧面顶部周圈的圆角值。

3. 断面轮廓

用于在图形区选取一个开放草图作为冲压截面草图。单击【草绘】按钮,可进入草绘器绘制草图。

13.7.4 凸缘剪裁

【凸缘剪裁】是将封闭轮廓曲线裁剪生成凸起。凸缘剪裁与曲面冲压特征类似，但曲面冲压不开口，如图 13-77 所示。

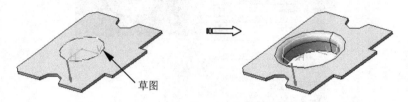

图 13-77 凸缘剪裁

单击【裁剪/冲压】工具栏中的【凸缘剪裁】按钮，弹出【凸缘剪裁定义】对话框，如图 13-78 所示。

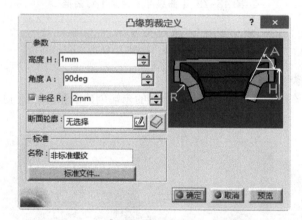

图 13-78 【凸缘剪裁剪裁定义】对话框

【凸缘剪裁定义】对话框中相关选项参数的含义如下。

1. 参数

用于设置弯边冲压参数，包括以下选项。

- 高度 H：用于设置冲压的长度值。
- 角度 A：用于设置冲压形成的斜面与冲压曲线所在平面的夹角值。
- 半径 R：用于定义冲压特征侧面底部周圈的圆角值。

2. 断面轮廓

用于在图形区选取一个开放草图作为冲压截面草图。单击【草绘】按钮，可进入草绘器绘制草图。

13.7.5 通气窗冲压（散热孔冲压）

通气窗冲压也叫散热孔冲压，是通过定义散热孔轮廓和开放曲线生成凸起，如图 13-79 所示。通气窗主要用于降低产品工作温度，延长产品寿命。

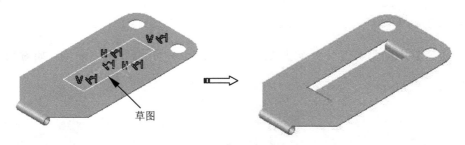

草图

图 13-79　通气窗冲压

单击【裁剪 / 冲压】工具栏中的【通气窗】按钮 ，弹出【通气窗定义】对话框，如图 13-80
所示。

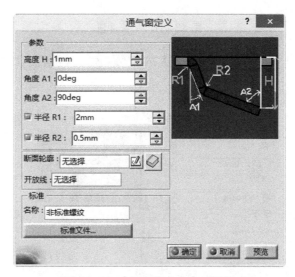

图 13-80　【通气窗定义】对话框

【通气窗定义】对话框中相关选项参数的含义如下。

1. 参数

用于设置弯边冲压参数，包括以下选项。

- 高度 H：用于设置冲压的长度值。
- 角度 A1：用于设置冲压形成较低斜面的拔模角度。
- 角度 A2：用于设置冲压形成顶部斜面的拔模角度。
- 半径 R1：用于定义冲压特征外侧面底部周圈的圆角值。当取消选中该复选框时，不会在
  冲压特征外侧底部周围绘制圆角特征。
- 半径 R2：用于定义冲压特征侧面顶部周圈的圆角值。当取消选中该复选框时，不会在冲
  压特征外侧顶部周围绘制圆角特征。

2. 轮廓参数

- 断面轮廓：用于在图形区选取一个开放草图作为冲压截面草图。单击【草绘】按钮 ，可
  进入草绘器绘制草图。
- 开放线：用于选择草图中的边线作为散热孔开口处。

13.7.6 桥接冲压

【桥接冲压】是通过定义点和平面生成凸起，其两侧结构可起到散热的作用，如图 13-81 所示。

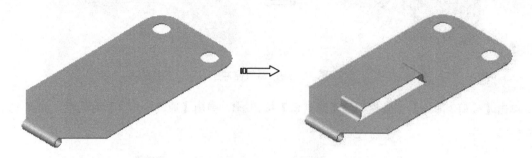

图 13-81 桥接冲压

单击【裁剪 / 冲压】工具栏中的【桥接冲压】按钮![按钮图标]，弹出【桥形冲压定义】对话框，如图 13-82 所示。

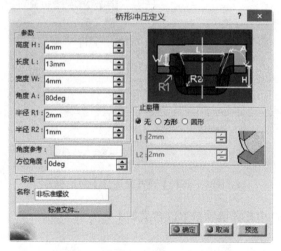

图 13-82 【桥形冲压定义】对话框

【桥形冲压定义】对话框中相关选项参数的含义如下。

1. 参数

用于设置桥接冲压参数，包括以下选项。

- 高度 H：用于设置冲压的长度值。
- 长度 L：用于设置桥接的长度值。
- 宽度 W：用于设置桥接的宽度值。
- 角度 A：用于设置桥接冲压形成斜面与原钣金平面之间的夹角。
- 半径 R1：用于定义冲压特征外侧面周圈的圆角值。
- 半径 R2：用于定义冲压特征顶部周圈的圆角值。

2. 角度参考和方位角度

- 角度参考：用于选择一个对象作为桥接冲压的方向参考。

- 方位角度：用于定义桥接冲压在钣金平面内的旋转角度值。

3. 止裂槽

用于设置止裂槽的类型及相关参数，包括以下选项。

- 无：选中该单选按钮，不设置止裂槽，如图 13-83 左图所示。
- 方形：选中该单选按钮，使用方形止裂槽，如图 13-83 中图所示。
- 圆形：选中该单选按钮，使用圆形止裂槽，如图 13-83 右图所示。

　无　　　　　　　　　　方形　　　　　　　　　　圆形

图 13-83　止裂槽示意图

13.7.7　凸缘孔冲压

【凸缘孔冲压】与凸缘剪裁类似，但凸缘孔只能是圆形，而凸缘剪裁的形状由用户绘制的截面来控制，两者都会沿孔的周边生成一圈弯边，如图 13-84 所示。

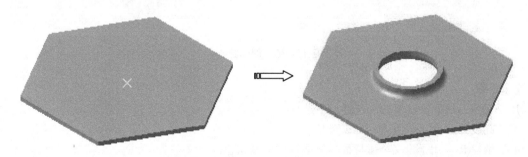

图 13-84　凸缘孔冲压

单击【裁剪/冲压】工具栏中的【凸缘孔】按钮，弹出【凸缘孔定义】对话框，如图 13-85 所示。【凸缘孔定义】对话框中相关选项参数的含义如下。

1. 定义形式

用于定义凸缘孔的类型，包括以下参数。

- 参数选择：用于定义凸缘孔的限制参数，其中"主要直径"表示使用最大直径作为限制参数；"次要直径"表示使用最小直径作为限制参数；"两直径"表示使用两端直径作为限制参数；"上模或下模"表示使用中间直径和最小直径作为限制参数。
- 没有圆锥：选中该单选按钮，不在弯边末端创建圆锥，如图 13-86 右图所示。
- 含圆锥：选中该单选按钮，在弯边末端创建圆锥，如图 13-86 左图所示。

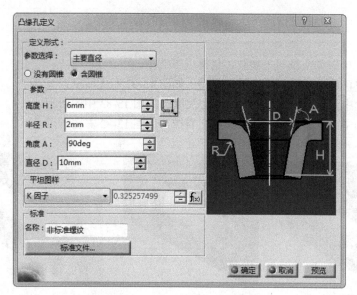

图 13-85 【凸缘孔定义】对话框

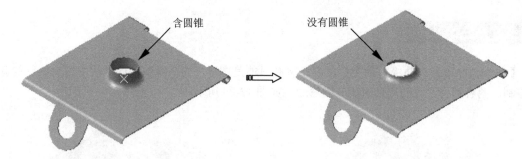

图 13-86 创建圆锥

2. 参数

用于设置凸缘孔冲压参数，包括以下选项。

- 高度 H：用于设置冲压的长度值。
- 半径 R：用于定义冲压特征外侧面周圈的圆角值。
- 角度 A：用于设置弯边冲压形成斜面与原钣金平面之间的夹角。
- 直径 D：用于设置弯边冲压孔特征内侧末端倒角时的最大直径值。

3. 平坦图样

用于设置折弯参数，包括以下选项。

- K 因子：选择该方式，使用折弯系数（K 因子）限制折弯。
- 平坦直径：选择该方式，使用平面直径限制折弯，可在其后的文本框中指定折弯限制值。

13.7.8 圆形冲压（环状冲压）

【圆形冲压】是以圆形的样式冲压形成特定的避让空间，多用于产品中零件干涉位置的避让，如图 13-87 所示。

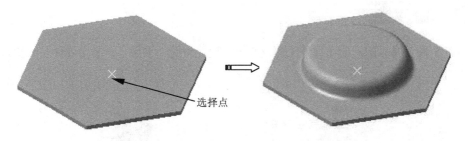

图 13-87　环状冲压

单击【裁剪 / 冲压】工具栏中的【圆形冲压】按钮 ，弹出【圆形冲压定义】对话框，如图 13-88 所示。

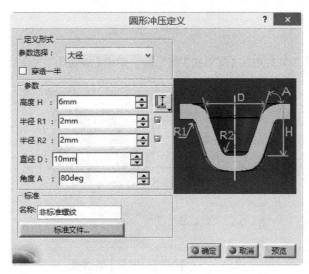

图 13-88　【圆形冲压定义】对话框

【圆形冲压定义】对话框中相关选项参数的含义如下。

1. 定义类型

【参数选择】选项用于定义环状冲压的类型，包括以下参数。

- 大径：表示使用最大直径作为限制参数。
- 小径：表示使用最小直径作为限制参数。
- 两直径：表示使用两端直径作为限制参数。
- 上模或下模：表示使用中间直径和最小直径作为限制参数。

2. 参数

用于设置环状冲压参数，包括以下选项。

- 高度 H：用于设置冲压的长度值。
- 半径 R1：用于定义冲压特征外侧面底部周圈的圆角值。
- 半径 R2：用于定义冲压特征外侧面顶部周圈的圆角值。
- 直径 D：用于设置环状冲压特征内侧末端倒角时的最大直径值。
- 角度 A：用于设置环状冲压形成斜面与原钣金平面之间的夹角。

13.7.9 加强肋冲压

【加强肋】冲压是以圆形的样式冲压形成特定的避让空间，多用于产品中零件干涉位置的避让，如图 13-89 所示。

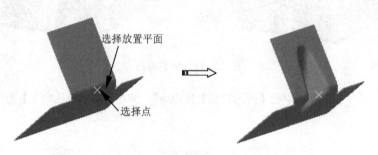

图 13-89　加强肋

单击【裁剪／冲压】工具栏中的【加强肋】按钮 ，弹出【加强肋定义】对话框，如图 13-90 所示。

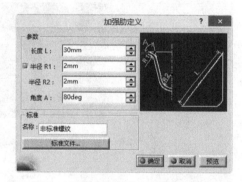

图 13-90　【加强肋定义】对话框

【加强肋定义】对话框中相关【参数】的含义如下。

- 长度 L：用于设置加强肋的长度值。
- 半径 R1：用于设置加强肋冲压特征外侧底部周圈圆角的大小。
- 半径 R2：用于设置加强肋冲压特征内侧顶部周圈圆角的大小。
- 角度 A：用于设置加强肋内侧的拔模角。

13.7.10 隐藏销冲压

【隐藏销】冲压可产生局部凸起，常用于固定或避开零件机构，如图 13-91 所示。

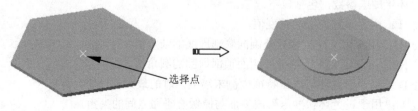

图 13-91　隐藏销冲压

单击【裁剪 / 冲压】工具栏中的【隐藏销】按钮 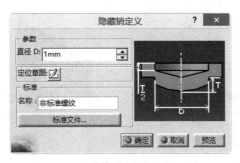，弹出【隐藏销定义】对话框，如图 13-92 所示。

图 13-92　【隐藏销定义】对话框

【隐藏销定义】对话框中相关选项参数的含义如下。

- 直径 D：用于设置隐藏销冲压特征外侧最大直径尺寸。
- 定位草图：用于草绘隐藏销冲压的定位点。

13.7.11　用户定义冲压

【用户定义冲压】通过自定义冲头或压模生成冲压特征。

单击【裁剪 / 冲压】工具栏中的【用户定义】按钮 ，弹出【用户定义冲压定义】对话框，如图 13-93 所示。

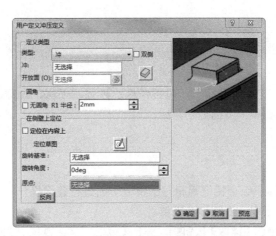

图 13-93　【用户定义冲压定义】对话框

【用户定义冲压定义】对话框中相关选项参数的含义如下。

1. 定义类型

- 形式：用于创建用户冲压类型，其中"冲"表示只使用冲头进行冲压；"上模或下模"表示同时使用冲头和压模进行冲压。
- 双侧：当选中该复选框时，使用双向冲压。
- 冲：用于在图形区选择冲头。
- 开放面（O）：用于选择开放面以创建开放面冲压。

2. 圆角

● 无圆角：选中该复选框时，在添加冲压特征时不自动创建圆角，如图 13-94 所示。

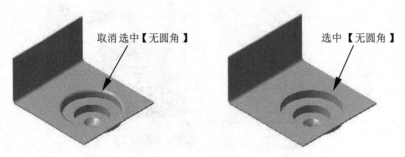

取消选中【无圆角】　　　　　　　　选中【无圆角】

图 13-94　无圆角示意图

● R1 半径：用于定义在进行冲压时自动创建圆角半径。

3. 在侧壁上定位

用于设置冲压位置参数，包括以下选项。

● 定位在内容上：选中该复选框，设置冲压位置为冲头所在模型中的位置。否则，单击【定位草图】后的【草绘】按钮☑，进入草绘模式确定冲压位置。
● 旋转基准：用于在图形区选择直线或回转面作为冲头旋转的参考。
● 旋转角度：用于设置冲头旋转的角度。
● 原点：用于选择一点作为旋转参考点。
● 反向：单击该按钮，可反转冲压方向。

13.8　钣金件变换操作

钣金变换特征与零件变换特征相似，包括镜像、阵列、平移、对称、旋转等，钣金变换特征工具集中在【变换】工具栏中，下面分别介绍。

13.8.1　镜像

【镜像】用于对钣金体、钣金特征等相对于镜像平面进行镜像操作，钣金镜像特征要求镜像中心平面必须位于钣金壁的正中，否则无法镜像。

单击【变换】工具栏中的【镜像】按钮，弹出【镜射定义：镜像 .1】对话框，如图 13-95 所示。

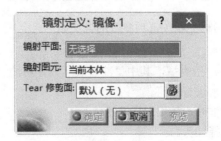

图 13-95　【镜射定义：镜像 .1】对话框

【镜射定义：镜像 .1】对话框中相关选项参数的含义如下。

- 镜射平面：用于选取一个平面作为镜像对称平面。
- 镜射图元：用于选取一个钣金特征或钣金体作为要镜像的对象。
- Tear 修剪面：当通过镜像使钣金体称为一个封闭的环时，可激活该文本框，并选取一个平面作为钣金体在展开时的撕裂面。

 提示：

　　镜像钣金特征与镜像实体特征的不同之处在于可先选择镜像命令再选择实体。使用镜像命令一次只能镜像一个特征。

　　单击【变换】工具栏中的【镜像】按钮 ，弹出【镜像定义】对话框，激活【镜射平面】编辑框，选择【zx 平面】作为镜像平面，系统自动选择整个钣金件为镜像对象，单击【确定】按钮，完成镜像操作，如图 13-96 所示。

图 13-96　镜像操作

13.8.2　阵列特征

　　在【变换】工具栏中单击【矩形阵列】按钮 右下角的黑色三角，展开的工具栏中，包含"矩形阵列""圆周阵列""用户定义阵列" 3 个工具按钮，如图 13-97 所示。

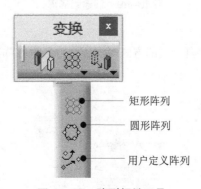

图 13-97　阵列相关工具

　　阵列包括【矩形阵列】【圆周阵列】和【用户阵列】，钣金阵列操作与实体变换特征中的相关操作相同，下面简单加以介绍。

1. 矩形阵列

【矩形阵列】是以矩形排列方式复制选定的特征，形成新的阵列特征，如图 13-98 所示。

图 13-98　创建矩形阵列

2. 圆形阵列

【圆形阵列】用于将钣金特征绕旋转轴进行旋转阵列分布，如图 13-99 所示。

图 13-99　创建圆形阵列

3. 用户定义阵列

用户定义阵列是指通过用户自定义的方式对源钣金特征进行阵列操作，如图 13-100 所示。

图 13-100　创建用户定义阵列

13.8.3　转换特征

在【变换】工具栏中单击【平移】按钮，右下角的黑色三角，展开的工具栏中包含"平移""旋转""对称"和"定位变换"4 个工具按钮，如图 13-101 所示。

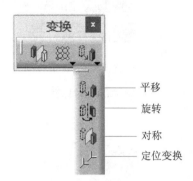

图 13-101　转换工具按钮

1．平移

【平移】用于对钣金特征进行平移操作，如图 13-102 所示。

图 13-102　平移

2．旋转

【旋转】用于对钣金件绕一个轴旋转到新位置，如图 13-103 所示。

图 13-103　旋转操作

3．对称

【对称】用于对钣金件相对于点、线、面进行镜像，即其相对于坐标系的位置发生变化，操作的结果就是移动，如图 13-104 所示。

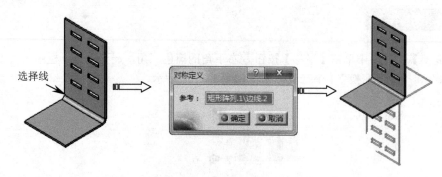

图 13-104 对称操作

13.9 实战案例

本节以一个工业产品——机械手臂设计为例，来详细介绍钣金创建和编辑的应用技巧。机械手臂设计造型如图 13-105 所示。

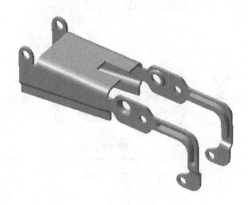

图 13-105 机械手臂造型

操作步骤

01 在【标准】工具栏中单击【新建】按钮，在弹出的【新建】对话框中选择 "part"，单击【确定】按钮，弹出【新建零件】对话框，单击【确定】按钮新建一个零件文件。选择【开始】/【机械设计】/【创成式钣金设计】命令，进入钣金设计工作台。

02 设置钣金参数。单击【侧壁】工具栏中的【钣金件参数】按钮，弹出【钣金件参数】对话框，单击【参数】选项卡，设置【Thickness】为 "2mm"，【Default B 结束 半径】为 "4mm"，如图 13-106 所示。单击【折弯终止方式】选项卡，在尖角处设置止裂槽为 "不设定止裂槽最小值"，如图 13-107 所示。

03 单击【侧壁】工具栏中的【侧壁】按钮，弹出【侧壁定义】对话框，单击【草绘】按钮，选择 xy 平面作为草图平面，绘制图 13-108 所示的草图。单击【工作台】工具栏中的【退出工作台】按钮，完成草图绘制。单击【两端位置草图】按钮，单击【确定】按钮完成平整壁的创建，如图 13-108 所示。

图 13-106　【参数】选项卡

图 13-107　【折弯终止方式】选项卡

图 13-108　创建钣金壁

04　单击【侧壁】工具栏中的【边线侧壁】按钮 ，弹出【边线侧壁定义】对话框，在【形式】
　　下拉列表中选择"草图基础"方式，选择图 13-109 所示的边作为附着边。单击【断面轮廓】
　　选项后的【草绘】按钮 ，选取图 13-109 所示的面作为草图平面，绘制图 13-110 所示的
　　草图。单击【工作台】工具栏中的【退出工作台】按钮 ，完成草图绘制。

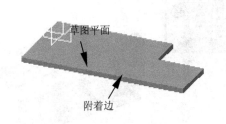

图 13-109　附着边和草图平面

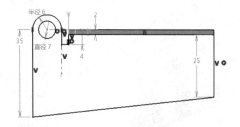

图 13-110　绘制草图轮廓

05　在【旋转角度】文本框中输入"0"，选中【含折弯】复选框，单击【确定】按钮，完成
　　草绘形式的钣金壁，如图 13-111 所示。

06　单击【裁剪 / 冲压】工具栏中的【曲面冲压】按钮 ，弹出【曲面冲压定义】对话框，
　　在【参数选择】下拉列表中选择"角度"方式。单击【断面轮廓】选项后的【草绘】按
　　钮 ，选取图 13-112 所示的面作为草图平面，绘制图 13-113 所示的草图。单击【工作台】
　　工具栏中的【退出工作台】按钮 ，完成草图绘制。

07　设置【角度 A】为"90"，【高度】为"3mm"，其他参数如图 13-114 所示。单击【确定】按钮，
　　完成曲面冲压创建。

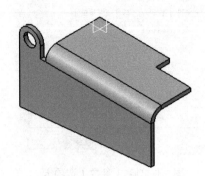

图 13-111　创建草绘形式的钣金壁

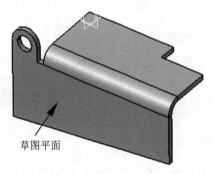

图 13-112　选择草图平面

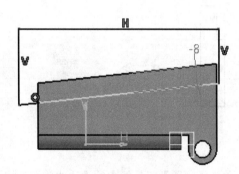

图 13-113　绘制草图轮廓

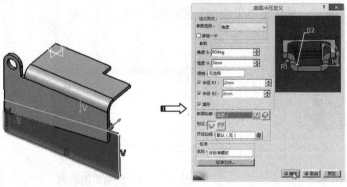

图 13-114　创建曲面冲压

08　单击【侧壁】工具栏中的【边线侧壁】按钮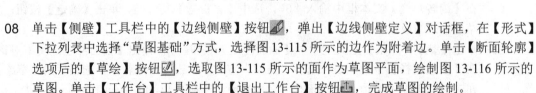，弹出【边线侧壁定义】对话框，在【形式】
　　下拉列表中选择"草图基础"方式，选择图 13-115 所示的边作为附着边。单击【断面轮廓】
　　选项后的【草绘】按钮，选取图 13-115 所示的面作为草图平面，绘制图 13-116 所示的
　　草图。单击【工作台】工具栏中的【退出工作台】按钮，完成草图的绘制。

09　在【旋转角度】文本框中输入"0"，取消选中【含折弯】复选框，单击【确定】按钮，
　　完成草绘形式的钣金壁，如图 13-117 所示。

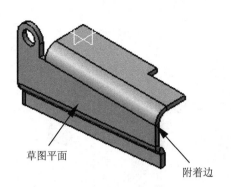

图 13-115 附着边和草图平面

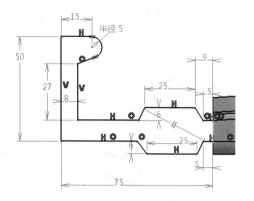

图 13-116 绘制草图轮廓

图 13-117 创建草绘形式的钣金壁

10 单击【裁剪/冲压】工具栏中的【圆角】按钮，弹出【圆角】对话框，在【半径】文本框中输入"4mm"作为半径值。激活【边线】编辑框，选择图 13-118 所示的边线作为圆角化边线，单击【确定】按钮创建倒圆角特征。

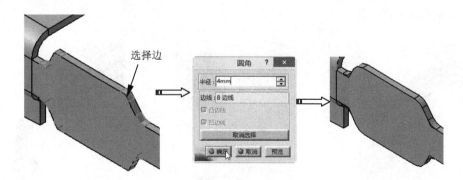

图 13-118 创建倒圆角特征

11 单击【裁剪/冲压】工具栏中的【圆角】按钮，弹出【圆角】对话框，在【半径】文本框中输入"8mm"作为半径值。激活【边线】编辑框，选择图 13-119 所示的边线作为圆角化边线，单击【确定】按钮创建倒圆角特征。

12 单击【裁剪/冲压】工具栏中的【曲面冲压】按钮，弹出【曲面冲压定义】对话框，在【参数选择】下拉列表中选择"角度"方式。单击【断面轮廓】选项后的【草绘】按钮，选取图 13-120 所示的面作为草图平面，绘制图 13-121 所示的草图。单击【工作台】

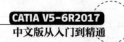

工具栏中的【退出工作台】按钮，完成草图的绘制。

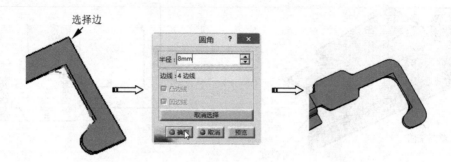

图 13-119　创建倒圆角特征

图 13-120　选择草图平面

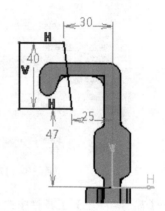

图 13-121　绘制草图轮廓

13　设置【角度 A】为"90"，【高度】为"3mm"，其他参数如图13-122所示。单击【确定】按钮，
　　完成曲面冲压创建。

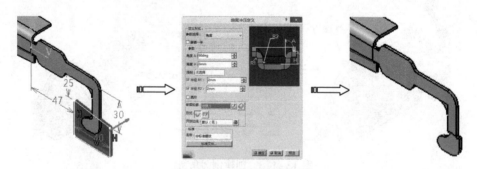

图 13-122　创建曲面冲压

14　单击【线框】工具栏中的【点】按钮，弹出【点定义】对话框，在【点类型】下拉列
　　表中选择【平面上】选项，选择图 13-123 所示的平面作为参考曲面，单击【确定】按钮，
　　系统自动完成点的创建。

15　单击【线框】工具栏中的【点】按钮，弹出【点定义】对话框，在【点类型】下拉列
　　表中选择【平面上】选项，选择图 13-124 所示的平面作为参考曲面，单击【确定】按钮，

系统自动完成点的创建。

图 13-123　创建点

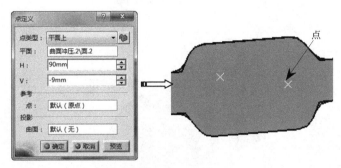

图 13-124　创建点

16　单击【裁剪 / 冲压】工具栏中的【孔】按钮 ⓞ，按住 Ctrl 键选择圆弧作为钻孔位置点，选择一个平面作为钻孔表面，在弹出的【定义孔】对话框设置类型为 "直到最后"，【直径】为 "6mm"，单击【确定】按钮创建孔特征，如图 13-125 所示。

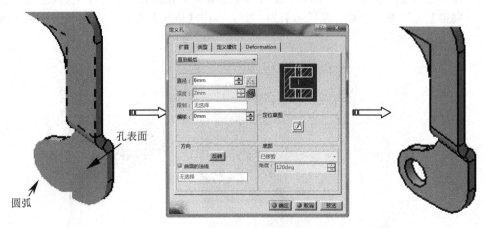

图 13-125　创建标准孔

17　单击【裁剪 / 冲压】工具栏中的【孔】按钮 ⓞ，按住 Ctrl 键选择点作为钻孔位置点，选择一个平面作为钻孔表面，在弹出的【定义孔】对话框设置类型为 "直到最后"，【直径】为 "6mm"，单击【确定】按钮创建孔特征，如图 13-126 所示。

18　单击【裁剪 / 冲压】工具栏中的【凸缘孔】按钮 ▱，按住 Ctrl 键选择图 13-127 所示的定位点和放置平面。

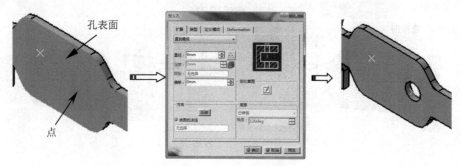

图 13-126　创建标准孔

图 13-127　选择定位点和放置面

19　在弹出的【凸缘孔定义】对话框的【参数选择】下拉列表中选择【主要直径】，选中【含圆锥】复选框，设置【直径 D】为"8"，单击【确定】按钮，完成凸缘孔冲压创建，如图 13-128 所示。

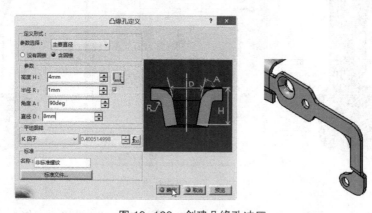

图 13-128　创建凸缘孔冲压

20　单击【裁剪 / 冲压】工具栏中的【曲线冲压】按钮，弹出【曲线冲压定义】对话框，单击【断面轮廓】选项后的【草绘】按钮，选取图 13-129 所示的面作为草图平面，绘制图 13-130 所示的草图。单击【工作台】工具栏中的【退出工作台】按钮，完成草图的绘制。

草图平面

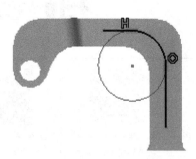

图 13-129　选择草图平面　　　　图 13-130　绘制草图轮廓

21　在【定义类型】中选中【长圆形】复选框，设置【角度 A】为"75"，【高度 H】为"3mm"，【长度 L】为"3mm"，其他参数如图 13-131 所示。单击【确定】按钮，完成曲线冲压创建。

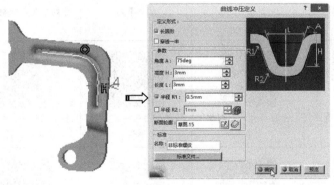

图 13-131　创建曲线冲压

22　单击【变换】工具栏中的【镜像】按钮，弹出【镜像定义】对话框，激活【镜射平面】编辑框，选择 yz 平面作为镜像平面，如图 13-132 所示。

23　系统自动选择整个钣金件为镜像对象，单击【确定】按钮，完成镜像操作，即完成整个机械手臂钣金件的设计，如图 13-133 所示。

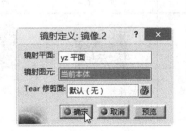

图 13-132　【镜像定义】对话框　　　　图 13-133　镜像操作结果

扫码看视频

界面环境介绍及视图控制	上机操作——定制菜单和定制工作台	上机操作——定制工具栏	上机操作——以【点-点】方式创建参考直线	上机操作——以【平面上】方法创建参考点
上机操作——以【曲线上】方法创建参考点	上机操作——以【坐标】方法创建参考点	选项设置	上机操作——绘制与编辑草图	上机操作——利用尺寸约束关系绘制草图
实战案例：底座零件草图	上机操作——创建三通管零件	上机操作——创建支架孔	上机操作——后视灯外形设计	上机操作——内六角扳手设计
上机操作——实体混合实例（阶梯键设计）	上机操作——支座零件设计	实战案例：办公旋转椅设计	案例一：机械零件设计1	案例二：机械零件设计2
上机操作——创建仿射特征	上机操作——创建分割特征	上机操作——创建封闭曲面特征	上机操作——创建缝合曲面特征	上机操作——创建厚曲面特征
上机操作——创建矩形阵列特征	上机操作——创建缩放特征	上机操作——创建用户阵列特征	上机操作——创建圆形阵列特征	上机操作——定位变换

上机操作——对称变换	上机操作——镜像变换	上机操作——矩形阵列	上机操作——平移变换	上机操作——旋转变换
上机操作——轴承座设计	实战案例：变速箱箱体设计	案例一：口杯线框设计	案例二：概念吹风线框设计	上机操作——创建3D偏置曲线
上机操作——创建等参数曲线	上机操作——创建等距点	上机操作——创建二次曲线	上机操作——创建混合曲线	上机操作——创建角度或垂直平面
上机操作——创建角平分线直线	上机操作——创建连接曲线	上机操作——创建两点间的点	上机操作——创建螺旋线	上机操作——创建偏移平面
上机操作——创建平面上的点	上机操作——创建平行曲线	上机操作——创建平行通过点平面	上机操作——创建曲面法线直线	上机操作——创建曲面上的点
上机操作——创建曲线角度法线直线	上机操作——创建曲线切线直线	上机操作——创建曲线上的点	上机操作——创建曲线相切点	上机操作——创建投影曲线
上机操作——创建相交曲线	上机操作——创建样条曲线	上机操作——创建圆、球面、椭圆中心点	上机操作——创建圆角曲线	上机操作——创建圆曲线

上机操作——创建坐标点	上机操作——点-点创建直线	上机操作——点-方向创建直线	上机操作——几何图形的轴线	上机操作——通过点和直线创建平面
上机操作——通过两直线创建平面	上机操作——通过平面曲线创建平面	上机操作——通过曲面切线创建平面	上机操作——通过曲线法线创建平面	上机操作——通过三点创建平面
上机操作——旋转特征的轴线	上机操作——创建多截面曲面	上机操作——创建球面	上机操作——创建适应性扫掠曲面	上机操作——创建显示扫掠曲面
上机操作——创建圆扫掠曲面	上机操作——创建直线扫掠曲面	实战案例：电吹风壳体	上机操作——创建3D曲线	上机操作——创建拆散曲面
上机操作——创建单边匹配曲面	上机操作——创建对称曲面	上机操作——创建多重边匹配曲面	上机操作——创建几何提取	上机操作——创建扩展曲面
上机操作——创建拉伸曲面	上机操作——创建连接曲面	上机操作——创建两点缀面	上机操作——创建匹配曲线	上机操作——创建偏置曲面
上机操作——创建桥接曲面	上机操作——创建桥接曲线	上机操作——创建曲面上的曲线	上机操作——创建曲面样式圆角	上机操作——创建三点缀面

上机操作——创建四点缀面	上机操作——创建填充曲面	上机操作——创建投影曲线	上机操作——创建外插延伸	上机操作——创建网状曲面
上机操作——创建旋转曲面	上机操作——创建样式扫掠曲面	上机操作——创建样式圆角	上机操作——创建自由填充曲面	上机操作——断开操作
上机操作——复制几何参数	上机操作——拟合几何图形	上机操作——取消修剪	上机操作——使用引导曲面变形	上机操作——使用中间曲面变形
上机操作——通过调整控制点修改曲面外形	上机操作——转换曲线或曲面	实战案例：小音箱面板曲面	上机操作——场景编辑器	上机操作——创建外形渐变曲面
上机操作——创建中心凹凸曲面	上机操作——创建自动圆角	上机操作——基于曲面的曲面变形	上机操作——基于曲线的曲面变形	上机操作——应用材料
上机操作——制作动画	实战案例：M41 步枪渲染	上机操作——创建切片分析	上机操作——从产品生成 CATPart 实例	上机操作——从属分析
上机操作——干涉与间隙计算	上机操作——更新分析	上机操作——加载标准件	上机操作——加载具有定位的现有部件	上机操作——加载现有部件

上机操作——距离和区域分析	上机操作——碰撞检测	上机操作——约束分析	上机操作——自顶向下装配	上机操作——自由度分析
实战案例：机械手装配	实战案例：生成轴承座工程图	上机操作——"使用命令进行模拟"实例	上机操作——CV 接合	上机操作——编辑模拟实例
上机操作——齿轮接合	上机操作——点曲面接合	上机操作——点曲线接合	上机操作——电缆接合	上机操作——分析机械装置
上机操作——刚性接合	上机操作——观看重放	上机操作——滚动曲线接合	上机操作——滑动曲线接合	上机操作——架子接合
上机操作——棱形接合	上机操作——螺钉接合	上机操作——平面接合	上机操作——球面接合	上机操作——使用法则曲线进行模拟
上机操作——速度和加速度	上机操作——通用接合	上机操作——旋转接合	上机操作——圆柱接合	上机操作——装配约束转换
上机操作——综合模拟实例	实战案例：压气机仿真设计	实战案例：操作手臂设计		